火电机组集控值班员岗位认证题库

U0662191

汽轮机分册

大唐国际发电股份有限公司 编

中国电力出版社
CHINA ELECTRIC POWER PRESS

内 容 提 要

《火电机组集控值班员岗位认证题库》丛书是大唐国际发电股份有限公司根据目前集控运行工作的实际，结合集控运行岗位培训和岗位资格认证编写而成，丛书共分为锅炉、汽轮机、电气、循环流化床锅炉、燃气蒸汽联合循环五个分册。编写人员由大唐国际发电股份有限公司所属电厂具有丰富经验的专业工程师组成，力求做到《火电机组集控值班员岗位认证题库》的针对性、正确性、实用性。

本书为《火电机组集控值班员岗位认证题库 汽轮机分册》，以高参数、大容量火力发电机组为介绍对象，采用填空题、选择题、判断题、简答题、论述题的形式，介绍了汽轮机工作原理与本体结构，汽轮机调节与保护装置，汽轮发电机组辅助设备，汽轮机旁路系统，空冷凝汽系统，汽轮机组启停、运行维护与试验，汽轮机事故处理及反事故技术措施。全书题量丰富，内容全面，从而使读者达到学以致用的目的，满足当前大型火力发电厂集控运行人员学习和掌握汽轮机运行的迫切需求。

本书可作为大型火电机组集控运行汽轮机专业岗位培训和岗位资格认证的调考题库，以及汽轮机运行、维护管理及检修技术人员的专业参考书。

图书在版编目（CIP）数据

火电机组集控值班员岗位认证题库 . 汽轮机分册/大唐国际
发电股份有限公司编 . —北京：中国电力出版社，2015.4（2025.7重印）
ISBN 978 - 7 - 5123 - 6426 - 4

Ⅰ.①火… Ⅱ.①大… Ⅲ.①火力发电-发电机组-集中控制-
岗位培训-习题集 ②火力发电-蒸汽透平-岗位培训-习题集
Ⅳ.①TM621.3-44

中国版本图书馆 CIP 数据核字（2014）第 217464 号

中国电力出版社出版、发行
（北京市东城区北京站西街 19 号 100005 http://www.cepp.sgcc.com.cn）
固安县铭成印刷有限公司印刷
各地新华书店经售
*
2015 年 4 月第一版 2025 年 7 月北京第五次印刷
787 毫米×1092 毫米 16 开本 25.25 印张 555 千字
印数 6001—6500 册 定价 **75.00** 元

《火电机组集控值班员岗位认证题库》

编 委 会

主　　任	王振彪			
副 主 任	佟义英	方占岭		
委　　员	张红初	项建伟	高向阳	孟为群
	李建成	孙文平	宋秋华	胡继斌
	李小军	齐英杰	张艳宾	
编审人员	高德程	肖　锋	李伟林	邢希东
	邱盈忠	朱新功	李　磊	白海军
	黄晓峰	程　晋	李建成	王　军
	夏尊宇	王海波	倪　鑫	路卫国
	赵振新	史钟庆	周灵宏	刘艳阳
	王凤明	王大伟	黑宗华	朱全林

序

随着电力工业的迅速发展，高参数、高效率、大容量火电机组已成为当前电力生产的主力机组。运行管理作为火力发电厂安全生产管理的主要内容，其管理模式也随着电力工业的不断发展发生了根本性的改变，从原来的机、电、炉专业分散管理转变为集控运行制管理。目前，集控全能值班制已成为各发电企业普遍采用的运行管理体制。由于新技术、新设备的大量采用，机组自动化水平的不断提高，为集控运行制的实施提供了条件，同时对发电企业运行值班员的素质提出了更高的要求，因此加强集控运行人员的培训工作已成为各发电企业运行管理工作的重中之重。

作为国有控股大型发电企业，大唐国际发电股份有限公司始终坚持安全是最大效益的经营理念，紧密围绕公司"推进人才森林建设，提升员工队伍素质"任务目标，致力于打造一支高素质、高技能的集控运行专业化队伍，为企业构筑安全生产的屏障。大唐国际发电股份有限公司在推行集控运行制建设工作中，不断摸索新的行之有效的培训方法，并从中积累了丰富的集控运行培训经验。

本套《火电机组集控值班员岗位认证题库》丛书是大唐国际发电股份有限公司根据目前集控运行工作的实际，结合公司集控运行岗位培训和岗位资格认证编写而成，丛书共分为锅炉、汽轮机、电气、循环流化床锅炉、燃气蒸汽联合循环五个分册。编写人员由大唐国际发电股份有限公司所属电厂具有丰富经验的专业工程师组成，力求做到《火电机组集控值班员岗位认证题库》的针对性、正确性、实用性。

本套丛书的出版有助于促进火力发电机组集控运行人员整体技术素质和技能水平的提高，从而提高企业安全经济运行水平。我们希望通过本套丛书的编写、出版，能够为发电企业实施岗位培训提供一个参考，更好地促进行业技术和管理水平的提高。

2014 年 8 月

前　言

　　为了加强发电企业运行值班员培训工作，提高火电机组运行人员的技术素质和技能水平，以适应电力工业快速发展的需要。大唐国际发电股份有限公司组织编写了这套《火电机组集控值班员岗位认证题库》。

　　本套丛书是大唐国际发电股份有限公司根据目前火电机组运行管理工作的实际，结合公司多年来在集控运行岗位培训和岗位资格认证工作中的经验，组织公司基层企业具有丰富经验的专业人员进行编写的。本套丛书采取填空题、选择题、判断题、简答题、论述题的形式，结合国家职业技能鉴定集控运行考核的特点，强调实用性，融基础知识、专业理论和操作技能于一体，具有理论联系实际、知识为技能服务、内容全面、针对性强的特点。

　　本书为《火电机组集控值班员岗位认证题库　汽轮机分册》，内容包括汽轮机工作原理与本体结构，汽轮机调节与保护装置，汽轮发电机组辅助设备，汽轮机旁路系统，空冷凝汽系统，汽轮机组启停、运行维护与试验，汽轮机事故处理及反事故技术措施。

　　由于编者的水平有限，书中难免有不妥之处，恳请广大读者批评指正。

编　者

2014 年 8 月

目　录

第一部分　填空题

1. 机组停机后因盘车故障不能投入盘车时，必须将可能对汽缸来汽来水门（隔绝严密），进行自然冷却。

2. 汽轮机低油压保护应在（投盘车前）投入。

3. 提高蒸汽初温，其他条件不变，汽轮机相对内效率（增加）。

4. 汽轮机变工况时，采用（定压）运行方式，高压缸通流部分温度变化最大。

5. 协调控制系统由两大部分组成，其中一部分是机、炉独立控制系统，另一部分是（主控制系统）。

6. 在机组允许的负荷变化范围内，采用（滑压运行）对机组寿命的损耗最小。

7. 当机组负荷增加时，轴向推力（增加）。

8. 汽轮机参加负荷调节时，机组的热耗定压运行顺阀调节比定压运行单阀调节（小）。

9. 汽轮机中常用的和重要的热力计算公式是（能量方程式）。

10. 汽轮机热态启动，蒸汽温度一般要求高于调节级上汽缸金属温度 50～80℃ 是为了（防止缸温下降）。

11. EH 油再生系统是由（硅藻土过滤器）、（精密过滤器）、（再生泵）等组成。

12. 负荷不变情况下蒸汽流量增加，调节级的热焓降（减小）。

13. 在汽轮机的冲动级中，蒸汽的热能转变为动能是在（喷嘴）中完成的。

14. 在滑参数停机过程中，降温、降压应交替进行，且应（先降汽压后降汽温）。

15. 凝汽器冷却水管一般清洗方法有反冲洗、机械清洗法、干洗、高压冲洗以及（胶球）清洗法。

16. 汽轮机在任何情况下，只要转速 $n > 103‰$ 就应立即关闭（高、中压调汽门）。

17. 自动调节系统的测量单元通常由传感器和（变送器）两个环节构成。

18. 额定转速为 3000r/min 的汽轮机在正常运行中，轴承振幅不应超过（0.05）mm。

19. 机组启动前，发现任何一台油泵或其自启动装置有故障时，应该（禁止）启动。

20. 高压加热器退出运行，机组需（限负荷）。

21. 按传热方式不同，回热加热器可分为表面式和（混合式）两种。

22. 采用给水回热循环，减少了凝汽器的（冷源损失）。

23. 除氧器在滑压运行时易出现自生沸腾和（返氧现象）。

24. 汽轮机转子、汽缸热应力的大小主要取决于（转子或汽缸内温度分布）。

25. 发电机并列后有功负荷增加速度取决于（汽轮机）。

26. 泵的汽蚀余量分为有效汽蚀余量、（必须汽蚀余量）。

27. 大型机组充氢一般采用（中间介质置换法）。

28. 当离心泵的叶轮尺寸不变时，水泵的流量与转速（一）次方成正比。

29. 当离心泵的叶轮尺寸不变时，水泵的扬程与转速（二）次方成正比。

30. 机组正常运行时，凝汽器的真空靠（排汽凝结成水）形成。

31. 汽轮机变工况运行时，各中间级压比基本不变，故中间级焓降（不变）。

32. 启动冲转前，应连续盘车（4）h以上。

33. 机组冲转时不得在（临界转速）附近暖机和停留。

34. 为了提高凝结水泵的抗汽蚀性能，常在第一级叶轮入口加装（诱导轮）。

35. 给水泵严重汽化的象征：入口管内发生不正常的冲击，出口压力下降并摆动，电动机电流（下降并摆动），给水流量摆动。

36. 滑参数停机时，一般调节级处蒸汽温度应低于该处金属温度（20～50）℃为宜。

37. 凝汽器真空降低时，容易过负荷的级段为（末级）。

38. 启动前转子弹性热弯曲超过额定值时，应先消除转子的热弯曲，一般方法是（连续盘车）。

39. 汽轮机转子冲动时，真空应控制在合适的范围内，若真空太低，易引起排汽缸大气安全门动作，若真空过高，使（汽轮机进汽量减少），对暖机不利。

40. 汽轮机滑销系统的（纵）销引导汽缸纵向膨胀，保证汽缸和转子中心一致。

41. 为防止叶片断裂，禁止汽轮机过负荷运行，特别要防止在（低）频率下过负荷运行。

42. 滑压运行的除氧器变工况时，除氧器水温变化（滞后于）压力变化。

43. 回热循环的热效率随着回热级数的增加而（增加）。

44. 离心泵一般采用（闭）阀启动，不允许带负荷启动，否则启动电流大将损坏设备。

45. 凝结水泵安装位置有一定的倒灌高度，其目的是为了防止凝结水泵（汽化）。

46. 凝汽器的最佳真空是提高真空使（发电机组增加的电功率）与增加冷却水量使循环泵多耗的电功率之间的差值最大的真空。

47. 启停时汽缸和转子的热应力、热变形、胀差与蒸汽的（温升率）有关。

48. 采用中间再热循环的目的是（降低汽轮机末级蒸汽湿度），提高循环热效率。

49. 水泵的效率就是（有效功率）与（轴功率）之比。

50. 除氧器按运行方式不同可分为（定压运行）、滑压运行。

51. 发电机组甩负荷后，蒸汽压力（升高），锅炉水位（下降）。

52. 离心泵一般（闭）阀启动，轴流泵（开）阀启动。

53. 滑销系统发生故障会妨碍机组的（正常膨胀），严重时会引起机组的（振动）。

54. 推力轴承是用来平衡转子的（轴向推力），确立转子膨胀的（死点），从而保持动静部分之间的轴向间隙在设计范围内。

55. 为了保证氢冷发电机的氢气不从侧端盖与轴之间逸出，运行中要保持密封瓦的油压（大于）氢压。

56. 转子静止后立即投入盘车，直到调节级金属温度至（150）℃以下可停盘车。

57. 汽轮机冷态启动和增负荷过程中，转子膨胀（大于）汽缸膨胀，相对膨胀差出现（正胀差）。

58. 密封油的主要作用是（密封氢气），同时起到（润滑）、（冷却）作用。

59. 汽轮机油中带水的危害有（缩短油的使用寿命）、（加剧油系统金属的腐蚀）和促进油的（乳化）。

60. DEH 装置具有的基本功能有：一是（转速和功率控制）；二是（阀门试验和阀门管理）；三是（运行参数监视）；四是超速保护；五是（手动控制）。

61. 抗燃油是被用来作为（调节系统）用油的。

62. 启动第一台凝结水泵前，应检查泵的入口门（全开）、泵的出口门（在关位）、凝结水系统的（再循环）门开。

63. 机组启动中应化验凝结水的含铁量小于（1000）$\mu g/L$ 后，在投入（凝结水精处理）后，方可将凝结水回收至除氧器。

64. 机组运行中，应将停运给水泵入口管的加药门、取样门（关闭），以保证加药和取样参数的正常。

65. 高、低压加热器装设（紧急）疏水阀，可远方操作并可根据水位（自动）开启。

66. 当发现转机轴承的温度升高较快时，应首先检查油位、油质和轴承（冷却水）是否正常。

67. 加热器运行要监视加热器进、出口的（水温）；加热器蒸汽的压力、温度及被加热水的流量；加热器疏水（水位的高度）；加热器的端差。

68. 凝汽器压力降低，汽轮机排汽温度（降低），冷源损失（减少），循环热效率（提高）。

69. 火力发电厂中的汽轮机是将（热能）转变为（机械能）的设备。

70. 高压加热器水位（调整）和（保护）装置应定期进行试验，以防止加热器进汽管返水。

71. 危急保安器充油试验的目的是保证超速保安器飞锤动作的（可靠性和正确性）。

72. 凝汽器半侧停止后，该侧凝汽器内蒸汽未能及时被冷却，故抽汽器抽出的不是空气和空气的混合物，而是（未凝结的蒸汽），从而影响了抽汽的效率，使凝汽器真空下降，所以在凝汽器半侧清扫时，应（关闭）汽侧空气门。

73. 凝结水含氧量应小于（30）$\mu g/L$，锅炉给水含氧量应小于（7）$\mu g/L$。

74. 运行中发现密封油泵出口油压升高、密封瓦入口油压降低，判断是发生了滤油网堵塞、管路堵塞或（差压阀失灵）。

75. 在管道内流动的液体有两种流动状态，即（层流）和（紊流）。

76. 机组运行中，发现窜轴增加时，应对汽轮机进行全面检查，倾听内部声音、测量（轴承振动）。

77. 加热器温升小的原因有：抽汽电动门未（全开），汽侧积有（空气）。

78. 发现汽轮机组某一轴瓦回油温度升高，应参照其他各瓦（回油温度）、冷油器（出口油温）、轴瓦油膜压力及本瓦的钨金温度进行分析。

79. 循环水中断，会造成（真空）急剧下降，机组停运。

80. 除氧器滑压运行，当机组负荷突然降低时，将引起除氧给水的含氧量（减少）。

81. 汽轮机正常运行中，转子以（推力盘）为死点，沿轴向膨胀或收缩。

82. 运行中发现循环水泵电流降低且摆动，这是由于（循环水入口滤网被堵）或入口水位过低。

83. 机组甩去全负荷，调节系统应能保证转速在（危急保安器动作转速）以下。

84. 泵的种类有往复式、（齿轮式）、喷射式和（离心式）等。

85. 除氧器在运行中，机组负荷、蒸汽压力、进水温度、（水位变化）都会影响除氧效果。

86. 汽轮机调节系统由转速感受机构、传动放大机构、（执行机构）和反馈机构四部分组成。

87. 在汽轮机的启停过程中，采用控制蒸汽温升率的方法能使金属部件的（热应力）、（热变形）及转子与汽缸之间的（胀差）维持在允许范围内。

88. 汽轮机叶顶围带主要的三个作用是增加叶片刚度、调整（叶片频率）、防止级间漏汽。

89. 加热器的下端差是指加热器的疏水温度与（加热器进水温度）之间的差值。

90. 采用喷嘴调节的多级汽轮机，其第一级进汽面积随（负荷）变化而变化，因此通常称第一级为（调节级）。

91. 加热器泄漏会造成出口水温（下降）。

92. 汽轮机上下缸最大温差通常出现在（调节级）处，汽轮机转子的最大弯曲部位在（调节级）附近。

93. 汽轮机在进行负荷调节方式切换时，应特别注意（高、中压缸）温度变化。

94. 启停时汽缸和转子的（热应力）、（热变形）、（胀差）与蒸汽的温升率有关。

95. 汽轮机转子在离心力作用下将变粗、变短，该现象称作（回转效应）或泊桑效应。

96. 对于倒转的给水泵，严禁关闭（入口门），以防给水泵低压侧爆破，同时严禁启动。

97. 凝结水泵汽化的象征：出、入口管内发生不正常的晃动，出口压力（下降）并摆动，电动机电流（下降）并摆动，凝结水流量摆动。

98. 惰走时间是指发电机解列后，从（主汽门和调门关闭）起到转子完全静止的这段时间。

99. 停机过程中如果发现惰走时间显著增加，则说明是高、中压主汽门、调门关不严所致，惰走时间过短说明（汽轮机内部可能存在摩擦）。

100. 闭式水系统停止前需确认闭式水系统无用户，将备用闭式水泵（连锁）退出，关闭（出口门）。停止运行泵，检查运行泵电流减小为零。

101. 汽轮机停机后，盘车未能及时投入，或盘车连续运行中途停止时，应查明原因，修复后先盘（180°）直轴后，再投入（连续盘车）。

102. 加热器一般把传热面分为蒸汽冷却段、（凝结）冷却段、疏水冷却段三部分。

103. 汽轮机超速试验应连续做两次，两次的转速差小于（18）r/min 时为合格。

104. 再热器减温水取自给水泵（中间抽头）。

105. 高压旁路减温水取自（给水泵出口）。

106. 低压旁路减温水取自（凝结水泵出口）。

107. 定冷水泵倒换时危险点是运行泵的（出口止回阀不严），导致停运行泵后定冷水流量不足，发电机掉机。

108. 定冷水泵倒换时，先启（备用泵），后关原运行泵出口门，再停原运行泵。

109. 发电机在额定氢压下的氢气露点温度应控制在（－25～＋5）℃范围内，超出规定范围应及时采取措施处理。

110. 发电机内冷水入口水温应高于冷氢温度（2～4）℃。

111. 为防止电泵汽蚀事故的发生，增加电泵出力时，先（增加电泵勺管），再（开大上水调整门），然后（关小电泵再循环）。

112. 凝结水系统停运时应确认凝结水系统（无用户），低压缸排汽温度低于（50）℃。

113. TSI汽轮机监测显示系统主要对汽轮机（振动）、（窜轴）、（胀差）等起到监测显示作用。

114. 备用冷油器的进口油门（关闭）、出口油门（开启），冷却水入口门（关闭），出口门（开启），油侧排空门开启，见油后关闭。

115. 汽轮机变压运行分为纯变压运行、（节流变压运行）、复合变压运行。

116. 变压运行指维持汽轮机进汽阀门全开或在某一开度，锅炉汽温在（额定值）时，改变蒸汽（压力），以适应机组变工况对（蒸汽流量）的要求。

117. 表面式凝汽器主要由外壳、（水室端盖）、（管板）以及（冷却水管）组成。

118. 真空泵的作用是不断地抽出凝汽器内（析出的不凝结）气体和漏入的空气，（维持）凝汽器的真空。

119. 初压力越（高），采用变压运行经济性越明显。

120. 除氧器满水会引起（除氧器振动），严重的会通过抽汽管道返回汽缸造成汽轮机（水冲击）。

121. 除氧器水位高，可以通过（事故放水门）放水，除氧器水位低到规定值联跳（给水泵）。

122. 除氧器为混合式加热器，单元制发电机组除氧一般采用（滑压运行）。

123. 大机组的高压加热器因故不能投入运行时，机组应相应（降低）出力。

124. 当任一跳机保护动作后，汽轮机主汽阀将迅速（关闭）、停止机组运行。

125. 发现给水泵油压降低时，要检查（油滤网是否堵塞）、冷油器或管路是否泄漏、（减压件是否失灵）、油泵是否故障等。

126. 高压加热器运行工作包括（启停操作）、运行监督、（事故处理）、停用后防腐四方面。

127. 高压加热器投入运行时，一般应控制给水温升率不超过（3）℃/min。

128. 给水泵组的前置泵的作用是（提高给水泵入口压力，防止给水泵汽蚀）。

129. 给水泵不允许在低于（最小流量）下运行。

130. 给水泵的作用是向锅炉提供足够（压力）、（流量）和相当温度的给水。

131. 给水泵启动后，当流量达到允许流量时（再循环门）自动关闭。

132. 给水泵汽化的原因有：除氧器内部压力（低），使给水泵入口温度（高于）运行压力下的饱和温度而汽化；除氧器水位（低），给水泵入口（压力低）；给水流量小于最低流量，未及时开启（再循环门）等。

133. 给水管路没有水压形成时，电动给水泵启动前要（关闭）泵的出口门及出口旁路门、中间抽头门，开启再循环门。

134. 工质在管内流动时，由于通道截面突然缩小，使工质的压力（降低），这种现象称为（节流）。

135. 滑停过程中主蒸汽温度下降速度不大于（1～1.5）℃/min。

136. 换热的基本方式有（导热）、（对流）、（辐射）。

137. 火力发电厂典型的热力过程有等温过程、等压过程、等容过程和（绝热过程）。

138. 机组热态启动时，蒸汽温度应高于汽缸金属温度（50～100）℃。

139. 胶球清洗系统的作用是清除（凝汽器冷却水管）内壁的污垢，提高（换热效率）。

140. 节流过程可以认为是（绝热）过程。

141. 抗燃油主要是供给靠近热体的（执行机构），防止执行机构漏油着火。

142. 冷却水塔是通过（空气和水接触）进行热量传递的。

143. 冷却水温升是冷却水在凝汽器中（吸）热后其温度（上升）的数值。

144. 离心泵不允许带负荷启动，否则（启动电流大）将损坏设备。

145. 密封油压、氢压、内冷水压三者的关系为（密封油压）＞（氢压）＞（内冷水压）。

146. 凝结水泵的轴端密封采用（凝结）水密封。

147. 凝结水泵的轴封处需连续供给（密封水），防止空气漏入泵内。

148. 凝结水再循环管应接在凝汽器的（上部）。

149. 凝汽器抽真空前，禁止有（疏水）进入凝汽器。

150. 凝汽器冷却水出口温度与排汽压力下的饱和温度之差称为（凝汽器端差）。

151. 凝汽器冷却水管结垢，将使循环水升温（减小），造成凝汽器端差（增大）。

152. 凝汽器水质恶化可能是因为（冷却水管胀口不严）、（冷却水管泄漏）等原因。

153. 凝汽器循环冷却水量与排汽量的比值称为（冷却倍率）。

154. 凝汽器循环水量减少时表现为同一负荷下凝汽器循环水温升（增大）。

155. 暖管的目的是（均匀加热低温管道），逐渐将管道的金属温度提高到接近于启动时的（蒸汽温度），防止产生过大的（热应力）。

156. 启动给水泵前，中间抽头应处于（关闭）状态。

157. 启动前转子（弹性热弯曲）超过额定值时，应先消除转子的热弯曲，一般方法是（连续盘车）。

158. 汽轮机处于静止状态，严禁向（汽轮机轴封）供汽。

159. 汽轮机冷态启动时一般控制升速率为（100～150）r/min。

160. 汽轮机启动按进汽方式可分为高、中压缸联合启动和（中压缸启动）两种方式。

161. 汽轮机启动按主蒸汽参数可分为（额定参数启动）、（滑参数启动）。

162. 汽轮机疏水系统的作用是疏走设备内的存水，防止（发生水冲击），尽快提高汽温。

163. 汽轮发电机负荷不变、循环水入口水温不变，循环水流量增加，排汽温度（下降），凝汽器真空（升高）。

164. 汽轮发电机组每发 1kWh 电所耗热量称为（热耗率）。

165. 汽轮机的启动过程是将转子由静止或盘车状态加速至（额定转速）、（并网）、带额定负荷等几个阶段。

166. 汽轮机低压缸喷水装置的作用是（降低排汽缸）温度。

167. 汽轮机调节系统的任务是：在外界（负荷）与机组（功率）相适应时，保持机组稳定运行，当外界（负荷）变化时，机组转速发生相应变化，调节系统相应地改变机组的（功率）使之与外界（负荷）相适应。

168. 汽轮机发生水冲击的原因：锅炉（满水）或蒸汽（大量带水），暖管疏水不充分，高压加热器钢管泄漏而保护装置未动作，抽汽止回阀不严等。

169. 汽轮机负荷不变，真空下降，轴向推力（增加）。

170. 汽轮机内有清晰的金属摩擦声时，应（紧急停机）。

171. 汽轮机凝汽器的换热管结垢，将使循环水出、入口温差减小，造成凝汽器的端差（增大）。

172. 汽轮机上下缸温差超过规定值时，（禁止）汽轮机启动。

173. 汽轮机停机包括从带负荷状态减去（全部负荷），解列（发电机），切断汽轮机进汽至转子（静止），进入（盘车）状态。

174. 汽轮机正常停机时，在打闸后，应先检查（有功功率）是否到零，功率表停转或逆转以后，再将发电机与系统解列，或采用（逆功率保护动作）解列。严禁带负荷解列以防超速。

175. 汽轮机轴承分为（推力轴承）和（支持轴承）两大类。

176. 汽轮机轴向推力的平衡方法通常有开设平衡孔、采用平衡活塞、（反向流动布置）。

177. 汽轮机主蒸汽温度在 10min 内下降（50）℃时应打闸停机。

178. 汽轮机转子在离心力作用下（变粗、变短），该现象称作回转效应或泊桑效应。

179. 汽轮机纵销中心线与横销中心线的交点为（汽缸的死点）。

180. 汽轮机组的高、中压缸采用双层缸结构，在夹层中通入压力和温度较低的蒸汽，以减小多层汽缸的（内外温差）和热应力。

181. 氢冷发电机充氢后在运行中，机内氢纯度应达到（96％）以上，气体混合物中的氧量不超过（2％）。

182. 氢气置换法通常用（中间介质置换法）。

183. 热力除氧必须将给水加热到（饱和温度）。

184. 热态启动先送汽封，后抽真空，主要是为防止（汽封段轴颈骤冷）。

185. 容积式真空泵一般分为（液环式）和（离心式）两种。

186. 若给工质加入热量，则工质熵（增加）。若从工质放出热量，则工质熵（减小）。

187. 若循环水泵在出口门全开的情况下停运，系统内的水会倒流入泵内，引起水泵

（倒转）。

188. 疏水泵的空气门在泵运行时应在（开启）位置。

189. 水泵的主要性能参数有（流量）、扬程、（转速）、功率、（效率）、比转速、（汽蚀余量）。

190. 水泵在运行中出口水量不足可能是因为（进口滤网堵塞）、出入口阀门开度过小、泵入口或叶轮内有杂物、吸入池内水位过低。

191. 同步发电机频率与转速和极对数的关系式为（$f=Pn/60$）。

192. 为防止甩负荷时，加热器内的汽水返流回汽缸，一般在抽气管道上装设（止回阀）。

193. 为防止水内冷发电机因断水引起定子绕组（超温）而损坏，所装设的保护叫（断水保护）。

194. 为了保证疏水畅通，同一疏水联箱上的疏水要按照压力等级依次排列，（压力低）的疏水靠近疏水联箱出口。

195. 为了确保汽轮机的安全运行，新装机组或大修后的机组必须进行（超速试验），以检查危急保安器的动作转速是否在规定范围内。

196. 循环水泵按工作原理可分为（离心泵）、（轴流泵）、（混流泵）。

197. 循环水泵出力不足的原因主要有（吸入侧有异物）、叶轮破损、转速低、（吸入空气）、（发生汽蚀）、出口门调整不当。

198. 循环水泵的特点是（流量大）、（扬程低）。

199. 循环水泵正常运行中应检查（电动机电流）、（入口水位）、（出口压力）、（轴承温度）、电动机线圈温度、循环泵的振动。

200. 循环水泵主要用来向汽轮机的（凝汽器）提供冷却水，冷却（汽轮机排汽）。

201. 一般高压汽轮机凝结水过冷度要求在（2℃）以下。

202. 采用中间再热循环可提高蒸汽的终（干度），使低压缸的蒸汽（湿度）保证在允许范围内。

203. 在泵壳与泵轴之间设置密封装置，是为了防止（泵内水外漏）或（空气进入泵内）。

204. 在冲转并网后加负荷时，在低负荷阶段若出现较大的胀差和温差，应停止（升温升压），并（保持暖机）。

205. 造成火力发电厂效率低的主要原因是（汽轮机排汽热损失）。

206. 真空系统的检漏方法有（蜡烛火焰法）、汽侧灌水试验法、（氦气检漏仪法）。

207. 中速暖机和额定速暖机的目的在于防止材料发生脆性破坏，避免产生（过大的热应力）。

208. 轴流泵的闭阀启动是指（主泵与出口门）同时开启。

209. 轴流泵的开阀启动是指在泵启动前（提前将出口门开启到一定位置），待启动主泵后再（全开出口门）。

210. 轴流泵的启动可采用（闭阀）启动和（开阀）启动两种方式。

211. 轴流泵在带负荷条件下启动，即（全开出口门）启动，此时（轴功率）最小，不会因过载而烧毁电动机。

212. 主蒸汽压力和凝汽器真空不变时，主蒸汽温度升高，机内做功能力（增强），循环热效率（增加）。

213. 转速超过危急保安器（动作）转速，而保护未动作时，应执行紧急停机。

214. 汽轮机转子升速过临界转速，轴承振动超过（0.1）mm 时，应打闸停机。

215. 凝汽器水位升高淹没铜管时，将使凝结水（过冷度）增大，真空降低。

216. 汽轮机转子发生低温脆性断裂事故的必要和充分条件有两个：一是在低于（脆性转变温度）以下工作；二是具有（临界应力）或临界裂纹。

217. 主汽阀带有预启阀，其作用是降低（阀碟前后压差）和机组启动时控制转速及初负荷。

218. 汽轮机油循环倍率是指 1h 内油在油系统中的循环次数，一般要求油的循环倍率在（8～10）的范围内。

219. 汽轮机热态启动时，润滑油温不得低于（38）℃。

220. 除氧器排氧门开度大小应以保证含氧量（正常）而（微量）冒汽为原则。

221. 当汽轮机膨胀受阻时，汽轮机转子的振幅随（负荷）的增加而增加。

222. 汽轮机在停机惰走降速阶段，由于（鼓风作用）和（泊桑效应），低压转子的胀差会出现（正向突增）。

223. 汽轮机的胀差保护应在（冲转前）投入；汽轮机的低油压保护应在（盘车前）投入；轴向位移保护应在（冲转前）。

224. 运行中发生甩负荷时，转子表面将产生（拉）应力，差胀将出现（负值增大）。

225. 汽轮机的进汽方式主要有（节流进汽）、（喷嘴进汽）两种。

226. 运行中发现凝结水泵电流摆动、出水压力波动时，可能的原因是（凝结水泵汽蚀）、凝汽器水位过低。

227. 汽轮机热态启动过程中进行中速暖机的目的是防止转子发生（脆性破坏）和（避免产生过大的热应力）。

228. 汽轮机的凝汽设备主要由凝汽器、（循环水泵）、（真空泵）、凝结水泵组成。

229. 运行中汽轮机发生水冲击时，推力瓦温度（升高），轴向位移（增大），相对胀差负值（增大），负荷突然（下降）。

230. 有一测温仪表，精确度等级为 0.5 级，测量范围为 400～600℃，该表的允许误差是（±1℃）。

231. 汽轮机调速系统的任务：一是及时调节（汽轮机功率），以满足用户耗电量的需要；二是保持汽轮机的转速在（额定转速）的范围内，从而使发电机转速维持在 3000r/min。

232. 运行中发现汽轮机油系统压力降低、油量减少、主油泵声音不正常，则可断定是发生了（主油泵）事故，处理时立即启动（辅助油泵），申请停机。

233. 汽轮机启动前要先启动润滑油泵，运行一段时间后再启动高压调速油泵，这样做的主要目的是（排除调速系统积存的空气）。

234. 对中间再热机组各级回热分配，一般是增大高压缸排汽的抽汽，降低再热后第一级抽汽的压力，这样做的目的是（减少给水回热加热过程中的不可逆损失）。

235. 机组带部分负荷运行时，为提高经济性，要求（部分）进汽，即（顺序阀）控制方式。

236. （热效率）是热力循环热经济性评价的主要指标。

237. 流体在管道中的压力损失分为（沿程压力损失）、（局部压力损失）。

238. 汽轮机在开停机过程中的三大热效应为热（应力）、热（膨胀）和热（变形）。

239. 凝结器中水蒸气向铜管外壁放热是有相变的（对流换热），铜管外壁传热是通过（导热）进行，内壁是通过（对流换热）向循环水传递热量。

240. 朗肯循环的工作过程是：工质在锅炉中被（定压加热）汽化和（过热）的过程；过热的蒸汽在汽轮机中（等熵膨胀做功）；做完功的乏汽排入凝汽器中（定压凝结）放热，凝结水在给水泵中绝热（压缩）。

241. 纯凝汽式发电厂的总效率为锅炉效率、管道效率、（汽轮机相对内效率）、（循环热效率）、机械效率、（发电机效率）等项局部效率的乘积。

242. 在能量转换过程中，造成能量损失的真正原因是传热过程中（有温差传热）带来的不可逆损失。

243. 汽轮机机械效率是汽轮机输给发电机的（轴端）功率与汽轮机（内）功率之比。

244. 其他条件不变，提高朗肯循环的初温，则平均吸热温度（提高），循环效率提高。

245. 所谓配合参数，就是保证汽轮机（排汽温度）不超过最大允许值所对应的蒸汽的（初温度）和（初压力）。

246. 计算表明，中间再热对循环热效率的相对提高作用并不大，但对（汽轮机相对内效率）的提高作用却很显著。

247. 蒸汽中间再热使每公斤蒸汽的做功能力（增大），机组功率一定时，新蒸汽流量（减少），同时再热后回热抽汽的（温度）和（焓值）提高，在给水温度一定时，二者均使回热抽汽量（减少），冷源损失（增大）。

248. 再热式汽轮机中、低压级膨胀过程移向 $h-s$ 图的（右上方），再热后各级抽汽的（焓）和（过热度）增大，使加热器的（传热温差）增大，（不可逆热交换）损失增加。

249. 再热机组旁路系统实际上是再热单元机组在机组（启）、（停）或（事故）情况下的一种（调节）和（保护）系统。

250. 为了保证安全经济运行，必须把锅炉给水的含氧量控制在允许范围内，锅炉给水含氧量应（<7）$\mu g/L$。

251. 采用滑压运行除氧器应注意解决在汽轮机负荷突然增加时引起的（给水中含氧量增加）问题；在汽轮机负荷突然减少时引起的（给水泵入口汽化）问题。

252. 给水回热后，一方面用汽轮机抽汽所具有的热量来提高（给水温度），另一方面减少了蒸汽在（凝汽器）中的热损失。

253. 当给水被加热至同一温度时，回热加热的级数（越多），则循环效率（提高越多）。

这是因为抽汽段数（增多）时，能更充分地利用（压力）较低的抽汽而增大了抽汽的做功。

254. 疏水自流的连接系统，其优点是系统简单、运行可靠，但热经济性差。其原因是（较高）一级压力加热器的疏水流入（较低）一级加热器中要（放出）热量，从而排挤了一部分（较低）压力的回热抽汽量。

255. 疏水装置的作用是可靠地将（加热器）中的凝结水及时排出，同时又不让（蒸汽）随疏水一起流出，以维持（加热器）汽侧压力和凝结水水位。

256. 为了避免高速给水泵的汽化，最常用的有效措施是在（给水泵）之前另设置（低转速前置泵）。

257. 给水泵出口止回阀的作用是（当给水泵停运时，防止压力水倒流入给水泵，使水泵倒转并冲击低压管道及除氧器）。

258. 阀门按用途可分为（关断）阀门、（调节）阀门、（保护）阀门。

259. 调节阀门主要有调节（工质流量）和（压力）的作用。

260. 保护阀门主要有（止回阀）、（安全阀）及（快速关断阀）等。

261. 凝汽器冷却倍率可表示为（冷却水量）与（凝汽量）的比值，并与地区、季节、供水系统、凝汽器结构等因素有关。

262. 危急保安器复位转速应略高于（额定转速）。

263. 在稳定状态下，汽轮机空载与满载的（转速之差）与额定转速之比称为汽轮机调节系统的速度变动率。

264. 大功率汽轮机均装有危急保安器充油试验装置，该试验可在（空负荷）和（带负荷）时进行。

265. 造成汽轮机大轴弯曲的因素主要有两大类：（动静摩擦）、（汽缸进冷汽冷水）。

266. 汽轮机调节系统中传动放大机构的输入是调速器送来的（位移）、（油压）或（油压变化）信号。

267. 汽轮机的负荷摆动值与调速系统的迟缓率成（正比），与调速系统的速度变动率成（反比）。

268. 汽轮机油系统着火蔓延至主油箱着火时，应立即（破坏真空），紧急停机，并开启（事故放油门），控制（放油速度），使汽轮机静止后（油箱放完），以免汽轮机（轴瓦磨损）。

269. 在机组新安装和大修后、调速保安系统（解体检修）后、（甩负荷试验前）、停机一个月后再启动等情况下，应采用提升转速的方法做危急保安器超速脱扣试验。

270. 汽轮机正常停机或减负荷时，转子表面受（热拉）应力，由于工作应力的叠加，使转子表面的合成拉应力（增大）。

271. 汽轮机低油压联动，润滑油压低至 0.075MPa 时，联动（交流润滑油泵），润滑油压低至 0.07MPa 时，联动（直流润滑油泵），保护电磁阀动作，关闭（高、中压主汽门）及（调速汽门）；润滑油压低至 0.03MPa 时，（盘车）自动停止。

272. 水蒸气凝结放热时，其（温度）保持不变，放热是通过蒸汽的凝结放出的（汽化潜热）而传递热量的。

273. 火力发电厂常见的热力循环有朗肯循环、（中间再热循环）、回热循环。

274. 汽轮机冲转前，连续盘车运行应在（4）h 以上，特殊情况不少于（2）h,热态启动不少于（4）h,若盘车中断应重新记时。

275. 主汽门、调速汽门严密性试验时，试验汽压不低于额定汽压的（50%）。

276. 高压加热器运行中水位升高，则下端差（减小）。

277. 机组甩负荷时，转子中心孔产生的热应力为（压）应力。

278. 新蒸汽温度不变而压力升高时，机组末几级的蒸汽湿度（增加）。

279. 汽轮机调速系统的执行机构为（油动机）。

280. 蒸汽在汽轮机内的膨胀过程可以看作是（绝热）过程。

281. 汽轮机正常停运方式包括（复合变压停机）、（滑参数停机），如机组进行大、小修则一般采用（滑参数停机）。

282. DEH 基本控制有转速、（功率）、（调节级压力）三个回路。

283. 在大容量中间再热式汽轮机组的旁路系统中，当机组启、停或发生事故时，减温减压器可起（调节）和（保护）作用。

284. 具有顶轴油泵的汽轮机，启动盘车前必须（启动顶轴油泵），并确定（顶轴油压正常后）可启动盘车。

285. 汽轮机热态启动中，若冲转时的蒸汽温度低于金属温度，蒸汽对（转子和汽缸）等部件起冷却作用，相对膨胀将出现（负胀差）。

286. 汽轮机的功率调节是通过改变（调节阀开度），从而改变汽轮机的（进汽量）来实现的。

287. 汽轮机的寿命是指从（初次）投入运行至转子出现第一道（宏观裂纹）期间的总工作时间。

288. 滑压运行除氧器当负荷突增时，除氧器的含氧量（增大）。

289. 汽轮机进汽调节方式有（节流）调节、（喷嘴）调节。

290. 汽轮机金属部件的最大允许温差由机组结构、汽缸转子的（热应力）、（热变形）以及转子与汽缸的（胀差）等因素来确定。

291. 汽缸加热装置用于加热（汽缸）、（法兰）和（螺栓），以保证汽轮机安全启动。

292. 轴承油压保护是防止（润滑）油压过（低）的保护装置。

293. 在汽轮机启动时，双层汽缸中的蒸汽被用来加热（汽缸），以减小（汽缸）、（法兰）、（螺栓）的温差，改善汽轮机的（启动性能）。

294. 给水泵的特性曲线必须（平坦），以便在锅炉负荷变化时，给水流量变化引起泵的出口压力波动较小。

295. 一般当汽轮机转速升高到额定转速的 1.10～1.12 倍时，（危急保安器）动作，切断汽轮机（进汽），使汽轮机（停止运转）。

296. 高压加热器出水电动门连锁关闭的条件是（高压加热器进水三通阀关闭）。

297. 一般情况下汽轮机的变压运行不但提高了汽轮机运行的（经济性），而且（减小）了金属部件内部的温差。

298. 汽轮机启动过程中要通过暖机等措施尽快把温度提高到脆性转变温度以上，以提高转子承受较大的（离心力）和（热应力）的能力。

299．汽轮机缸内声音（突变），主蒸汽管道、再热蒸汽管道、抽汽管道有明显的（水击声和金属噪声），应判断为汽轮机发生水冲击，必须破坏真空紧急停机。

300．汽轮机启、停或正常运行中发生（强烈振动），或汽轮机内部有明显的（金属摩擦声），必须破坏真空紧急停机。

301．汽轮机轴封的作用是防止高压蒸汽（漏出）及真空区漏入（空气）。

302．如果物体的热变形受到约束，则在物体内就会产生应力，这种应力称为（热应力）。

303．热力学第一定律的实质是（能量守恒与转换）定律在热力学上的一种特定应用形式。它说明了热能与机械能相互转换的可能性及数值关系。

304．凝汽器运行状况主要表现在以下三个方面：能够达到（最佳真空）；能够保证凝结水的（品质合格）；凝结水的（过冷度）能够保持最低。

305．汽轮机真空下降，排汽缸及轴承座受热膨胀，可能引起（中心变化），产生振动。

306．凝汽设备的任务主要有两个，在汽轮机的排气口（建立并保持真空）；把在汽轮机中做完功的排汽凝结成水，并除去凝结水中的（氧气和其他不凝结的气体），回收工质。

307．水泵汽化的原因在于进口水压（过低）或（水温过高），入口管阀门故障或堵塞使供水不足，水泵负荷太低或启动时迟迟不开再循环门，入口管路或阀门盘根漏入空气等。

308．汽轮机喷嘴的作用是把蒸汽的热能转变成（动能），也就是使蒸汽膨胀降压，增加（流速），按一定的方向喷射出来推动动叶片而做功。

309．凝汽器铜管胀口轻微泄漏，凝结水硬度增大，可在循环水进口侧或在胶球清洗泵加球室加（锯末），使（锯末）吸附在铜管胀口处，从而堵住胀口泄漏点。

310．汽轮机紧急停机和故障停机的最大区别是机组打闸之后紧急停机要（立即破坏真空），而故障停机不需要。

311．凝汽器冷却水管的腐蚀有（化学腐蚀）、电腐蚀、机械腐蚀等。

312．必须在（盘车）停止运行，且发电机内置换为（空气）后，才能停止密封油系统运行。

313．轴封供汽带水在机组运行中有可能使轴端汽封（损坏），重者将使机组发生（水冲击），危害机组安全运行。

314．汽轮机备用冷油器投入运行之前，应确认已经（充满油），（放油门）、（油箱放空气门）均应关闭。

315．汽耗特性是指汽轮发电机组汽耗量与（电负荷）之间的关系，汽轮发电机组的汽耗特性可以通过汽轮机变工况计算或在机组热力试验的基础上求得。凝汽式汽轮机组的汽耗特性随其调节方式不同而异。

316．影响汽轮发电机组经济运行的主要技术参数和经济指标有（汽压）、（汽温）、真空度、（给水温度）、汽耗率、循环水泵耗电率、高压加热投入率、凝汽器（端差）、凝结水（过冷度）、汽轮机热效率等。

317．当发生厂用电失去，机组故障停机，排汽温度小于（50℃）时，方可投入凝汽器

13

冷却水。

318. 凝汽器内真空的形成和维持必须具备三个条件：凝汽器铜管必须通过（一定水量）；凝结水泵必须不断地把（凝结水抽走），避免水位（升高），影响蒸汽的凝结；抽气器必须不断地把漏入的空气和排汽中的其他气体抽走。

319. 安全阀是一种保证（设备安全）的阀门。

320. 汽轮机喷嘴损失和动叶损失是由于蒸汽流过喷嘴和动叶时汽流之间的（相互摩擦）及汽流与叶片表面之间的（摩擦）所形成的。

321. 汽轮机在停用时，随着负荷、转速的降低，转子冷却比汽缸快，所以胀差一般向（负方向）发展。

322. 备用给水泵发生倒转时应关闭（出口门）并确认（油泵）在运行。

323. 汽轮机发生水冲击时，导致轴向推力急剧增大的原因是蒸汽中携带的大量水分在叶片汽道形成（水塞）。

324. 为了防止汽轮机通流部分在运行中发生摩擦，在机组启停和变工况运行时应严格控制（胀差）。

325. 在升速过程中，通过临界转速时瓦振不大于 0.1mm，轴振不大于（0.25mm），否则应立即打闸停机。

326. 给水泵汽轮机盘车期间应保证（给水泵再循环阀）在全开位置，防止给水泵发生（汽化）现象。

327. 汽轮机从打闸停止进汽开始至转子静止，这段时间称为（惰走）时间。

328. 汽轮机盘车装置的作用是：在汽轮机启动时，减少冲动转子的扭矩，在汽轮机停机时，使转子不停地转动，清除转子上的（残余应力），以防止转子发生弯曲。

329. 汽轮机主要保护动作不正常时（禁止）汽轮机投入运行。

330. 汽轮机的胀差是指（转子的膨胀值）与（汽缸的膨胀值）的差值。

331. 给水泵设置最小流量再循环的作用是保证给水泵有（一定的工作流量），以免在机组启停和低负荷时发生（汽蚀）。

332. 水环式真空泵中水的作用是使气体膨胀和压缩，以及（密封）和（冷却）。

333. 冷油器铜管泄漏时，其出口冷却水中有油花，主油箱油位（下降），严重时润滑油压（下降），发现冷油器漏油应（切换隔离）漏油冷油器进行处理。

334. 高压加热器自动旁路保护装置要求保护（动作准确可靠）；保护必须随同高压加热器一同（投入运行），故障时禁止启动高压加热器。

335. 汽轮机采用变压运行汽压降低，汽温不变时，汽轮机各级容积流量、流速近似（不变），能在低负荷时保持汽轮机内效率（不下降）。

336. 机组旁路系统作用是加快（启动速度），改善（启动条件），延长汽轮机寿命；保护再热器，（回收工质），降低噪声，使锅炉具备独立运行的条件，避免或减少安全门启座次数。

337. 在机组启停过程中，汽缸的绝对膨胀值突变时，说明（滑销系统卡涩）。

338. 汽轮机运行中各监视段的压力均与主蒸汽流量成（正比例）变化，监视这些压力，可以监督通流部分是否正常及通流部分的（结盐垢）情况，同时可分析各表计、各调速汽门开关是否正常。

339. 高压汽轮机在（冲转后）及并网后的加负荷过程中，金属加热比较剧烈，特别是在低负荷阶段更是如此。

340. 凝结水过冷却，使凝结水易吸收（空气），结果使凝结水的（含氧量）增加，加快设备管道系统的（锈蚀），降低了设备使用的安全性和可靠性。

341. 高压加热器运行中，由于水侧压力（高于）汽侧压力，为保证汽轮机组安全运行，在高压加热器水侧设有（自动旁路保护装置）。

342. 离心水泵有两种调节方式：一是改变管道阻力特性，最常用的方法是（节流法）；二是改变泵特性，如改变水泵（转速）。

343. 滑参数停机的主要目的是加速汽轮机（各金属部件冷却）以利于提前检修。

344. 汽轮机保护动作跳闸时，联动关闭各级抽汽截止阀和（止回阀）。

345. 调速系统不稳定，不能维持空负荷运行时，（禁止）进行汽轮机超速试验。

346. 上下汽缸温差过大，说明转子上下部分存在（温差），引起转子热弯曲。通常是上缸温度（高于）下缸，因而上缸变形（大于）下缸，使汽缸（向上）拱起，汽缸的这种变形使下缸底部径向间隙减小甚至消失，造成（动静摩擦），损坏设备。另外还会出现隔板和叶轮偏离正常时所在平面的现象，使（轴向间隙）变化，甚至引起（轴向动静摩擦）。

347. 汽温汽压下降时，通流部分过负荷及回热加热器（停用），则会使汽轮机轴向位移（增大）。

348. 当发现真空下降时，应立即对照各（真空表）及排汽温度表，确认真空下降后，根据下降速度采取措施。

349. 表面式加热器按其安装方式可分为（立）式和（卧）式两种。

350. 单位（质量）液体通过水泵后所获得的（能量）称为扬程。

351. 离心泵的基本特性曲线有流量—扬程曲线、流量—功率曲线、（流量—效率）曲线。

352. 汽轮机油箱装设排油烟机的作用是排除油箱中的（气体）和（水蒸气），这样一方面使（水蒸气）不在油箱中凝结；另一方面使油箱中压力不（高于）大气压力，使轴承回油顺利地流入油箱。

353. 凝汽器中真空形成的主要原因是由于汽轮机的排汽被（冷却成凝结水），其比体积急剧（缩小），使凝汽器内形成高度真空。

354. 轴封加热器的作用是加热凝结水，回收（轴封漏汽），从而减少（轴封漏汽）及热量损失。

355. EH 油系统中有（四）个自动停机遮断电磁阀 AST；其布置方式是（串并联）布置。

356. 在汽轮机中根据汽封所处的位置可分为（轴端）汽封、（隔板）汽封和围带汽封。

357. 发现运行汽轮机胀差变化大时，应首先检查（主蒸汽参数），并检查汽缸膨胀和滑销系统，综合分析，采取措施。

358. 汽轮机长期运行，在通流部分会发生积盐，最容易发生积盐的部位是（高压调节级）。

359. 闪点是指汽轮机油加热到一定温度时部分油变为（气体），用火一点就能燃烧，这个温度叫做闪点，又称引火点，汽轮机的温度很高，因此闪点不能太低，良好的汽轮机油闪点应不低于180℃。油质劣化时，闪点会（下降）。

360. 润滑油系统必须保持一定的油压，若油压过低，将导致润滑油膜（破坏），不但损坏轴承，还会造成动静之间摩擦恶性事故。因此，为保证汽轮机的安全运行，必须装设（低油压）保护装置。

361. 汽轮机大修后，甩负荷试验前必须进行（高、中压主汽门和调速汽门）严密性试验并符合技术要求。

362. 高、中压缸同时启动时蒸汽同时进入高、中压缸冲动转子，这种方法可使高、中压缸的级组分缸处加热均匀，减少（热应力），并能缩短（启动时间）。缺点是汽缸转子膨胀情况较复杂，胀差较难控制。

363. EH油再生过滤装置由纤维过滤器和硅藻土过滤器两部分组成，其作用是去除EH油中（杂质）、（水分）和（酸性物质），使EH油保持中性。

364. 高压加热器自动旁路保护装置的作用是当高压加热器发生严重泄漏，高压加热器疏水水位升高到规定值时，保护装置（切断进入高压加热器的给水），同时打开（旁路），使给水通过（旁路）送到锅炉，防止汽轮机发生水冲击事故。

365. 汽轮机轴瓦损坏的主要原因是（轴承断油）；机组强烈振动；轴瓦制造不良；（油温过高）；（油质恶化）。

366. 为防止汽轮机大轴弯曲热态启动中要严格控制（进汽温度）和轴封（供汽温度）。

367. 运行中，如备用油泵联动，不得随意停止联动泵，应（查清原因）并在连锁投入状态下停泵。

368. 泵进口处液体所具有的能量与液体发生汽蚀时具有的能量之差值称为（汽蚀余量）。

369. 单位数量的物质温度升高或降低（1℃）所吸收或放出的热量称为该物质的比热。

370. 朗肯循环的主要设备是蒸汽锅炉、汽轮机、凝汽器、（给水泵）四个部分。

371. 离心泵工作时，叶轮两侧承受的压力不对称，所以会产生叶轮（出口侧）往（进口侧）方向的轴向推力。

372. 把汽轮机中（做过功的蒸汽）抽出，送入加热器中加热给水，这种循环叫给水回热循环。

373. 热力学第二定律说明了能量（传递）和（转化）的方向、条件和程度。

374. 再热循环就是把汽轮机高压缸内已经做过部分功的蒸汽引入到锅炉的再热器中重新加热，使蒸汽温度又提高到（初）温度，然后再回到（汽轮机）内继续做功，最后的乏汽排入凝汽器的一种循环。

375. 朗肯循环效率取决于过热蒸汽的（压力）、（温度）和排气压力。

376. 卡诺循环是由两个可逆的定温程和两个可逆的（绝热）过程组成。

377. 流体有层流和紊流，发电厂的汽、水、风、烟等各种流动管道系统中的流动，绝大多数属于（紊流）运动。

378. 在有压管道中，由于某一管道部分工作状态突然改变，使液体的流速发生（急剧变化），从而引起液体压强的骤然（大幅度波动），这种现象称为水锤现象。

379. 水泵的允许吸上真空度是指泵入口处的真空（允许数值）。因为泵入口的真空过高时，也就是绝对压力过低时，泵入口的液体就会汽化产生汽蚀。汽蚀对泵的危害很大，应力求避免。

380. 高、低压加热器若水位过高，会淹没铜管，影响（传热效果），严重时会造成（汽轮机进水）；若水位过低，部分蒸汽不凝结就会经疏水管进入下一级加热器，从而（降低）加热器效率。

381. 高压加热器在运行中应经常检查疏水调节门动作（灵活）、（水位正常）。各汽、水管路应无漏水、无振动。

382. 热冲击是指蒸汽与汽缸转子等金属部件之间，在短时间内有大量的热交换，金属部件内（温差）直线上升，热应力（增大），甚至超过材料的屈服极限，严重时，造成部件损坏。

383. 当汽轮发电机组达到某一转速时，机组发生剧烈振动，当转速离开这一转数值时振动迅速减弱直至恢复正常，这一使汽轮发电机组产生剧烈振动的转速，称为汽轮发电机转子的（临界转速）。

384. 火力发电厂的汽水损失分为（内部损失）和（外部损失）。

385. 电磁阀属于（快速）动作阀。

386. 汽轮机高压交流油泵的出口压力应稍（小于）主油泵出口油压。

387. 当水泵的转速增大时，水泵的流量和扬程将（增大）。

388. 给水泵装置在除氧器下部的目的是为了防止（汽蚀）。

389. 在启动发电机定冷水系统前，应对定子水箱进行冲洗，直至（水质合格），方可启动水泵向系统通水。

390. 泵的（Q-H 特性曲线）与管道阻力特性曲线的（相交点）就是泵的工作点。

391. 蒸汽温度太低，会使汽轮机最后几级的蒸汽湿度（增加），严重时会发生（水冲击）。

392. 当高压加热器故障时给水温度（降低）将引起主蒸汽温度（上升）。

393. 液力联轴器是靠（泵轮）与（涡轮）的叶轮腔室内工作油量的多少来调节转速的。

394. 当蒸汽温度与低于蒸汽压力下的饱和温度的金属表面接触时，蒸汽放出（汽化潜热），凝结成（液体），这种蒸汽与金属之间的换热现象叫凝结换热。

395. 当汽轮发电机转速高于两倍转子第一临界转速时发生的轴瓦（自激）振动，通常称为油膜振荡。

396. 汽轮机单阀控制，所有高压调门开启方式相同，各阀开度（一样），特点是（节流调节）、（全周进汽）。

397. 凝汽器真空下降的主要现象为：排汽温度（升高），端差（增大），调节汽门不变

17

时，汽轮机负荷（下降）。

398. 氢气的优点是氢气的（密度小），风扇做功所消耗的能量小；氢气的导热系数（大），能有效地将热量传给冷却器；比较容易制造。

399. 润滑油对轴承起（润滑）、（冷却）、清洗作用。

400. 滑参数启动是指汽轮机的暖管、（暖机）、（升速）和带负荷是在蒸汽参数逐渐变动的情况下进行的。

401. 绝对压力小于当地大气压力的部分数值称为（真空）。

402. 汽化潜热是指饱和水在定压下加热变成饱和蒸汽所需要的（热量）。

403. 层流是指液体流动过程中，各质点的流线互不混杂、互不（干扰）的流动状态。

404. 流体的黏滞性是指流体运动时，在流体的层间产生内（摩擦力）的一种性质。

405. 单元机组按运行方式可分为（炉跟机）、（机跟炉）、（协调）三种方式。

406. 除氧器为（混合式）加热器，单元制发电机组除氧器通常采用（滑压运行）。

407. 凝汽器最佳真空（低于）极限真空。

408. 润滑油温过低，油的黏度增大使油膜（过厚），不但承载能力（下降），而且工作不稳定。

409. 汽轮机振动方向分为垂直、水平和（轴向）三种。

410. 造成振动的原因是多方面的，但在运行中集中反映的是轴的中心不正或不平衡、油膜不正常，大多数是（垂直）振动较大。

411. 轴封间隙过大，使（轴封漏汽量）增加，漏汽沿轴向漏入轴承中，使（油中带水），严重时造成油质乳化，危及机组安全运行。

412. 润滑油温过高，油的黏度（过低），以至难以建立油膜，失去润滑作用。

413. 汽轮机超速试验时，为了防止发生水冲击事故，必须加强对汽压、（汽温）的监视。

414. 为确保汽轮机的自动保护装置在运行中动作正确可靠，机组在启动前应进行（模拟）试验。

415. 热量是指依靠（温差）而传递的能量。

416. 汽轮机组停机后造成汽轮机进冷汽、冷水的原因主要有主、再热蒸汽系统；（抽汽系统）、（轴封系统）；（凝汽器）；汽轮机本身的（疏水系统）。

417. 汽轮机为防止油中进水，除了在运行中冷油器水侧压力应低于油侧压力外，还应精心调整（轴封）进汽量，防止油中进水。

418. 热工测量仪表与设备测点连接时，从设备测点引出管上接出的第一道隔离阀门称为仪表（一次）门。

419. 汽轮机各主门、调门所有执行机构都是（单侧）进油，执行机构分为两大类，一类为（开关）型执行机构，一类为（调节）型执行机构。

420. AST 电磁阀组运行时是（带）电关闭的，封闭 AST 母管的泄油通道。

421. 做机电炉大连锁试验时，汽轮机 ETS 中需要切除（低真空）保护。

422. 机组正常运行中退高压加热器汽侧的顺序应由压力（高）到（低）。

423. 滑参数停机中要求保持主蒸汽过热度最低不小于（50）℃。

424. 高压加热器若未随机启动时，高压加热器投入顺序压力应由（低）到（高）。

425. 机组热态启动投轴封供汽时，应确认（盘车投入），先（送轴封），后（抽真空）。停机后，（真空至零），方可停止轴封供汽。

426. 变频凝结水泵运行时（除氧器上水调整门）调压力，（变频器）调水位。

427. 停机过程中，应对低压胀差进行控制。因转子的（泊桑）效应，汽轮机打闸停机后，低压胀差（迅速增大）。

428. 汽轮机转子升速时，在一阶临界转速以下，轴承振动达（0.03）mm 时，应打闸停机。

429. 汽轮机是将蒸汽工质的（热）能转变成（动）能，再将（动）能转变成机械能的一种热机。

430. 汽轮机按工作原理分为（冲动式）汽轮机和（反动式）汽轮机。

431. 汽轮发电机组能在下列条件下，在保证寿命期内任何时间都能安全连续运行，此工况称为（铭牌）工况 TRL，此工况下的进汽量称为（铭牌）进汽量，此为出力保证值的验收工况。

432. 按照蒸汽的动能转换为转子机械能的过程不同，汽轮机级可分为（速度）级和（压力）级。

433. 火力发电厂典型的热力过程有（等温过程）、等压过程、等容过程和绝热过程。

434. 汽轮机启动按进汽方式可分为（高、中压缸联合启动）和中压缸启动两种方式。

435. 现代汽轮发电机组采用的联轴器通常有三种形式，即（刚性）联轴器、（半挠性）联轴器和（挠性）联轴器。

436. 常用的支持轴承有圆柱形轴承、（椭圆形）轴承、（可倾瓦）轴承和三油楔轴承。

437. 汽轮机推力瓦设置在推力盘的两侧边，（工作瓦）承受转子的正向推力；（非工作瓦）承受转子的反向推力。

438. 汽轮机纵销中心线与（横销中心线）的交点为汽缸的死点。

439. 提高机组（初参数），降低机组终参数，可以提高机组的经济性。

440. 提高蒸汽初温度受（动力设备材料强度）的限制。

441. 提高蒸汽初压力受（汽轮机末级叶片）最大允许湿度的限制。

442. 火力发电厂常见的热力循环有朗肯循环、中间再热循环、（回热循环）。

443. 热疲劳是指部件在交变热应力的（反复作用）下最终产生裂纹或破坏的现象。

444. 卡诺循环是由两个可逆的（定温）过程和两个可逆的绝热过程组成。

445. 把汽轮机中做过功的蒸汽抽出，送入加热器中加热（给水），这种循环叫给水回热循环。

446. 朗肯循环的主要设备是蒸汽锅炉、（汽轮机）、凝汽器、给水泵四个部分。

447. 在机组启、停过程中，汽缸的绝对膨胀值突然增大或突然减小时，说明滑销系统（卡涩）。

448. 汽轮机正胀差的含义是（转子）膨胀大于（汽缸）膨胀的差值。

449. 蒸汽在汽轮机动叶中膨胀程度的大小，常用级的（反动度）表示。

450. 汽轮机由于（温度）的变化而引起物体的变形称为热变形。

451. 汽轮机冷态启动过程中，由于汽缸内壁温度高于外壁，因此内壁表面热应力为（压缩）应力，外壁表面热应力（拉伸）应力。

452. 在汽轮机启停和负荷变化过程中，为了避免出现过大的账差，应当合理控制蒸汽的（温升）速度和（负荷变化）速度。

453. 变压运行分为纯变压运行、节流变压运行、（复合变压运行）。

454. 其他条件不变，提高朗肯循环的初温，则平均吸热温度提高，循环效率（提高）。

455. 汽轮机严格按超速试验规程的要求，机组冷态启动带 25％额定负荷，运行(3～4)h后立即进行超速试验。

456. 汽轮机背压不变时，功率的相对变化量与初压的相对变化量成（正）比。

457. 表示工质状态特征的物理量叫（状态参数），工质的状态参数有压力、（温度）、比体积、焓、熵、内能等。

458. 除氧器的闪蒸现象一般发生在机组负荷（突降）时。

459. 对回热加热器按传热方式，可分为（混合）式和（表面）式两种。

460. 在稳定状态下，汽轮机空载与满载的转速之差与（额定转速）之比称为汽轮机调节系统的速度变动率。

461. 汽轮机调节系统由（转速感受机构）、传动放大机构、执行机构和反馈机构四部分组成。

462. 调节系统迟缓率过大，在空负荷时，引起汽轮机的（转速）不稳定，从而使（并列）困难。

463. 当汽轮机进汽采用喷嘴调节时，前一个调汽门还尚未完全开启时，另一个调汽门就开启，这就是调汽门的（重叠度）。

464. 凝结水的水位过高会淹没热水井中的凝结水加热装置，甚至淹没冷却水管而使（过冷度）增加；反之，凝结水位过低又会使（凝结水泵）发生汽蚀现象。

465. 凝汽器内蒸汽的凝结过程可以看作是（等压过程）。

466. 冷油器油侧压力一般应（大于）水侧压力。

467. 汽轮机油箱的作用是（贮油）和分离（水分）、空气、（杂质）和沉淀物。

468. 主油泵供给调节及润滑油系统用油，要求其扬程—流量特性曲线较（平缓）。

469. 运行中发现汽轮机润滑油压和主油箱油位同时下降，主要原因是（压力油管漏油）。

470. 汽轮机直流润滑油泵的直流电源系统应有足够的（容量），其各级熔断器应合理配置，防止故障时（熔断器）熔断使直流润滑泵失去电源。

471. 对于采用重锤式蝶阀的循环水泵，重锤的作用是（关闭）阀门。

472. 若发现凝结水电导率增大且（钠离子）超标，即可判断凝汽器管束泄漏。

473. 做真空严密性试验时要求机组负荷不低于（80）％额定负荷。

474. 在启动过程中，主汽门前的蒸汽参数随机组转速或负荷的变化而逐渐升高，称为

（滑参数）启动。

475. 根据冲转汽轮机前主汽阀前压力的高低，滑参数启动又可分为（真空法）和（压力法）两种。

476. 启动时，蒸汽同时进入高压缸和中压缸并冲动转子的方式称为（高、中压缸联合）启动。

477. 汽轮机部件在高温下长期运行，其材料易发生（疲劳）或（蠕变损伤）。

478. 汽轮机的寿命损耗主要是转子（低周疲劳）损耗和（高温蠕变）损耗。

479. 热疲劳是指部件在（交变热应力）的反复作用下，最终产生裂纹或破坏的现象。

480. 强迫振动的主要特征是主频率与转子的转速（一致或成两倍频率）。

481. 如果物体的（热变形）受到（约束），则在物体内就会产生应力，这种应力称为热应力。

482. 当蒸汽与低于蒸汽压力下的饱和温度的金属表面接触时，蒸汽放出汽化潜热，凝结成液体，这种蒸汽与金属之间的换热现象叫（凝结换热）。

483. 凝汽器的（循环冷却水）流量与（排汽）流量的比值称为冷却倍率。

484. 当凝汽器的真空提高时，汽轮机的可用热焓将受到汽轮机末级叶片蒸汽膨胀能力的限制。当蒸汽在末级叶片中膨胀达到最大值时，与之相对应的真空称为（极限真空）。

485. 给水泵的特性曲线必须平坦，以便在锅炉负荷变化时，给水流量变化引起泵出口压力波动（较小）。

486. （泵进口处）液体所具有的能量与液体发生（汽蚀时）具有的能量之差值称为汽蚀余量。

487. 液力联轴器是靠泵轮与涡轮的叶轮腔室内（工作油量）的多少来调节转速的。

488. 加热器投入的原则：按抽汽压力由（低）到（高），先投（水侧），后投（汽侧）。

489. 盘车投入允许条件是零转速，（顶轴油压）、盘车啮合、（润滑油压）正常。

490. EH油再生装置由（纤维过滤器）和（硅藻土过滤器）两部分组成，作用是去除EH油中杂质、水分和酸性物质，使EH油保持中性。

491. 汽轮机内有清晰的金属摩擦声时，应（紧急停机）。

492. 在稳定状态下，汽轮机空载与满载的转速之差与额定转速之比称为汽轮机调节系统的（速度变动率）。

493. 从汽轮机打闸停止进汽开始到（转子静止）为止，这段时间称为惰走时间。

494. 汽轮机在减负荷时，蒸汽温度低于金属温度，转子表面温度低于中心孔的温度，此时转子表面形成（拉应力），中心孔形成（压应力）。

495. 中速暖机和额定转速下暖机的目的是（防止材料脆性破坏）和避免过大的热应力。

496. 汽轮机调速系统的迟缓率一般应不大于（0.5%），对于新安装的机组应不大于（0.2%）。

497. 单位时间内通过固体壁面的热量与壁的两表面温度差和壁面面积成（正比），与壁厚度成（反比）。

498. 水蒸气的形成经过五种状态的变化，即未饱和水、饱和水、（湿饱和蒸汽）、干饱和蒸汽和（过热蒸汽）。

499. 干度等于（干蒸汽）的质量除以（湿蒸汽）的质量。

500. 当流体流动时，在流体（层间）产生（内摩擦力）的特性称为流体的黏滞性。

501. 润滑油黏度过低，不能形成必要的（油膜厚度），无法保证润滑的需要，严重时会（烧坏轴瓦）。

502. 汽轮机常用的联轴器有三种，即刚性联轴器、（半挠性）联轴器和（挠性）联轴器。

503. 从干饱和蒸汽加热到一定温度的（过热蒸汽）所加入的热量叫过热热。

504. 发电机风温过高会使定子线圈温度、铁芯温度相应（升高）；使绝缘发生脆化，丧失机械强度；使发电机（寿命）大大缩短。

505. 在相同的温度范围内，（卡诺）循环的热效率最高；在同一热力循环中，（热效率）越高，则循环功越大。

506. 朗肯循环是由两个（等压）过程和两个（绝热）过程组成的。

507. 沸腾时汽体和液体同时存在，汽体和液体的温度（相等）。

508. 凝结器冷却水管结垢可造成传热（减弱），管壁温度（升高）。

509. 流体流动时引起能量损失的主要原因是流体的（黏滞）性。

510. 加热器的传热端差是指进汽压力下的饱和温度与（加热器给水出口）温度之差。

511. 高压加热器在工况变化时热应力主要发生在（管板上）。

512. 汽轮机润滑油中含水量的正常控制标准是（≤100mg/L）。

513. 汽轮机油系统上的阀门应（横）向安装。

514. 当主蒸汽温度不变而汽压降低时，汽轮机的可用焓降（减少）。

515. 降低初温，其他条件不变，汽轮机的相对内效率（降低）。

516. 在工况变化的初期（调门动作前），锅炉汽压与蒸汽流量变化方向相反，此时的扰动为（外扰）。

517. 工质最基本的状态参数是（温度）、（压力）、（比体积）。

518. 同样蒸汽参数条件下，顺序阀切换为单阀，则调节级后金属温度（升高）。

519. 汽轮机负荷过低会引起排汽温度升高的原因是进入汽轮机的（蒸汽流量过低），不足以带走（鼓风摩擦损失）产生的热量。

520. 强迫振动的主要特征是（主频率）与转子的转速一致或成两倍频率。

521. 汽轮机停机惰走降速时，由于鼓风作用和泊桑效应，低压转子会出现（正胀差）突增。

522. 金属材料在外力作用下出现塑性变形的应力称为（屈服极限）。

523. 协调控制系统共有五种运行形式，其中负荷调节反应最快的是（锅炉跟随汽轮机）方式。

524. 超速试验时转子的应力比额定转速下增加约（25）%的附加应力。

525. 滑参数停机时，应控制主、再热蒸汽温差不宜过大，对于合缸机组，主、再热蒸汽温差要控制在（30）℃以内。

526. 机组甩掉全部负荷所产生的热应力要比甩掉部分负荷时（小）。

527. 泵入口处的实际汽蚀余量称为（装置）汽蚀余量。

528. 泵和风机的效率是指泵和风机的（有效）功率与（轴）功率之比。

529. 氢气的爆炸极限范围是（5%～76%）。

530. 发电机正常运行中，机内氢气纯度应大于（96%）。

531. 在额定参数下，进行汽轮机高、中压主汽门严密性试验，当高、中压主汽门全关，转速下降至（1000）r/min 时为合格。

532. 电网频率超出允许范围长时间运行，将使叶片产生（振动），可造成叶片折断。

533. 当转子在（第一临界转速）以下发生动静摩擦时，对机组的安全威胁最大，往往会造成大轴永久弯曲。

534. 为了防止油系统失火，油系统管道、阀门、接头、法兰等附件承压等级应按耐压试验压力选用，一般为工作压力的（2）倍。

535. 当凝汽器真空下降，机组负荷不变时，轴向推力（增加）。

536. 汽轮机热态启动时应（先）送轴封（后）抽真空。

537. 只有当转子的临界转速低于（1/2）工作转速时，才有可能发生油膜振荡现象。

538. 圆筒型轴承的顶部间隙是椭圆轴承的（2）倍。

539. 泡沫灭火器扑救（油类）火灾效果最好。

540. 汽轮机的内功率与总功率之比称做汽轮机的（相对内）效率。

541. 对同一种流体来说，沸腾放热的放热系数比无物态变化时的对流放热系数（大）。

542. 临界点的各状态参数称为监界参数。不同工质的临界参数不同，对于水来说，临界压力 p_{cr}＝（22.12）MPa，临界温度 t_{cr}＝（374.15）℃。

543. 汽轮机热态启动中注意汽缸温度变化，不应出现温度下降，出现温度下降时，若查无其他原因应尽快（升速或并列接带负荷）。

544. 疏水管应按（压力）顺序接入联箱，并向低压侧倾斜（45°）。

545. 疏水联箱的标高应（高于）凝汽器热水井最高点标高。停机后，疏水系统投入时，应控制疏水系统各容器水位正常，保持凝汽器水位（低于）疏水联箱标高。

546. 危急保安器动作值应在汽轮机额定转速的（110%±1%）范围内。

547. 当泵发生汽蚀时，泵的扬程（减小），流量（减小）。

548. 扑救可能产生有毒气体的火灾，如电缆着火时，扑救人员应使用（正压式消防空气呼吸器）。

549. 发电设备"年利用小时"等于发电设备全年（发电量）除以发电设备（额定容量）。

550. 《电业安全工作规程》（热机部分）规定，进入凝汽器内工作时应使用（12）V行灯。

551. 为防止人身烫伤，外表面温度高于（50）℃，需要经常操作、维修的设备和管道一般均应有保温层。

552. 在离地高度大于或等于2m的平台、通道及作业场所的防护栏杆高度应不低于

23

(1.2)m。

553. 制氢室内和其他装有氢气的设备附近，均严禁烟火，严禁放置易爆、易燃物品，并应设严禁烟火的标示牌，一般储氢罐周围（10）m 范围以内应设有围栏。

554. 汽轮机油系统事故排油阀应设（2）个钢质截止阀，其操作手轮应设在距油箱（5）m 以外的地方。

555. 机组启动时，大轴晃动值不应超过制造厂的规定值或原始值的（±0.02mm）。

556. 工作人员应学会触电、窒息急救法、（心肺复苏法），并熟悉有关烧伤、（烫伤）、外伤、（气体中毒）等急救常识。

557. 汽轮机启动、停止、变工况时，在金属内部引起的温差与（蒸汽和金属间的传热量）成正比。

558. 泵的轴封、轴承及叶轮圆盘摩擦损失所消耗的功率称为（机械）损失。

559. 汽轮机正常运行中，凝汽器真空（大于）凝结水泵入口的真空。

560. 一般发电机冷却水中断超过（30）s 保护未动作时，应手动停机。

561. 0.5 级仪表的精度比 0.25 级仪表的精度（低）。

562. 单元制汽轮机调速系统的静态试验应在（锅炉点火）前进行。

563. 滑参数停机时，为保证汽缸热应力在允许范围之内，要求金属温度下降速度不要超过（1.5）℃/min。在整个滑参数停机过程中，新蒸汽温度应该始终保持有（50）℃的过热度。

564. 机组启动前连续盘车时间应执行制造厂的有关规定，至少不得少于（2～4）h，热态启动不少于（4）h。若盘车中断应（重新计时）。

565. 凝汽式汽轮机中间各级的级前压力与蒸汽流量成（正比）变化。

566. 启动循环水泵时，开循环水泵出口门一定要（缓慢），否则容易引起水锤，造成阀门、管道等损坏及循环水泵运行不稳。

567. 汽轮机凝汽器底部若装有弹簧，要加装（临时支撑）后方可进行灌水查漏。

568. 汽轮机甩负荷试验合格的判断标准是（甩负荷后转速上升，但未引起危急保安器动作）。

569. 汽轮机在稳定工况下运行时，汽缸和转子的热应力趋近于（零）。

570. 提高除氧器的布置高度，设置再循环管的目的都是为了（防止给水泵汽化）。

571. 为防止冷空气进入汽缸，必须等（真空）到零，方可停用轴封蒸汽。

572. 两台水泵串联运行的目的是为了（提高扬程或是为了防止泵的汽蚀）。

573. 离心泵的 Q-H 曲线为（连续下降的），才能保证水泵连续运行的稳定性。

574. 主汽门开启主要受油压控制，关闭靠（弹簧弹力）。

575. 由一列喷嘴和一列动叶栅组成的汽轮机最基本的做功单元叫（汽轮机的级）。

576. 中间再热循环就是把汽轮机（高压缸）内做了功的蒸汽引到锅炉的（中间再热器）重新加热，使蒸汽的温度又得到提高，然后再引到汽轮机（中压缸）内继续做功，最后的乏汽排入凝汽器。

577. 容器内工质本身的实际压力称为（绝对压力）。

578. 工质的绝对压力与大气压力的差值称为（表压力）。

579. 汽轮机的转子可分为（轮式）和（鼓式）两种基本类型。

580. 轮式转子有（整锻式）、（套装式）、（组合式）和（焊接式）4 种类型。

581. 无中心孔整锻转子的 FATT 温度较有中心孔转子的 FATT 温度（低）。

582. 超临界汽轮机高、中压缸转子大都采用（整锻）转子。

583. 进汽机构的节流损失属于（内部）损失。

584. 排汽管中的压力损失属于（内部）损失。

585. 端部轴封漏汽损失属于（外部）损失。

586. 金属材料的拉应力极限（小于）压应力极限。因此停机时的温降率（小于）启机时的温升率。

587. 汽轮机组的高、中压缸采用双层缸结构，在夹层中通入压力和温度较低的蒸汽，以减小多层汽缸的（内外温差）和（热应力）。

588. 汽轮机在不同工况下的临界流量与初压成（正）比。

589. 停机过程中，由于汽缸内壁表面温度低于外壁表面温度，因此内壁表面热应力为压应力，外壁表面热应力为（拉）应力。

590. 汽缸法兰的热变形往往会引起汽缸横截面发生变形，使得汽缸中部截面由圆变为（立椭圆）。

591. 机组甩负荷时，转子表面产生的热应力为（拉）应力。

592. 中间再热使热经济性得到提高的必要条件是再热附加循环热效率（大于）基本循环热效率。

593. 低负荷运行，汽轮机采用节流调节比采用喷嘴调节时效率（低）。

594. 由于（温度）的变化而引起物体的变形称为热变形。

595. 金属的蠕变是指金属材料长期处于（高温）条件下，在低于（屈服点）的应力作用下，缓慢而持续不断地增加材料（塑性）变形的过程。

596. 转子质面比（小），汽缸质面比（大）。因此，在启动、停机过程中，转子温度的升高、降低速率比汽缸（快）。

597. 盘车装置的作用是在上下汽缸存在温差的情况下盘动转子，使转子均匀地受到（冷却或加热），以减少转子的（热弯曲）。

598. 混合式加热器通过蒸汽和被加热水（直接接触、混合）进行传热，其优点是可以将水加热到该加热器蒸汽压力下的（饱和水温度），充分利用抽汽的热能。

599. 回热抽汽系统使机组的汽耗率（增加）、热耗率（下降）、循环效率（增加）。

600. 加热器凝结段利用蒸汽冷凝时放出的（汽化潜热）来加热给水。

601. 除氧器的返氧现象一般发生在机组负荷（突增）时。

602. 运行中除氧器振动时，可适当降低除氧器负荷或提高其（进水温度）。

603. 凝汽器的传热面分为（主凝结区）和（空气冷却区）两部分。

604. 汽轮机单阀控制时，所有高压调门开启方式相同，各阀开度一致，特点是（节流调节、全周进汽）。

605. 协调控制系统由两大部分组成，其中一部分是（机、炉独立控制）系统，另一部分是（主控制）系统。

606. 真空严密性试验应做（8）min，且计算后（5）min 的真空值。

607. 油品的黏度随油温的升高而（降低）。

608. 汽轮发电机组正常运行中，当发现密封油泵出口油压升高，密封瓦入口油压降低时，应判断为（密封滤网堵塞）。

609. 主油箱装设排油烟机的作用是排除油箱中的（气体）和（水蒸气）。

610. 工质在管内流动时，由于通道截面突然缩小，使工质流速突然增加、压力降低的现象称为（节流）。

611. 饱和压力随饱和温度升高而（升高）。

612. 金属材料在无限多次交变应力作用下，不致引起断裂的最大应力称为（疲劳极限）或（疲劳强度）。

613. 当蒸汽在末级叶片中的膨胀达到极限时，所对应的真空称为（极限真空）。

614. 冲击韧性显著下降，即脆性断口占试验断口 50% 时的温度，称为金属的（低温脆性转变）温度。

615. 高压加热器的上端差是指高压加热器（进汽压力下的饱和）温度与高压加热器（给水出水）温度之差。

616. 汽轮机本体由（静止）和（转动）两大部分组成。

617. 汽轮机的静止部分包括汽缸、（隔板）、（喷嘴）和（轴承）等。

618. 汽轮机的转动部分包括轴、（叶轮）、（叶片）和（联轴器）等。

619. 除氧器的作用是除去锅炉给水中的（氧气）及（其他气体），保证给水品质，同时它本身又是回热系统中的一个（混合式）加热器，起到加热给水的作用。

620. 凝汽器管板的作用是安装并固定（冷却水管），并把凝汽器分为（汽侧）和（水侧）。

621. 凝结水泵空气平衡管的作用是当凝结水泵内有（空气）时，可由空气管排至凝汽器，维持凝结水泵进口的（负压），保证凝结水泵正常运行。

622. 抗乳化度是指油能迅速地和（水）分离的能力，它用（分离所需的时间）来表示。

623. 闪点是指汽轮机油加热到一定温度时部分油变为（气体），用火一点就能（燃烧），这个温度叫做闪点。

624. 给水中溶解的气体危害性最大的是（氧气）。

625. 配汽机构的任务是控制汽轮机（进汽量）使之与（负荷）相适应。

626. 金属材料的强度极限 σ_b 是指金属材料在外力作用下（断裂）时的应力。

627. 利用（管道自然弯曲）来解决管道热膨胀的方法称为自然补偿。

628. 热工仪表的质量好坏通常用（准确度）、（灵敏度）、时滞三项主要指标评定。

629. 真空系统的严密性下降后，凝汽器的传热端差（增大）。

630. 汽轮机高压油大量漏油，引起火灾事故，应立即启动（润滑）油泵，（停机）并切断（高压）油源。

631. 汽轮机变工况时，采用（定压运行喷嘴调节）的负荷调节方式，高压缸通流部分温度变化最大。

632. 汽轮机变工况运行时，容易产生较大热应力的部位有（高压转子第一级出口）和（中压转子进汽区）。

633. 当汽轮发电机组转轴发生动静摩擦时振动的（相位角）是变化的。

634. 给水泵严重汽化的象征：入口管内发生不正常的冲击，出口压力（下降）并摆动，电动机电流（下降并摆动），给水流量（摆动）。

635. 滑参数停机过程中严禁做汽轮机超速试验以防（蒸汽带水），引起汽轮机水击。

636. 提高机组初参数，降低机组（终参数），可以提高机组运行的经济性。

637. 在泵壳与泵轴之间设置密封装置，是为了防止（泵内水外漏）或（空气进入泵内）。

638. 凝汽器水位升高淹没铜管时，将使凝结水过冷度增大、真空（降低）。

639. 汽轮机叶顶围带的三个主要作用是增加叶片刚度、调整叶片频率、防止（级间漏汽）。

640. 主汽阀带有预启阀，其作用是降低阀碟前后压差和机组启动时控制（转速和初负荷）。

641. 运行中汽轮机发生水冲击时，推力瓦温度（升高），轴向位移（增大），相对胀差负值（增大）。

642. 在能量转换过程中，造成能量损失的真正原因是传热过程中有温差传热带来的（不可逆损失）。

643. 凝汽器冷却水管的腐蚀有化学腐蚀、电腐蚀、（机械）腐蚀等。

644. 当发现真空下降时，应立即对照各真空表及（排汽温度表），确认真空下降后，根据下降速度采取措施。

645. 一级动火工作的过程中，应每隔（2~4）h测定一次现场可燃性气体、易燃液体的可燃蒸汽含量或粉尘浓度是否合格。

646. 一级动火工作票的有效时间为（24）h。

647. 二级动火工作票的有效时间为（168）h。

648. 汽轮机油管道与蒸汽管道净距离不应小于（150）mm。

649. 主机油系统着火，威胁主油箱或贮油箱安全时，应开启（事故放油门），但必须保证机组静止前润滑油不中断。

650. 凝结器结垢后，使循环水出、入口温差（减小），造成凝结器端差（增大）。

651. 如果在升负荷过程中，汽轮机正胀差增长过快，此时应保持（负荷）及（蒸汽参数）稳定。

652. 金属在高温下长期工作，其组织结构发生显著变化，引起机械性能的改变，出现蠕变（断裂）、应力（松弛）、（热疲劳）等现象。

653. 汽轮机凝汽器的换热管结垢将使循环水出入口温差（减小），造成凝汽器的端差增大。

654. 汽轮机凝汽器的水侧堵塞杂物将造成循环水出口虹吸（增大），循环水出入口温差增加，真空（降低），排汽温度（升高）。

655. 泵在运行时，电流增大的原因有流量增加、转动部分有卡涩或（电动机本身故障）。

656. 蒸汽在汽轮机内的（膨胀）可看做是绝热过程。

657. 采用中间再热循环可提高蒸汽的终（干度），使低压缸的蒸汽（湿度）保证在允许范围内。

658. 汽轮机启动前准备工作的主要任务是使各种设备处于（准备启动）状态。

659. 汽轮机热态启动时主蒸汽温度应高于高压缸上缸内壁（50～100）℃，但最高不得超过（额定值）。

660. 汽轮机汽缸内声音（失常），主蒸汽管道或抽汽管道有显著的（水击声），对此应判断为汽轮机组发生水击，必须紧急停机破坏真空。

661. 汽轮机一般在突然失去负荷时，转速升到最高点后又下降到一稳定转速，这种现象称为（动态飞升）。

662. 汽轮机（热态）启动时由于汽缸转子的温度场是均匀的，因此启动时间快，热应力小。

663. 汽轮机热态启动时，若出现负胀差，主要原因是（冲转时蒸汽温度偏低）。

664. 当蒸汽初温和终压不变时，提高蒸汽（初压），朗肯循环（热效率）可提高。

665. 汽轮机启动时，当机组带到满负荷时，金属部件内部温差达到最大值，在温升率变化曲线上，这一点称为（准稳态）点。

666. 氢冷发电机的气体置换通常用（中间介质）置换法。

667. 要提高蒸汽品质应从提高（补给水）品质和（凝结水）品质着手。

668. 汽轮机危急保安器有（重锤）式和离心（飞环）式。

669. 汽轮机调节级处的蒸汽温度随负荷的增加而（增加）。

670. 当蒸汽与低于蒸汽饱和温度的金属表面接触时，会在金属表面发生蒸汽凝结现象，在凝结过程中蒸汽放出（汽化潜热）。

671. 油系统应尽量避免使用（法兰）连接，禁止使用（铸铁）阀门。

672. 空冷岛主要系统包括空冷平台钢结构、空冷凝汽器系统、（空冷凝汽器清洗系统）、汽轮机排汽管道、凝结水系统、抽真空系统等。

673. 直接空冷系统每个冷却单元由空冷风机和（换热管束）组成。

674. 空冷技术的应用是解决当前（水资源）危机的一个切实可行的办法。

675. 间接空冷技术的转动部件少，只有（循环）水泵，因此降低了间接空冷的（运行和维护）费用。

676. 热风回流对间接空冷造成的负面影响远远（小于）对直接空冷造成的影响，自然通风塔几乎不会发生热风回流现象。

677. 椭圆形的管束具有尾流区小和（风阻小）的特点。

678. 单排管具有管排少，（清洗）更容易和方便的特点。

679. 由于空冷系统节约（水资源）的效果显著，在富煤贫水地区被广泛应用。

680. 用于火力发电厂的空冷系统主要有（直接空冷）系统和间接空冷系统。

681. 传统的间接空冷系统分为（带表面式凝汽器）的间接空冷系统（哈蒙式）和带混合式凝汽器的间接空冷系统（海勒式）。

682. 哈蒙式间接空冷系统的空冷塔（体型庞大）、基建投资费用高。

683. 间接空冷系统冷却水温的控制依靠空冷塔上（百叶窗）的开度来控制进塔空气量。

684. 空冷系统实际运行中，大部分机组（冷却风量）低于设计值，导致机组运行背压比设计值高。

685. 直接空冷汽轮机组优化运行试验包括（汽轮机运行）优化试验和空冷系统运行优化试验两方面内容。

686. 在冬季低气温时，空冷翅片管内的蒸汽等温冷凝段缩短，凝结水冷却段增加，凝结水（过冷度）增大。

687. 直接空冷凝汽器设置逆流管束是为了能够顺畅地将真空系统内的（空气和不凝结气体）排出，避免空冷凝汽器内积聚空气与不凝结气体。

688. 采用变频调速风机，有效控制空冷凝汽器的（冷却风量）。

689. 一般认为单排管的防冻性能要（优于）多排管。

690. 空气冷凝器翅片管冻结的主要原因是翅片管束冷却能力与（汽轮机排汽热负荷）的不平衡。

691. 直接空冷系统冬季防冻是一项非常重要的工作，直接影响着电厂的发电指标、经济效益和（安全可靠性）。

692. 空冷凝汽器换热系数随着迎面风速的提高而（增加）。

693. 空冷平台与周围构（建）筑物的布局和高度、挡风墙高度、（空冷迎面风速）均会影响空冷的换热效果。

694. 空冷风机全部停运后，由于有巨大的换热面积，（自然对流换热）空冷凝汽器仍有一定的换热能力。

695. 空冷凝汽器面积增大，能够保证夏季满发有利，但对冬季防冻（不利）。

696. 直接空冷凝汽器的换热元件主要有三排管、双排管和（单排管）三种。

697. 随着迎面风速的增加，空气流动阻力增大，空气侧对流换热系数（增大）。

698. 汽轮机排汽是两相流的混合物，主相为水蒸气，液相为（凝结水滴）。

699. 直接空冷凝汽器是用（空气）凝结汽轮机排汽。

700. 空冷凝汽器冷却能力在一定热负荷和风量的条件下，取决于空气（干球）温度。

701. 根据空冷凝汽器内蒸汽与凝结水的（流动方向）不同，可分为顺流段和逆流段两部分。

702. 直接空冷凝汽器顺流段内蒸汽与凝结水流动方向（相同）。

703. 直接空冷凝汽器逆流段内蒸汽与凝结水流动方向（相反）。

704. 空冷风机的驱动方式最早采用单速、双速电动机，现在大多采用（变频调速）电动机。

705. 直接空冷机组应设置外部环境温度、风向、风速、大气压力等气象监测装置，测点接入（机组 DCS 系统），并根据当地气象情况合理设置必要的报警，以便于运行监视。

706. 直接空冷机组协调系统应具备在机组真空急剧下降时，机组能（快速减负荷）功能，以维持机组真空，防止机组因运行人员调整不及时导致机组背压高跳闸。

707. 为能及时清除散热器外表面的污物，应设置（空冷凝汽器表面冲洗）设备，一般选用全自动冲洗装置，以提高冲洗效率，并随空冷系统同步投运。

708. 空冷机组的精处理树脂须采用（耐高温）树脂，以适应空冷机组高背压运行。

709. 机组在高负荷、高背压运行期间，应加强对主机各运行参数的监视，控制汽轮机主蒸汽流量、调节级压力、低压缸排汽温度、轴向位移等参数在允许范围内，否则应通过（降低机组负荷）等手段加以调整。

710. 直接空冷机组运行时，应密切监视外部环境温度、风向、（风速）。

711. 机组正常运行时，要加强凝结水的水质监督，防止散热器内表面以及热力系统的（腐蚀）。

712. 直接空冷机组凝结水溶氧控制标准是（≤30μg/L）。

713. 直接空冷机组正常运行中，应保持空冷散热器表面（洁净无杂物）。

714. 空冷散热器表面脏污将增加散热器风阻，同时降低（换热系数），大大影响机组的经济性。

715. 当空冷散热器脏污时，应对散热器进行（高压水冲洗），以提高换热效率。

716. 直接空冷机组冬季背压低、经济性好，但需考虑（防冻）问题，应保证较高的负荷率。

717. 直接空冷机组夏季背压高、经济性差，应尽量将（机组检修）安排在夏季。

718. 空冷风机的运行必须全程投入（背压自动调节）。

719. 在冬季工况下，背压定值的设定要考虑空冷的（防冻）问题。

720. 机组应定期进行真空严密性试验，300MW 以下空冷机组真空下降速度（≤130Pa/min）为合格。

721. 机组应定期进行真空严密性试验，300MW 以上空冷机组真空下降速度（≤100Pa/min）为合格。

722. 夏季由于气温、不利风向等因素的影响，直接空冷机组均有不同程度的（限出力运行）时间。

723. 空冷散热器运行中逆流段是防冻的重点，尤其是上部的（抽空气区）最易发生冻结。

724. 定期检查直接空冷系统的挡风墙，挡风墙固定装置应（完整坚固）。

725. 保持空冷装置各部密封良好，无（漏风）现象。

726. 定期检测、调整风机叶片（安装角度）和螺栓紧度，保证风机性能。

727. 直接空冷系统沉降（每年）至少做一次观测检查，并作好记录，发现问题及时处理。

728. 空冷系统运行期间，应（关闭）挡风墙上的出入口通道门、空冷系统各列散热器风机室隔离门。

729. 做好空冷系统自动冲洗装置的维护管理工作，确保自动冲洗装置正常可靠，（清洗能力）满足要求。

730. 启动真空泵时，注意监视真空泵电动机启动电流返回正常，稳定后电流不大于（额定电流）。

731. 发展大容量高参数的超超临界机组是提高空冷电厂（热效率）的有效途径。

732. 空冷机组系统的背压高，凝结水（温度高），给凝结水精处理带来了诸多的不便。

733. 空冷机组的热风回流会使空冷凝汽器入口的空气温度（上升），使空冷散热器的传热量降低，严重影响空冷散热器的传热性能，降低机组的经济性。

734. 空冷塔运行过程中，空气中的灰尘容易在翅片积聚而堵塞通风间隙，降低（换热）效果。

735. 空冷机组运行技术是保证机组安全、经济、稳定运行必不可少的（基本技术）。

736. 空冷凝汽器结冻风险发生在机组启动过程、停机过程和（低负荷运行期间）。

737. 空冷凝汽器冲洗是保证空冷凝汽器（换热效率）非常重要的手段。

738. 为防止空冷凝汽器表面结垢，目前大都用（除盐水）进行表面冲洗。

739. 空冷机组进行真空严密性试验时，停止真空泵，试验进行 8min，取后（5min）数据计算平均值。

740. 真空系统泄漏点大小相同，不同背压下空气漏入量（差别较大），机组背压变化也不同。

741. 在空冷凝汽器有结冻迹象或结冻初期，应（增加）空冷凝汽器热负荷，同时降低风机转速，停止部分或全部风机运行。

742. 夏季高温时段，汽轮机排汽压力升高，末级叶片容积流量（减小），危急末级叶片安全。

743. 冬季环境温度低时，空冷凝汽器容易造成（局部冻结），造成空冷管束变形损坏。

744. 汽轮机排汽压力与空冷风机出力有关，增加空冷风机出力，汽轮机排汽压力（下降）。

745. 空冷风机叶片角度应定期检查和进行必要调整，以保证（风量）。

746. 空冷散热器应该合理清洗，清洗次数太多，清洗效果不明显，运行费用（增加）。

747. 空冷风机运行转速高，冷却风量大，汽轮机排汽压力（降低），风机耗电增加。

748. 汽轮机效率低，以及热力系统泄漏量大，使空冷凝汽器的热负荷增加，同样负荷下排汽压力（高于）设计值。

749. 空冷风机风量减小，空冷凝汽器换热性能下降，汽轮机排汽压力（升高）。

750. 空冷风机的叶片角度调整偏小，风机风量（减少）。

751. 降低空冷风机叶轮转速，空冷风机噪声（降低）。

752. 在同一风向下，自然风速升高，空冷凝汽器换热能力（迅速下降）。

753. 春夏之交风沙、飞絮、昆虫等导致空冷凝汽器翅片表面（积垢严重），应及时进行高压水冲洗。

754. 夏季天气炎热、干燥,空冷机组汽轮机排汽压力(升高)。

755. 空冷系统设计的主要控制参数包括翅片管型、(总散热面积)、风机台数、迎面风速等。

756. 面对降低资源消耗和日益增长的电力需求,发展(大型超超临界空冷)机组是节水、节能的最佳途径。

757. 空气流经空冷凝汽器管束时,受到管内蒸汽的加热,密度会降低,导致管束出口风速较入口风速(升高)。

758. 风机并联运行时,每台风机流量(远远低于)单台风机独立运行时的流量。

759. 散热器迎面风速较低时,使空冷凝汽器抵御横向风速能力和抵御热风再循环能力(降低)。

760. 增大空冷岛与汽机房间距,可以(改善)炉后风占主导时的空冷岛进风情况。

761. 为满足机组过夏能力增加空冷凝汽器的传热面积,使机组的初投资增加,空冷凝汽器冬季防冻(困难)。

762. 空冷机组的背压实际值与DCS上的设定值进行比较,通过压力控制器控制空冷风机转速,风机转速增加汽轮机背压(降低),反之亦然。

763. 为了确保空冷风机齿轮箱内正确的润滑油流量,要求(有一个最小的风机转速)。

764. 机组启动旁路系统运行时,直接空冷机组的背压设定值可比正常运行值高一些,以减少(空冷风机电能)损失。

765. 为防止空冷系统结冻,设置有(防冻保护)回路,当环境温度低于规定值持续规定时间时,保护回路自动投入。

766. 空冷凝汽器运行和控制的任务是保持(最佳的凝汽器压力)、最小的风机电能消耗以及保护设备安全运行。

767. 空冷凝汽器的调节手段主要有空气流量控制与(蒸汽流量)控制。

768. 空冷凝汽器蒸汽流量控制就是控制空冷凝汽器管内蒸汽的流量,保证管内蒸汽足以(加热凝汽器)。

769. 空冷凝汽器空气流量控制就是控制流过(空冷凝汽器肋片)的空气流量。

770. 直接空冷配汽管设置隔离阀的作用是(冬季隔离防冻)。

771. 正常运行中空冷凝汽器的热平衡处于动态平衡状态,表现的指标为(排汽压力)。

772. 空冷机组冬季运行,在考虑经济性的同时,必须满足(安全第一)的要求。

773. 直接空冷汽轮机排汽的70%~80%在(顺流)凝汽器中凝结成水,最后流入下部联箱。

774. 空冷风机采用(轴流)风机,并配带导风筒、防护网等。

775. 空冷风机采用380V(立式防水)型电动机,能适应户外的自然环境。

第二部分 选择题

1. 发电机内冷水管道采用不锈钢管道的目的是（C）。

A. 不导磁　　　　　　B. 不导电　　　　　　C. 抗腐蚀　　　　　　D. 提高传热效果

2. 汽轮机轴封的作用是（C）。

A. 防止缸内蒸汽向外泄漏

B. 防止空气漏入凝汽器内

C. 既防止高压侧蒸汽漏出，又防止真空区漏入空气

D. 既防止高压侧漏入空气，又防止真空区蒸汽漏出

3. 汽轮机启动、停止、变工况时，在金属内部引起的温差与（C）成正比。

A. 金属部件的厚度　　　　　　　　　　B. 金属的温度

C. 蒸汽和金属间的传热量　　　　　　　D. 蒸汽的温度

4. 当汽轮机工况变化时，推力轴承的受力瓦块是（D）。

A. 工作瓦块

B. 工作瓦块和非工作瓦块受力均不发生变化

C. 非工作瓦块

D. 工作瓦块和非工作瓦块都可能

5. 凝汽器真空上升到一定值时，因真空提高多发的电与循环水泵耗电之差最大时的真空称为（C）。

A. 绝对真空　　　　　B. 极限真空　　　　　C. 最佳真空　　　　　D. 相对真空

6. 采用中间再热的机组能使汽轮机（C）。

A. 热效率提高，排汽湿度增加　　　　　　B. 热效率提高，冲动汽轮机容易

C. 热效率提高，排汽湿度降低　　　　　　D. 热效率不变，但排汽湿度降低

7. 大型机组的供油设备多采用（A）。

A. 离心式油泵　　　B. 容积式油泵　　　C. 轴流泵　　　　　D. 混流泵

8. 给水中溶解的气体危害性最大的是（A）。

A. 氧气　　　　　　B. 二氧化碳　　　　C. 氮气　　　　　　D. 其他气体

9. 循环水泵重锤式蝶阀中，重锤的作用是（B）阀门。

A. 开启　　　　　　B. 关闭　　　　　　C. 平衡　　　　　　D. 开启或关闭

10. 下列热工仪表测量值最精确的精确度为（A）。

A. 0.25　　　　　　B. 0.5　　　　　　C. 1.0　　　　　　D. 1.5

11. 盘车期间，密封瓦供油（A）。

A. 不能中断　　　　　　　　　　　　　B. 可以中断

C. 发电机无氢压时可以中断　　　　　　D. 无明确要求

12. 汽轮机正胀差的含义是（**A**）。

A. 转子膨胀大于汽缸膨胀的差值　　　　　B. 汽缸膨胀大于转子膨胀的差值

C. 汽缸的实际膨胀值　　　　　　　　　　D. 转子的实际膨胀值

13. 热电循环的机组减少了（**A**）。

A. 冷源损失　　　　B. 节流损失　　　　C. 漏汽损失　　　　D. 湿汽损失

14. 当发电机内氢气纯度低于（**D**）时应排污。

A. 76％　　　　　　B. 95％　　　　　　C. 95.6％　　　　　D. 96％

15. 在对给水管道进行隔离泄压时，对放水一次门、二次门正确的操作方式是（**B**）。

A. 一次门开足，二次门开足　　　　　　　B. 一次门开足，二次门调节

C. 一次门调节，二次门开足　　　　　　　D. 一次门调节，二次门调节

16. 下列设备运行中处于负压状态的是（**C**）。

A. 省煤器　　　　　B. 过热器　　　　　C. 凝汽器　　　　　D. 除氧器

17. 汽轮机旁路系统中，低压旁路减温水采用（**A**）。

A. 凝结水　　　　　B. 给水　　　　　　C. 闭式循环冷却水　D. 给水泵中间抽头

18. 给水泵（**D**）不严密时，严禁启动给水泵。

A. 进口门　　　　　B. 出口门　　　　　C. 再循环门　　　　D. 出口止回阀

19. 转子在静止时严禁（**A**），以免转子产生热弯曲。

A. 向轴封供汽　　　　　　　　　　　　　B. 抽真空

C. 对发电机进行投、倒氢工作　　　　　　D. 投用油系统

20. 真空系统的严密性下降后，凝汽器的传热端差（**A**）。

A. 增大　　　　　　B. 减小　　　　　　C. 不变　　　　　　D. 时大时小

21. 汽轮机油箱的作用是（**D**）。

A. 贮油　　　　　　　　　　　　　　　　B. 分离水分

C. 贮油和分离水分　　　　　　　　　　　D. 贮油和分离水分、空气、杂质和沉淀物

22. 锅炉与汽轮机之间连接的蒸汽管道，以及用于蒸汽通往各辅助设备的支管，都属于（**A**），对于再热机组，还应该包括再热蒸汽管道。

A. 主蒸汽管道系统　B. 给水管道系统　　C. 旁路系统　　　　D. 真空抽汽系统

23. 在凝汽器内设空气冷却区是为了（**C**）。

A. 冷却被抽出的空气

B. 防止凝汽器内的蒸汽被抽出

C. 再次冷却、凝结被抽出的空气、蒸汽混合物

D. 用空气冷却蒸汽

24. 连接汽轮机转子和发电机转子一般采用（**B**）。

A. 刚性联轴器　　　B. 半挠性联轴器　　C. 挠性联轴器　　　D. 半刚性联轴器

25. 汽轮机隔板汽封一般采用（**A**）。

A. 梳齿形汽封　　　B. J形汽封　　　　 C. 枞树形汽封　　　D. 迷宫式汽封

26. 汽轮机热态启动时主蒸汽温度应高于高压缸上缸内壁温度（**D**）。

A. 至少 20℃　　　　B. 至少 30℃　　　　C. 至少 40℃　　　　D. 至少 50℃

27. 汽轮机滑销系统的合理布置和应用能保证汽缸沿（D）的自由膨胀和收缩。

A. 横向和纵向　　　B. 横向和立向　　　C. 立向和纵向　　　D. 各个方向

28. 汽轮机热态启动时，出现负胀差的主要原因是（B）。

A. 冲转时蒸汽温度过高　　　　　　　　B. 冲转时蒸汽温度过低

C. 暖机时间过长　　　　　　　　　　　D. 暖机时间过短

29. 汽轮机启动过临界转速时，轴承振动（A）应打闸停机，检查原因。

A. 超过 0.1mm　　B. 超过 0.05mm　　C. 超过 0.03mm　　D. 超过 0.12mm

30. 汽轮机正常运行中，发电机内氢气纯度应（A）。

A. 大于 96%　　　B. 大于 95%　　　C. 大于 93%　　　D. 等于 96%

31. 给水泵发生倒转时应（B）。

A. 关闭入口门　　　　　　　　　　　　B. 关闭出口门并开启油泵

C. 立即合闸启动　　　　　　　　　　　D. 开启油泵

32. 汽轮机运行中发现凝结水电导率增大，应判断为（C）。

A. 凝结水压力低　　　　　　　　　　　B. 凝结水过冷却

C. 凝汽器冷却水管泄漏　　　　　　　　D. 凝汽器汽侧漏空气

33. 汽轮机胀差保护应在（C）投入。

A. 带部分负荷后　　B. 定速后　　　　C. 冲转前　　　　　D. 冲转后

34. 主汽门、调速汽门严密性试验时，试验汽压不应低于额定汽压的（D）。

A. 80%　　　　　B. 70%　　　　　C. 60%　　　　　D. 50%

35. 汽轮机超速试验应连续做两次，两次动作转速差不应超过（B）额定转速。

A. 0.5%　　　　　B. 0.6%　　　　　C. 0.7%　　　　　D. 1.0%

36. 当主蒸汽温度不变时而汽压降低，汽轮机的可用焓降（A）。

A. 减少　　　　　B. 增加　　　　　C. 不变　　　　　D. 略有增加

37. 具有暖泵系统的高压给水泵试运行前要进行暖泵，暖泵到泵体上下温差小于（A）。

A. 20℃　　　　　B. 30℃　　　　　C. 40℃　　　　　D. 50℃

38. 运行中发电机氢气易外漏，当氢气与空气混合达到一定比例时，遇到明火即产生（A）。

A. 爆炸　　　　　B. 燃烧　　　　　C. 火花　　　　　D. 有毒气体

39. 在机组允许的负荷变化范围内，采用（A）对寿命的损耗最小。

A. 变负荷调峰　　B. 两班制启停调峰　C. 少汽无负荷调峰　D. 少汽低负荷调峰

40. 只有当转子的临界转速低于工作转速（D）时，才有可能发生油膜振荡现象。

A. 4/5　　　　　B. 3/4　　　　　C. 2/3　　　　　D. 1/2

41. 采用滑参数方式停机时，（C）做汽轮机超速试验。

A. 可以　　　　　B. 采取安全措施后　C. 严禁　　　　　D. 领导批准后

42. 采用滑参数方式停机时，禁止做超速试验，主要是因为（D）。

A. 主、再热蒸汽压力太低，无法进行　　B. 主、再热蒸汽温度太低，无法进行

C. 转速不易控制，易超速　　　　　　　　　D. 汽轮机可能出现水冲击

43. 给水泵在运行中的振幅不允许超过 0.05mm 是为了（D）。

A. 防止振动过大，引起给水压力降低

B. 防止振动过大，引起基础松动

C. 防止轴承外壳遭受破坏

D. 防止泵轴弯曲或轴承油膜破坏造成轴瓦烧毁

44. 当凝汽器真空降低，机组负荷不变时，轴向推力（A）。

A. 增加　　　　　　B. 减小　　　　　　C. 不变　　　　　　D. 不能确定

45. 汽轮机发生水冲击时，导致轴向推力急剧增大的原因是（D）。

A. 蒸汽中携带的大量水分撞击叶轮

B. 蒸汽中携带的大量水分引起动叶的反动度增大

C. 蒸汽中携带的大量水分使蒸汽流量增大

D. 蒸汽中携带的大量水分形成水塞叶片汽道现象

46. 汽轮发电机振动水平是用（D）来表示的。

A. 基础振动值　　　　　　　　　　　　　B. 汽缸的振动值

C. 地对轴承座的振动值　　　　　　　　　D. 轴承和轴颈的振动值

47. 数字式电液控制系统用作协调控制系统中的（A）部分。

A. 汽轮机执行器　　B. 锅炉执行器　　C. 发电机执行器　　D. 协调指示执行器

48. 机组启动前，发现任何一台油泵或其自启动装置有故障时，应该（D）。

A. 边启动边抢修　　B. 切换备用油泵　　C. 报告上级　　D. 禁止启动

49. 汽轮机热态启动，蒸汽温度一般要求高于调节级上汽缸金属温度 50～80℃ 是为了（D）。

A. 锅炉燃烧调整方便　　　　　　　　　　B. 避免转子弯曲

C. 不使汽轮机发生水冲击　　　　　　　　D. 避免汽缸受冷却而收缩

50. 炉跟机的控制方式特点是（C）。

A. 主蒸汽压力变化平稳　　　　　　　　　B. 负荷变化平稳

C. 负荷变化快，适应性好　　　　　　　　D. 锅炉运行稳定

51. 关于汽轮机的寿命管理，下列叙述正确的是（B）。

A. 汽轮机的寿命指从初次投运至汽缸出现第一条宏观裂纹的总工作时间

B. 汽轮机的正常寿命损耗包括低周疲劳损伤和高温蠕变损伤

C. 转子表面的压应力比拉伸应力更容易产生裂纹

D. 任何情况下都必须首先考虑汽轮机的寿命，使其寿命达到最高值

52. 运行中发现汽轮机润滑油压和主油箱油位同时下降，主要原因是（B）。

A. 主油泵故障　　B. 压力油管漏油　　C. 射油器工作失常　　D. 主油箱漏油

53. 转子和汽缸的最大胀差在（C）。

A. 高压缸　　　　　　B. 中压缸　　　　　　C. 低压缸两侧　　　　　　D. 高压缸两侧

54. 一般发电机冷却水中断超过（B）保护未动作时，应手动停机。

A. 60s　　　　　　B. 30s　　　　　　C. 90s　　　　　　D. 120s

55. EH 油再生系统由（C）组成。

A. 硅藻土过滤器　　　　　　　　　　B. 纤维过滤器

C. 硅藻土过滤器和纤维过滤器　　　　D. 小颗粒过滤器

56.（D）参数超限时，需人为干预停机。

A. 汽轮机超速　　　　　　　　　　　B. 润滑油压极低

C. 真空极低　　　　　　　　　　　　D. 蒸汽参数异常，达到停机值

57. 机组采用（C）运行方式，既能保持较高的机组效率，又能保证汽轮机转子较小的热应力。

A. 喷嘴调节　　　B. 节流调节　　　C. 复合变压调节　　D. 任一种调节方式

58. 大型机组超速试验应在带一定负荷运行一段时间后进行，以确保（C）温度达到脆性转变温度以上。

A. 汽缸内壁　　　B. 转子外壁　　　C. 转子中心孔　　D. 汽缸外壁

59. 密封油的作用是（B）。

A. 冷却氢气　　　B. 防止氢气外漏　　C. 润滑发电机轴承　　D. 防止空气进入

60. 一般调节系统的迟缓率应小于（C）。

A. 0.1%　　　　B. 1%　　　　C. 0.5%　　　　D. 0.8%

61. 保护系统要求自动主汽门关闭时间小于（C）。

A. 0.1s　　　　B. 0.2s　　　　C. 0.5s　　　　D. 0.6s

62. 热态启动时先送汽封后抽真空主要是（A）。

A. 防止汽封段轴颈骤冷　　　　　　B. 快速建立真空

C. 控制胀差　　　　　　　　　　　D. 控制缸温

63. 高压加热器投入运行时，一般应控制给水温升率不超过（C）。

A. 1℃/min　　　B. 2℃/min　　　C. 3℃/min　　　D. 5℃/min

64. 其他条件不变，主蒸汽温度升高时，蒸汽在汽轮机内有效焓降（C）。

A. 减小　　　　B. 不变　　　　C. 增加　　　　D. 不一定

65. 机组升负荷时，转子表面产生的热应力为（B）。

A. 拉应力　　　B. 压应力　　　C. 不产生应力　　D. 先拉后压

66. 在纯冲动级中，蒸汽在动叶中的焓降（A）。

A. 等于0　　　　　　　　　　　　B. 小于0

C. 大于0　　　　　　　　　　　　D. 大于0，但小于在喷嘴中的焓降

67. 供热式汽轮机通常指的是（B）。

A. 凝汽式汽轮机　　　　　　　　　B. 背压式汽轮机和调整抽汽式汽轮机

C. 背压式汽轮机　　　　　　　　　D. 调整抽汽式汽轮机

68. 反映汽轮机内部结构完善程度的指标是（C）。

A. 汽轮发电机组的相对电效率　　　B. 汽轮发电机组的相对有效效率

C. 汽轮机的相对内效率　　　　　　D. 汽轮机的相对有效效率

69. 供热式汽轮机和凝汽式汽轮机相比，汽耗率（C）。

    A. 减小   B. 不变   C. 增加   D. 不确定

70. 汽轮机的末级，当流量增加时其焓降（B）。

    A. 减小   B. 增加   C. 不变   D. 不确定

71. 端部轴封漏汽损失属于（C）损失。

    A. 内部   B. 级内   C. 外部   D. 排汽

72. 大容量汽轮机从 3000r/min 打闸时，高、中、低压缸的胀差都有不同程度的正值突增，（C）突增的幅度最大。

    A. 高压胀差   B. 中压胀差

    C. 低压胀差   D. 高压缸和中压缸胀差

73. 汽轮机启、停中的暖机，就是在（A）的条件下对汽缸、转子等金属部件进行加热或冷却。

    A. 蒸汽温度不变   B. 蒸汽温度提高   C. 蒸汽温度降低   D. 先升高再降低

74. 单元制汽轮机正常运行中突然降低负荷，蒸汽对金属的放热系数（C）。

    A. 增加   B. 不变   C. 减小   D. 无法确定

75. 通常汽轮机允许的正胀差值（A）负胀差值。

    A. 高于   B. 等于   C. 低于   D. 无法确定

76. 带液力耦合器的给水泵运行中，应尽量避开在（B）的额定转速附近运行，因为此时泵的传动功率损失最大，勺管回油温度也达到最高。

    A. 1/3   B. 2/3   C. 1/2   D. 5/6

77. 汽轮机寿命是指从初次投运到（B）出现第一条宏观裂纹期间的总工作时间。

    A. 汽缸   B. 转子   C. 抽汽管道或蒸汽室   D. 汽缸和转子

78. 机组升负荷时，汽动给水泵前置泵的出口压力应（C）。

    A. 略降   B. 不变   C. 升高   D. 无法确定

79. 变速电动给水泵电动机与给水泵的连接方式为（C）连接。

    A. 刚性联轴器   B. 挠性联轴器   C. 液力联轴器   D. 半挠性联轴器

80. 高压加热器应（C）运行。

    A. 保持无水位   B. 保持高水位

    C. 保持一定水位   D. 保持高水位或无水位

81. 调节汽轮机的功率主要是通过改变汽轮机的（C）来实现的。

    A. 转速   B. 运行方式   C. 进汽量   D. 抽汽量

82. 当（B）发生故障时，协调控制系统的迫降功能将使机组负荷自动下降到 50%MCR 或某一设定值。

    A. 主设备   B. 机组辅机   C. 发电机   D. 锅炉

83. 当凝结水泵发生汽化时其电流将（A）。

    A. 下降   B. 不变   C. 上升   D. 无法确定

84. 凝汽器的冷却水管布置是（A）。

A. 中部高　　　　　B. 两端高　　　　　C. 水平　　　　　D. 没有明确要求

85. 凝结水泵正常运行中采用（B）密封。

A. 化学补充水　　　B. 凝结水　　　　　C. 闭式水　　　　D. 循环水

86. 使用抗燃油的主要原因是（B）。

A. 加大提升力　　　B. 防火　　　　　　C. 解决超速问题　D. 降低成本

87. 凝汽器最佳真空（C）极限真空。

A. 高于　　　　　　B. 等于　　　　　　C. 低于　　　　　D. 无法确定

88. 下列不是造成除氧器给水溶解氧不合格的原因是（D）。

A. 凝结水温度过低　　　　　　　　　　B. 抽汽量不足

C. 补给水含氧量过高　　　　　　　　　D. 除氧头排汽阀开度过大

89. 下面设备中，换热效率最高的是（D）。

A. 高压加热器　　　B. 低压加热器　　　C. 轴封加热器　　D. 除氧器

90. 下列可能使给水泵入口汽化的情况是（C）。

A. 高压加热器未投入　　　　　　　　　B. 除氧器突然升负荷

C. 汽轮机突然降负荷　　　　　　　　　D. 汽轮机突然增负荷

91. 限制火电机组负荷变化率的关键因素取决于（B）。

A. 汽轮机　　　　　B. 锅炉　　　　　　C. 发电机　　　　D. 汽轮机和锅炉

92. 低负荷运行时给水加热器疏水压差（B）。

A. 变大　　　　　　B. 变小　　　　　　C. 不变　　　　　D. 无法确定

93. 汽轮机上下缸金属温差通常出现在（A）。

A. 调节级　　　　　B. 中间级　　　　　C. 末级　　　　　D. 无法确定

94. 运行中所做的真空严密性试验，是为了判断（B）。

A. 凝汽器外壳的严密性　　　　　　　　B. 真空系统的严密性

C. 凝汽器水侧的严密性　　　　　　　　D. 凝汽设备所有各处的严密性

95. 滑压除氧器系统只能应用于（A）机组。

A. 单元制　　　　　B. 母管制　　　　　C. 扩大单元制　　D. 母管制或单元制

96. 热力循环中采用给水回热加热后热耗率（A）。

A. 下降　　　　　　B. 上升　　　　　　C. 保持不变　　　D. 无法确定

97. 当启动给水泵时，应首先检查（C）。

A. 出口压力　　　　B. 轴瓦振动　　　　C. 启动电流返回时间D. 出口流量

98. 变速给水泵的工作点由（C）及输出阻力特性曲线决定。

A. 给水泵效率曲线　B. P-Q 曲线　　　C. 变速性能曲线　D. 给水泵功率曲线

99. 给水泵正常运行时工作点应在（D）之间。

A. 最大、小流量　　　　　　　　　　　B. 最高、低转速

C. 最高、低压力　　　　　　　　　　　D. 最大、小流量及最高、低转速曲线

100. 机组负荷增加时，加热器疏水量（A）。

A. 增大　　　　　　B. 减小　　　　　　C. 相同　　　　　D. 无法确定

101. 汽轮机主汽门、调门油动机活塞下油压通过（C）快速释放，实现阀门快关。

A. 伺服阀 　　　B. 电磁阀 　　　C. 卸荷阀 　　　D. AST 阀

102. 汽轮机中压调速汽门在（B）以下负荷才参与调节。

A. 20％ 　　　B. 30％ 　　　C. 40％ 　　　D. 50％

103. 一般规定循环水泵在出口阀门关闭的情况下，其运行时间不得超过（A）。

A. 1min 　　　B. 2min 　　　C. 3min 　　　D. 4min

104. 循环水泵停运时，一般要求出口阀门关闭时间不小于 **45s**，主要是为了（C）。

A. 防止水泵汽化 　　　　　　　B. 防止出口阀门电动机烧毁

C. 减小水击 　　　　　　　　　D. 减小振动

105. 当水泵的流量和管路系统不变时，水泵的吸上真空高度随几何安装高度的增加而（B）。

A. 减小 　　　B. 增加 　　　C. 维持不变 　　　D. 先减小后增加

106. 机组的（D）是表征汽轮发电机组稳定运行最重要的标志之一。

A. 参数 　　　B. 容量 　　　C. 环境 　　　D. 振动

107. 滑参数停机时，主、再热蒸汽温差不宜过大，对于合缸机组，主、再热蒸汽温差要控制在（B）以内。

A. 10℃ 　　　B. 30℃ 　　　C. 50℃ 　　　D. 80℃

108. 衡量凝汽式机组的综合性经济指标是（D）。

A. 热耗率 　　　B. 汽耗率 　　　C. 相对电效率 　　　D. 煤耗率

109. 下列能直接反映汽轮发电机组负荷的参数是（B）。

A. 主蒸汽压力 　　B. 调节级压力 　　C. 高压调节汽门开度 D. 凝气器真空

110. VWO 工况是指（C）。

A. 最大连续运行工况 B. 经济连续运行工况 C. 阀门全开运行工况 D. 额定工况

111. 真空破坏门开启时，机组轴封（C）。

A. 立即停止 　　　　　　　　　B. 随着真空下降，轴封压力逐渐升高

C. 真空到零后再停 　　　　　　D. 状态无变化

112. 轴封风机的作用是抽出端部轴封的（C）。

A. 空气 　　　B. 蒸汽 　　　C. 蒸汽和空气的混合物

113. 汽轮机低压缸排汽饱和温度与凝汽器冷却水出口温度的差值称为凝汽器的（B）。

A. 过冷度 　　　B. 端差 　　　C. 温升

114. 超速试验前（B）进行注油试验。

A. 可以 　　　B. 禁止 　　　C. 可根据情况选择是否

115. 汽轮机高压密封油泵的出口压力应（B）主油泵出口油压。

A. 稍高于 　　　B. 稍低于 　　　C. 等于

116. 机组负荷不变，循环水入口温度不变，增加循环水流量，低压缸排汽温度（B）。

A. 增大 　　　B. 减少 　　　C. 不变

117. 汽轮机停机后盘车未能及时投入或盘车在运行中掉闸时，应查明原因，修复后

（C）再投入连续盘车。

A. 先盘 90° 　　　　　B. 先盘 180° 　　　　　C. 先盘 180°直轴后

118. 加热器的疏水采用逐级自流方式的优点是（C）。

A. 疏水的可利用 　　　B. 安全可靠性高 　　　C. 系统简单

119. 汽轮机进水的原因有（D）。

A. 凝汽器入口水压高 　B. 加热器水位低 　　　C. 给水泵汽化 　　　　D. 炉汽包水位高

120. 衡量不同类型机组的热经济性，应用（C）。

A. 电功率 　　　　　　B. 汽耗率 　　　　　　C. 热耗率

121. 从做功能力损失方面来看，火电厂热力循环中损失最大的部分是（C）。

A. 锅炉排烟热量损失 　　　　　　　　　B. 锅炉传热损失

C. 汽轮机排汽凝结热损失 　　　　　　　D. 汽轮机内效率损失

122. 凝汽器的传热端差是指（C）。

A. 排汽压力下饱和温度与循环水进口温度差

B. 排汽压力下饱和温度与凝结水进口温度差

C. 排汽压力下饱和温度与循环水出口温度差

D. 排汽温度与排汽压力下饱和温度差

123. 凝结水的过冷度是指（B）。

A. 排汽压力下饱和温度与循环水进口温度差

B. 排汽压力下饱和温度与凝结水温度差

C. 排汽压力下饱和温度与循环水出口温度差

D. 排汽温度与排汽压力下饱和温度差

124. 凝汽器的水阻是指（B）。

A. 凝汽器内凝结水压力与凝结水泵进口压力差

B. 凝汽器循环水进口压力与出口压力差

C. 汽轮机排汽压力与凝汽器内压力差

D. 凝汽器循环水进口压力与凝结水泵出口压力差

125. 凝汽器的汽阻是指（D）。

A. 汽轮机排汽口压力与凝汽器内压力差

B. 汽轮机排汽口压力与凝汽器循环水进口压力差

C. 汽轮机排汽口压力与凝结水压力差

D. 汽轮机排汽口压力与凝汽器抽气口压力差

126. 凝汽器的最佳真空是指（C）。

A. 凝汽器达到最低压力时所对应的真空

B. 汽轮发电机发电量最多时所对应的凝汽器真空

C. 由于凝汽器真空提高使汽轮发电机组增加的输出功率与循环水泵耗电量之差最大时所对应的凝汽器真空

D. 蒸汽在汽轮机末级达到充分膨胀时所对应的凝汽器真空

127. 低油压保护动作信号来自 **(D)**。

A. 主油泵出口油压 　　　　　　　　　　 B. 主油泵进口油压

C. 保护系统的安全油压 　　　　　　　　 D. 冷油器出口润滑油压

128. 发电机甩负荷，汽轮机转速 **(D)**。

A. 上升 　　　　　　 B. 不变 　　　　　　 C. 降低 　　　　　　 D. 先上升后下降

129. 直流锅炉在启动过程中，为了避免不合格的工质进入汽轮机并回收工质和热量，另设 **(B)**。

A. 汽轮机旁路系统 　　 B. 启动旁路系统 　　 C. 给水旁路系统 　　 D. 高加旁路系统

130. 汽轮机润滑油系统启动前，若油温低于 **(C)**，应投入加热器。

A. 10℃ 　　　　　　　　 B. 28℃ 　　　　　　　　 C. 21℃

131. 甩负荷试验一般按甩额定负荷的 **(B)** 几个等级进行。

A. 1/2，2/3，3/4 　　 B. 1/2，全负荷 　　 C. 1/3，2/3，全负荷

132. 调节系统的调速器能完成电网的 **(C)**。

A. 一、二次调频 　　 B. 二次调频 　　 C. 一次调频 　　 D. 三次调频

133. 机组正常启动过程中，应先恢复 **(C)** 或工业水系统运行。

A. 给水系统 　　　　　 B. 凝结水系统 　　　　 C. 闭式水系统 　　　　 D. 循环水系统

134. 机组启动初期，主蒸汽压力主要由 **(A)** 调节。

A. 汽轮机旁路系统 　　 B. 锅炉燃烧 　　 C. 锅炉和汽轮机共同 D. 发电机负荷

135. 汽轮机冷态启动时，蒸汽与汽缸内壁金属的换热形式主要是 **(C)**。

A. 传导换热 　　　　　 B. 对流换热 　　　　 C. 凝结换热 　　　　 D. 辐射换热

136. 机组正常运行中，在给水流量、凝结水量、凝结水泵电流均不变的情况下除氧器水位异常下降，原因是 **(A)**。

A. 高压加热器事故疏水阀动作 　　　　　 B. 锅炉受热面泄漏

C. 给水泵再循环阀误开 　　　　　　　　 D. 除氧器水位调节阀故障打开

137. 高压汽轮机监视段压力相对增长值不超过 **(C)**。

A. 10％ 　　　　　　 B. 7％ 　　　　　　 C. 5％ 　　　　　　 D. 3％

138. 汽轮机调节油系统中四个 AST 电磁阀正常运行中应 **(A)**。

A. 励磁关闭 　　　　　 B. 励磁打开 　　　　 C. 失磁关闭 　　　　 D. 失磁打开

139. 发电机采用氢气冷却的原因是 **(B)**。

A. 制造容易，成本低 　　　　　　　　　 B. 比热值大，冷却效果好

C. 不易含水，对发电机的绝缘好 　　　　 D. 系统简单，安全性高

140. 泵在运行中发现供水压力低、流量下降、管道振动、泵串轴，说明 **(D)**。

A. 打空泵 　　　　　　 B. 打闷泵 　　　　　 C. 出水量不足 　　　 D. 水泵汽蚀

141. 汽轮机冷态启动过程中，高压缸级内的轴向动静间隙 **(A)**。

A. 增大 　　　　　　　 B. 减小 　　　　　　 C. 不变 　　　　　　 D. 与汽温有关

142. 汽轮机冷态启动过程中，高压缸级间的轴向动静间隙 **(B)**。

A. 增大 　　　　　　　 B. 减小 　　　　　　 C. 不变 　　　　　　 D. 与汽温有关

143. 下列项目中不是汽轮机跳机保护的是（**B**）。

A. 轴向位移　　　　B. 绝对膨胀　　　　C. 润滑油压低　　　　D. EH 油压低

144. 滑参数停机过程与额定参数停机过程相比（**B**）。

A. 容易出现正胀差　B. 容易出现负胀差　C. 胀差不会变化　　D. 胀差变化不大

145. 在低负荷时喷嘴调节的效率（**B**）节流调节的效率。

A. 等于　　　　　　B. 高于　　　　　　C. 低于　　　　　　D. 无法比较

146. 汽轮机采用顺序阀控制时，调节级最危险工况发生在（**B**）。

A. 调节阀全部开启时

B. 第 1、2 调节阀全开，第 3 调节阀尚未开启时

C. 当第 3 调节阀全开，第 4 调节阀尚未开启时

D. 当第 4 调节阀全开，第 5 调节阀尚未开启时

147. 真空泵从工作原理上可分为（**C**）两大类。

A. 射汽式和射水式　　　　　　　　　B. 液环泵与射流式

C. 射流式和容积式　　　　　　　　　D. 主抽气器与启动抽气器

148. 金属材料的蠕变断裂时间随工作温度的提高和工作应力的增加而（**B**）。

A. 增加　　　　　　B. 减小　　　　　　C. 不变　　　　　　D. 不确定

149. 下列不属于衡量调节系统动态特性的指标是（**D**）。

A. 稳定性　　　　　B. 动态超调量　　　C. 过渡过程时间　　D. 速度变动率

150. 汽轮机主油箱事故排油阀应设（**B**）钢质截止阀。

A. 1 个　　　　　　B. 2 个　　　　　　C. 3 个　　　　　　D. 4 个

151. 汽轮机油系统事故排油阀其操作手轮应设在距油箱（**C**）以外的地方。

A. 1m　　　　　　　B. 3m　　　　　　　C. 5m　　　　　　　D. 0.5m

152. 汽轮机油系统仪表管道壁厚应大于（**A**）。

A. 1.5mm　　　　　B. 1.0mm　　　　　C. 0.5mm　　　　　D. 0.25mm

153. 油管道与蒸汽管道净距离不应小于（**C**）。

A. 50mm　　　　　　B. 100mm　　　　　C. 150mm　　　　　D. 200mm

154. 单元制的给水系统，除氧器上应配备不少于（**B**）全启式安全门，并完善除氧器的自动调压和报警装置。

A. 1 只　　　　　　B. 2 只　　　　　　C. 3 只　　　　　　D. 4 只

155. 各种压力容器的外部检验应每（**A**）进行一次。

A. 1 年　　　　　　B. 2 年　　　　　　C. 3 年　　　　　　D. 半年

156. 各种压力容器的安全阀应在校验合格期内，至少（**A**）校验一次。

A. 每年　　　　　　B. 2 年　　　　　　C. 3 年　　　　　　D. 半年

157. 超速保护不能可靠动作时，（**B**）。

A. 经领导同意，机组可以启动和运行　　B. 禁止机组启动和运行

C. 采取措施，机组可以启动和运行　　　D. 申请后，机组可以启动和运行

158. 转速表显示不正确或失效时，（**B**）。

A. 经领导同意，机组可以启动　　　　　B. 禁止机组启动

C. 采取措施，机组可以启动　　　　　　D. 申请后，机组可以启动和运行

159. 机组冷态启动带 25％额定负荷（或按制造厂要求），运行（B）后方可进行超速试验。

　　A. 1～2h　　　　B. 3～4h　　　　C. 4～5h　　　　D. 5～6h

160. 机组启动时，高压外缸上下缸温差不超过（B）。

A. 35℃　　　　　　B. 50℃　　　　　　C. 60℃

161. 机组启动时，高压内缸上下缸温差不超过（A）。

A. 35℃　　　　　　B. 50℃　　　　　　C. 60℃

162. 机组热态启动中，主蒸汽温度必须高于汽缸最高金属温度（B），但不超过额定蒸汽温度，蒸汽过热度不低于 56℃。

A. 35℃　　　　　　B. 50℃　　　　　　C. 60℃

163. 蒸汽流经喷嘴时，(C)。

A. 压力增加　　　　B. 压力不变　　　　C. 压力降低　　　　D. 不确定

164. 危急保安器动作值在汽轮机额定转速的（A）范围内。

　　A. 110％±1％　　B. 110％±2％　　C. 110％±3％　　D. 110％±4％

165. 应（C）实测计算一次发电机漏氢量。

A. 每天　　　　　　B. 每周　　　　　　C. 每月　　　　　　D. 每季度

166. 制氢设备中氢气纯度应不低于（A）。

　　A. 99.5％　　　　B. 98.5％　　　　C. 97％　　　　　　D. 96％

167. 受油污染的保温材料应（C）。

A. 定期检查　　　　B. 定期测温　　　　C. 及时更换　　　　D. 发现超温后更换

168. 应定期检测氢冷发电机油系统、主油箱、封闭母线外套内的氢气体积含量，超过（A）时，应停机查漏消缺。

　　A. 1％　　　　　　B. 5％　　　　　　C. 10％　　　　　　D. 15％

169. 电动给水泵最小流量管道接至（A）。

A. 出口止回阀前　　B. 出口止回阀后　　C. 流量孔板前　　　D. 出口电动门后

170. 蒸汽管道出现振动，其可能原因为（B）。

A. 有空气　　　　　B. 积水　　　　　　C. 开疏水门　　　　D. 疏水量太大

171. 无制造厂规定时，水泵的滑动轴承温度超过（B），应停止运行。

A. 65℃　　　　　　B. 80℃　　　　　　C. 85℃　　　　　　D. 90℃

172. 汽轮机正常运行时，应控制润滑油温在（B）。

　　A. 38～40℃　　　B. 40～45℃　　　C. 45～50℃　　　D. 35～45℃

173. 凝结水泵运行中出口压力和电流摆动，入口真空不稳，凝结水流量晃动的原因是（B）。

A. 凝结水泵电源中断　B. 凝结水泵汽化　　C. 凝结水泵故障　　D. 凝汽器水位过高

174. 高压加热器运行中，水位过高会造成（D）。

A. 进出口温差增大　　　B. 端差增大　　　　　C. 疏水温度升高　　　D. 疏水温度降低

175. 凝汽器属于（C）换热器。

A. 混合式　　　　　　　B. 蓄热式　　　　　　C. 表面式

176. 凝汽器的真空升高，汽轮机的排汽压力（B）。

A. 升高　　　　　　　　B. 降低　　　　　　　C. 不变　　　　　　　D. 无法判断

177. 高压加热器中水的加热过程可以看做是（C）。

A. 等容过程　　　　　　B. 等焓过程　　　　　C. 等压过程　　　　　D. 绝热过程

178. 对管道的膨胀进行补偿是为了（B）。

A. 更好地流放水　　　　B. 减少管道的热应力C. 产生塑性变形　　　　D. 产生蠕变

179. 高压加热器水位迅速上升到极限值而保护未动时应（D）。

A. 迅速关闭入口门

B. 迅速关闭出口门

C. 迅速关闭出、入口门

D. 迅速开启保护装置旁路门，并关闭出、入口门

180. 汽轮机大修后的油系统循环清洗一般要求油温不低于（B）。

A. 30℃　　　　　　　　B. 50℃　　　　　　　C. 70℃　　　　　　　D. 90℃

181. 汽轮机冷油器正常运行中必须保持水侧压力（A）油侧压力。

A. 小于　　　　　　　　B. 大于　　　　　　　C. 等于　　　　　　　D. 不等于

182. 汽轮机正常运行中，当发现密封油泵出口油压升高、密封瓦入口油压降低时，应判断为（C）。

A. 密封油泵跳闸　　　　B. 密封瓦磨损

C. 密封油滤网堵塞、管路堵塞或差压阀失灵

183. 一般来说，热面朝上时其对流换热强度（C）热面朝下时的对流换热强度。

A. 小于　　　　　　　　B. 等于　　　　　　　C. 大于

184. 采用滑参数启动的汽轮机，由于升速较快，冲转前的润滑油温一般要求（B）。

A. 不低于35℃　　　　　B. 不低于38℃　　　　C. 不低于40℃

185. 凝汽器汽侧漏入空气，（C）。

A. 循环水温升增大　　　B. 循环水温升不变　　　C. 循环水温升下降

186. 高压加热器在工况变化时热应力主要发生在（C）。

A. 管束上　　　　　　　B. 壳体上　　　　　　C. 管板上　　　　　　D. 进汽口

187. 在机组允许范围内，应采用（A）调峰方式。

A. 变负荷　　　　　　　B. 两班制启停　　　　C. 少汽无负荷　　　　D. 少汽低负荷

188. 当汽轮机转子的转速等于临界转速时，偏心质量的滞后角（B）。

A. $\varphi < 90°$　　　　　　B. $\varphi = 90°$　　　　　　C. $\varphi > 90°$　　　　　　D. φ 趋于 0°

189. 各种气体在喷管中速度从零增加到临界转速时，压力大约降低（C）。

A. 1/5　　　　　　　　B. 1/3　　　　　　　　C. 1/2　　　　　　　　D. 2/3

190. 过热蒸汽经过绝热节流后，其做功能力（B）。

A. 增加　　　　　　　B. 降低　　　　　　　C. 不变　　　　　　　D. 不知道

191. 液压联轴器一般用于（A）。

A. 给水泵　　　　　　B. 循环水泵　　　　　C. 凝结水泵

192. 在发电机密封油系统中，通过（D）来保证密封油压与氢压的差值。

A. 启停油泵　　　　　B. 手动调节　　　　　C. 平衡阀　　　　　D. 差压阀

193. 汽轮机调速系统的（B）过大，在正常运行中将引起负荷的摆动。

A. 速度变动率　　　　B. 迟缓率　　　　　　C. 调速汽门开度

194. 汽轮机停机后采用强制快速冷却方式时，应特别控制（A）。

A. 冷却介质温度与金属温度的匹配及温降速率

B. 蒸汽参数

C. 机组真空度

D. 机组的转速

195. 汽轮发电机并网后，开始涨负荷的多少一般取决于（B）。

A. 发电机　　　　　　B. 汽轮机　　　　　　C. 系统周波

196. 发电机与系统并列运行，有功负荷的调整就是改变汽轮机的（A）。

A. 进汽量　　　　　　B. 进汽压力　　　　　C. 进汽温度

197. 发电机与系统并列运行时，调整发电机的无功负荷，有功负荷（B）。

A. 成正比变化　　　　B. 不变化　　　　　　C. 成反比变化

198. 给水回热加热的应用也是受限制的，回热循环效率的增加一般不超过（A）左右。

A. 18%　　　　　　　B. 28%　　　　　　　C. 38%

199. 超速试验时，汽轮机转子应力比额定转速下约增加（B）的附加应力。

A. 20%　　　　　　　B. 25%　　　　　　　C. 30%　　　　　　　D. 15%

200. 同一压力下的干饱和蒸汽比体积（C）湿饱和蒸汽的比体积。

A. 小于　　　　　　　B. 等于　　　　　　　C. 大于　　　　　　　D. 不知道

201. 机组频繁启停增加寿命损耗的原因是（D）。

A. 上下缸温差可能引起动静部分摩擦　　　B. 胀差过大

C. 汽轮机转子交变应力太大　　　　　　　D. 热应力引起金属材料疲劳损伤

202. 百分表装在机组中间轴的轴瓦上，直轴时看到百分表指示到（C）即可。

A. 直轴前的最小值　B. 直轴前的最大值　C. 直轴前晃度值的 1/2 处

203. 汽轮机的轴向位移大保护应在（B）投入。

A. 盘车前　　　　　　B. 冲转前　　　　　　C. 定速后

204. 汽轮机凝汽器真空变化将引起凝汽器端差变化，一般情况凝汽器真空升高时，端差（C）。

A. 增大　　　　　　　B. 不变　　　　　　　C. 减少

205. 汽轮机热态启动，并列带初负荷时高压缸胀差的变化趋势是（B）。

A. 向正值增加的方向变化　　　　　　　　B. 向负值增加的方向变化

C. 基本不变

206. 汽轮机大修后油循环时一般油温维持在（A）时最合适。

A. 50～70℃   B. 40～50℃   C. 35～45℃

207. 凝结水泵在正常切换时如停止原运行泵后，发现凝结水母管压力下降很多，运行泵电流较正常值增加较多，则应（B）。

A. 立即启动停止泵

B. 立即关闭停止泵出口门

C. 立即停止运行泵

208. 大功率汽轮机把高压调节汽阀与汽缸分离而单独布置，这主要是因为（C）。

A. 功率大，汽阀质量大，单独布置的支承方便

B. 为了合理利用金属材料

C. 增强汽缸的对称性，减少热胀不均时的热应力

209. 大功率机组主油泵大都采用主轴直接带动的离心泵。此类泵的缺点是（C），启动前必须使吸油管充满油。

A. 升压太快   B. 自吸能力太强   C. 自吸能力弱

210. 大型离心水泵正常启动时，尽量减小冲击电流，（B）。

A. 应将出口阀开足，减少局部阻力损失

B. 不能将出口门开足，以免造成启动力矩过大

C. 将出口门开足，增大流量

211. 真空缓慢下降，一般对机组的安全（C）。

A. 威胁很大   B. 没有影响   C. 威胁不太大

212. 再热式汽轮机，由于中间容积的影响，中、低压缸功率的滞延现象大大降低了机组（C）。

A. 稳定性   B. 经济性   C. 负荷适应性

213. 汽轮机高速暖机阶段，高压缸排汽温度会升高，可采取（C）方法解决。

A. 开大高压旁路减温水，降低旁路后温度   B. 降低主蒸汽温度

C. 降低再热蒸汽压力，打开高压排汽止回阀

214. 汽轮机调速汽门的重叠度一般为（C）。

A. 1%   B. 3%   C. 10%   D. 30%

215. 末级高压加热器出口水温与高压加热器旁路后给水温度的温差应（D）。

A. 为2～5℃   B. 大于1.5℃   C. 大于5℃   D. 小于1.5℃

216. 汽轮机高压缸转子大都采用（A）。

A. 整锻转子   B. 焊接转子   C. 套装转子   D. 焊接和套装转子

217. 再热压损一般不高于高压缸排汽压力的（A）。

A. 10%   B. 20%   C. 15%   D. 30%

218. 加热器下端差是指（C）的差值。

A. 加热器进口蒸汽压力下的饱和温度与水侧进口温度

B. 加热器进口蒸汽压力下的饱和温度与水侧出口温度

C. 加热器疏水温度与水侧进口温度

D. 加热器疏水温度与水侧出口温度

219. 在其他条件不变的情况下，当凝汽器真空度降低时，凝汽器的端差（**A**）。

A. 增大　　　　　　B. 减小　　　　　　C. 不变　　　　　　D. 不一定

220. 为了保证加热器的换热效果，一般要求堵管率不超过（**B**）。

A. 5%　　　　　　B. 10%　　　　　　C. 20%　　　　　　D. 30%

221. 介质通过流量孔板时流量不变，（**C**）。

A. 压力增大，流速不变　　　　　　　　B. 压力增大，流速增大

C. 压力减小，流速增大　　　　　　　　D. 压力减小，流速减小

222. 某汽轮机排汽饱和温度为 40℃，凝汽器循环水冷却水温度为 20℃，出水温度为 32℃，凝汽器端差为（**A**）。

A. 8℃　　　　　　B. 12℃　　　　　　C. 20℃　　　　　　D. 32℃

223. 某电厂效率为 40%，标准煤耗率为（**A**）。

A. 307.5g/kWh　　B. 400g/kWh　　　C. 250g/kWh　　　D. 300g/kWh

224. 600MW 机组平均负荷为 420MW，负荷系数为（**B**）。

A. 80%　　　　　　B. 70%　　　　　　C. 60%　　　　　　D. 40%

225. 汽轮机真空系统严密性试验需做 8min，取后（**B**）的数据进行计算。

A. 6min　　　　　　B. 5min　　　　　　C. 3min　　　　　　D. 1min

226. 汽轮机进行能量转换的主要部件是（**C**）。

A. 喷嘴　　　　　　B. 动叶片　　　　　C. 喷嘴和叶片　　　D. 导叶

227. 阀门内部泄漏的主要原因是（**C**）损坏。

A. 填料箱　　　　　B. 法兰　　　　　　C. 密封面　　　　　D. 阀杆

228. 热力管道保温的目的是（**B**）管道的热阻，减少热量的损失。

A. 减小　　　　　　B. 增加　　　　　　C. 不变

229. 凝汽器排汽压力越高，真空就越低，汽轮机理想焓（**C**）。

A. 越大　　　　　　B. 不变　　　　　　C. 越小

230. 凝汽式发电厂总效率低的主要原因是（**B**）。

A. 冷源损失太小　　B. 冷源损失太大　　C. 冷源损失不变　　D. 热源损失太大

231. 容器内气体的绝对真空为零点算起的压力称为（**C**）。

A. 表压力　　　　　B. 大气压力　　　　C. 绝对压力

232. 蒸汽动力设备循环广泛采用（**B**）。

A. 卡诺循环　　　　B. 朗肯循环　　　　C. 回热循环

233. （**C**）的分子间隙最小。

A. 流体　　　　　　B. 气体　　　　　　C. 固体

234. 高压加热器运行中发生（**C**）时，应紧急停用。

A. 水位调整门失灵　　　　　　　　　　B. 无水位

C. 水位计爆破又无法切断　　　　　　　D. 水位升高

235. 大型凝汽器冷却倍率一般取值范围为（**B**）。

A. 20~50 倍　　　　　B. 45~80 倍　　　　　C. 80~120 倍　　　　　D. 120~150 倍

236. 汽轮机抗燃油系统中，当测得高压蓄能器的氮气压力低于 **(B)** 时，应对该蓄能器充氮。

A. 7.0MPa　　　　　B. 8.0MPa　　　　　C. 9.0MPa　　　　　D. 10.0MPa

237. 大机组在低负荷时，变压运行与定压运行相比，其热效率 **(A)**。

A. 较高　　　　　B. 较低　　　　　C. 相等

238. 当汽轮机内蒸汽流量达设计流量时，若流量继续增加，则调节级焓降 **(B)**。

A. 增大　　　　　B. 减少　　　　　C. 不变

239. 当发现水泵转子反转时应 **(B)**。

A. 关闭入口水门　　　　　B. 关严出口水门　　　　　C. 重新启动水泵

240. 汽轮机冷态启动时，缸壁温度分布规律一般呈 **(B)**。

A. 直线分布　　　　　B. 抛物线分布　　　　　C. 射线分布

241. 液体蒸发与外界不进行能量交换，那么液体的温度就会 **(C)**。

A. 升高　　　　　B. 不变　　　　　C. 降低

242. 下列各选项中冲车前可以不投入的保护是 **(B)**。

A. 润滑油低　　　　　B. 发电机断水　　　　　C. 低真空保护　　　　　D. 轴向位移

243. 滑参数停机过程中，主、再热蒸汽温度突降 **(D)** 时，立即停机。

A. 20℃　　　　　B. 30℃　　　　　C. 35℃　　　　　D. 50℃

244. 机组启动过程对寿命影响最大的方式是 **(C)**。

A. 冷态启动　　　　　B. 热态启动　　　　　C. 极热态启动　　　　　D. 温态启动

245. 主机润滑油低油压保护逻辑采用 **(A)**。

A. 三取二　　　　　B. 二取二　　　　　C. 二取一　　　　　D. 三取一

246. 闸阀与 **(C)** 的作用基本相同。

A. 调节阀　　　　　B. 止回阀　　　　　C. 截止阀　　　　　D. 安全阀

247. 机组甩负荷时，转子表面产生的热应力为 **(A)** 应力。

A. 拉应力　　　　　B. 压应力　　　　　C. 交变应力　　　　　D. 不产生应力

248. 汽轮机转子的疲劳寿命通常由 **(B)** 表示。

A. 循环应力 - 应变曲线　　　　　　　　　B. 应力循环次数或应变循环次数

C. 蠕变极限曲线　　　　　　　　　　　　D. 疲劳极限

249. 汽缸的变形量与汽缸法兰内、外壁 **(C)** 成正比。

A. 温度高低　　　　　B. 法兰宽度　　　　　C. 温度差

250. 电厂循环水系统有开式和闭式两种。开式的主要缺点是 **(A)**。

A. 需要的冷却水量十分庞大　　　　　　　B. 建设投资大

C. 对环境生态平衡有不利影响　　　　　　D. 对凝汽器真空有不利影响

251. 目前有些低压加热器采用了碳钢管束，其主要目的是 **(C)**。

A. 防止因铜腐蚀而造成的凝结水污染　　　B. 增大低压加热器的传热量

C. 防止低压加热器发生泄漏　　　　　　　D. 节省制造费用

252. 汽轮机的转子以 **(A)** 为死点，沿轴向膨胀。

A. 推力盘　　　　　　　B. 前轴承箱　　　　　　C. 中轴承箱

253. 汽轮机冷态启动时，汽缸外壁受到（**A**）应力。

A. 拉伸　　　　　　　　B. 压缩　　　　　　　　C. 扭转

254. 汽轮机启动和升负荷速度控制不当，造成汽缸法兰的内、外壁温差过大，使法兰结合面受到挤压而产生塑性变形。当汽缸内、外壁温差平稳后，在高压端法兰结合面处将产生（**A**）。

A. 内张口　　　　　　　B. 外张口　　　　　　　C. 法兰位移

255. 当汽轮机转速在 2 倍的第一临界转速时突然发生超大振动，再升速时频率不变，可能是由（**C**）引起的振动。

A. 机械不平衡　　　　　B. 电磁力不平衡　　　　C. 油膜振荡

256. 汽轮机启动升速过程中的供油泵是（**A**）。

A. 交流油泵　　　　　　B. 直流油泵　　　　　　C. 主油泵

257. 汽轮机向上拱起发生热变形的一般原因是（**B**）。

A. 汽缸内、外壁温差　　　　　　　　B. 汽缸上、下壁温差

C. 汽缸法兰内、外壁的温差　　　　　D. 法兰螺栓加热装置投入不当

258. 正常冷态启动升速时，转子中心孔表面受到的应力是（**B**）。

A. 压应力与离心力之差　　　　　　　B. 拉应力与离心力之和

C. 拉应力　　　　　　　　　　　　　D. 压应力

259. 汽动给水泵进行盘车的原因是（**A**）。

A. 消除给水泵汽轮机的上下缸温差　　B. 减小泵的热应力

C. 加快给水泵预暖或冷却速度　　　　D. 给水泵汽轮机需要

260. 在停机过程中，汽缸壁最大应力危险点在（**B**）。

A. 1/2 壁处　　　　　　　　　　　　B. 内壁表面

C. 外壁表面　　　　　　　　　　　　D. 汽缸壁厚的中断面处

261. 在额定稳定工况下，汽轮机转子和汽缸的热应力（**A**）。

A. 趋于零　　　　　　　B. 最大　　　　　　　　C. 较大

262. 汽轮机增加负荷时，其轴向推力将（**A**）。

A. 增大　　　　　　　　B. 减少　　　　　　　　C. 不变

263. 在多级汽轮机中，决定某一级轴向推力大小的主要因素是（**C**）。

A. 喷嘴后蒸汽压力　　　　　　　　　B. 动叶的反动度

C. 叶轮前后压差　　　　　　　　　　D. 动叶入口结构角

264. 采用喷嘴调节的凝汽式汽轮机，当部分进汽度（**A**）时，轴向推力增大。

A. 增大　　　　B. 不变　　　　C. 减小　　　　D. 以上都不对

265. 汽轮机正常运行时，自动主蒸汽门的开度状况是（**B**）。

A. 与汽轮机负荷的大小有关　　　　　B. 全开

C. 全关　　　　　　　　　　　　　　D. 保持汽轮机空负荷的开度

266. 引起再热机组中低压缸功率滞延的主要原因是（**A**）。

A. 再热器及其管道的巨大容积

B. 汽缸数目太多，增加了蒸汽在汽缸内的流动时间

C. 锅炉燃烧跟不上负荷的变化

D. 高压主蒸汽落地布置，导汽管太长

267. 在供油系统中，（**A**）的油压最高。

A. 高压抗燃油　　　B. 润滑油　　　C. 脉冲信号油　　　D. 系统回油

268. 进入凝汽器的冷却水所起的作用是（**B**）。

A. 冷却汽轮机排汽管　　　　　　　　B. 冷却汽轮机排汽

C. 冷却凝汽器　　　　　　　　　　　D. 冷却电厂的水泵、风机及轴承等设备

269. 当凝汽量一定时，下列关于凝汽器冷却水温升大小说法正确的是（**C**）。

A. 由于汽化潜热为 2135～2219kJ/kg，故温升为常数

B. 凝汽器的传热系数值越大，则温升越大

C. 冷却水量越小，则温升越大

D. 冷却水流程越多，则温升越大

270. 多级射汽式抽汽器冷却器的主要作用是（**C**）。

A. 回收抽出蒸汽的热量　　　　　　　B. 回收抽出蒸汽的凝结水

C. 保证抽汽器不过载　　　　　　　　D. 保护抽汽器冷却器不因温度过高而损坏

271. 除氧器采用滑压运行的优点是（**B**）。

A. 显著提高了除氧效果

B. 提高机组运行经济性

C. 降低了除氧器标高，可减少电厂造价

272. 除氧器采用加热蒸汽从热水箱进入的方式，其优点是（**B**）。

A. 可防止热水箱发生"自生沸腾"现象　　B. 在稳定的工况下，可提高除氧效果

C. 可防止已经除氧后的凝结水重新被污染　　D. 可节省加热蒸汽量

273. 汽轮机中压部分的动叶片结垢时，将引起串轴（**C**）。

A. 正值增大　　　B. 负值增大　　　C. 适当变化

274. 当汽轮机的振幅随转速增加而增加时，可能是由（**C**）引起的。

A. 电磁力不平衡　　　B. 油膜振荡　　　C. 机械不平衡

275. 汽轮机的任一保护装置动作后，汽轮机将在（**C**）状态。

A. 空负荷运行　　　B. 低负荷运行　　　C. 停机

276. 正常的调速系统应保证汽轮机甩负荷时，超速保护装置（**B**）。

A. 动作　　　B. 不立即动作　　　C. 快速动作

277. （**A**）转子不会产生油膜振荡。

A. 刚性　　　B. 挠性　　　C. 半挠性

278. 运行中汽轮机推力轴承磨损较大时，将引起（**A**）保护装置动作。

A. 轴向位移　　　B. 胀差　　　C. 低油压

279. 在失稳分力作用下，转子涡动的频率总是约等于转子（**C**）的 1/2。

A. 额定转速　　　　　B. 临界转速　　　　　C. 当时转速

280. 汽轮机空负荷运行时间过长，会造成（C）的温度升高而超过规定值。

A. 高压缸　　　　　　B. 中压缸　　　　　　C. 低压缸

281. 油动机的时间常数过大，则机组（C）时易超速。

A. 减负荷　　　　　　B. 增负荷　　　　　　C. 甩负荷

282. 调速系统静态特性曲线出现水平段时，机组并列运行，将出现（A）自发摆动。

A. 负荷　　　　　　　B. 转速　　　　　　　C. 同步器行程

283. 在汽轮机湿蒸汽区内，湿汽水珠对叶片金属起冲蚀作用，那么受冲刷腐蚀最严重的部位是（D）。

A. 动叶根部正弧处　　B. 动叶根部背弧处　　C. 动叶顶部正弧处　　D. 动叶顶部背弧处

284. 引起轴向推力增大的原因是（C）。

A. 新蒸汽温度升高　　B. 负荷突减　　　　　C. 动叶结垢

285. 轴向位移过大时，汽轮机要求（C）。

A. 立即向有关部门发生紧急信号　　　　　　B. 尽量维持运行

C. 达报警值时发信号，达保护停机值时停机　D. 甩去负荷，维持汽轮机正常空转

286. 旁路开启时，要保证高、中、低压缸蒸汽流量基本一致，原因是（C）。

A. 避免高、中压缸功率不平衡　　　　　　　B. 避免有的再热器过热

C. 避免有的汽缸因蒸汽流量过小而过热　　　D. 避免旁路减温减压器过来

287. 凝汽器大气释放门的作用是（C）。

A. 检修用人孔门　　　　　　　　　　　　　B. 放出不凝结的空气

C. 凝汽器的安全阀　　　　　　　　　　　　D. 破坏真空的真空破坏门

288. 凝汽器的灌水试验主要是检查（C）的。

A. 凝汽器外壳是否严密　　　　　　　　　　B. 凝汽器水室是否严密

C. 凝汽器传热面是否严密

289. 正常运行中，引起凝汽器凝结水质不符合要求的主要原因是（D）。

A. 锅炉给水品质不良　　　　　　　　　　　B. 蒸汽品质不良

C. 凝汽设备本身不清洁　　　　　　　　　　D. 凝汽器传热面漏水

290. 在停机时，发现调速汽门不严，应该（B）。

A. 解列后再打闸　　　B. 先打闸后解列　　　C. 没有任何限制规定

291. 回油泡沫多是由（D）引起的。

A. 油温高　　　　　　B. 油温低　　　　　　C. 对轮中心不好　　　D. 油质不良

292. 汽轮机运行时，监视段压力高与（C）无关。

A. 通流部分结垢　　　　　　　　　　　　　B. 通流部分故障

C. 通流部分热应力　　　　　　　　　　　　D. 汽轮机调节阀开度

293. 紧急停机分破坏真空与不破坏真空两种，（D）不需破坏真空停机。

A. 汽轮机超速　　　　B. 发电机氢爆　　　　C. 机组强烈振动　　　D. 主蒸汽管道破裂

294. 用主汽门冲转的方法，容易使（B）。

A. 汽缸单侧受热，膨胀不均   B. 主汽门的阀芯受磨损

C. 相邻调节汽门产生不允许的温度差

295. 汽轮机启动暖管时，注意调节供汽阀和疏水阀的开度是为了 **(C)**。

A. 提高金属温度

B. 减少工质和热量损失

C. 不使流入管道的流量过大，引起管道及其部件剧烈加热

D. 不使管道超压

296. 某台汽轮机在大修时，将其调节系统速度变动率调大，进行甩负荷试验后发现，稳定转速比大修前 **(B)**。

A. 低   B. 高   C. 不变   D. 略有提高

297. 汽轮发电机组的自振荡是 **(A)**。

A. 负阻尼振荡   B. 有阻尼振荡   C. 无阻尼振荡   D. 正阻尼振荡

298. 中间再热机组在滑参数减负荷停机过程中，再热蒸汽温度下降有 **(B)** 现象。

A. 超前   B. 滞后   C. 相同   D. 先超后滞

299. 金属零部件在交变热应力反复作用下遭到破坏的现象称为 **(D)**。

A. 热冲击   B. 热脆性   C. 热变形   D. 热疲劳

300. 中间再热机组应该 **(B)** 高压主汽门、中压主汽门（中压联合汽门）关闭试验。

A. 隔天进行一次   B. 每周进行一次   C. 隔十天进行一次   D. 每两周进行一次

301. 汽轮机每产生 1kWh 的电能，所消耗的热量叫 **(B)**。

A. 热耗量   B. 热耗率   C. 热效率   D. 热流量

302. 新装机组的轴承振动不宜大于 **(D)**。

A. 0.045mm   B. 0.040mm   C. 0.035mm   D. 0.030mm

303. 汽轮机排汽量不变时，循环水入口水温不变，循环水流量增加，排汽温度 **(C)**。

A. 不变   B. 升高   C. 降低

304. 凝汽器真空升高，汽轮机排汽压力 **(B)**。

A. 升高   B. 降低   C. 不变   D. 不能判断

305. 机组启动时，大轴晃动值不应超过制造厂的规定值或原始值的 **(A)**。

A. ±0.02mm   B. ±0.03mm   C. ±0.04mm

306. 汽轮机发生水冲击时，立即 **(A)**。

A. 打闸停机   B. 开各处疏水   C. 减负荷到零   D. 汇报值长

307. 机组并网运行中，发电机主保护动作组转速应 **(D)**。

A. 上升   B. 下降   C. 不变   D. 先升后降

308. **(A)** 严禁做超速试验。

A. 油中长时间有水，油质不良   B. 正常运行中保安器误动

C. 新安装机组   D. 大修后机组

309. 汽轮机真空下降，必然对机组运行产生危害，不正确的是 **(D)**。

A. 机组出力降低   B. 引起凝汽器铜管胀口漏

C. 损坏叶片　　　　　　　　　　　　　D. 轴向推力减小

310. 运行中汽轮机自动主汽门突然关闭，发电机将变成（A）运行。

A. 同步电动机　　　B. 异步电动机　　　C. 异步电动机　　　D. 同步发电机

311. 汽轮机内蒸汽流动的总体方向大致平行于转轴的汽轮机称为（A）。

A. 轴流式汽轮机　　B. 辐流式汽轮机　　C. 周流式汽轮机

312. 汽轮机的冷油器属于（A）。

A. 表面式换热器　　B. 混合式换热器　　C. 蓄热式换热器

313. 喷嘴调节的优点是（A）。

A. 低负荷时节流损失小，效率高

B. 负荷变化时，高压部分蒸汽温度变化小，所在区域热应力小

C. 对负荷变动的适应性好

314. 未设抽汽电动门和止回阀的抽汽管道是（B）。

A. 最高压力级抽汽　　B. 最低压力级抽汽　　C. 任一级压力抽汽

315. 主蒸汽管道、再热蒸汽管道支吊架运行（A）要进行全面检查和调整，必要时应进行应力核算。

A. 10 万 h　　　　　B. 15 万 h　　　　　C. 20 万 h

316. 运行（B）以上的机组，每隔 3～5 年应对转子进行一次检查。

A. 5 万 h　　　　　　B. 10 万 h　　　　　C. 15 万 h

317. 氢冷发电机密封油压应（C）氢压。

A. 小于　　　　　　　B. 等于　　　　　　　C. 大于

318. 疏水管按压力顺序接入联箱，并向低压侧倾斜（B）。

A. 30°　　　　　　　 B. 45°　　　　　　　 C. 60°

319. 机组每运行（B），应定期进行危急保安器充油试验。

A. 1000h　　　　　　B. 2000h　　　　　　C. 3000h　　　　　　D. 4000h

320. 一般在临界转速时，轴承的双倍振幅值不应超过（D）。

A. 0.02mm　　　　　B. 0.05mm　　　　　C. 0.07mm　　　　　D. 0.10mm

321. 引起机组振动的因素很多，下列因素中，（A）对振动也有影响。

A. 润滑油温　　　　　B. 新蒸汽压力　　　　C. 新蒸汽温度　　　　D. 给水温度

322. 汽轮机轴承润滑油压低保护装置的作用是（D）。

A. 轴承润滑油压降低时打开溢流阀

B. 轴承润滑油压高时打开溢流阀

C. 轴承润滑油压升高时使其恢复

D. 轴承润滑油压降低到遮断值时使机组停机

323. 下列选项中不是指标对照标准"四耗、四排、一率"中指标的是（B）。

A. 煤耗　　　　　　　B. 汽耗　　　　　　　C. 油耗　　　　　　　D. 电耗

324. 25 项反措规定：机组启动中，在中速暖机之前，轴承振动超过（B），应立即打闸停机。

A. 0.02mm　　　　B. 0.03mm　　　　C. 0.05mm　　　　D. 0.1mm

325. 给水泵发生（**C**）情况时应进行紧急故障停泵。

A. 给水泵入口法兰漏水　　　　　　B. 给水泵和电动机振动达 0.06mm

C. 给水泵内部有清晰的摩擦声或冲击声　　D. 给水泵出口滤网堵塞

326. 单元机组滑压运行时，机组的功率变化依靠（**D**）变化来实现。

A. 汽机进汽压力　　　　　　　　　B. 进汽阀开度

C. 汽机进汽温度　　　　　　　　　D. 进汽压力和进汽阀开度同时

327. 汽轮机通流部分结了盐垢时，轴向推力（**A**）。

A. 增大　　　　B. 减小　　　　C. 基本不变　　　　D. 无影响

328. 与定压运行相比，机组在滑压运行方式时负荷响应的速度（**B**）。

A. 加快　　　　B. 减慢　　　　C. 相同　　　　D. 不确定

329. 在机组启、停过程中，汽缸的绝对膨胀值突然增大或减小时，说明（**C**）。

A. 汽温变化大　　B. 负荷变化大　　C. 滑销系统卡涩　　D. 汽缸温度变化大

330. 加热器的传热端差是加热蒸汽压力下的饱和温度与加热器（**A**）。

A. 给水出口温度之差　　　　　　　B. 给水入口温度之差

C. 加热蒸汽温度之差　　　　　　　D. 给水平均温度之差

331. 给水泵出口再循环管的作用是防止给水泵在空负荷或低负荷时（**C**）。

A. 泵内产生轴向推力　B. 泵内产生振动　　C. 泵内产生汽化　　D. 产生不稳定工况

332. 当隔绝给水泵时，在最后关闭进口门过程中，应密切注意（**A**），否则不能关闭进口门。

A. 泵内压力不应升高　B. 泵不倒转　　　C. 泵内压力升高　　D. 管道无振动

333. 循环水泵在运行中，电流波动且降低是由于（**D**）。

A. 循环水入口温度增高　　　　　　B. 循环水入口温度降低

C. 仪表指示失常　　　　　　　　　D. 循环水入口过滤网被堵或入口水位过低

334. 汽轮机停机后，转子弯曲值增加是由于（**A**）造成的。

A. 上下缸存在温差　　　　　　　　B. 汽缸内有剩余蒸汽

C. 汽缸疏水不畅　　　　　　　　　D. 转子与汽缸温差大

335. 汽轮发电机组采用中间再热后，汽耗率将（**C**）。

A. 不变　　　　B. 增加　　　　C. 降低　　　　D. 短时间不变

336. 汽轮机采用滑压运行主要是要降低（**B**）损失。

A. 配汽损失　　　B. 节流损失　　　C. 沿程阻力损失　　D. 局部阻力

337. 汽轮机监视仪表（TSI）电超速的动作转速为（**A**）。

A. 3300min　　　B. 3200min　　　C. 3150min　　　D. 3330min

338. 当容器内工质的压力大于大气压力时，工质处于（**A**）。

A. 正压状态　　　B. 负压状态　　　C. 标准状态　　　D. 临界状态

339. 热工仪表测量较精确的等级为（**A**）。

A. 0.25　　　　B. 0.5　　　　C. 1.0　　　　D. 1.5

340. 机组甩负荷时，若维持锅炉过热器安全门不动作，则高压旁路容量应选择（**D**）。

A. 30％　　　　　　B. 50％　　　　　　C. 80％　　　　　　D. 100％

341. 汽轮发电机组的自激振荡是（**A**）。

A. 负阻尼振荡　　　　B. 有阻尼振荡　　　　C. 无阻尼振荡

342. 公称直径为 50～300mm 的阀门为（**B**）。

A. 小口径阀门　　　　B. 中口径阀门　　　　C. 大口径阀门

343. 实际物体的辐射力（**B**）同温度下绝对黑体的辐射力。

A. 大于　　　　　　B. 小于　　　　　　C. 等于

344. 一般规定汽轮机乏汽湿度应小于（**B**）。

A. 5％　　　　　　B. 12％　　　　　　C. 15％

345. 盘车期间，润滑油泵（**A**）。

A. 必须保持连续运行　B. 可以继续运行　　　C. 可以停止运行

346. 油动机的时间常数一般在（**B**）。

A. 0～0.05s　　　　B. 0.1～0.3s　　　　C. 1～3s

347. 为防止给水泵供水中断，给水泵必须设在除氧器的（**B**）。

A. 上方　　　　　　B. 下方　　　　　　C. 平行

348. 一般机组发电机空、氢侧密封油平衡油压差在（**A**）范围内。

A. ±600Pa　　　　B. 0～600Pa　　　　C. −600～0Pa

349. 射汽式抽气器喷嘴结垢，将会（**A**）。

A. 降低抽气能力

B. 提高抽气能力

C. 增加喷嘴前后压差，使汽流速度增大，抽气能力提高

D. 不影响抽气效率

350. 循环水泵在运行中，入口真空异常升高是由于（**D**）。

A. 水泵水充增大　　　　　　　　　　B. 循环水入口温度降低

C. 仪表指示失常　　　　　　　　　　D. 循环水入口过滤网被堵或入口水位过低

351. 大型机组凝汽器的过冷度一般应小于（**B**）。

A. 0.5℃　　　　　B. 2.5℃　　　　　C. 3.5℃　　　　　D. 4.0℃

352. 凝汽器的压力是指（**C**）。

A. 蒸汽压力　　　　B. 空气压力　　　　C. 蒸汽空气总压力

353. 随着压力的升高，水的汽化热（**D**）。

A. 与压力变化无关　B. 不变　　　　　C. 增大　　　　　D. 减小

354. 速度变动率越大，（**C**）。

A. 机组运行越不稳定　　　　　　　　B. 甩负荷时越不易超速

C. 甩负荷时越易超速　　　　　　　　D. 电网频率变化时，机组的负荷变化越大

355. 当润滑油压低于 0.03MPa 时，低油压保护动作结果是（**C**）。

A. 关主汽门　　　　　　　　　　　　B. 关调节汽门

C. 停盘车   D. 启动交流润滑油泵

356. 大修停机时，应采用（C）停机方式。

A. 额定参数   B. 滑压   C. 滑参数   D. 紧急

357. 机组极热态启动的过程中，转子表面将产生（D）。

A. 压应力   B. 拉应力   C. 先压后拉   D. 先拉后压

358. 机组极热态启动的过程中，汽缸外表面将产生（C）。

A. 压应力   B. 拉应力   C. 先压后拉   D. 先拉后压

359. 低强度高塑性材料在高应变区具有（A）寿命。

A. 较高   B. 较低   C. 不确定

360. 在对汽轮机转子热应力进行在线监测时，通常采用测量（D）代替实际的应力。

A. 转子温度   B. 机组负荷   C. 转子有效温差   D. 蒸汽温度

361. 当喷嘴的出口压力与进口的滞止压力比小于 0.546 时，若喷嘴的背压再降低，则通过喷嘴的流量（C）。

A. 增加   B. 减小

C. 不变   D. 可能增加也可能减小

362. 对于凝汽式汽轮机的压力级，下列叙述正确的是（C）。

A. 流量增加时焓降减小

B. 流量增加时反动度减小

C. 流量增加时，中间各级的级前压力成正比地增加，但焓降、速比、反动度、效率均
　　近似不变

D. 流量增加时反动度增加

363. 汽轮机变工况时，级的焓降如果增加，则级的反动度（D）。

A. 增加   B. 不变   C. 减小   D. 不一定

364. 中间再热机组必须采用（B）。

A. 一机二炉单元制   B. 一机一炉单元制   C. 母管制

365. 为了保证汽轮机设备的安全运行，调节系统动作应（A）、可靠。

A. 灵活   B. 安全   C. 稳定

366. 电厂锅炉给水泵采用（C）。

A. 单级单吸离心泵   B. 单级双吸离心泵

C. 分段式多级离心泵   D. 轴流泵

367. 汽轮机任何一道轴承回油温度超过 75℃ 或突然连续升高至 70℃ 时，应（A）。

A. 立即打闸停机   B. 减负荷

C. 增开油泵，提高油压   D. 降低轴承进油温度

368. 交流润滑油泵正常运行电流（B）直流润滑油泵电流。

A. 大于   B. 小于   C. 等于

369. 不易发生自生沸腾的除氧器是（C）除氧器。

A. 真空式   B. 大气式   C. 高压式

370. 对于具有回热抽汽的汽轮机，抽汽量一般是根据热交换器的热平衡方程式求得的，具体进行计算时从（**A**）开始。

A. 最后一个加热器　　B. 最前面一个加热器　C. 除氧器

371. 滑压运行的汽轮机调节级的蒸汽温度随负荷的增加而（**C**）。

A. 增加　　　　　　B. 降低　　　　　　C. 不变

372. 定压运行的汽轮机调节级的蒸汽温度随负荷的增加而（**A**）。

A. 增加　　　　　　B. 降低　　　　　　C. 不变

373. 给水泵汽化时，（**B**）。

A. 泵组发生强烈振动及内部有清晰的金属摩擦声

B. 出口压力摆动下降

C. 给水泵流量增大

D. 电动机电流增大

374. 用硬软两种胶球清洗凝汽器其效果是（**B**）。

A. 一样　　　　　　B. 不同　　　　　　C. 硬球效果好

375. DEH 数字电液调节系统中的执行机构是（**D**）。

A. 电动执行机构　　B. 电动阀　　　　　C. 气动阀　　　　　D. 油动机

376. 汽轮发电机组负荷不变，循环水入口温度不变，循环水入口流量增加，真空（**C**）。

A. 不变　　　　　　B. 降低　　　　　　C. 升高

377. 抽气器性能通常由启动性能和（**D**）来决定。

A. 经济性能　　　　B. 耗功性能　　　　C. 压缩性能　　　　D. 持续运行性能

378. 汽轮机跳闸后原因未查明或缺陷未消除前，汽轮机（**A**）挂闸启动。

A. 不允许　　　　　B. 允许　　　　　　C. 允许试着

379. 高压加热器的作用是（**A**），提高热循环的经济性。

A. 加热锅炉给水　　B. 加热除氧器补水　C. 加热凝结水　　　D. 加热除盐水

380. 介质温度超过（**B**）的设备和管道均应进行保温。

A. 30℃　　　　　　B. 50℃　　　　　　C. 60℃　　　　　　D. 80℃

381. 选择使用压力表时，为使压力表能安全可靠地工作，压力表的量程应选得比被测压力值高（**D**）。

A. 1/4　　　　　　B. 1/5　　　　　　C. 1/2　　　　　　D. 1/3

382. 主蒸汽量、参数相同的情况下，回热循环汽轮机与纯凝汽式汽轮机相比较，（**B**）。

A. 汽耗率增加，热耗率增加　　　　　B. 汽耗率增加，热耗率减少

C. 汽耗率减少，热耗率增加　　　　　D. 汽耗率减少，热耗率减少

383. 为了保证机组调节系统稳定，汽轮机转速变动率一般应取（**B**）为合适。

A. 1%～2%　　　　B. 3%～6%　　　　C. 6%～9%　　　　D. 9%～12%

384. 凝汽器水阻的大小直接影响循环水泵的耗电量，大型机组一般为（**B**）左右。

A. 2m 水柱　　　　B. 4m 水柱　　　　C. 6m 水柱　　　　D. 9m 水柱

385. 椭圆形轴承上下部油膜相互作用，使（**D**）的抗振能力增强。

A. 轴向　　　　　　B. 径向　　　　　　C. 水平方向　　　　D. 垂直方向

386. 汽轮机汽缸（单层汽缸）的膨胀死点一般在（B）。

A. 直销中心线与横销中心线的交点　　　　B. 纵销中心线与横销中心线的交点

C. 直销中心线与纵销中心线的交点　　　　D. 纵销中心线与斜销中心线的交点

387. 汽轮机相对内效率是汽轮机（C）。

A. 轴端功率/理想功率　　　　　　　　　B. 电功率/理想功率

C. 内功率/理想功率　　　　　　　　　　D. 输入功率/理想功率

388. 汽轮机启动中，当转速大于（C）时，注意主油泵工作是否正常。

A. 3000r/min　　　B. 2000r/min　　　C. 2500r/min　　　D. 2800r/min

389. 汽轮机串轴保护应在（B）投入。

A. 全速后　　　　　B. 冲转前　　　　　C. 带部分负荷时　　D. 冲转后

390. 凝结水泵电流到零，凝结水压力下降，流量到零，凝汽器水位上升的原因是（A）。

A. 凝结水泵电源中断　B. 凝结水泵汽化　　C. 凝结水泵进空气

391. 汽轮机大修后的油系统冲洗循环时，轴承进油管加装不低于（C）临时滤网。

A. 20 号　　　　　B. 30 号　　　　　C. 40 号　　　　　D. 50 号

392. 调整抽汽式汽轮机组热负荷突然增加，机组的（A）。

A. 抽汽量和主蒸汽流量都增加　　　　　B. 主蒸汽流量不变，抽汽量增加

C. 主蒸汽流量增加，抽汽量不变　　　　D. 抽汽量增加，凝汽量减少

393. 危急保安器充油动作转速应（D）3000r/min。

A. 大于　　　　　　B. 小于　　　　　　C. 等于　　　　　　D. 略小于

394. 危急保安器充油试验复位转速应（B）额定转速。

A. 大于　　　　　　B. 小于　　　　　　C. 等于　　　　　　D. 略大于

395. 汽轮机大修后对凝汽器进行灌水试验，检查（B）严密性。

A. 凝结水系统　　　B. 真空系统　　　　C. 循环水系统　　　D. 抽气系统

396. 高压加热器正常运行时，加热器下端差的控制标准为（A）。

A. 5.6～11℃　　　　B. 11～27.8℃　　　C. 27.8℃以上

397. 若加热器铜管内结垢可造成（D）。

A. 传热增加，管壁温度升高　　　　　　B. 传热减弱，管壁温度降低

C. 传热增加，管壁温度降低　　　　　　D. 传热减弱，管壁温度升高

398. 管道热膨胀受阻会产生很大的热应力及推力，以下因素中不属于影响热应力及推力的主要因素是（D）。

A. 温度的影响　　　　　　　　　　　　B. 管道弹性的影响

C. 支吊架的影响　　　　　　　　　　　D. 管内介质状态的影响

399. 管道一般常用的补偿方法有（B）两种。

A. 自然补偿、补偿器　　　　　　　　　B. 热补偿、冷补偿

C. Ω形和 Π 形弯曲补偿器　　　　　　　D. 波纹管补偿器、冷紧口

400. 表面式加热器，运行中端差一般不超过（B）。

A. 4~5℃   B. 5~6℃   C. 6~7℃   D. 7~8℃

401. 无论什么形式的蒸汽压损都将损失做功能力并降低装置的热经济性，减少压损的办法有：一方面可从设备上着手；另一方面则是（**A**）。

A. 加强运行管理   B. 加强设备消缺

C. 提高工质参数   D. 降低用热设备的参数

402. 当加热器内水流量过小而汽化，阻塞水流时，要（**A**），打开水侧排空门排出水侧蒸汽。

A. 关闭进汽门   B. 开大进水门   C. 开大进汽门   D. 关闭进水门

403. 汽轮机的负荷摆动值与调速系统的迟缓率（**A**）。

A. 成正比   B. 成反比   C. 成非线性关系   D. 无关

404. 汽轮机变工况运行时，蒸汽温度变化率越（**B**），转子的寿命消耗越小。

A. 大   B. 小   C. 寿命损耗与温度变化没有关系

405. 汽轮机进水时，（**B**）。

A. 负荷摆动   B. 主蒸汽温度急剧下降

C. 主蒸汽温度上升   D. 主蒸汽压力上升

406. 汽轮机油系统抢修停机时，应采用（**A**）停机方式。

A. 滑参数   B. 滑压   C. 额定参数   D. 紧急停机

407. 高压加热器运行中，水侧压力（**C**）汽侧压力，为保证汽轮机组安全运行，在高压水侧设自动旁路保护装置。

A. 低于   B. 等于   C. 高于

408. 汽轮机滑参数停机时，法兰内壁温度低于外壁温度，使汽缸中间截面呈（**A**）变形。

A. 横椭圆   B. 立椭圆   C. 椭圆

409. 低压加热器运行中，水侧压力（**C**）汽侧压力，为保证汽轮机组安全运行，在水侧设自动旁路保护装置。

A. 低于   B. 等于   C. 高于

410. 加热器结垢后，使加热器温升（**B**）。

A. 增大   B. 减小   C. 不变

411. 汽轮机启动时，法兰内壁温度高于外壁，使汽缸中间截面呈（**B**）变形。

A. 横椭圆   B. 立椭圆   C. 椭圆

412. 凝汽器结垢后，使循环水出、入口温差减小，造成凝汽器端差（**A**）。

A. 增大   B. 减小   C. 不变

413. 汽轮机启动在升速过程中，高、中压胀差的变化趋势均向（**A**）变化。

A. 正方向   B. 负方向   C. 不变

414. 汽轮机高压部分隔板支承定位方式广泛应用（**B**）。

A. 销钉支承定位

B. 悬挂销和键支承定位

C. 工形悬挂销中分及支承定位

415. 汽轮机冲动级（$P<0.5$）的理想焓降减少时，级的反动度（C）。

A. 基本不变　　　　B. 减小　　　　C. 增大

416. 汽轮机运行时监视段压力升高与（B）无关。

A. 通流部分结垢　　B. 热应力　　　C. 调节门开度

417. 为了保证氢冷发电机的氢气不从两侧端盖与轴之间逸出，运行中要保持密封瓦的油压（A）氢压。

A. 大于　　　　　　B. 等于　　　　C. 小于

418. 大功率汽轮机一般把高压调节阀与汽缸分开布置，这是因为（B）。

A. 功率大，汽阀质量大，单独布置支承方便

B. 增强了汽缸的对称性，减少了膨胀不均匀时的热应力

C. 防止火灾

419. 停机后当汽轮机低压缸排汽温度降至（B）以下并确认无用户时，可以停止循环水泵运行。

A. 45℃　　　B. 50℃　　　C. 55℃　　　D. 80℃

420. 机组甩掉（C）负荷所产生的热应力最大。

A. 30%　　　B. 50%　　　C. 70%　　　D. 100%

421. 大修后的超速试验每只保安器应做（B）。

A. 1次　　　B. 2次　　　C. 3次　　　D. 4次

422. 按汽流方向的不同凝汽器可以分为四种，目前采用较多的是（D）。

A. 汽流向下式　　B. 汽流向上式　　C. 汽流向心式　　D. 汽流向侧式

423. 凝汽器发生铜管泄漏时，其主要影响水质的指标为（C）。

A. 凝结水电导率　　B. 凝结水溶氧　　C. 凝结水硬度　　D. pH 值

424. 循环水泵常采用（C）水泵。

A. 轴流式　　　B. 离心式　　　C. 混流式　　　D. 容积式

425. 故障停机必要的程序有（B）。

A. 调整负荷　　　　　　B. 根据事故性质确定是否破坏真空

C. 向上级汇报　　　　　D. 调整循环水泵的运行方式

426. 由于油系统着火而故障停机时，（A）启动高压油泵。

A. 禁止　　　B. 可以　　　C. 根据情况决定是否

427. 机组启动时，控制高、中压汽缸壁温温升率应小于（B）。

A. 1.0℃/min　　B. 1.5℃/min　　C. 3.0℃/min　　D. 4.0℃/min

428. 主机真空低停机保护逻辑采用（A）。

A. 三取二　　　B. 二取二　　　C. 二取一　　　D. 三取一

429. 蒸汽冷却器运行中，其汽侧应维持（A）。

A. 无水位运行　　B. 低水位运行　　C. 正常水位运行　　D. 中间水位运行

430. 评定发电厂运行经济性和技术水平的两大技术经济指标是厂用电率和（A）。

A. 供电标准煤耗率　　B. 发电标准煤耗率　　C. 热耗　　　D. 锅炉效率

431. 除氧器滑压运行，当机组负荷突然降低时，将引起除氧给水的含氧量（B）。

A. 增大　　　　B. 减小　　　　C. 波动　　　　D. 不变

432. 滑参数停机的主要目的是（D）。

A. 利用锅炉余热发电

B. 平滑降低参数增加机组寿命

C. 防止汽轮机超速

D. 较快地降低汽轮机缸体温度，利于提前检修

433. 给水泵流量低保护的作用是（B）。

A. 防止给水中断　B. 防止泵过热损坏　C. 防止泵过负荷　D. 防止泵超速

434. 汽轮机轴位移保护应在（C）投入。

A. 带部分负荷后　B. 定速后　　　C. 冲转前　　　D. 带满负荷后

435. 汽轮机润滑低油压保护应在（A）投入。

A. 盘车前　　　B. 定速后　　　C. 冲转前　　　D. 带满负荷后

436. 低真空故障停机时，应（A）投入旁路系统。

A. 禁止　　　　B. 及时　　　　C. 强行　　　　D. 必须

437. 下列不是防止汽轮机进冷汽冷水检查要点的是（C）。

A. 高、低压旁路及减温水的关闭情况　　B. 给水泵中间抽头的关闭情况

C. 凝汽器循环水的通流情况　　　　　　D. 汽轮机各疏水门的开启情况

438. 下列不是汽轮机叶片断落现象的是（C）。

A. 汽轮机内或凝汽器内产生突然声响　　B. 机组突然振动增大或抖动

C. 机组负荷突增　　　　　　　　　　　D. 运行中级间压力升高

439. 汽轮发电机组的相对电效率是指（B）。

A. 发电机输出功率与汽轮机输出功率的比值

B. 发电机输出功率与汽轮机内功率的比值

C. 主变压器输出功率与汽轮机输出功率的比值

D. 主变压器输出功率与汽轮机内功率的比值

440. 下列不是大型汽轮机采用高、中压合缸优点的是（D）。

A. 可缩短主轴长度，减少轴承数量　　B. 平衡轴向推力，减少推力轴承尺寸

C. 温度分布更均匀，热应力较小　　　D. 可以提高机组循环热效率

441. DEH中的OPC电磁阀动作后关闭（C）。

A. 高压主汽门　B. 高压调门　　C. 高、中压调门　D. 中压调门

442. 转机转速为1000r/min时，轴振值应小于（C）。

A. 0.05mm　　　B. 0.085mm　　C. 0.10mm　　　D. 0.12mm

443. 给水泵汽轮机转子为（B）转子。

A. 挠性　　　　B. 刚性　　　　C. 半挠性　　　D. 轻型

444. 胶球系统收球率合格标准为大于（A）。

A. 95%　　　　B. 96%　　　　C. 97%　　　　D. 98%

445. 除氧器滑压运行时可避免除氧器汽源的 **（A）** 损失。

A. 节流　　　　　　　B. 冷源　　　　　　　C. 机械　　　　　　　D. 疏水

446. 对机组相对胀差无影响的是 **（C）**。

A. 进汽参数　　　　　B. 凝汽器真空　　　　C. 上下缸温差　　　　D. 轴封供汽温度

447. 真空泵的作用是抽出凝汽器中的 **（D）**。

A. 空气

B. 蒸汽

C. 蒸汽和空气混合物

D. 空气和不凝结气体

448. 发电机组的调速系统根据系统中频率的微小变化而进行的调节作用称为 **（A）**。

A. 一次调节　　　　　B. 二次调节　　　　　C. 三次调节　　　　　D. 四次调节

449. 发电机组的联合控制方式的机跟炉运行方式、炉跟机运行方式、手动调节方式由运行人员 **（B）** 来选择。

A. 随意

B. 根据机炉设备运行情况

C. 根据领导决定

D. 根据电网调度要求。

450. 直接空冷机组与间接空冷机组运行的区别是 **（A）**。

A. 空气直接冷却蒸汽和空气冷却循环水

B. 空气冷却循环水和空气直接冷却蒸汽

C. 都是空气冷却循环水，只是直接冷却循环水和间接冷却循环水

D. 都是空气直接冷却蒸汽，只是方式不同而已。

451. 绝对压力 **（A）** 大气压力时称为真空。

A. 小于　　　　　　　B. 等于　　　　　　　C. 大于

452. 停机后投入疏水系统时，控制疏水系统各容器水位正常，保持凝汽器水位 **（A）** 疏水联箱标高。

A. 低于　　　　　　　B. 等于　　　　　　　C. 高于　　　　　　　D. 不低于

453. 分散控制系统按控制功能可分为 DAS、MCS、SCS、FSSS 等子系统，其中 MCS 的中文含义是 **（A）**。

A. 模拟量控制系统

B. 数据采集系统

C. 顺序控制系统

D. 炉膛燃烧安全监控系统

454. 分散控制系统按控制功能可分为 DAS、MCS、SCS、FSSS 等子系统，其中 DAS 的中文含义是 **（B）**。

A. 模拟量控制系统

B. 数据采集系统

C. 顺序控制系统

D. 炉膛燃烧安全监控系统

455. 分散控制系统按控制功能可分为 DAS、MCS、SCS、FSSS 等子系统，其中 SCS 的中文含义是 **（C）**。

A. 模拟量控制系统

B. 数据采集系统

C. 顺序控制系统

D. 炉膛燃烧安全监控系统

456. 当汽轮发电机组转轴发生动静摩擦时 **（B）**。

A. 振动的相位角是不变的

B. 振动的相位角有时变有时不变

C. 振动的相位角是变化的   D. 振动的相位角起始变，以后加剧

457. 汽轮机停机惰走降速时，由于鼓风作用和泊桑效应，低压转子会出现（**A**）突增。

A. 正胀差   B. 负胀差   C. 不会出现   D. 胀差突变

458. 水蒸汽凝结放热时，其温度（**C**）。

A. 降低   B. 升高   C. 不变

459. 水泵汽化的内在因素是因为（**C**）。

A. 进入空气   B. 入口断水   C. 温度超过饱和温度

460. 机组运行中，主蒸汽压力超过 105％ 的瞬间压力波动时间一年内的总和应小于（**C**）。

A. 10h   B. 11h   C. 12h

461. 在泵的启动过程中，对下列泵中的（**C**）应该进行暖泵。

A. 循环水泵   B. 凝结水泵   C. 给水泵   D. 疏水泵

462. 离心泵最容易受到汽蚀损害的部位是（**B**）。

A. 叶轮或叶片入口   B. 叶轮或叶片出口   C. 轮毂或叶片出口   D. 叶轮外缘

463. 多级离心泵在运行中，平衡盘的平衡状态是动态的，转子在某一平衡位置上始终（**A**）。

A. 沿轴向移动   B. 沿轴向相对静止

C. 沿轴向左右周期变化   D. 极少移动

464. 高压加热器运行中水位升高，则下端差（**B**）。

A. 不变   B. 减小   C. 增加   D. 与水位无关

465. 高压加热器运行中水位升高，则上端差（**C**）。

A. 不变   B. 减少   C. 增加   D. 与水位无关

466. 理论上讲降低射水箱水温，抽气器效率（**C**）。

A. 不变   B. 降低   C. 升高   D. 与温度无关

467. 离心泵与管道系统相连时，系统流量由（**C**）来确定。

A. 泵   B. 管道

C. 泵与管道特性曲线的交点   D. 阀门开度

468. 火力发电厂中，测量主蒸汽流量的节流装置多选用（**B**）。

A. 标准孔板   B. 标准喷嘴   C. 长径喷嘴   D. 文丘里管

469. 下列哪种情况只关闭抽汽逆止阀、不关闭抽汽电动门（**A**）。

A. OPC 动作   B. ETS 动作   C. 发电机解

470. 提高除氧器水箱高度是为了（**D**）。

A. 提高给水泵出力   B. 便于管道及给水泵的布置

C. 提高给水泵的出口压力，防止汽化   D. 保证给水泵的入口压力，防止汽化

471. 热电联产的用能特点是（**A**）。

A. 高位热能发电，低位热能供热   B. 蒸汽发电，热水供热

C. 汽轮机发电，大锅炉供热   D. 先发电，后供热

472. 汽轮机变工况运行时，容易产生较大热应力的部位是（C）。

A. 汽轮机转子中间级处 　　　　　　　　B. 转子端部汽封处

C. 高压转子第一级和中压转子进汽区 　　D. 中压缸出口处

473. 高压加热器出水温度下降的原因是（A）。

A. 水室内的分程隔板泄漏 　　　　　　　B. 高压加热器钢管泄漏

C. 给水流量减少 　　　　　　　　　　　D. 高压加热器水侧安全门失灵

474. 汽轮机凝汽器管内结垢可造成（D）。

A. 传热增强，管壁温度升高 　　　　　　B. 传热减弱，管壁温度降低

C. 传热增强，管壁温度降低 　　　　　　D. 传热减弱，管壁温度升高

475. 同一种流体强迫对流换热比自由流动换热（C）。

A. 不强烈 　　　　B. 相等 　　　　C. 强烈 　　　　D. 小

476. 如果汽轮机部件的热应力超过金属材料的屈服极限，金属会产生（A）。

A. 塑性变形 　　　　B. 热冲击 　　　　C. 热疲劳 　　　　D. 断裂

477. 雷诺数 Re 可用来判断流体的流动状态，当（A）时是层流状态。

A. $Re < 2300$ 　　　B. $Re > 2300$ 　　　C. $Re > 1000$ 　　　D. $Re < 1000$

478. 蒸汽在有摩擦的绝热流动过程中，其熵是（A）。

A. 增加的 　　　　B. 减少的 　　　　C. 不变的 　　　　D. 均可能

479. 对于一种确定的汽轮机，其转子或汽缸热应力的大小主要取决于（D）。

A. 蒸汽温度 　　　　　　　　　　　　　B. 蒸汽压力

C. 机组负荷 　　　　　　　　　　　　　D. 转子或汽缸内温度分布

480. 已知介质的压力 p 和温度 T，当 p 小于 p 饱和时，介质所处的状态是（D）。

A. 未饱和水 　　　　B. 湿蒸汽 　　　　C. 干蒸汽 　　　　D. 过热蒸汽

481. 在新蒸汽压力不变的情况下，采用喷嘴调节的汽轮机在额定工况下运行，蒸汽流量再增加时调节级的焓降（B）。

A. 增加 　　　　B. 减少 　　　　C. 不变 　　　　D. 不一定

482. 金属材料的强度极限 Q_B 是指（C）。

A. 金属材料在外力作用下产生弹性变形的最大应力

B. 金属材料在外力作用下出现塑性变形时的应力

C. 金属材料在外力作用下断裂时的应力

D. 金属材料在外力作用下出现弹性变形时的应力

483. 两台离心泵串联运行时（D）。

A. 两台水泵的扬程应该相同

B. 两台水泵的扬程相同，总扬程为两泵扬程之和

C. 两台水泵扬程可以不同，但总扬程为两泵扬程之和的 1/2

D. 两台水泵扬程可以不同，但总扬程为两泵扬程之和

484. 水在水泵内压缩升压可以看做是（D）。

A. 等容过程 　　　　B. 等温过程 　　　　C. 等压过程 　　　　D. 绝热过程

485. （A）是火电厂的理论循环，是组成蒸汽动力的基本循环。

　　A. 卡诺循环　　　　B. 朗肯循环　　　　C. 再热循环　　　　D. 回热循环

486. 汽轮机冷态启动时，蒸汽与汽缸内壁的换热形式主要是（C）。

　　A. 传导换热　　　　B. 对流换热　　　　C. 凝结换热　　　　D. 辐射换热

487. 凝汽器内蒸汽的凝结过程可以看做是（B）。

　　A. 等容过程　　　　B. 等压过程　　　　C. 绝热过程

488. 汽轮机找中心的目的是使各转子中心成为一条（C）。

　　A. 直线　　　　　　B. 折线　　　　　　C. 连续曲线

489. 下列说法正确的是（A）。

　　A. 饱和压力随饱和温度升高而升高　　　　B. 能生成 400℃ 的饱和水

　　C. 蒸汽的临界压力为 20MPa　　　　　　D. 饱和压力随饱和温度的升高而降低

490. 在汽轮机启动过程中，发生（B）现象，汽轮机部件可能受到的热冲击最大。

　　A. 对流换热　　　　B. 珠状凝结换热　　　C. 膜状凝结换热　　　D. 辐射换热

491. 发电机采用的水、氢、氢冷却方式是指（A）。

　　A. 定子绕组水内冷、转子绕组氢内冷、铁芯氢冷

　　B. 转子绕组水内冷、定子绕组氢内冷、铁芯氢冷

　　C. 铁芯水内冷、定子绕组氢内冷、转子绕组氢冷

　　D. 定子、转子绕组水冷、铁芯氢冷

492. 同负荷情况下高压加热器隔绝后，汽轮机的热耗（A）。

　　A. 增加　　　　　　B. 减少　　　　　　C. 不变

493. 同负荷情况下高压加热器隔绝后，汽轮机的汽耗（B）。

　　A. 增加　　　　　　B. 减少　　　　　　C. 不变

494. 采用一级旁路机组挂闸时盘车容易跳闸，原因是（B）。

　　A. 误发停指令　　　　　　　　　　B. 再热器系统空气未完全抽尽

　　C. 逻辑错误　　　　　　　　　　　D. 主汽门不严

495. 电动机启动电流的大小与其所带负载之间的关系是（C）

　　A. 负载越重，启动电流越大　　　　　　B. 负载越重，启动电流越小

　　C. 与负载大小无关

496. 如果油的色谱分析结果表明总烃含量没有明显变化，乙炔增加很快，氢气含量也较高，说明存在的缺陷是（C）。

　　A. 受潮　　　　　　B. 过热　　　　　　C. 火花放电　　　　D. 木质损坏

497. DEH 刚挂闸时，目标转速为（B）。

　　A. 零转速　　　　　B. 当前转速　　　　C. 大于 100r/min

498. 循环泵运行时，循环泵出口蝶阀连锁开关置（B）位置。

　　A. 就地　　　　　　B. 远方　　　　　　C. 与其无关

499. 机组运行中发现蒸汽的汽温、汽压同时下降时，应按（B）下降处理。

　　A. 汽压　　　　　　B. 汽温　　　　　　C. 任一就可以

500. 停机后当排汽缸温度降至 **(A)**℃以下，并确认循环水无用户时，可以停止循环泵。

A. 50　　　　　　　　B. 65　　　　　　　　C. 75

501. 下列不宜作为给水泵汽轮机汽源的是 **(A)**。

A. 主蒸汽　　　　　　B. 高压厂用汽　　　　C. 四段抽汽

502. 电动给水泵运行中，当润滑油压降至 **(B)** 时，辅助油泵自动启动。

A. 0.05MPa　　　　　B. 0.1MPa　　　　　C. 0.25MPa

503. 机组正常运行中，高压主汽门前压力越高，则高压缸排汽后温度 **(A)**。

A. 降低　　　　　　　　　　　　　　B. 升高

C. 可能升高也可能降低　　　　　　　D. 不变

504. 加热器发生满水时，会使上端差 **(A)**。

A. 增加　　　　　　　B. 减小　　　　　　　C. 不变

505. 加热器发生满水时，出口水温 **(B)**。

A. 升高　　　　　　　B. 降低　　　　　　　C. 不变

506. 在火力发电厂中，蒸汽在凝汽器中进行的是 **(C)** 过程。

A. 定压吸热　　　　　B. 膨胀做功　　　　　C. 定压放热　　　　　D. 压缩升压

507. 机组运行中，当某台加热器停运时，若机组负荷不变，其后面的抽汽压力会 **(A)**。

A. 升高　　　　　　　B. 降低　　　　　　　C. 不确定

508. 运行中通常也采用监视润滑油温升的方法来监视轴瓦温度，一般润滑油的温升不得超过 **(B)**。

A. 5～10℃　　　　　B. 10～15℃　　　　　C. 15～20℃

509. 超速试验时，危急保安器的复位转速应 **(A)** 额定转速。

A. 略大于　　　　　　B. 略小于　　　　　　C. 等于

510. 0.5 级精度的温度表，其量程为 50～800℃，允许误差为 **(A)**。

A. ±3.75℃　　　　　B. ±4℃　　　　　　C. ±4.25℃　　　　　D. 5℃

511. 大型汽轮机参加负荷调节时，以下关于机组热耗说法正确的是 **(C)**。

A. 纯变压运行比定压运行节流调节高　　　B. 三阀全开复合变压运行比纯变压运行高

C. 定压运行喷嘴调节比定压运行节流调节低　D. 变压运行最低

512. 当转轴发生油膜振荡时，**(D)**。

A. 振动频率与转速相一致　　　　　　　B. 振动频率为转速的1/2

C. 振动频率为转速的一倍　　　　　　　D. 振动频率与转子第一临界转速基本一致

513. 同样蒸汽参数条件下，顺序阀切为单阀，则调节级后的金属温度 **(A)**。

A. 升高　　　　　　　　　　　　　　B. 降低

C. 可能升高也可能降低　　　　　　　D. 不变

514. 高、中压联合启动方式与中压缸启动方式的区别在于 **(A)**。

A. 中压缸启动时间较短　　　　　　　B. 高、中压联合启动时间较短

C. 中压缸启动成本较高　　　　　　　D. 高、中压联合启动暖机更充分

515. 以下不是旁路系统作用的是 **(D)**。

A. 启停机时保证再热器不干烧   B. 缩短机组启动时间

C. 回收工质和热量   D. 调节主汽压力

516. 不需要紧急停运汽轮机的是（**D**）。

A. 轴封磨损严重，并冒火花

B. 轴向位移超过极限，推力轴承温度明显升高

C. 机组内部有清晰的动静摩擦声

D. 凝汽器真空下降

517. 汽轮机最大应力发生在（**A**）部位。

A. 高、中压缸第一级   B. 低压缸末级叶片

C. 高压缸内外缸结合处   D. 转子中心孔

518. 轴向位移增大的现象是（**A**）。

A. 推力轴承金属温度升高   B. 机组真空轻微下降

C. 支持轴承油膜压力下降   D. 机组偏心率增大

519. 防止水泵发生汽蚀的有效措施是（**A**）。

A. 第一级采用了诱导轮   B. 采用立式泵

C. 用变频电机   D. 采用离心泵

520. 全面反映汽轮发电机组热经济性的指标是（**B**）。

A. 热耗率   B. 供电煤耗   C. 发电煤耗   D. 综合厂用电率

521. 反映汽轮机通流部分完善程度的指标是（**B**）。

A. 热耗率   B. 相对内效率

C. 循环热效率   D. 汽轮机的实际焓降

522. 热工信号和保护装置能否正常运行，将直接影响设备、人身的安全，因此，应该在（**B**）投入。

A. 主设备启动后一段时间   B. 主设备启动前

C. 主设备并网后   D. 总工同意后

523. 当凝汽式汽轮机轴向推力增大时，其推力瓦（**A**）。

A. 工作面瓦块温度升高   B. 非工作面瓦块温度升高

C. 工作面瓦块、非工作面瓦块温度都升高   D. 工作面瓦块温度不变

524. 蒸汽中间再热压力对再热循环热效率的影响是（**B**）。

A. 蒸汽中间再热压力越高，循环热效率越高

B. 蒸汽中间再热压力为某一值时，循环效率最高

C. 汽轮机最终湿度最小时相应的蒸汽中间压力使循环效率最高

D. 汽轮机组内效率最高时相应的蒸汽中间压力使循环效率最高

525. 汽轮机长期运行，在通流部分会发生积盐，最容易发生积盐的部位是（**A**）

A. 高压调节级   B. 低压缸末级   C. 低压排汽缸   D. 抽汽管口

526. 高压加热器投入率计算公式是（**A**）。

A. [1－∑单台高压加热器停运小时数/（高压加热器总台数×机组投运小时数）]×100

B. （1－高压加热器停运小时数/机组投运小时数）×100％

C. [∑单台高压加热器停运小时数/（高压加热器总台数×机组投运小时数）]×100

D. 高压加热器停运小时数/机组投运小时数×100

527. 当测量水和蒸汽温度时，温度计插入被测介质的深度应不小于管径的 **(A)**，并尽可能插至管道中心。

　　A. 1/3　　　　　　　B. 1/4　　　　　　　C. 1/5　　　　　　　D. 1/6

528. 当抽气器抽吸的空气和蒸汽混合物温度升高后，抽气器的特性曲线将 **(C)**。

　　A. 下移　　　　　　　B. 不变　　　　　　　C. 上移

529. 下列泵的比转数大的是 **(B)**。

　　A. 给水泵　　　　　　　B. 循环水泵　　　　　　　C. 凝结水泵

530. 热工仪表的质量好坏通常用 **(B)** 三项主要指标评定。

　　A. 灵敏度、稳定性、时滞　　　　　　　B. 准确度、灵敏度、时滞

　　C. 稳定性、准确性、快速性　　　　　　　D. 精确度、稳定性、时滞

531. 协调控制系统由两大部分组成，一部分是机、炉独立控制系统，另一部分是 **(C)**。

　　A. 中调来的负荷指令　　B. 电液调节系统　　　C. 主控制系统　　　D. 机组主控制器

532. 当汽轮机膨胀受阻时，**(D)**。

　　A. 振幅随转速的增大面增大　　　　　　　B. 振幅与负荷无关

　　C. 振幅随着负荷的增加而减小　　　　　　　D. 振幅随着负荷的增加而增大

533. 协调控制系统共有五种运行形式，其中负荷调节反应最快的方式是 **(D)**。

　　A. 机炉独立控制方式　　　　　　　B. 协调控制方式

　　C. 汽轮机跟随锅炉　　　　　　　D. 锅炉跟随汽轮机方式

534. 下列几种轴承，防油膜振荡产生效果最好的是 **(B)**。

　　A. 圆形轴承　　　　B. 椭圆形轴承　　　　C. 多油楔轴承　　　　D. 可倾瓦轴承

535. 代表金属材料抵抗塑性变形的指标是 **(C)**。

　　A. 比例极限　　　　B. 弹性极限　　　　C. 屈服极限　　　　D. 强度极限

536. 冷态启动过程中，转子、汽缸、螺栓、法兰之间温度从高到低的排列为 **(C)**。

　　A. 汽缸、法兰、螺栓、转子　　　　　　　B. 法兰、螺栓、汽缸、转子

　　C. 转子、汽缸、法兰、螺栓　　　　　　　D. 螺栓、汽缸、转子、法兰

537. 调整抽汽式汽轮机组热负荷突然增加，当各段抽汽压力和主蒸汽流量超过允许值时，应 **(A)**。

　　A. 减小负荷，使监视段压力降至允许值　　B. 减小供热量，开大旋转隔板

　　C. 加大旋转隔板，增加凝汽量　　　　　　　D. 增加负荷，增加供热量

538. 机组甩掉全部负荷所产生的热应力要比甩掉部分负荷时 **(B)**。

　　A. 大　　　　　　　B. 小　　　　　　　C. 相同　　　　　　　D. 略大

539. 关于汽机油系统防火说法正确的是 **(C)**。

　　A. 油系统尽量使用法兰连接，禁止使用铸铁阀门

　　B. 油系统法兰允许使用石棉纸垫

C. 油管道要保证机组在各种运行工况下自由膨胀

540. 机组运行中参与一次调频的能力取决于 **(A)**。

A. 汽轮机 EHC 速度变动率的大小　　　B. 汽轮机 EHC 负荷设定值的大小

C. 汽轮机负荷变化率的大小　　　　　　D. 汽轮机级压力反馈 SPF 功能是否投用

541. 凝汽器内可形成的最低理想绝对压力是 **(A)**。

A. 进口最低冷却水温度对应的饱和压力　　B. 汽轮机乏汽温度对应的饱和压力

C. 凝汽器设计的绝对压力　　　　　　　　D. 凝汽器极限真空所对应的压力

542. 热工保护装置发生故障，必须经 **(C)** 批准后方可处理。

A. 发电部长　　　B. 当班值长　　　C. 总工程师　　　D. 专业主管

543. 汽轮机紧急跳闸系统（ETS）和汽轮机监视仪表（TSI）所配电源必须可靠，电压波动值不得超过 **(B)**。

A. ±3%　　　　B. ±5%　　　　C. ±10%　　　　D. ±15%

544. 单级单吸、双吸单级及多级中开式离心泵多选用 **(A)** 为出口压力室。

A. 螺旋形压出室　　B. 环形压出室　　C. 径向导叶压出室

545. 间隙激振引起的自激振荡其主要特点是 **(D)**。

A. 与电网频率有关　　　　　　　　B. 与电网频率无关

C. 与机组负荷无关　　　　　　　　D. 与机组的负荷有关

546. 汽轮机热态启动并列后加负荷时，高压缸调节级处金属温度的变化是 **(A)**。

A. 增加　　　　B. 减少　　　　C. 不变

547. 当汽轮机负荷增加，转速降低时，由于调节机构的作用增加了进汽量，使机组又重新恢复等速运行，但此时稳定运行的速度比负荷变化前 **(A)**。

A. 要低　　　　B. 要高　　　　C. 不变

548. 圆筒形轴承的顶部间隙是椭圆形轴承的 **(A)**。

A. 2 倍　　　　B. 1.5 倍　　　　C. 1 倍　　　　D. 1/2 倍

549. 对于调节级动叶强度来说，最危险工况是 **(A)**。

A. 第一调节阀刚全开时的负荷　　　　B. 最大负荷

C. 第一调节阀刚开时的负荷　　　　　D. 减负荷

550. 喷嘴配汽式汽轮机，在 1 号调节阀开启过程中，调节级理想焓降是 **(C)**。

A. 不变　　　　B. 减小　　　　C. 增加　　　　D. 难以确定

551. 汽轮机热态启动的起始负荷是 **(B)**。

A. 低负荷暖机所需要的 5%～10% 额定负荷

B. 启动前汽缸调节级处的金属温度所对应的汽轮机负荷

C. 80% 额定负荷

D. 零负荷

552. 热态启动从冲转到带上起始负荷不需要暖机，要求尽量快地操作，这是因为 **(D)**。

A. 尽快地满足外界负荷的需要　　　　B. 尽量提高启动过程的热经济性

C. 减少转子的热弯曲　　　　　　　　D. 尽量减少汽轮机的交变热应力

553. 汽轮机启动过程中，减小临界转速共振损害的一般方法是（C）。

A. 加强对转子的平衡　　　　　　　　　B. 降低运行转速

C. 迅速、平稳地通过临界转速　　　　　D. 增大轴承比压来增大轴承相对偏心率

554. 轴颈产生半速涡动的因素是（B）。

A. 不平衡离心力的作用　　　　　　　　B. 油膜失稳力的作用

C. 轴颈转动时油膜阻力的作用　　　　　D. 转子质量分力的作用

555. 一次调频时，机组自动承担外界负荷变化量与调速系统的速度变动率（B）。

A. 无关　　　　　B. 成反比　　　　　C. 成正比

556. 等截面叶片拉应力最大值在（C）。

A. 叶顶截面　　　　B. 1/2 叶片高度截面　C. 根部截面

557. 轴承油膜中的最大油膜压力在（B）。

A. 最薄油膜处　　　　　　　　　　　　B. 1/2 轴瓦长度的最薄油膜处

C. 最厚油膜处　　　　　　　　　　　　D. 1/2 轴瓦长度的最厚油膜处

558. 冲动式汽轮机叶轮上常常钻有圆通孔，其作用是（D）。

A. 减轻转子质量　　　　　　　　　　　B. 降低汽轮机摩擦鼓风损失

C. 制造工艺上的需要　　　　　　　　　D. 减小汽轮机轴向推力

559. 汽轮机叶片装有拉筋的作用是（C）。

A. 减少叶片漏汽损失　　　　　　　　　B. 提高叶片强度

C. 改善叶片振动特性　　　　　　　　　D. 提高叶片抗水蚀能力

560. 为保证汽轮机安全性，要求其排汽干度不能太低，（C）有利于提高排汽干度。

A. 提高主蒸汽压力且保持不变　　　　　B. 提高汽轮机真空值

C. 提高主蒸汽温度且保持不变　　　　　D. 提高汽轮机内效率

561. 在汽轮机的运行过程中，易使叶片损坏的作用力是（D）。

A. 叶片质量产生的离心应力　　　　　　B. 热应力

C. 汽流作用的弯应力　　　　　　　　　D. 汽流作用的交变应力

562. 汽轮机运行中进行危急保安器喷油试验的目的是（D）。

A. 危急停机　　　　　　　　　　　　　B. 检查危急保安器的动作转速

C. 检查打闸机构的灵敏性　　　　　　　D. 活动危机保安器，避免其卡涩

563. 汽轮机的高压抽汽在高压加热器中凝结放热后，却不能在高压加热器汽侧形成真空，这是因为（C）。

A. 高压抽汽有过热，故建立不起真空

B. 抽汽压力高，无法建立真空

C. 冷却水温度高，在高压加热器汽侧不能建立低于饱和温度的低温，故不能形成真空

D. 冷却水量小，冷却效果差，形不成真空

564. 汽轮机运行时，使叶片振动频率升高的因素是（C）。

A. 叶根连接处松　　B. 叶片工作温度升高　C. 叶片离心力增加　D. 叶片热量增加

565. 产生油膜振荡时，油膜的失稳力与阻尼力的关系是（B）。

71

A. 失稳力等于阻尼力　　　　　　　　　B. 失稳力大于阻尼力

C. 失稳力小于阻尼力　　　　　　　　　D. 失稳力与阻尼力无关

566. 紧急停机有破坏真空和不破坏真空两种，（A）属于破坏真空紧急停机。

A. 汽轮机发生水冲击；轴封处有异声，并冒出火花

B. 汽轮机真空急剧下跌，且无法挽回

C. 主蒸汽管或再热蒸汽管破裂

567. 运行中监视汽轮机监视段压力有着重要意义，但（D）与其无关。

A. 汽轮机通流部分是否有机械故障　　　B. 汽轮机调节阀开度是否正常

C. 汽轮机通流部分是否结垢　　　　　　D. 防止汽轮机承受过大的热应力

568. 汽轮机寿命消耗累计值达到100%时，表明（D）。

A. 汽轮机转子已报废，不能再使用

B. 汽轮机转子上肯定有裂纹产生，必须找出，进行相应处理后再使用

C. 汽轮机转子上出现裂纹的概率为50%，进行严格检查后可继续安全运行

D. 汽轮机转子可以继续使用，但由于寿命消耗已用完，对其使用中的安全性不能保证

569. 汽轮机在冷态启动及加负荷过程中，转子升温比汽缸（A）。

A. 快　　　　　　　　B. 慢　　　　　　　　C. 一样

570. 汽轮机在冷态启动与加负荷过程中，高压胀差为（A）。

A. 正　　　　　　　　B. 负　　　　　　　　C. 不一定

571. 给水泵不允许在低流量或无流量的情况下长时间运转，防止（B）。

A. 浪费厂用电　　　　　　　　　　　　B. 动能转换热能发生汽蚀而损坏设备

C. 降低效率　　　　　　　　　　　　　D. 出口压力高而损坏设备

572. 凝汽器真空泄漏试验应在（C）额定负荷下进行。

A.80%以下　　　B. 80%　　　C. 80%以上

573. 造成发电机内冷水铜离子超标的主要原因是（A）。

A. pH 值低　　　　　B. 电导率高　　　　C. 溶氧高　　　　D. 温度高

574. 汽轮机高压部分广泛应用的隔板支撑定位法是（B）。

A. 销钉支撑定位

B. 悬挂销和键支撑定位

C. Z形悬挂销中分面支撑定位

575. 为防止主蒸汽管道间蒸汽温度偏差过大，可采用（C）。

A. 喷水减温的方法　　B. 回热加热的方法　　C. 中间联络管的方法　　D. 减温器的方法

576. 汽轮机启动进入（D）时零部件的热应力值最大。

A. 极热态　　　　　　B. 热态　　　　　　C. 稳态　　　　　　D. 准稳态

577. 当转轴发生自激振荡时，（B）。

A. 转动中心是不变的　　　　　　　　　B. 转动中心围绕几何中心发生涡动

C. 转动中心围绕汽缸轴心线发生涡动　　D. 转动中心围绕转子质心发生涡动

578. 摩擦自激振动的相位移动方向（D）。

A. 与摩擦接触力方向平行　　　　　　B. 与摩擦接触力方向垂直

C. 与转动方向相同　　　　　　　　　D. 与转动方向相反

579. 两班制调峰运行方式为保持汽轮机高的金属温度，应采用 （C）。

A. 滑参数停机方式　　　　　　　　　B. 额定参数停机方式

C. 定温滑压停机方式　　　　　　　　D. 任意方式

580. 汽轮发电机组转子的振动情况可由 （A） 来描述。

A. 振幅、波形、相位　　　　　　　　B. 位移、位移速度、位移加速度

C. 激振力性质、激振力频率、激振力强度　D. 轴承稳定性、轴承刚度、轴瓦振动幅值

581. 中间再热使热经济性得到提高的必要条件是 （A）。

A. 再热附加循环热效率＞基本循环热效率　B. 再热附加循环热效率＜基本循环热效率

C. 基本循环热效率必须大于40％　　　D. 再热附加循环热效率不能太低

582. 高强度材料在高应变区具有 （A） 寿命，在低应变区具有 （A） 寿命。

A. 较高，较低　　B. 较低，较高　　C. 较高，较高　　D. 较低，较低

583. 加热器灌水查漏，主要是检查 （B）。

A. 加热器外壳是否严密　　　　　　　B. 加热器管束是否严密

C. 加热器水侧隔板是否严密　　　　　D. 加热器出入管道是否严密

584. 为减小凝汽器冷却水管的挠度和改善运行中铜管的振动特性，在两管板间设有中间支持管板，使冷却水管的中间部分比两端 （C）。

A. 低5～10mm　　B. 低10～20mm　　C. 高5～10mm　　D. 高10～20mm

585. 级的最佳速比指的是 （C）。

A. 汽轮机相对内效率最高时的速度比

B. 汽轮发电机组相对电效率最高时的速度比

C. 轮周效率最高，余速损失最小时的速比

586. 阀门部件的材质是根据工作介质的 （B） 来决定的。

A. 流量与压力　　B. 温度与压力　　C. 流量与温度　　D. 温度与黏性

587. 闸阀的作用是 （C）。

A. 改变介质流动方向　B. 调节介质流量　C. 截止流体的流动　D. 调节介质

588. 止回阀的作用是 （D）。

A. 只调节管道中的流量　　　　　　　B. 调节管道中的流量及压力

C. 可作为截止门起保护设备安全的作用　D. 防止管道中的流体倒流

589. 液力联轴器的转速调节是由 （D） 来实现的。

A. 改变工作油的进油量　　　　　　　B. 改变工作油的出油量

C. 靠电机调节　　　　　　　　　　　D. 改变工作油的进油量和出油量

590. 启动发电机定子冷却水泵前，应对定子水箱 （D），方可启动水泵向系统通水。

A. 补水至正常水位　　　　　　　　　B. 补水至稍高于正常水位

C. 补水至稍低于正常水位　　　　　　D. 进行冲洗，直至水质合格

591. 从理论上讲发生油膜振荡的汽轮机转速等于 （A）。

A. 2 倍的一阶临界转速　B. 一阶临界转速　　　C. 涡动转速　　　　D. 额定转速

592. 新蒸汽温度不变而压力升高时，机组末几级的蒸汽（**D**）。

A. 温度降低　　　　B. 温度上升　　　　C. 湿度减小　　　　D. 湿度增加

593. 再热蒸汽温度升高时，机组末几级的蒸汽（**C**）。

A. 温度降低　　　　B. 温度上升　　　　C. 湿度减小　　　　D. 湿度增加

594. 为了防止油系统失火，油系统管道阀门、接头、法兰等附件承压等级应按耐压试验压力选用，一般为工作压力的（**C**）。

A. 1.5 倍　　　　B. 1.8 倍　　　　C. 2 倍　　　　D. 2.2 倍

595. 调节系统的错油门属于（**D**）。

A. 混合式滑阀　　B. 顺流式滑阀　　C. 继流式滑阀　　D. 断流式滑阀

596. 采用中间再热循环后，可（**C**）级的湿汽损失。

A. 增加汽轮机低压　B. 减小汽轮机中压　C. 减小汽轮机低压

597. 据理想气体状态方程式可知，当压力不变时，温度每升高 1℃，气体体积就比 0℃ 时（**C**）。

A. 相差 1/723　　　B. 缩小 1/273　　　C. 膨胀 1/273

598. 定温过程的过程方程式为（**C**）。

A. $vT=$ 定值　　　B. $pvT=$ 定值　　　C. $pv=$ 定值

599. 主蒸汽、再热蒸汽管道实测壁厚（**A**）理论计算值时，不得使用。

A. 小于　　　　B. 大于　　　　C. 等于

600. 金属材料高温强度的主要考核指标是（**A**）。

A. 蠕变极限　　　B. 交变应力极限　　C. 寿命极限

601. 通常在金属温度达到设计值时，才考虑（**C**）损耗。

A. 寿命　　　　B. 应力　　　　C. 蠕变

602. 为了利用汽轮机最末级的余速能量，将汽轮机的排汽管设计成（**A**）形式。

A. 扩压管　　　　B. 喷嘴　　　　C. 直通管

603. 叶片偏装的目的是为了使叶片离心力对截面产生（**C**），以抵消部分汽流弯应力。

A. 离心拉应力　　B. 离心压应力　　C. 偏心弯应力

604. 衡量汽轮发电机组工作完善程度的指标是（**B**）。

A. 绝对电效率　　B. 相对电效率　　C. 相对内效率　　D. 电功率

605. 渐缩斜切喷嘴处于临界工况时，若继续提高初压，流量将（**A**）。

A. 继续增大　　　B. 减小　　　　C. 保持不变　　　D. 无法确定

606. 汽轮机叶片的基本部分是（**B**）。

A. 叶根部分　　　B. 叶型部分　　　C. 叶顶部分　　　D. 围带部分

607. 强度高且刚度大的转子一般是（**A**）。

A. 整锻转子　　　B. 套装转子　　　C. 组合转子　　　D. 焊接转子

608. 汽轮机动静间隙最小处通常在（**A**）。

A. 调节级　　　　B. 中间隔板　　　C. 端轴封

609. 加装隔板汽封后，可以使隔板汽封处的 **（B）** 间隙减小。

A. 轴向　　　　　B. 径向　　　　　C. 横向

610. 高温区下工作的转子一般是 **（A）**。

A. 整锻转子　　　B. 套装转子　　　C. 组合转子　　　D. 焊接转子

611. 多级汽轮机低压级的直径和叶高增加较大，是因为低压级各级 **（C）** 变化大。

A. 压力　　　　　B. 温度　　　　　C. 比热容

612. 调节级的部分进汽度在 **（A）** 时最小。

A. 第一调节阀全开启　B. 经济功率　　　C. 额定功

613. 叶片用围带或拉筋连接成组后，叶片的自振频率将 **（A）**。

A. 提高　　　　　B. 不变　　　　　C. 降低

614. 凝汽器中间隔板上各孔的中心位置，应保证冷却水管装好后是 **（B）** 状态。

A. 水平　　　　　B. 上拱　　　　　C. 下弯

615. 喷嘴采用部分进汽的原因是 **（A）**。

A. 避免级效率下降　　　　　B. 节省制造喷嘴的费用

C. 防止喷嘴叶栅高度大于极限值，而增加叶高损失

616. 汽轮机外部损失是 **（C）**。

A. 机组的散热损失　　　　　B. 排汽阻力损失

C. 轴封漏汽损失　　　　　　D. 中间再热管道损失

617. 在凝汽式汽轮机中，**（B）** 前压力与流量成正比。

A. 调节级　　　　B. 中间级　　　　C. 最末一级　　　D. 最末二级

618. 采用喷嘴调节的凝汽式汽轮机，当流量增加时，调节级和最末级焓降发生变化而中间级焓降 **（C）**。

A. 增大　　　　　B. 减小　　　　　C. 不变　　　　　D. 以上都不对

619. 以转子推力盘靠向非工作瓦块来定零位时，其轴向位指示的数值 **（B）**。

A. 反映了通流部分动静间隙的变化情况

B. 综合反映了推力瓦间隙内的轴向位移量

C. 综合反映了推力瓦间隙、支座强性位移及动静部分轴向位移量

620. 对中、低比转数的离心泵，圆盘摩擦损失所占的比重 **（B）**。

A. 较大　　　　　B. 较小　　　　　C. 微不足道

621. 水在 **（B）** 的压力下，沸点为 100℃。

A. 0.01MPa　　　B. 0.1MPa　　　　C. 10MPa

622. 蒸汽在节流过程前后 **（C）**。

A. 焓值为零　　　B. 焓值不等　　　C. 焓值相等

623. 当需要接受中央调度指令参加电网调频时，机组应采用 **（D）** 控制方式。

A. 机跟炉　　　　B. 炉跟机　　　　C. 机炉手动　　　D. 机炉协调

624. 当主蒸汽温度和凝汽器真空不变，主蒸汽压力下降时，若保持机组额定负荷不变，则对机组的安全运行 **（C）**。

A. 有影响　　　　　B. 没有影响　　　　C. 不利　　　　　D. 有利

625. 降低初温其他条件不变，汽轮机的相对内效率（**B**）。

A. 提高　　　　　B. 降低　　　　　C. 不变　　　　　D. 先提高，后降低

626. 离心泵基本特性曲线中，最主要的是（**D**）。

A. $Q - \eta$　　　　　B. $Q - N$　　　　C. $Q - P$　　　　D. $Q - H$

627. 蒸汽与金属间的传热量越大，金属部件内部引起的温差就（**B**）。

A. 越小　　　　　B. 越大　　　　　C. 不变　　　　　D. 少有变化

628. 表面式换热器中，冷流体和热流体按相反方向平行流动称为（**B**）。

A. 混合式　　　　　B. 逆流式　　　　C. 顺流式　　　　D. 无法确定

629. 火力发电厂用来测量蒸汽流量和水流量的主要仪表采用（**A**）。

A. 体积式流量计　　　B. 速度式流量计　　　C. 涡流式流量计

630. 流体流动时引起能量损失的主要原因是（**C**）。

A. 流体的压缩性　　B. 流体的膨胀性　　C. 流体的黏滞性　　D. 流体的流动性

631. 泵入口处的实际汽蚀余量称为（**A**）。

A. 装置汽蚀余量　　　　　　　　B. 允许汽蚀余量

C. 最小汽蚀余量　　　　　　　　D. 允许汽蚀余量和最小汽蚀余量

632. 温度越高，应力越大，金属（**C**）现象越显著。

A. 热疲劳　　　　　B. 化学腐蚀　　　　C. 蠕变　　　　　D. 冷脆性

633. 物体的热膨胀受到约束时，内部将产生（**A**）。

A. 压应力　　　　　B. 拉应力　　　　　C. 弯应力　　　　　D. 附加应力

634. 水泵倒转时，应立即（**B**）。

A. 关闭进口门　　　　　　　　　B. 关闭出口门

C. 立即启动水泵　　　　　　　　D. 关闭进水门同时关闭出水门

635. 通常要求法兰垫片需具有一定的强度和耐热性，其硬度应（**B**）。

A. 比法兰高　　　　B. 比法兰低　　　C. 与法兰一样　　　D. 没有明确要求

636. 离心泵的效率等于（**C**）。

A. 机械效率×容积效率＋水力效率　　　B. 机械效率＋容积效率×水力效率

C. 机械效率×容积效率×水力效率　　　D. 机械效率＋容积效率＋水力效率

637. 下列泵中（**A**）的效率最高。

A. 往复式泵　　　　B. 喷射式泵　　　C. 离心式泵　　　　D. 轴流泵

638. 现场中的离心泵叶片形式大都采用（**B**）。

A. 前曲式叶片　　　B. 后曲式叶片　　　C. 径向叶片　　　　D. 复合式叶片

639. 泵和风机的效率是指泵和风机的（**B**）与轴功率之比。

A. 原动机功率　　　B. 有效功率　　　C. 输入功率　　　　D. 视在功率

640. 朗肯循环是由（**B**）组成的。

A. 两个等温过程，两个绝热过程　　　B. 两个等压过程，两个绝热过程

C. 两个等压过程，两个等温过程　　　D. 两个等容过程，两个等温过程

641. 沿程水头损失随流程增长而 （A）。

A. 增大　　　　　　B. 减少　　　　　　C. 不变　　　　　　D. 不确定

642. 局部水头损失随流程增长而 （C）。

A. 增大　　　　　　B. 减少　　　　　　C. 不变　　　　　　D. 不确定

643. 沿程水头损失随流速的增大而 （A）。

A. 增大　　　　　　B. 减少　　　　　　C. 不变　　　　　　D. 不确定

644. 局部水头损失随流速的增大而 （A）。

A. 增大　　　　　　B. 减少　　　　　　C. 不变　　　　　　D. 不确定

645. 减压阀属于 （B）。

A. 关（截）断阀　　B. 调节阀　　　　　C. 旁路阀　　　　　D. 安全阀

646. 球形阀的阀体制成流线型是为了 （C）。

A. 制造方便　　　　　　　　　　　　B. 外形美观

C. 减少流质阻力损失　　　　　　　　D. 减少沿程阻力损失

647. 汽轮机中常用的重要热力计算公式是 （C）。

A. 理想气体的过程方程式　　　　　　B. 连续方程式

C. 能量方程式　　　　　　　　　　　D. 动量方程式

648. 在同一个管路系统中，并联时每台泵的流量与自己单独运行时的流量比较，（A）。

A. 并联时小于单独运行时　　　　　　B. 两者相等

C. 并联时大于单独运行时　　　　　　D. 无法比较

649. 在同一个管路系统中，并联时每台泵的扬程与自己单独运行时的扬程比较，（C）。

A. 并联时小于单独运行时　　　　　　B. 两者相等

C. 并联时大于单独运行时　　　　　　D. 无法比较

650. 在同一个管路系统中，串联时每台泵的流量与自己单独运行时的流量比较，（C）。

A. 串联时小于单独运行时　　　　　　B. 两者相等

C. 串联时大于单独运行时　　　　　　D. 无法比较

651. 在同一个管路系统中，串联时每台泵的扬程与自己单独运行时的扬程比较，（A）。

A. 串联时小于单独运行时　　　　　　B. 两者相等

C. 串联时大于单独运行时　　　　　　D. 无法比较

652. 湿蒸汽的放热系数 （C） 低压微过热蒸汽的放热系数。

A. 小于　　　　　　B. 等于　　　　　　C. 大于　　　　　　D. 无法判断

653. 下列各泵中 （C） 的效率较低。

A. 螺杆泵　　　　　B. 轴流泵　　　　　C. 喷射泵　　　　　D. 离心泵

654. 泵的必需汽蚀余量越大，抗汽蚀能力 （B）。

A. 越强　　　　　　B. 越差　　　　　　C. 无关　　　　　　D. 不变

655. 有效的总扬程与理论扬程之比称为离心泵的 （C）。

A. 机械效率　　　　B. 容积效率　　　　C. 水力效率　　　　D. 总效率

656. 当冷热流体的进出温度一定时，采用 （C） 则平均温差最小。

A. 顺流　　　　　　B. 逆流　　　　　　C. 交叉流　　　　　D. 无法确定

657. 流体在管道内的流动阻力分为 **(B)** 两种。

A. 流量孔板阻力、水力阻力　　　　　B. 沿程阻力、局部阻力

C. 摩擦阻力、弯头阻力　　　　　　　D. 阀门阻力、三通阻力

658. 当流量一定时，下列叙述正确的是 **(B)**。

A. 截面积大，流速快　　　　　　　　B. 截面积大，流速小

C. 截面积小，流速小　　　　　　　　D. 流速与截面积无关

659. 流体在运行过程中，质点之间互不混杂、互不干扰的流动状态称为 **(C)**。

A. 稳定流　　　　B. 均匀流　　　　C. 层流　　　　D. 紊流

660. 流体在运行过程中，质点之间互相混杂、互想干扰的流动状态称为 **(D)**。

A. 稳定流　　　　B. 均匀流　　　　C. 层流　　　　D. 紊流

661. **(B)** 是由于流体的黏滞力所引起的流动阻力损失。

A. 局部阻力损失　　　　　　　　　　B. 沿程阻力损失

C. 局部阻力损失和沿程阻力损失　　　D. 节流阻力损失

662. **(A)** 是由于流体的速度或方向变化，引起流体质点间产生剧烈的碰撞所形成的阻力损失。

A. 局部阻力损失　　　　　　　　　　B. 沿程阻力损失

C. 局部阻力损失和沿程阻力损失　　　D. 节流阻力损失

663. 水的临界状态是指 **(C)**。

A. 压力 18.129MPa、温度 174.15℃　　B. 压力 20.129MPa、温度 274.15℃

C. 压力 22.129MPa、温度 374.15℃　　D. 压力 24.1293MPa、温度 474.15℃

664. 朗肯循环中汽轮机排出的乏汽在凝汽器中的放热是 **(C)** 过程。

A. 定压但温度降低的　　　　　　　　B. 定温但压力降低的

C. 既定压又定温的　　　　　　　　　D. 压力、温度都降低的

665. 提高蒸汽初压力主要受到 **(A)**。

A. 汽轮机低压级湿度的限制　　　　　B. 汽轮机低压级干度的限制

C. 锅炉汽包金属材料的限制　　　　　D. 工艺水平的限制

666. 离心泵试验需改变工况时，输水量靠 **(D)** 来改变。

A. 再循环门　　　B. 进口水位　　　C. 进口阀门　　　D. 出口阀门

667. 雷诺数 Re 可用来判别流体的流动状态，当 **(B)** 时是紊流状态。

A. $Re<2300$　　B. $Re>2300$　　C. $Re>1000$　　D. $Re<1000$

668. 流体能量方程式的适用条件是 **(A)**。

A. 流体为稳定流动　　　　　　　　　B. 流体为可压缩流体

C. 流体为不稳定流动　　　　　　　　D. 流体所选两断面都不处在缓变流动中

669. 在工程热力学中，工质的基本状态参数为压力、温度和 **(D)**。

A. 内能　　　　B. 焓　　　　C. 熵　　　　D. 比容

670. 火电厂中通过 **(C)** 把热能转化为机械能。

A. 煤燃烧   B. 锅炉   C. 汽轮机   D. 发电机

671. 热电偶用来测量 (**C**)。

A. 压力   B. 流量   C. 温度   D. 振动

672. 离心泵吸入室应使液体 (**A**)。

A. 以最小的水利损失均匀地从吸入管路中进入叶轮

B. 在水泵叶轮前应充足

C. 在水泵叶轮前不发生水击

673. 为了防止离心水泵入口发生汽蚀，叶轮入口处压力 (**A**) 饱和压力。

A. 大于   B. 等于   C. 小于

674. 作用在液体表面上的 (**C**) 与表面积成正比。

A. 质量力   B. 静压力   C. 表面力

675. 流体运动时产生能量损失的根本原因是 (**C**)。

A. 动力黏滞系数   B. 运动黏滞系数   C. 黏滞性

676. 当流体运动时，在流体层间产生内摩擦力的特征是流体的 (**A**)。

A. 黏滞性   B. 膨胀性   C. 压缩性

677. 流体黏度的变化主要受流体 (**B**) 的影响。

A. 压力   B. 温度   C. 比重   D. 密度

678. 热力学第 (**A**) 定律是能量转换与能量守恒定律在热力学上的应用。

A. 一   B. 二   C. 三

679. 火力发电厂的生产过程是将燃料的 (**C**) 转换成电能。

A. 热能   B. 内能   C. 化学能   D. 动能

680. 工作介质温度在 540～600℃ 的阀门属于 (**B**)。

A. 普通阀门   B. 高温阀门   C. 超高温阀门   D. 低温阀门

681. 焓是状态参数 U、p、V (内能、压力、比体积) 的函数，其表达式是 (**A**)。

A. $H=U+pV$ B. $H=p+UV$ C. $H=V+pU$ D. $H=UpV$

682. 两台泵串联运行时，其工作特点是 (**A**)。

A. 两台泵流量相等   B. 两台泵流量不相等

C. 两台泵扬程相等   D. 两台泵流量之和为总流量

683. 两台泵并联运行时，其工作特点是 (**C**)。

A. 两台泵流量相等   B. 两台泵流量不相等

C. 两台泵扬程相等   D. 两台泵流量之和为总流量

684. 泵在运行中，如发现供水压力低、流量下降、管道振动、泵窜动，则为 (**C**)。

A. 不上水   B. 出水量不足   C. 水泵入口汽化   D. 入口滤网堵塞

685. 所有高温管道、容器等设备都应有保温层，当环境温度为 25℃ 时，保温层表面的温度一般不超过 (**B**)。

A. 40℃   B. 50℃   C. 60℃   D. 30℃

686. 当蒸汽与低于饱和温度的壁面接触时，在壁面上就会发生凝结现象，蒸汽放出潜热，这种换热称为（A）。

  A. 凝结换热   B. 膜状换热   C. 对流换热

687. 利用（A）转换成电能的工厂称为火力发电厂。

  A. 燃料的化学能 B. 太阳能   C. 地热能   D. 原子能

688. 离心泵在流量大于或小于设计工况下运行时，冲击损失（A）。

  A. 增大   B. 减小   C. 不变   D. 不确定

689. $p_g > 9.8$MPa 的阀门属于（C）。

  A. 低压阀门   B. 中压阀门   C. 高压阀门

690. 紊流时的对流换热量（B）层流时的对流换热量。

  A. 小于   B. 大于   C. 等于

691. （C）能提高朗肯循环热效率。

  A. 提高排汽压力 B. 降低过热器的蒸汽压力与温度

  C. 改进热力循环方式

692. 当某一点液体静压力是以绝对零算起时，这个压力称为（C）。

  A. 表压力   B. 真空   C. 绝对压力

693. 对流换热的最大热阻存在于（C）中。

  A. 管壁中   B. 流动状态   C. 层流边界层

694. 水蒸气经绝热节流后温度（A）。

  A. 降低   B. 增加   C. 不变

695. 理想状态的喷管中汽流是（B）流动的。

  A. 定焓   B. 定熵   C. 定压

696. 蒸汽在渐缩型管路中流动时，如果压力下降，则管路出口截面上的流速最大是（B）。

  A. 亚音速   B. 当地音速   C. 超音速

697. 同一压力下的过热蒸汽焓（B）干饱和蒸汽焓。

  A. 小于   B. 大于   C. 等于

698. 同一压力下的未饱和水焓（A）饱和水的焓。

  A. 小于   B. 大于   C. 等于

699. 工质经历了一系列的过程又回复到初始状态，则内能（C）。

  A. 增大   B. 减小   C. 不变

700. 蒸汽在等截面管路中流动时，如果压力降低，则流速（A）。

  A. 增加   B. 减小   C. 不变

701. 流体受迫运动时，对流换热强度（A）流体自由运动时的对流换热强度。

  A. 大于   B. 小于   C. 等于

702. 在相同流速下，黏性大的流体对流换热强度（B）黏性小的流体对流换热强度。

  A. 大于   B. 小于   C. 等于

703. 一般电动机的启动电流为额定电流的（B）。

A. 2～3 倍　　　　　　B. 4～7 倍　　　　　　C. 5～10 倍

704. 变差是指仪表上下行程（**A**）与仪表行程之比的百分数。

A. 最大偏差　　　　　B. 最小偏差　　　　　C. 相对偏差

705. 下面对于理想气体的描述中，（**C**）是错误的。

A. 在等压过程中，气体的比容和热力学温度成正比

B. 在等容过程中，气体的压力和热力学温度成正比

C. 在等温过程中，气体的比容和压力成正比

D. 在任意过程中，遵守理想气体状态方程

706. 理想气体的焓值（**B**）。

A. 是压力的单值函数　　　　　　　　　B. 是温度的单值函数

C. 与温度无关　　　　　　　　　　　　D. 与压力无关

707. 性能曲线是驼峰式的离心水泵，通常以最大总扬程为界，在其曲线（**A**）区称为稳定区。

A. 下降　　　　　　　B. 上升　　　　　　　C. 最高

708. 对于性能曲线是驼峰式的离心水泵，通常以最大总扬程为界，在其曲线（**B**）区称为不稳定区。

A. 下降　　　　　　　B. 上升　　　　　　　C. 最高

709. 一般汽轮机的机械效率为（**D**）。

A. 87％～90％　　　B. 90％～93％　　　C. 93％～96％　　　D. 96％～99％

710. 蒸汽在节流过程前后的焓值（**D**）。

A. 增加　　　　　　　B. 减少　　　　　　　C. 先增加后减少　　　D. 不变化

711. 绝对压力就是（**A**）。

A. 容器内工质的真实压力　　　　　　　B. 压力表所指示的压力

C. 真空表所指示压力　　　　　　　　　D. 大气压力

712. 液体蒸发时吸收汽化潜热，液体的温度（**B**）。

A. 升高　　　　　　　B. 不变化　　　　　　C. 降低　　　　　　　D. 生高后降低

713. 水在汽化过程中，温度（**C**），吸收的热量用来增加分子的动能。

A. 升高　　　　　　　　　　　　　　　B. 下降

C. 既不升高也不下降　　　　　　　　　D. 先升高后下降

714. 一定压力下，水加热到一定温度时开始沸腾，虽然对它继续加热，可其（**C**）温度保持不变，此时的温度即为饱和温度。

A. 凝固点　　　　　　B. 熔点　　　　　　　C. 沸点　　　　　　　D. 过热

715. 在编制水蒸气图表的过程中，国际上规定绝对温标的零点是以水的（**B**）为基准点。

A. 冰点　　　　　　　B. 三相点　　　　　　C. 绝对零度

716. 在应力集中的情况下，金属零部件的疲劳温度将（**A**）。

A. 显著降低　　　　　B. 显著增强　　　　　C. 随之变化

717. 金属材料应力松弛的本质与 (C) 相同。

A. 交变应力　　　　B. 热疲劳　　　　C. 蠕变

718. 螺栓的蠕变松弛可使螺栓金属产生 (A)。

A. 塑性变形　　　　B. 永久变形　　　　C. 扭曲

719. 单位质量液体通过水泵后所获得的 (C) 称为扬程。

A. 动能　　　　B. 势能　　　　C. 总能量

720. 阀门的大小是指阀门的 (B)。

A. 入口直径　　　　B. 出口直径　　　　C. 法兰大小

721. 当温度不变时，过热蒸汽的焓随着压力下降而 (B)。

A. 减小　　　　B. 增大　　　　C. 不变　　　　D. 先减小后增大

722. 蒸汽在汽轮机中做功可看成是 (C) 过程。

A. 等温　　　　B. 等压　　　　C. 绝热　　　　D. 等容

723. 关于热量的传递，下列说法不准确的是 (B)。

A. 热导率仅与材料本身的性质有关

B. 对流换热只在流体与固体表面接触时才发生

C. 传热系数表示流体通过固体将热量传递给另一种流体的强弱

D. 辐射热是物体以电磁波的形式传递的热量

724. 某电厂有两台 16.5MPa/535℃的汽轮发电机组，该电厂属于 (B)。

A. 超高压电厂　　　　B. 亚临界电厂　　　　C. 临界电厂

725. (A) 系数最大。

A. 凝结放热　　　　B. 对流放热　　　　C. 固体传热

726. (B) 过程中，所有加入气体的热量全部用于增加气体的内能。

A. 等压　　　　B. 等容　　　　C. 等温

727. 连续性方程是 (A) 在流体力学中的具体表现形式。

A. 质量守恒定律　　　　B. 内摩擦定律　　　　C. 能量守恒定律

728. 汽轮机叶片的常用材料是 (B)。

A. 铸铁　　　　B. 合金钢　　　　C. 非金属材料

729. 在焓-熵图的湿蒸汽区，等压线与等温线 (D)。

A. 是相交的　　　B. 是相互垂直的　　　C. 是两条平行的直线 D. 重合

730. 汽温下降过程中 (B)，应立即故障停机。

A. 汽温骤降　　　　　　　　　　B. 10min 内超过 50℃

C. 汽压下降　　　　　　　　　　D. 汽压上升

731. 管道公称压力是指管道和附件在 (C) 及以下的工作压力。

A. 110℃　　　　B. 150℃　　　　C. 200℃　　　　D. 250℃

732. 一个标准大气压等于 (B)。

A. 110.325kPa　　　B. 101.325kPa　　　C. 720mmHg　　　D. 780mmHg

733. 动叶平均截面处的反动度从高压缸到低压缸逐级 (A)。

A. 增大　　　　　　　B. 减少　　　　　　　C. 不变

734. 工质的状态在参数坐标图上是（A）。

A. 点　　　　　　　　B. 线段　　　　　　　C. 封闭曲线

735. 把零件的某一部分向基本投影面投影，所得到的视图是（D）。

A. 正视图　　　　　B. 斜视图　　　　　C. 旋转视图　　　　　D. 局部视图

736. 把零件向基本投影面投影，所得到的视图是（A）。

A. 正视图　　　　　B. 斜视图　　　　　C. 旋转视图　　　　　D. 局部视图

737. 标准煤的低位发热量为（C）。

A. 20 934kJ/kg　　　B. 25 121kJ/kg　　　C. 29 308kJ/kg　　　D. 12 560kJ/kg

738. 标准煤的低位发热量为（C）。

A. 5000kcal/kg　　　B. 6000kcal/kg　　　C. 7000kcal/kg　　　D. 8000kcal/kg

739. 循环水泵盘根密封装置的作用是（A）。

A. 防止泵内水外泄　　　　　　　　　　B. 防止空气漏入泵内

C. 支持轴

740. 离心式水泵单吸或双吸区分的方法是（C）。

A. 按泵壳结合面形式分类　　　　　　　B. 按工作叶轮数目分类

C. 按叶轮进水方式分类

741. 抗燃油的应用主要是解决（B）问题的。

A. 加大提升力　　　B. 防火　　　　　　C. 超速

742. 水或蒸汽与空气间接接触的冷却塔为（A）。

A. 干式冷却塔　　　B. 湿式冷却塔　　　C. 混合式冷却塔

743. 火力发电厂中的汽轮机是将蒸汽的（B）转变为机械能的设备。

A. 动能　　　　　　B. 热能　　　　　　C. 势能　　　　　　D. 原子能

744. 火力发电厂的蒸汽参数一般是指蒸汽的（D）。

A. 压力、比体积　　B. 温度、比体积　　C. 焓、熵　　　　　　D. 压力、温度

745. 已知介质的压力 p 和温度 T，当介质的压力大于温度 T 对应的饱和压力时，介质所处的状态是（A）。

A. 未饱和水　　　　B. 湿蒸汽　　　　　C. 干蒸汽　　　　　D. 过热蒸汽

746. 已知介质的压力 p 和温度 T，当介质的温度小于压力 p 对应的饱和温度时，介质所处的状态是（A）。

A. 未饱和水　　　　B. 湿蒸汽　　　　　C. 干蒸汽　　　　　D. 过热蒸汽

747. 压力容器的试验压力约为工作压力的（D）。

A. 1.10 倍　　　　　B. 1.15 倍　　　　　C. 1.20 倍　　　　　D. 1.25 倍

748. 离心泵会产生轴向推力，主要是因为离心泵工作时，叶轮两侧承受的压力（C），所以会产生叶轮出口侧往进口侧方向的轴向推力。

A. 太大　　　　　　B. 相等　　　　　　C. 不对称　　　　　D. 太小

749. 火力发电厂的汽水系统主要由锅炉、汽轮机、凝汽器和（D）组成。

A. 加热器　　　　　　B. 除氧器　　　　　　C. 凝结水泵　　　　　　D. 给水泵

750. 下列四种泵中相对压力最高的是（**C**）。

A. 离心泵　　　　　　B. 轴流泵　　　　　　C. 往复泵　　　　　　D. 齿轮泵

751. 下列四种泵中相对压力最低的是（**B**）。

A. 离心泵　　　　　　B. 轴流泵　　　　　　C. 往复泵　　　　　　D. 齿轮泵

752. 泵的轴功率 P 与有效功率 P_E 的关系是（**B**）。

A. $P = P_E$　　　　　B. $P > P_E$　　　　　C. $P < P_E$　　　　　D. 无法判断

753. 离心泵中将原动机输入的机械能传给液体的部件是（**B**）。

A. 轴　　　　　　　　B. 叶轮　　　　　　　C. 导叶　　　　　　　D. 压出室

754. 单位时间内通过泵或风机的流体实际所得到的功率是（**A**）。

A. 有效功率　　　　　B. 轴功率　　　　　　C. 原动机功率　　　　D. 电功率

755. 轴流泵是按（**C**）工作的。

A. 离心原理　　　　　　　　　　　　　　B. 惯性原理

C. 升力原理　　　　　　　　　　　　　　D. 离心原理和升力原理

756. 轴流泵的动叶片是（**A**）型的。

A. 机翼　　　　　　　　　　　　　　　　B. 后弯

C. 前弯　　　　　　　　　　　　　　　　D. 前弯和后弯两种

757. 离心泵轴向推力的方向是（**B**）。

A. 指向叶轮出口　　B. 指向叶轮进口　　C. 背离叶轮进口　　D. 不能确定

758. 两台泵串联运行时，总扬程等于（**B**）。

A. 两台泵扬程之差　　B. 两台泵扬程之和　　C. 两台泵扬程平均值　　D. 两台泵扬程之积

759. 备用泵与运行泵之间的连接为（**B**）。

A. 串联　　　　　　　　　　　　　　　　B. 备用泵在前的串联

C. 并联　　　　　　　　　　　　　　　　D. 备用泵在后的串联

760. 电接点压力表的作用是（**D**）。

A. 测量瞬时压力值

B. 测量最大压力值

C. 测量最小压力值

D. 当指针与压力高限或低限电接点闭合时，发出动作信号

761. 压容图（p-V 图）上某一线段表示（**B**）。

A. 某一确定的热力状态　　　　　　　　　B. 一个特定的热力过程

C. 一个热力循环　　　　　　　　　　　　D. 某一非确定的热力状态

762. 水蒸气凝结放热时，其温度保持不变，主要是通过放出（**A**）来传递热量的。

A. 汽化潜热　　　　　B. 过热热　　　　　C. 饱和液体的焓值　　D. 蒸汽内焓

763. 液体的对流换热系数比气体（**C**）。

A. 差不多　　　　　　B. 一样　　　　　　C. 高　　　　　　　　D. 低

764. 判断流体运动状态的依据是（**A**）。

A. 雷诺数　　　　　B. 运动黏度　　　　　C. 莫迪图　　　　　D. 尼连拉慈图

765. 无论是正压还是负压，容器内气体的真实压力都称为 **(B)**。

A. 绝对压力　　　　B. 表压力　　　　　C. 大气压力　　　　D. 相对压力

766. 在火力发电厂的生产过程中，水泵是构成各种热力系统循环的主要辅助设备，它的工作直接影响主设备的 **(D)**。

A. 安全性　　　　　B. 经济性　　　　　C. 连续性　　　　　D. 安全性和经济性

767. 在表面式换热器中，要求获得最大的平均温度，冷热流体应采用 **(B)** 方式布置。

A. 顺流　　　　　　B. 逆流　　　　　　C. 叉流　　　　　　D. 混合式

768. 转机转速为 1500r/min 时，振动值应小于 **(B)**。

A. 0.05mm　　　　B. 0.085mm　　　C. 0.10mm　　　　D. 0.15mm

769. 1kg 气体吸热 $Q=1000kJ$，对外做功 $W=600kJ$，则该气体的内能增加了 **(C)**。

A. 1000kJ　　　　B. 600kJ　　　　　C. 400kJ　　　　　D. 1600kJ

770. 对汽蚀现象描述正确的是 **(D)**。

A. 汽蚀过程是稳定的

B. 不会使水泵发生振动和产生噪声

C. 效率不变

D. 汽泡会堵塞叶轮槽道，致使扬程、流量降低

771. 管道受热膨胀，当膨胀 **(A)** 时，必然产生热应力及推力。

A. 受阻　　　　　　B. 过大　　　　　　C. 结束　　　　　　D. 不受阻

772. 水泵试运行时间应连续 **(B)**。

A. 1h　　　　　　　B. 2h　　　　　　　C. 3h　　　　　　　D. 4h

773. 一般所说的水泵功率是指 **(B)**。

A. 原动机功率　　　B. 轴功率　　　　　C. 配套功率　　　　D. 有效功率

774. 当泵输送的液体 **(C)** 较高时，易产生汽蚀。

A. 流速　　　　　　B. 流量　　　　　　C. 温度　　　　　　D. 黏度

775. 转机转速为 3000r/min 时，振动值应小于 **(A)**。

A. 0.05mm　　　　B. 0.085mm　　　C. 0.10mm　　　　D. 0.12mm

776. 水泵的效率是指 **(B)**。

A. 损失轴功率/有效功率　　　　　B. 有用功率/轴功率

C. 原动机功率/轴功率　　　　　　D. 有用功率/原动机功率

777. 直接启动 10kW 以上的电动机，热态启动不可超过 **(B)**。

A. 3次　　　　　　B. 1次　　　　　　C. 4次　　　　　　D. 2次

778. 喷嘴调节凝汽式汽轮机调节级危险工况发生在 **(B)**。

A. 开始冲转时

B. 第一组调速汽门全开而第二组调速汽门未开时

C. 最大负荷时

D. 最小负荷时

779. 水头损失随流程增长而 **（A）**。

A. 增大　　　　　B. 减少　　　　　C. 不变　　　　　D. 不确定

780. 静止液体中，压力在垂直方向的变化率等于流体的 **（C）**。

A. 比重　　　　　B. 密度　　　　　C. 重度

781. 转机转速小于 750r/min 时，振动值应小于 **（D）**。

A. 0.05mm　　　B. 0.085mm　　　C. 0.10mm　　　D. 0.12mm

782. 当管内的液体为紊流状态时，管截面上流速最大的地方 **（B）**。

A. 在靠近管壁处　　　　　　　　B. 在截面中心处

C. 在管壁和截面中心之间　　　　D. 根据截面大小而不同

783. 无论是层流还是紊流，当管内流体的流动速度增大时，流动阻力 **（C）**。

A. 不变　　　　　B. 减小　　　　　C. 增大　　　　　D. 前三者都不是

784. 泵的 **（A）** 是由于泵内反复地出现液体汽化和凝聚的过程而引起的金属表面受到破坏的现象。

A. 汽蚀现象　　　B. 振动现象　　　C. 汽化现象

785. 阀门检修完传动时，热控人员 **（B）** 可以送电。

A. 随时　　　　　B. 经运行值班负责人许可，运行将工作票收回

C. 经检修人员许可

786. 电磁阀属于 **（C）**。

A. 电动门　　　　B. 手动门　　　　C. 快速动作门　　　D. 中速动作门

787. 加热器的疏水采用疏水泵排出的优点是 **（D）**。

A. 疏水可以利用　B. 安全可靠性高　C. 系统简单　　　D. 热经济性高

788. 淋水盘式除氧器设多层筛盘的作用是 **（B）**。

A. 为了掺混各种除氧水的温度

B. 延长水在塔内的停留时间，增大加热面积和加热强度

C. 为了变换加热蒸汽的流动方向

D. 增加流动阻力

789. 流体在球形阀内的流动形式是 **（B）**。

A. 由阀芯的上部导向下部　　　　B. 由阀芯的下部导向上部

C. 与阀闸作垂直流动　　　　　　D. 阀芯平行方向的流动

790. 汽轮机调速系统的执行机构为 **（C）**。

A. 同步器　　　　B. 主油泵　　　　C. 油动机　　　　D. 调节汽门

791. 汽轮机大修后，甩负荷试验前必须进行 **（C）**。

A. 主汽门严密性试验并符合技术要求

B. 调速汽门严密性试验并符合技术要求

C. 主汽门和调速汽门严密性试验并符合技术要求

D. 主汽门和调速汽门严密性试验任选一项并符合技术要求

792. 汽轮机正常运行中，凝汽器真空 **（A）** 凝结水泵入口的真空。

A. 大于　　　　　　　B. 等于　　　　　　　C. 小于　　　　　　　D. 略小于

793. 椭圆形轴承的顶部间隙是圆筒形轴承的 **(D)**。

A. 2 倍　　　　　　　B. 1.5 倍　　　　　　C. 1 倍　　　　　　　D. 1/2 倍

794. 对 20 万 kW 以上机组，除氧器给水箱有效容积是锅炉最大连续蒸发时 **(B)** 给水消耗量。

A. 1～5min　　　　　B. 5～10min　　　　　C. 12～15min　　　　D. 15～20min

795. 在汽轮机部件材料一定时，热应力大小主要取决于 **(D)**。

A. 蒸汽温度　　　　　　　　　　　B. 蒸汽压力

C. 机组负荷　　　　　　　　　　　D. 金属部件内温度分布

796. 采用喷嘴调节的汽轮机，在各调节汽阀依次开启的过程中，对通过喷嘴的蒸汽的焓降叙述正确的是 **(C)**。

A. 各调阀全开完时，通过第一个阀门所控制的喷嘴的蒸汽的焓降增至最大

B. 开后一调门时，前面已全开的调门所控制的喷嘴的蒸汽的焓降增加

C. 通过部分开启的阀门所控制的喷嘴的蒸汽焓降随着阀门的开大而增加，通过已全开的调门所控制的喷嘴的蒸汽的焓降随后一阀门的开大而减小

D. 开后一调门时，前面已全开的调门所控制的喷嘴的蒸汽的焓降不变

797. 改变泵本身性能曲线的方法一般是 **(A)**。

A. 变速调节　　　　　B. 节流调节　　　　　C. 分流调节　　　　　D. 串联或并联

798. 由热力学第二定律可知，实际循环的热效率总是 **(B)**。

A. 大于1　　　　　　　B. 小于1　　　　　　C. 等于1　　　　　　D. 等于0

799. 汽轮机油系统上的阀门应 **(B)**。

A. 垂直安装　　　　　B. 横向安装　　　　　C. 垂直、横向安装都可以

800. 在机组启动时汽侧压力最低一台的高压加热器疏水排至 **(A)**。

A. 疏水扩容器　　　　B. 凝汽器　　　　　　C. 除氧器

801. 温度在 **(A)** 以下的低压汽水管道，其阀门外壳通常用铸铁制成。

A. 120℃　　　　　　B. 200℃　　　　　　C. 250℃　　　　　　D. 300℃

802. 加热器的种类，按工作原理不同可分为 **(A)**。

A. 表面式加热器、混合式加热器　　　　B. 加热器、除氧器

C. 高压加热器、低压加热器　　　　　　D. 螺旋管式加热器、卧式加热器

803. 循环水泵主要向 **(D)** 提供冷却水。

A. 给水泵电动机空冷器　　　　　　B. 真空泵

C. 发电机冷却器　　　　　　　　　D. 凝汽器

804. 利用管道自然弯曲来解决管道热膨胀的方法称为 **(B)**。

A. 冷补偿　　　　　　B. 自然补偿　　　　　C. 补偿器补偿　　　　D. 热补偿

805. 加热器的凝结放热加热段是利用 **(D)**。

A. 疏水凝结放热加热给水　　　　　　B. 降低加热蒸汽温度加热给水

C. 降低疏水温度加热给水　　　　　　D. 加热蒸汽凝结放热加热给水

806. 下列哪种泵用来维持凝汽器真空（**C**）。

A. 离心泵　　　　　B. 轴流泵　　　　　C. 容积泵

807. 给水泵停运检修，进行安全隔离，在关闭入口阀时，要特别注意泵内压力的变化，防止出口阀不严（**A**）。

A. 引起泵内压力升高，使水泵入口低压部件损坏

B. 引起备用水泵联动

C. 造成对检修人员烫伤

D. 使给水泵倒转

808. 由两级串联旁路和一级大旁路系统合并组成的旁路系统称为（**C**）。

A. 两级串联旁路系统　B. 一级大旁路系统　C. 三级旁路系统　　D. 三用阀旁路系统

809. 氢冷器的冷却水常用（**C**），而以工业水作为备用。

A. 软化水　　　　　B. 凝结水　　　　　C. 循环水　　　　　D. 闭式水

810. 汽轮机热态启动，冲转前要连续盘车不少于（**B**）。

A. 6h　　　　　　　B. 4h　　　　　　　C. 2h　　　　　　　D. 1h

811. 汽轮机启动前先启动润滑油泵，运行一段时间后再启动高压调速油泵，其目的主要是（**D**）。

A. 提高油温　　　　　　　　　　B. 先使用各轴瓦充油

C. 排出轴承油室内的空气　　　　D. 排出调速系统积存的空气

812. 汽轮机转速超过额定转速（**D**）时，应立即打闸停机。

A. 7%　　　　　　　B. 9%　　　　　　　C. 14%　　　　　　D. 12%

813. 汽轮机大修后进行真空系统灌水严密性试验后，灌水高度一般应在汽封洼窝以下（**C**）处。

A. 300mm　　　　　B. 200mm　　　　　C. 100mm　　　　　D. 50mm

814. 降低润滑油黏度最简单易行的办法是（**A**）。

A. 提高轴瓦进油温度　　　　　B. 降低轴瓦进油温度

C. 提高轴瓦进油压力　　　　　D. 降低轴瓦进油压力

815. 汽轮机高压油大量漏油时，为防止引起火灾事故，应立即（**D**）。

A. 启动高压油泵，停机　　　　　B. 启动润滑油泵，停机

C. 启动直流油泵，停机　　　　　D. 启动润滑油泵，停机并切断高压油源

816. 提高蒸汽初温，其他条件不变，汽轮机相对内效率（**A**）。

A. 提高　　　　　　B. 降低　　　　　　C. 不变　　　　　　D. 先提高后降低

817. 汽轮机的寿命是指从投运至转子出现第一条等效直径为（**B**）的宏观裂纹期间总的工作时间。

A. 0.1～0.2mm　　　B. 0.2～0.5mm　　　C. 0.5～0.8mm　　　D. 0.8～1.0mm

818. 协调控制系统共有五种运行方式，其中最为完善、功能最强大的方式是（**B**）。

A. 机炉独自控制方式　　　　　B. 协调控制方式

C. 汽轮机跟随锅炉方式　　　　D. 锅炉跟随汽轮机方式

819. 强迫振动的主要特征是（**D**）。

A. 主频率与转子的传速一致　　　　　B. 主频率与临界转速一致

C. 主频率与工作转速无关　　　　　　D. 主频率与转子的转速一致或成两倍频率

820. 机组变压运行，在负荷变动时，要（**A**）高温部件温度的变化。

A. 减少　　　　　B. 增加　　　　　C. 不会变化　　　　　D. 剧烈变化

821. 汽轮机在稳定工况下运行时，汽缸和转子的热应力（**A**）。

A. 趋近于零　　　B. 趋近于某一定值　　C. 汽缸大于转子　　D. 转子大于汽缸

822. 随着某一调节汽门开度的不断增加，其蒸汽的过流速度在有效行程内是（**D**）的。

A. 略有变化　　　B. 不断增大　　　C. 不变　　　D. 不断减小

823. 当主蒸汽温度和凝汽器真空不变，主蒸汽压力下降时，若保持机组额定负荷不变，则对机组的安全运行（**C**）。

A. 有影响　　　B. 没有影响　　　C. 不利　　　D. 有利

824. 对于节流调节与喷嘴调节器，下列叙述正确的是（**C**）。

A. 节流调节的节流损失小，喷嘴调节调节汽室温度变化小

B. 节流调节的节流损失大，喷嘴调节调节调节汽室温度变化大

C. 部分负荷时，节流调节的节流损失大于喷嘴调节，但变工况时，喷嘴调节的调节汽室温度变化幅度小于节流调节

D. 部分负荷时，节流调节的节流损失小于喷嘴调节，但变工况时，喷嘴调节的调节汽室温度变化幅度大于节流调节

825. 抽气器从工作原理上可分为（**C**）两大类。

A. 射汽式和射水式　　　　　　　　B. 液环泵与射流式

C. 射流式和容积式真空泵　　　　　D. 主抽气器与启动抽气器

826. 电网频率超出允许范围长时间运行，将使叶片产生（**D**），造成叶片折断。

A. 裂纹　　　B. 松动　　　C. 蠕变　　　D. 振动

827. 当需要接受调度指令参加电网调频时，机组应采用（**D**）控制方式。

A. 机跟炉　　　B. 炉跟机　　　C. 机炉手动　　　D. 机炉协调

828. 绝对压力与表压力的关系是（**A**）。

A. $P_绝=P_表+P_大气$　　B. $P_表=P_绝+P_大气$　　C. $P_绝=P_大气-P_表$

829. 水与空气直接接触的冷却塔为（**B**）。

A. 干式冷却塔　　　B. 湿式冷却塔　　　C. 混合式冷却塔

830. 下面换热效率高的设备是（**D**）。

A. 高压加热器　　　B. 低压加热器　　　C. 轴封加热器　　　D. 除氧器

831. 在凝汽器中，压力最低、真空最高的地方是（**D**）。

A. 凝汽器喉部　　　　　　　　B. 凝汽器热井处

C. 靠近冷却水管入口部位　　　D. 空气冷却区

832. 定冷水箱换凝结水主要是为了（**C**）。

A. 降低电导率　　　B. 降低 pH 值　　　C. 提高 pH 值　　　D. 提高电导率

833. 蒸汽初始温度或再热蒸汽温度周期波动超过（**D**）将对汽轮机零部件，如动叶、喷嘴叶片、汽缸、阀壳等的寿命产生不利影响。

A. 8℃   B. 10℃   C. 12℃   D. 14℃

834. 对于高、中压合缸的汽轮机，外缸的轴向温度梯度会随主、再热蒸汽温度差（**A**）

A. 增大而减小   B. 增大而增大   C. 固定不变   D. 不确定

835. 以下能反映出轴向位移增大的现象是（**A**）

A. 推力轴承金属温度升高   B. 机组真空轻微下降

C. 支持轴承油膜压力下降   D. 机组偏心率增大

836. 以下不是防止水泵发生汽蚀的有效措施是（**C**）

A. 第一级采用了诱导轮   B. 出口设置再循环管路

C. 采用变频电动机   D. 降低水泵几何安装高度

837. 以下不是旁路系统作用的是（**D**）

A. 缩短机组启动时间   B. 启停机时保证再热器不干烧

C. 回收工质和热量   D. 可作为安全门使用，提高系统安全性

838. 下列不需要紧急停运汽轮机的是（**D**）

A. 轴封磨损严重，并冒火花

B. 轴向位移超过极限，推力轴承温度明显升高

C. 机组内部有清晰的动静摩擦声

D. 主油箱油位下降

839. 汽轮机最大应力发生在（**A**）。

A. 高、中压缸第一级   B. 低压缸末级叶片

C. 高压缸内外缸结合处   D. 转子中心孔

840. 危急保安器进行喷油试验的目的是（**D**）

A. 紧急停机   B. 检查危急保安器的动作转速

C. 检查打闸机构的灵敏性   D. 活动危急保安器避免卡涩

841. 轴封蒸汽投用后，应严密监视机组上下缸温差、胀差等参数，检查（**C**）的运行情况。

A. 机组振动   B. 凝结水泵   C. 盘车   D. 真空泵

842. 滑停过程中主蒸汽温度下降速度不大于（**B**）。

A. 1℃/min   B. 1.5℃/min   C. 2℃/min   D. 3.5℃/min

843. 给水温度若降低，则会影响机组的（**A**）效率。

A. 循环   B. 热   C. 汽轮机   D. 机械

844. 转动设备试运时，对振动值的测量应取（**D**）。

A. 垂直方向   B. 横向

C. 横向、轴向   D. 垂直、横向、轴向

845. 高压、高温、厚壁主蒸汽管道在暖管升压过程中其管内承受（**A**）。

A. 热压应力   B. 热拉应力   C. 冷热应力   D. 剪切应力

846. 节流阀主要通过改变 **(C)** 来调节介质流量和压力。

A. 介质流速　　　　B. 介质温度　　　　C. 通道面积　　　　D. 阀门阻力

847. 发电机逆功率保护的主要作用是 **(C)**

A. 防止发电机进相运行　　　　　　B. 防止发电机低负荷运行

C. 防止汽轮机末级叶片过热损坏　　D. 防止汽轮机带厂用电运行

848. 氢冷发电机运行中，当密封油温度升高时，密封油压力 **(C)**。

A. 升高　　　　　　　　　　　　　B. 不变

C. 降低　　　　　　　　　　　　　D. 可能降低，也可能升高

849. 凝结水的过冷却度一般为 **(D)**。

A. 2~5℃　　　　B. 6~7℃　　　　C. 8~10℃　　　　D. <2℃

850. 配汽机构的任务是 **(A)**。

A. 控制汽轮机进汽量使之与负荷相适应　　B. 控制自动主汽门开或关

C. 改变汽轮机转速或功率　　　　　　　　D. 保护汽轮机安全运行

851. 水泵的功率与泵转速的 **(C)** 成正比。

A. 一次方　　　　B. 二次方　　　　C. 三次方　　　　D. 四次方

852. 机组的抽汽止回阀一般都是安装在 **(C)** 管道上。

A. 垂直　　　　B. 倾斜　　　　C. 水平　　　　D. 位置较高

853. 发电机中的氢压在温度变化时，其变化过程为 **(B)**。

A. 温度变化压力不变　　　　　　　B. 温度越高压力越大

C. 温度越高压力越小　　　　　　　D. 温度越低压力越大

854. 沸腾时汽体和液体同时存在，汽体和液体的温度 **(B)**。

A. 汽体温度大于液体温度　　　　　B. 相等

C. 汽体温度小于液体温度　　　　　D. 无法确定

855. 氢气的爆炸极限为 **(B)**。

A. 3%~80%　　　B. 5%~76%　　　C. <6%　　　D. >96%

856. 离心泵轴封机构的作用是 **(A)**。

A. 防止高压液体从泵中大量漏出或空气顺抽吸入泵内

B. 对水泵轴起支承作用

C. 对水泵轴起冷却作用

D. 防止漏油

857. 要使泵内最低点不发生汽化，必须使有效汽蚀余量 **(D)** 必需汽蚀余量。

A. 等于　　　　B. 小于　　　　C. 略小于　　　　D. 大于

858. 在高压加热器上设置空气管的作用是 **(A)**。

A. 及时排出加热蒸汽中含有的不凝结气体，增强传热效果

B. 及时排出从加热器系统中漏入的空气，增加传热效果

C. 使两上相邻加热器内的加热压力平衡

D. 启用前排汽

859. 金属的过热是指因为超温使金属发生不同程度的（D）。

A. 膨胀 　　　　B. 氧化 　　　　C. 变形 　　　　D. 损坏

860. 正常运行中发电机内氢气压力（B）定子冷却水压力。

A. 小于 　　　　B. 大于 　　　　C. 等于 　　　　D. 无规定

861. 给水泵中间抽头的水作（B）的减温水。

A. 锅炉过热器 　　B. 锅炉再热器 　　C. 凝汽器 　　D. 高压旁路

862. 转动机械的滚动轴承温度安全限额为（A）。

A. 不允许超过100℃　B. 不允许超过80℃　C. 不允许超过75℃　D. 不允许超过70℃

863. 当热导率为常数时，单层平壁沿壁厚方向的温度按（D）分布。

A. 对数曲线 　　B. 指数曲线 　　C. 双曲线 　　D. 直线

864. 主油泵供给调节及润滑油系统用油，要求其扬程—流量特性曲线较（A）。

A. 平缓 　　　　B. 陡 　　　　C. 无特殊要求 　　D. 有其他特殊要求

865. 汽轮机变工况时，采用（A）负荷调节方式，高压缸通流部分温度变化最大。

A. 定压运行节流调节 　　　　　　B. 变压运行

C. 定压运行喷嘴调节 　　　　　　D. 部分阀全开变压运行

866. 汽轮机负荷过低会引起排汽温度升高的原因是（C）。

A. 真空过高

B. 进汽温度过高

C. 进入汽轮机的蒸汽流量过低，不足以带走鼓风摩擦损失产生的热量

D. 进汽压力过高

867. 金属材料在外力作用下出现塑性变形的应力称为（C）。

A. 弹性极限 　　B. 韧性极限 　　C. 屈服极限 　　D. 强度极限

868. 汽轮机停机时应保证（C）。

A. 转速先于真空到零 　　　　　　B. 真空先于转速到零

C. 转速和真空同时到零 　　　　　　D. 没有规定

869. 在单元机组汽轮机跟随的主控系统中，汽轮机调节器采用（C）信号，可使汽轮机调节阀的动作比较平稳。

A. 实发功率 　　B. 功率指令 　　C. 蒸汽压力 　　D. 蒸汽流量

870. 负荷不变的情况下蒸汽流量增加，调节级的热焓降（A）。

A. 减小

C. 不变 　　　　　　　　　　　B. 增加

D. 可能增加也可能减少

871. 为防止汽轮发电机组超速损坏，汽轮机装有电超速停机保护装置，使发电机组的转速不超过额定转速的（B）。

A. 5% 　　　　B. 10% 　　　　C. 13% 　　　　D. 14%

872. 在汽轮机的冲动级中，蒸汽的热能转变为动能是在（A）中完成的。

A. 喷嘴 　　　　B. 动叶片 　　　　C. 静叶片 　　　　D. 动叶片和静叶片

873. 提高蒸汽初温度主要受到（D）的限制。

A. 锅炉传热温差　　　　　　　　　　　　B. 热力循环

C. 汽轮机末级叶片强度　　　　　　　　　D. 金属耐高温性能

874. 凝汽器真空提高时，容易过负荷的级段为（**B**）。

A. 调节级　　　　　B. 末级　　　　　C. 中间级　　　　　D. 中压缸第一级

875. 汽轮机冷态启动时，一般控制升速率为（**C**）。

A. 200～250r/min　　B. 300～350r/min　　C. 100～150r/min　　D. 400～500r/min

876. 在除氧器滑压运行时，主要考虑的问题是（**B**）。

A. 除氧效果　　　B. 给水泵入口汽化　　C. 除氧器热应力　　D. 给水泵的出力

877. 在工况变化的初期（调门动作前），锅炉汽压与蒸汽流量变化方向相反，此时的扰动为（**B**）。

A. 内扰　　　　　B. 外扰　　　　　C. 内扰和外扰　　　　D. 无法判断

878. 汽轮机各级的理想焓降从高压缸到低压缸逐渐（**A**）。

A. 增大　　　　　B. 减小　　　　　C. 不变　　　　　D. 无法判断

879. 工质最基本的状态参数是（**B**）。

A. 比体积、功、内能　　　　　　　　　B. 温度、压力、比体积

C. 温度、焓、熵　　　　　　　　　　　D. 焓、熵、压力

880. 汽轮机凝汽器真空应维持在（**C**），才是最有利的。

A. 高真空下　　　B. 低真空下　　　C. 经济真空下　　　D. 临界真空下

881. 凝汽式汽轮机正常运行时，当主蒸汽流量增加时，它的轴向推力（**A**）。

A. 增加　　　　　B. 减小　　　　　C. 不变　　　　　D. 无法确定

882. 蒸汽对流放热系数随汽轮机负荷的增加和主蒸汽参数的（**B**）而增大。

A. 降低　　　　　B. 提高　　　　　C. 不变　　　　　D. 无法确定

883. 汽轮机冷态启动和增加负荷过程中，转子膨胀大于汽缸膨胀，相对膨胀差出现（**D**）增加。

A. 不变　　　　　B. 无法确定　　　　C. 负胀差　　　　D. 正胀差

884. 汽轮机低压缸喷水装置的作用是降低（**A**）温度。

A. 排汽缸　　　　B. 凝汽器　　　　C. 低压缸轴封　　　D. 凝结水

885. 油系统多采用（**B**）阀门。

A. 暗杆　　　　　B. 明杆　　　　　C. 铜制　　　　　D. 铝制

886. 高压加热器为防止停用后的氧化腐蚀，规定停用时间小于（**C**）可将水侧充满给水。

A. 20h　　　　　B. 40h　　　　　C. 60h　　　　　D. 80h

887. 高压加热器汽侧投用的顺序是（**B**）。

A. 压力从高到低　　B. 压力从低到高　　C. 同时投用　　　D. 没有明确要求

888. 汽轮机主蒸汽温度10min内下降（**A**）时应打闸停机。

A. 50℃　　　　　B. 40℃　　　　　C. 80℃　　　　　D. 90℃

889. 高压加热器在工况变化时热应力主要发生在（**C**）。

A. 管束上 B. 壳体上 C. 管板上 D. 进汽口

890. 汽轮机本体疏水单独接入扩容器，不得接入其他压力疏水，以防止 **（B）**。

A. 漏入空气 B. 返水 C. 爆破 D. 影响凝结水水质

891. 膜状凝结的放热系数与珠状凝结放热系数相比，下列说法正确的是 **（B）**。

A. 前者大于后者 B. 后者大于前者 C. 两者相等 D. 无法比较

892. 如果在升负荷过程中，汽轮机正胀差增长过快，此时应 **（A）**。

A. 保持负荷及蒸汽参数 B. 保持负荷提高蒸汽温度

C. 汽封改投高温汽源 D. 继续升负荷

893. 关阀启动的设备要求出口阀在泵启动后很快打开，在关阀状态下泵运行时间为 **（D）**。

A. <3min B. <5min C. <2min D. <1min

894. 凝结水泵的流量应按机组最大负荷时排汽量的 **（C）** 来计算。

A. 1.05～1.10 倍 B. 1.2～1.3 倍 C. 1.1～1.2 倍 D. 1.5 倍

895. 汽轮机转子的最大弯曲部位通常在 **（A）**。

A. 调节级 B. 中间级 C. 末级 D. 无法确定

896. 凝汽器汽阻是指凝汽器进口压力与 **（C）** 压力的差。

A. 凝结水出口 B. 抽汽器出口 C. 抽汽口 D. 循环水出口

897. 汽轮机油系统打循环及盘车连续运行应在 **（A）** 进行。

A. 点火前 B. 点火后 C. 冲转前 D. 无明确要求

898. 除氧器变工况运行时，其温度的变化 **（C）** 压力的变化。

A. 超前 B. 同步 C. 滞后于 D. 先超前后滞后于

899. 皮托管装置用来测量流道中液体的 **（C）**。

A. 压力 B. 阻力 C. 流速 D. 温度

900. 流体在管内流动时，若流速增大，则对流换热系数 **（A）**。

A. 增大 B. 减小 C. 不变 D. 无法确定

901. 现代循环水泵采用混流泵主要是出于 **（B）** 考虑。

A. 流量 B. 扬程 C. 功率 D. 效率 B

902. 做汽动给水泵汽轮机自动超速试验时，要求进汽门在转速超过额定转速的 **（B）** 时，可靠关闭。

A. 4% B. 5% C. 6% D. 10%

903. 引起 **（C）** 变化的各种因素称为扰动。

A. 调节对象 B. 调节系统 C. 被调量 D. 调节设备

904. 减温减压装置安全门的整定值应为 **（A）** 压力的 1.1 倍加 0.1MPa。

A. 铭牌 B. 额定工作 C. 最高 D. 实际

905. 一般机组停机后排汽缸的相对湿度高达 **（C）** 以上，属于严重腐蚀范围。

A. 15% B. 45% C. 85% D. 95%

906. 汽轮机刚一打闸解列后，转速下降很快，这是因为刚打闸后，汽轮发电机转子在惯性转动中的速度仍很高，（A）。

A. 鼓风摩擦损失的能量很大，这部分能量损失与转速的三次方成正比

B. 转子的能量损失主要消耗在克服调速器、主油泵、轴等的摩擦阻力上

C. 由于此阶段中油膜已破坏，轴承处阻力迅速增大

D. 主、调汽门不严，抽汽止回阀不严

907. 同样蒸汽参数条件下，顺序阀切换为单阀，则调节级后金属温度（A）。

A. 升高　　　　　　　　　　　　　B. 降低

C. 可能升高也可能降低　　　　　　D. 不变。

908. 泵的轴封、轴承及叶轮圆盘摩擦损失所消耗的功率称为（C）。

A. 容积损失　　　B. 水力损失　　　C. 机械损失　　　D. 摩擦损失

909. 回热循环效率的提高一般在（B）左右。

A. 10%　　　　　B. 18%　　　　　C. 20%～25%　　　D. 大于25%

910. 火力发电厂中，汽轮机是将（D）的设备。

A. 热能转变为动能　　　　　　　　B. 热能转变为电能

C. 机械能转变为电能　　　　　　　D. 热能转换为机械能

911. 在梯子上工作时，梯子与地面的倾斜角度应不大于（D）。

A. 15°　　　　　B. 30°　　　　　C. 45°　　　　　D. 60°

912. 火力发电厂采用（D）作为国家考核指标。

A. 全厂效率　　　B. 厂用电率　　　C. 发电煤耗率　　　D. 供电煤耗率

913. 汽轮机转速在1300r/min以下，轴承振动超过（B）时应打闸停机。

A. 0.05mm　　　B. 0.03mm　　　C. 0.08mm　　　D. 0.1mm

914. 汽轮机危急保安器超速动作脱机后，复位转速应低于（C）。

A. 3000r/min　　B. 3100r/min　　C. 3030r/min　　D. 2950r/min

915. 对于回热系统，理论上最佳给水温度相对应的是（B）。

A. 回热循环热效率最高　　　　　　B. 回热循环绝对内效率最高

C. 电厂煤耗率最低　　　　　　　　D. 电厂热效率最高

916. 所有工作人员都应学会触电急救法、窒息急救法、（D）。

A. 溺水急救法　　　B. 冻伤急救法　　　C. 骨折急救法　　　D. 人工呼吸法

917. 在外界负荷不变的情况下，汽压的稳定主要取决于（B）。

A. 炉膛热强度的大小　　　　　　　B. 炉内燃烧工况的稳定

C. 锅炉的储热能力　　　　　　　　D. 锅炉的型式

918. 在全液压调节系统中，转速变化的脉冲信号用来驱动调节汽门，是采用（D）。

A. 直接驱动方式　　　　　　　　　B. 机械放大方式

C. 逐级放大后驱动的方式　　　　　D. 油压放大后驱动的方式

919. 汽轮机启动暖管时，注意调节送汽阀和疏水阀的开度是为了（C）。

A. 提高金属温度

B. 减少工质和热量损失

C. 不使流入管道的蒸汽压力、流量过大，引起管道及其部件受到剧烈的加热

D. 不使管道超压

920. 在额定参数下，进行汽轮机高、中压主汽门严密性试验，当高、中压主汽门全关，转速下降至 **（C）** 时为合格。

A. 2000r/min   B. 1500r/min   C. 1000r/min   D. 800r/min

921. 已知介质的压力 p 和温度 t，当介质的温度大于饱和温度时，介质所处的状态是 **（D）**。

A. 未饱和水   B. 湿蒸汽   C. 干蒸汽   D. 过热蒸汽

922. 汽轮机超速保安器动作转速应为额定转速的 **（A）**。

A. 109%～111%   B. 112%～114%   C. 110%～118%   D. 100%～108%

923. 百分表装在 1 号瓦前的机组，在直轴时，当看到百分表指示到 **（C）** 时即可认为轴已直好。

A. 直轴前的最小值   B. 直轴前的最大值

C. 直轴前晃度值的 1/2 处   D. 直轴前晃度值的 1/4 处

924. 发电厂的一项重要技术经济指标是发电设备"年利用小时"，它是由 **（A）** 计算得来的。

A. 发电设备全年发电量除以发电设备额定容量

B. 发电设备额定容量除以发电设备全年发电量

C. 发电设备全年发电量除以年供电量

D. 发电设备全年供电量除以发电设备全年发电量

925. 正常运行的发电机，在调整有功负荷的同时，对发电机无功负荷 **（B）**。

A. 没有影响   B. 有一定影响

C. 影响很大   D. 精心调整时无影响

926. 大型机组超速试验应在带 10%～15% 额定负荷运行 4～6h 后进行，以确保 **（C）** 温度达到脆性转变温度以上。

A. 汽缸内壁   B. 转子外壁   C. 转子中心孔   D. 汽缸外壁

927. 功频电液调节系统的输入信号是 **（C）**。

A. 转速   B. 功率   C. 功率和频率   D. 频率

928. 采用双层缸的汽轮机外缸上下缸温差超过 **（D）** 时，禁止汽轮机启动。

A. 60℃   B. 45℃   C. 35℃   D. 50℃

929. 热态启动前应连续盘车 **（D）** 以上。

A. 1h   B. 3h   C. 2～4h   D. 4h

930. 采用双层缸的汽轮机内缸上下缸温差超过 **（C）** 时，严禁启动汽轮机。

A. 15℃   B. 25℃   C. 35℃   D. 50℃

931. 机组抢修停机时，应用 **（A）** 停机方式。

A. 滑参数   B. 滑压   C. 额定参数   D. 紧急停机

932. 机组启动时，调节级处金属温度在 **（C）** 之间称为温态启动。

A. 150～200℃　　　B. 150～200℃　　　C. 150～300℃　　　D. 250～300℃

933. 通流部分结垢时，轴向推力（C）。

A. 减小　　　　　　B. 不变　　　　　　C. 增加　　　　　　D. 不确定

934. 高压加热器水位迅速上升至极限而保护未动作应（D）。

A. 联系降负荷　　　　　　　　　　B. 给水切换旁路

C. 关闭高压加热器到除氧器疏水　　　D. 紧急切除高压加热器

935. 二氧化碳灭火剂具有灭火不留痕迹，并有一定的电绝缘性能等特点，因此适宜于扑救（D）以下的带电电器、贵重设备、图书资料、仪器仪表等场所的初起火灾。

A. 220V　　　　　　B. 380V　　　　　　C. 450V　　　　　　D. 600V

936. 采用铬钼钒钢 ZG15Cr1Mo1V 作为高、中压内缸材料的汽轮机的蒸汽工作温度不应超过（D）。

A. 360℃　　　　　　B. 500℃　　　　　　C. 540℃　　　　　　D. 570℃

937. 低压加热器运行中水位升高较多，则下端差（B）。

A. 不变　　　　　　B. 减小　　　　　　C. 增大　　　　　　D. 与水位无关

938. 采用回热循环后与之相同初参数及功率的纯凝汽式循环相比，其（B）。

A. 汽耗量减少　　　　　　　　　　B. 热耗率减少

C. 做功的总焓降增加　　　　　　　D. 做功的总焓降减少

939. 3000r/min 的汽轮机超速试验应连续做两次，两次的转速差不超过（D）。

A. 60r/min　　　　　B. 30r/min　　　　　C. 20r/min　　　　　D. 18r/min

940. 运行中凝汽设备所做的真空严密性试验，是为了判断（B）。

A. 凝汽器外壳的严密性　　　　　　B. 真空系统的严密性

C. 凝汽器水侧的严密性　　　　　　D. 凝汽设备所有各处的严密性

941. 滑压除氧系统只能应用于（A）机组。

A. 单元制　　　　　B. 母管制　　　　　C. 扩大单元制　　　D. 母管制或单元制

942. 对同一种流体来说，沸腾放热的放热系数比无物态变化时的对流放热系数（C）。

A. 小　　　　　　　B. 相等　　　　　　C. 大　　　　　　　D. 无法确定

943. 电厂锅炉给水泵前置泵采用（B）。

A. 混流泵　　　　　　　　　　　　B. 单级单吸或双吸离心泵

C. 分段式多级离心泵　　　　　　　D. 轴流泵

944. 汽轮机停机后电动盘车故障，应在转子上做一记号，每隔（A）手动盘车（A），电动盘车修复后应在两次手动盘车间隔时间中间投入。

A. 30min，180°　　　B. 15min，90°　　　C. 60min，180°　　　D. 45min，90°

945. 在 DCS 中，所有控制和保护回路的数字量输入信号的扫描和更新周期应小于（D）。

A. 50ms　　　　　　B. 60ms　　　　　　C. 80ms　　　　　　D. 100ms

946. DCS 系统备用电源的切换时间应小于（D），以保证控制器不初始化。

A. 1ms　　　　　　　B. 2ms　　　　　　C. 3ms　　　　　　D. 5ms

947. 汽轮机的寿命分配要留有余地，一般情况下寿命损耗只分配（B）左右，其余（B）以备突发性事故。

　　A. 20%，80%　　　　B. 80%，20%　　　　C. 50%，50%　　　　D. 40%，60%

948. 一般综合式推力瓦推力间隙取（B）。

　　A. 0.2～0.3mm　　　B. 0.4～0.6mm　　　C. 0.6～0.9mm　　　D. 1.0～1.5mm

949. 我们常提到的 PLC 是（B）。

　　A. 可编程序调节器　　B. 可编程序控制器　　C. 集散控制系统　　D. 总线控制

950. 下列四种泵中，相对流量最大的是（B）。

　　A. 离心泵　　　　　　B. 轴流泵　　　　　　C. 齿轮泵　　　　　　D. 螺杆泵

951. 金属部件急剧加热或冷却，温度发生剧烈变化，物件产生冲击热应力的现象称为。（A）。

　　A. 热冲击　　　　　　B. 热脆性　　　　　　C. 热变形　　　　　　D. 热疲劳

952. 仪表的精度等级是用（C）表示的。

　　A. 系统误差　　　　　B. 绝对误差　　　　　C. 允许误差　　　　　D. 相对误差

953. 有一压力测点，如被测量最大压力为 10MPa，则所选压力表的量程应为（A）。

　　A. 16MPa　　　　　　B. 10MPa　　　　　　C. 25MPa　　　　　　D. 20MPa

954. 被测量为脉动压力时，所选压力表的量程应为被测量值的（C）。

　　A. 1.5 倍　　　　　　B. 1 倍　　　　　　　C. 2 倍　　　　　　　D. 1.25 倍

955. 目前汽轮机转速测量精度最高的表计是（D）。

　　A. 离心式机械测速表　B. 测速发电机　　　　C. 磁力式转速表　　　D. 数字式转速表

956. 在计算机控制系统中，计算机的输入和输出信号是（B）。

　　A. 模拟信号　　　　　　　　　　　　　　　B. 数字信号

　　C. 4～20mA 的标准信号　　　　　　　　　D. 开关信号

957. DCS 系统中 DO 表示（C）。

　　A. 模拟输入　　　　　B. 模拟输出　　　　　C. 开关量输出　　　　D. 开关量输入

958. 基地式调节阀适用于（B）的场合。

　　A. 流量变化大　　　　B. 调节精度要求不高　C. 仪表气源供应方便　D. 调节精度要求高

959. 用孔板测量流量时，孔板应装在调节阀（A）。

　　A. 前　　　　　　　　B. 后　　　　　　　　C. 进口处　　　　　　D. 任意位置

960. 分散控制系统的英文缩写是（C）。

　　A. PMK　　　　　　　B. PLC　　　　　　　C. DCS　　　　　　　D. PCS

961. 工业现场压力表的示值表示被测参数的（C）。

　　A. 动压　　　　　　　B. 全压　　　　　　　C. 静压　　　　　　　D. 绝对压力

962. 通过移动特性曲线使频率恢复到额定值，这种调节作用称为（B）。

　　A. 一次调节　　　　　B. 二次调节　　　　　C. 三次调节　　　　　D. 四次调节

963. 下列信号中不是热工信号的是（D）。

　　A. 主汽温度高报警　　B. 汽包水位低报警　　C. 炉膛压力低报警　　D. 发电机跳闸

964. 正常运行时，汽轮机组保护系统的四个 AST 电磁阀是 **（C）**。

A. 得电打开　　　　B. 失电关闭　　　　C. 得电关闭　　　　D. 失电打开

965. 设备送电正常后，CRT 上显示的颜色状态为 **（B）**。

A. 红色　　　　　　B. 绿色　　　　　　C. 黄色　　　　　　D. 紫色

966. 超声流量计属于 **（B）**。

A. 容积式流量计　　B. 速度式流量计　　C. 差压式流量计　　D. 阻力式流量计

967. 主蒸汽管的管壁温度监测点设在 **（B）**。

A. 汽轮机的电动主汽门后　　　　　　　B. 汽轮机的自动主汽门前

C. 汽轮机的调节汽门前的主汽管上　　　D. 主汽门和调节汽门之间

968. 采用按控制功能划分的设计原则时，分散控制系统可分为 DAS、MCS、SCS、FSSS 等子系统，其中 MCS 的中文含义是 **（A）**。

A. 模拟量控制系统　　　　　　　　　　B. 数据采集系统

C. 顺序控制系统　　　　　　　　　　　D. 炉膛燃烧安全监控系统

969. 主厂房内架空电缆与热体管道应保持足够的距离，控制电缆不小于 **（A）**。

A. 0.5m　　　　　　B. 1m　　　　　　　C. 0.8m　　　　　　D. 0.3m

970. 为提高机组真空，启动循环水泵和启动真空泵的效果相比较，以下说法正确的是 **（A）**。

A. 循环水泵比真空泵好　　　　　　　　B. 循环水泵比真空泵差

C. 无法断定　　　　　　　　　　　　　D. 一样的效果

971. 汽轮机任一轴承回油温度超过 **（B）** 时，必须立即打闸停机

A. 70℃　　　　　　B. 75℃　　　　　　C. 80℃　　　　　　D. 85℃

972. 对于海水冷却湿冷机组氢冷器的冷却水由 **（D）** 提供

A. 软化水　　　　　B. 凝结水　　　　　C. 循环水　　　　　D. 闭式水

973. 为给水泵检修做安全隔离措施时，在关 **（B）** 时要特别小心，防止引起泵内压力升高，使水泵入口低压部件损坏。

A. 出口门　　　　　B. 入口门　　　　　C. 卸荷水出口门　　D. 再循环隔离门

974. 双背压凝汽器的热井是 **（A）** 的。

A. 通过连通管连接　　　　　　　　　　B. 通过壳体直接连接

C. 各自独立　　　　　　　　　　　　　D. 维持一定水位后相连

975. 汽轮机各部疏水必须接入相应的集水管，然后按照压力等级的不同进入不同的扩容器，这样做的目的是防止系统 **（B）**。

A. 漏入空气　　　　B. 高压向低压返水　　C. 爆破　　　　　D. 影响凝结水水质

976. 正常情况下，对除氧器工作产生较大扰动的是 **（A）**。

A. 机组负荷　　　　B. 除氧器水位　　　C. 凝结水压力　　　D. 给水流量

977. 三缸四排汽轮机组在运行中 **（B）** 效率最高。

A. 高压缸　　　　　B. 中压缸　　　　　C. 1 号低压缸　　　D. 2 号低压缸

978. 电泵在备用状态下 **（C）** 是关闭的。

A. 出口门   B. 入口门   C. 加药门   D. 再循环门

979. 由于采用中间再热，使得给水回热效果 **（B）**。

A. 加强   B. 减弱   C. 保持不变   D. 无法法确

980. 下列可使除氧效果加强的是 **（C）**。

A. 高压加热器未投入   B. 除氧器突然升负荷

C. 汽轮机突然降负荷   D. 汽轮机突然增负荷

981. 下列可使除氧效果减弱的是 **（D）**。

A. 高压加热器未投入   B. 除氧器突然升负荷

C. 汽轮机突然降负荷   D. 汽轮机突然增负荷

982. 下面设备中，端差最低的是 **（D）**。

A. 高压加热器   B. 低压加热器   C. 轴封加热器   D. 除氧器

983. 下面设备中，温升最低的是 **（C）**。

A. 高压加热器   B. 低压加热器   C. 轴封加热器   D. 除氧器

984. 当全部操作员站出现故障时（所有上位机"黑屏"或"死机"），应 **（A）**。

A. 立即停机、停炉   B. 故障停机、停炉

C. 继续运行   D. 汇报值长听命处理

985. 减压阀是用来 **（B）** 介质压力的。

A. 增加   B. 降低   C. 调节   D. 都不是

986. 汽轮机主蒸汽参数变化、汽轮机的启动和停机都属于 **（C）**

A. 正常工况   B. 异常工况   C. 变工况   D. 不确定

987. 汽轮机在不同工况下的临界流量与初压成 **（A）**。

A. 正比   B. 反比   C. 线性   D. 不确定

988. 弗留格尔公式表明，当变工况前后级组未达临界状态时，级组的流量与级组前后压力平方差的 **（C）** 成正比。

A. 一次方   B. 二次方   C. 平方根   D. 立方根

989. 按照流程，对下面设备（1高压加热器，2低压加热器，3轴封加热器，4除氧器）进行排列正确的是 **（B）**。

A. 1 2 3 4   B. 3 2 4 1   C. 3 1 2 4   D. 3 4 1 2

990. 高压加热器紧急解列的顺序是 **（C）**。

A. 先水后汽   B. 先汽后水   C. 同时紧急开旁路   D. 没有明确要求

991. 凝汽器水室真空泵主要抽的是 **（D）**。

A. 空气   B. 蒸汽

C. 蒸汽和空气的混合物   D. 空气和不凝结气体

992. 在高压加热器上设置的启动排气门在高压加热器运行时是 **（B）**。

A. 打开的   B. 关闭的   C. 开关均可   D. 可以打开

993. 电泵再循环调整门在电泵备用时的状态是 **（A）**。

A. 开度100%   B. 关闭的   C. 有一部分开度   D. 开关均可

994. 描述级的做功能力强弱用 (**D**) 最科学。

A. 熵增　　　　　B. 温降　　　　　C. 压降　　　　　D. 焓降

995. 机组运行时应控制主蒸汽两侧温差在 (**C**) 以内。

A. 10℃　　　　　B. 20℃　　　　　C. 28℃　　　　　D. 30℃

996. 若高压加热器在运行中下端差增大，有可能是水位 (**A**) 引起的。

A. 降低　　　　　B. 不变　　　　　C. 升高　　　　　D. 与水位无

997. 对给水泵汽轮机进行全方位控制的系统是 (**C**)。

A. CCS　　　　　B. DEH　　　　　C. MEH　　　　　D. DCS

998. 负荷指令不变，循环水入口流量增加，真空升高，机组负荷 (**C**)。

A. 不变　　　　　　　　　　　　　B. 降低

C. 升高　　　　　　　　　　　　　D. 可能降低也可能升高

999. 高压加热器的凝结段放出的是 (**C**)。

A. 过热热　　　　B. 预热热　　　　C. 汽化潜热　　　D. 无法断定

1000. 从高压加热器出口取用的减温水供 (**A**) 使用。

A. 锅炉过热器　　B. 锅炉再热器　　C. 凝汽器　　　　D. 高压轴封

1001. 汽轮机高压轴封减温水采用 (**D**)。

A. 给水泵中间抽头　B. 给水　　　　C. 闭式循环冷却水　D. 凝结水

1002. 初温对功率的影响取决于初温改变时分别对理想比焓降、流量和内效率的影响 (**A**)。

A. 之和　　　　　B. 之差　　　　　C. 之积　　　　　D. 之商

1003. 停机时，转子表面先受冷，而轴孔腔室部位却仍保持较高温度，从而使表面层承受 (**A**) 应力。

A. 拉　　　　　　B. 压　　　　　　C. 离心

1004. 停机时，转子表面先受冷，而轴孔腔室部位却仍保持较高温度，从而轴孔部位承受 (**B**) 应力。

A. 拉　　　　　　B. 压　　　　　　C. 离心

1005. 停机过程中，由于汽缸内壁表面温度低于外壁表面温度，因此内壁表面热应力为 (**A**) 应力。

A. 拉　　　　　　B. 压　　　　　　C. 离心

1006. 停机过程中，由于汽缸内壁表面温度低于外壁表面温度，因此外壁表面热应力为 (**B**) 应力。

A. 拉　　　　　　B. 压　　　　　　C. 离心

1007. 汽轮机启动经过一定时间后，转子径向温度分布基本呈线性，转子外表面热应力 (**C**) 中心孔热应力。

A. 大于　　　　　B. 小于　　　　　C. 基本等于　　　D. 不确定

1008. 汽缸法兰的热变形往往会引起汽缸横截面发生变形，使得汽缸中部截面由圆变为 (**A**)。

A. 立椭圆　　　　　　B. 横椭圆　　　　　　C. 同心圆　　　　　　D. 不确定

1009. 热力系统疏水所用的气动阀均是（**B**）。

A. 气开式　　　　　　B. 气闭式　　　　　　C. 调整阀　　　　　　D. 无法断定

1010. 双背压凝汽器的抽空气系统中，空气最终是从（**C**）抽出。

A. 高压侧　　　　　　B. 低压侧　　　　　　C. 高、低压侧同时　　D. 与负荷有关

1011. 汽轮机调节保安系统由计算机控制系统、（**A**）和汽轮机危急遮断系统三大部分组成。

A. 高压抗燃油调节系统　　　　　　　　　B. 旁路系统

C. 润滑油系统　　　　　　　　　　　　　D. 进汽门

1012. 汽轮机调节保安系统由 EH 供油装置、EH 系统供油管路及附件、油动机及操纵座、薄膜阀、AST - OPC 电磁阀组等部分组成。工作介质采用（**B**）的磷酸酯抗燃油。

A. 10MPa　　　　　B. 14MPa　　　　　C. 16MPa　　　　　D. 12MPa

1013. 汽轮机危急遮断系统采用 0.7MPa 透平油系统供油，由危急遮断器、扳机、（**A**）危急遮断器滑阀、保安操纵装置等部分组成。

A. 危急遮断器滑阀　　B. AST - OPC 电磁阀　C. 调汽门　　　　　　D. 旁路系统

1014. 汽轮机透平油危急遮断系统与 EH 油危急遮断系统（AST）之间的接口为（**D**），它接受透平油危急遮断系统保安油的控制，用以遮断 EH 油危急遮断系统。

A. 电液伺服阀　　　　　　　　　　　　　B. CAST - OPC 电磁阀

C. 调汽门　　　　　　　　　　　　　　　D. 薄膜阀

1015. 工质的内能取决于（**C**），即取决于所处的状态。

A. 温度　　　　　　　B. 比容　　　　　　C. 温度和比容　　　　D. 压力

1016. 绝对黑体的辐射力与其绝对温度的（**C**）方成正比。

A. 二次　　　　　　　B. 三次　　　　　　C. 四次　　　　　　　D. 五次

1017. 数字电液控制系统用作协调控制系统中的（**A**）部分。

A. 汽轮机执行器　　　B. 锅炉执行器　　　C. 发电机执行器　　　D. 协调指示执行器

1018. 汽轮机启动时的胀差保护应在（**B**）投入。

A. 全速后　　　　　　B. 冲转前　　　　　C. 并入电网后　　　　D. 冲转后

1019. 下列哪种泵的比转速最大（**C**）。

A. 射水泵　　　　　　B. 给水泵　　　　　C. 循环水泵　　　　　D. 凝结水泵

1020. 在稳定状态下汽轮机转速与功率之间的对应关系称为调节系统的（**A**）。

A. 静特性　　　　　　B. 动特性　　　　　C. 动、静特性　　　　D. 转速特性

1021. 水泵采用诱导轮的目的是（**B**）。

A. 提高效率　　　　　B. 防止汽蚀　　　　C. 防止噪声　　　　　D. 防止振动

1022. 《电力工业技术管理法规》要求，汽轮机应有以下保护装置：超速保护、（**B**）、低润滑油压保护和低真空保护。

A. 胀差大保护　　　　B. 轴向位移保护　　C. 振动大保护　　　　D. 防进水保护

1023. 汽轮机运行时的凝汽器真空应始终维持在（**C**）才是最有利的。

A. 高真空下运行　　　　　　　　　　B. 低真空下运行

C. 经济真空下运行　　　　　　　　　D. 低真空报警值以上运行

1024. 一般规定汽轮机调速系统检修后的充油试验应该在（**A**）进行。

A. 机组并网前　　　　B. 机组并网后　　　C. 超速试验前　　　D. 超速试验后

1025. 下列关于热态启动的描述不正确的是（**B**）。

A. 热态启动汽缸金属温度较高，汽缸进汽后有个冷却过程

B. 热态启动都不需要暖机

C. 热态启动应先送轴封，后抽真空

D. 热态启动一般要求温度高于金属温度 50～100℃

1026. 现代大型汽轮机采用的冲转方式是（**C**）。

A. 额定参数冲转　　　　　　　　　　B. 非全周进汽冲转

C. 滑参数压力法　　　　　　　　　　D. 滑参数真空法冲转

1027. 下列关于放热系数说法错误的是（**B**）。

A. 蒸汽的凝结放热系数比对流放热系数大得多

B. 饱和蒸汽的压力越高放热系数也越小

C. 湿蒸汽的放热系数比饱和蒸汽的放热系数大得多

D. 蒸汽的凝结放热系数比湿蒸汽的对流放热系数还要大

1028. 汽轮机运行中发现凝结水泵电流增加、凝结水母管压力下降、凝结水流量下降、凝汽器水位上升，应判断为（**D**）。

A. 凝结水母管泄漏　　　　　　　　　B. 凝结水泵入口滤网堵塞

C. 凝结水泵漏空气　　　　　　　　　D. 备用凝结水泵倒转

1029. 叶轮摩擦损失与（**B**）有关。

A. 部分进汽度　　　　　　　　　　　B. 余速

C. 叶高　　　　　　　　　　　　　　D. 叶轮与隔板的间隙

1030. 下列叙述正确的是（**D**）。

A. 余速利用使最佳速比值减小　　　　C. 余速利用使级的变工况性能变差

B. 余速利用使最高效率降低　　　　　D. 余速利用使级效率在最佳速比附近平坦

1031. 汽轮机末级叶片受湿气冲蚀最严重的部位是（**A**）。

A. 叶顶进汽边背弧　　B. 叶顶出汽边内弧　　C. 叶顶出汽边背弧　　D. 叶根进汽边背弧

1032. 背压式汽轮机的最大轴向推力一般发生在（**B**）时。

A. 空负荷　　　　　B. 中间某负荷　　　C. 经济负荷　　　D. 最大负荷

1033. 变工况时，焓降变化而反动度基本不变的级是（**C**）。

A. 纯冲动级　　　　B. 复速级　　　　　C. 反动级

1034. 喷嘴调节的汽轮机当各调节阀依次开启时，对应于第一调节阀后的喷嘴组所通过的流量（**D**）。

A. 一直在增加

B. 第一阀开启时增加，全开后就维持不变

103

C. 第一阀开启时增加，全开后先维持不变，然后又增加

D. 第一阀开启时增加，全开后先维持不变，然后减少

1035. 在凝汽器运行中，漏入空气量越多，则（C）。

A. 传热端差越大，过冷度小

B. 传热端差越小，过冷度大

C. 传热端差越大，过冷度大

1036. 由凝汽器变工况特性可知：当排汽量下降时，真空将（A）。

A. 提高　　　　　　　　B. 降低　　　　　　　　C. 不变

1037. 合理部分进汽度选取依据是（A）。

A. 叶高损失和部分进汽损失之和为最小　　　B. 漏汽损失和部分进汽损失之和为最小

C. 鼓风损失和斥汽损失之和为最小

1038. 下列损失中，属于级内损失的是（C）。

A. 轴封漏汽损失　　　　　　　　　　　　B. 进汽机构的节流损失

C. 隔板漏汽损失

1039. 当失稳转速（A）时不会发生油膜振荡。（n_c 代表临界转速）

A. 大于工作转速　　　　　　　　　　　B. 大于第一临界转速 n_{c1}

C. 大于 n_{c2}　　　　　　　　　　　　D. 大于 $2n_{c1}$

1040. 汽轮机各调节阀重叠度过小，会使调节系统的静态特性曲线（B）。

A. 局部速度变动率过小　　　　　　　　B. 局部速度变动率过大

C. 上移过大　　　　　　　　　　　　　D. 上移过小

1041. 汽轮机转子热弯曲是由于（C）而产生的。

A. 转子受热过快　　B. 汽流换热不均　　C. 上下缸温差　　D. 内外缸温差

1042. 最易发生油膜振荡的轴承形式是（B）。

A. 椭圆瓦轴承　　B. 圆柱瓦轴承　　C. 三油楔轴承　　D. 可倾瓦轴承

1043. 能减少调节系统空载时摆动的阀门是（A）。

A. 锥形阀　　　　B. 球形阀　　　　C. 带预启阀的阀　　D. 蒸汽弹簧阀

1044. 火力发电厂的主要生产系统为（B）。

A. 输煤系统、汽水系统、电气系统　　　B. 汽水系统、燃烧系统、电气系统

C. 输煤系统、燃烧系统、汽水系统　　　D. 供水系统、电气系统、输煤系统

1045. 汽轮机负荷过低时会引起排汽温度升高的原因是（D）。

A. 真空过高

B. 进汽温度过高

C. 进汽压力过高

D. 进入汽轮机的蒸汽流量过低，不足以冷却鼓风摩擦损失产生的热量

1046. 汽轮机内蒸汽流动的总体方向大致垂直于转轴的汽轮机称为（B）。

A. 轴流式汽轮机　　B. 辐流式汽轮机　　C. 周流式汽轮机

1047. 文丘里管装置用来测定管道中流体的（B）。

A. 压力 B. 体积流量 C. 阻力

1048. 汽轮机冷态启动时,转子中心孔表面产生的应力是 (**B**)。

A. 压应力 B. 拉应力 C. 先拉后压 D. 先压后拉

1049. 引起金属疲劳破坏的因素是 (**D**)。

A. 交变应力大小 B. 交变应力作用时间长短

C. 交变应力循环次数 D. 交变应力的大小和循环次数

1050. 调速器对电网的调频作用是 (**A**)。

A. 一次调频 B. 二次调频 C. 一次和二次调频 D. 不能调频

1051. 冲动式汽轮机组负荷和主蒸汽参数不变时,凝汽器真空降低,轴向推力 (**A**)。

A. 增加 B. 减少 C. 不变 D. 不确定

1052. 采用中压缸启动方式,能够保证高压缸在长时间空转时具有 (**C**)

A. 较高的效率 B. 较大的胀差

C. 较低的温度水平 D. 超过规定的温度水平

1053. 为了使泵不发生汽蚀,泵的汽蚀余量 h_r 和装置的汽蚀余量 h_a 之间必须满足 (**B**)。

A. $h_r > h_a$ B. $h_r < h_a$ C. $h_r = h_a$ D. $h_r = h_a + 0.3$

1054. 汽轮机喷嘴和动叶栅根部和顶部由于产生涡流所造成的损失称为 (**B**)。

A. 扇形损失 B. 叶高损失 C. 叶轮摩擦损失 D. 叶栅损失

1055. 汽轮机的相对内效率为 (**C**)。

A. 发电机输出功率与汽轮机理想功率之比 B. 汽轮机轴端功率与理想功率之比

C. 有效焓降与理想焓降之比 D. 发电机输出功率与汽轮机轴端功率之比

1056. 供热式汽轮机和纯凝汽式汽轮机相比,热耗率 (**B**)。

A. 不变 B. 减小 C. 增加 D. 不确定

1057. 流体流经节流装置时,其流量与节流装置前后产生的 (**C**) 成正比。

A. 压差的平方 B. 压差的立方 C. 压差的平方根 D. 压差

1058. 单元机组在协调方式下运行时,汽轮机 (**C**)。

A. 只调功率 B. 只调压力

C. 以调功率为主,调压力为辅 D. 以调功率为辅,调压力为主

1059. (**B**) 不是单元机组的特点。

A. 系统简单,投资省

B. 炉、机、电纵向联系紧密,启停相互影响、相互制约

C. 能够实现最经济的滑参数启停

D. 对负荷适应性强

1060. 热力循环中,给水泵绝热过程在 T-S 图上可以合并为一点,适用于 (**B**),否则误差太大。

A. 高温高压 B. 低温低压 C. 超高压 D. 亚临界

1061. 在停止给水泵作联动备用时,应 (**C**)。

A. 先停泵后关出口阀 B. 先关出口阀后停泵

C. 先关出口阀后停泵再开出口阀   D. 先停泵后关出口阀再开出口阀

1062. 工质经历了一系列的过程又回到初始状态,熵的变化量 (C)。

A. 大于零   B. 小于零   C. 不变   D. 不确定

1063. 当泵的扬程一定时,增加叶轮 (A) 可以相对地减少轮径。

A. 转速   B. 流量   C. 功率   D. 效率

1064. 运行中电动机,当电压下降时,其电流 (C)。

A. 不变   B. 减少   C. 增加   D. 不确定

1065. 抽气器的作用是抽出凝汽器中的 (D)。

A. 空气   B. 蒸汽

C. 蒸汽和空气混合物   D. 空气和不凝结气体

1066. 汽轮机减负荷时,转子表面产生的热应力为 (A)。

A. 拉应力   B. 压应力   C. 交变应力   D. 不产生应力

1067. 提高初温,其他条件不变,汽轮机的相对内效率 (A)。

A. 提高   B. 降低   C. 不变   D. 先提高后降低

1068. 汽轮机停机惰走降速时由于鼓风作用和泊桑效应,高、中压转子会出现 (A) 突增。

A. 正胀差   B. 负胀差   C. 不会出现   D. 胀差突变

1069. 热量、内能、湿度、过热度中是状态参数的是 (D)。

A. 除热量外都是   B. 只有内能和过热度   C. 只有过热度是   D. 只有内能

1070. 绝热节流前、后温度 (D)。

A. 增加   B. 减少   C. 不变   D. 不一定

1071. 电网周波进行精确调节的手段是 (B)。

A. 一次调频   B. 二次调频   C. 有差调节

1072. 在调节系统中,反馈对滑阀的作用与调速器对滑阀的作用相反,称为 (A)。

A. 负反馈   B. 正反馈   C. 动反馈   D. 静反馈

1073. 在电网频率降低时,能使调节阀动态过开,又能使调节阀动态过关的滑阀,称为 (A)。

A. 加速器   B. 调节器   C. 危急保安器   D. 较正器

1074. 用汽耗率来衡量汽轮机热经济性可认为 (D)。

A. 汽轮机汽耗率越小,则经济性越高

B. 因为凝汽式机组,汽耗率越小则经济性越高

C. 同为背压式机组,汽耗率越小,则经济性越高

D. 同类型机组,汽耗率越小,则经济性越高

1075. 汽轮机在运行中易于使叶片损坏的作用力是 (C)。

A. 叶片质量产生的离心力   B. 热应力

C. 蒸汽作用的弯应力   D. 汽流作用的交变应力

1076. 高压旁路系统投运的操作步骤是 (D)。

A. 先投入减温水　　　　　　　　　B. 先投入蒸汽

C. 减温水与蒸汽同时投入　　　　　D. 先投蒸汽后投减温水

1077. 大型火电机组参加调峰主要采用以下四种方式，其中最常用的是（**A**）。

A. 低负荷运行方式（其中又分定压运行、变压运行和复合变压运行）

B. 两班制运行方式

C. 少汽无功运行方式

D. 低速热备用方式

1078. 电厂回热系统中的热交换设备主要是给水加热器和除氧器，利用汽轮机不同段位抽出的蒸汽对主凝结水和给水进行（**C**），最终达到锅炉所要求的给水温度和品质。

A. 加热　　　　　　B. 除氧　　　　　　C. 加热和除氧

1079. 回热加热器端差的存在使本级回热抽汽量减少，较高压力一级的抽汽量增加，从而机组回热做功量减少，凝汽器做功增加，机组的冷源损失（**A**），引起做功能力损失。

A. 增加　　　　　　B. 减少　　　　　　C. 不变

1080. 表面式加热器的疏水方式有逐级自流和疏水泵方式，采用逐级自流会排挤低压抽汽，使机组的回热做功量减少，冷源损失（**C**），机组热效率降低。

A. 不影响　　　　　B. 减少　　　　　　C. 增加

1081. 复合变压运行较定压运行在整个变负荷区域效率（**A**），也可进行电网调频，是目前最常用的变负荷运行方式。

A. 高　　　　　　　B. 低　　　　　　　C. 相同

1082. 机组变压运行负荷降低时，主蒸汽压力随之降低，蒸汽比体积增大，流经过热器的蒸汽流速几乎与额定工况时相同，主蒸汽温度和再热蒸汽温度在很宽的负荷变化范围内（**B**）。

A. 升高　　　　　　B. 保持不变　　　　C. 降低

1083. 机组因电网需要由调度安排停运但能随时启动时，记为（**C**）。

A. 四类非停　　　　B. 一类非停　　　　C. 备用停运

1084. 下面关于准则说法不正确的是（**C**）。

A. 努谢尔特准则 Nu 越大，换热越强

B. 雷诺数 Re 越大，惯性力相对越强

C. 雷诺数 Re 越大，Nu 越小，换热越强

D. 雷诺数 Re 大小与流体的惯性力和黏滞力有关

1085. 空冷风机变频器能在变频器柜上控制，也能远方控制、调节等，能与主机 DCS 通信，并以直流 4～20mA 的信号形式输出电动机转速和（**A**）信号。

A. 电动机电流　　　B. 风机振动　　　　C. 风机出口风压

1086. 空冷风机变频器应提供的保护功能有（**ABC**）。

A. 电动机缺相保护

B. 变频器内部故障保护

C. 变频器过热保护

1087. 当机组运行在低气温、低负荷和（B）的工况下时，空冷凝汽器有可能因加热不足而发生冻结。

　　A. 高排汽压力　　　　B. 低排汽压力　　　　C. 空冷风机转速低

1088. 空冷机组运行在高气温、高负荷和（A）的工况下时，容易发生汽轮机背压高保护。

　　A. 高排汽压力　　　　B. 低排汽压力　　　　C. 空冷风机转速低

1089. 空冷凝汽器在汽轮发电机的热力循环中起着冷源的作用，降低（C），提高循环热效率。

　　A. 循环水温度　　　　B. 凝结水温度　　　　C. 汽轮机排汽压力

1090. 空冷机组冬季锅炉点火后应维持空冷散热器内较（A）背压，防止冻结。

　　A. 高　　　　　　　　B. 低　　　　　　　　C. 随机

1091. 空冷机组冬季启动，低压旁路投运后，应尽快增加低压旁路流量至空冷岛防冻要求的最小进汽量，并控制低压旁路后温度在（D）。

　　A. 80℃　　　　　　　B. 70℃　　　　　　　C. 90℃　　　　　　　D. 100℃

1092. 空冷机组冬季启动，在保证空冷岛进汽温度小于120℃的情况下，尽量（B）空冷岛进汽温度。

　　A. 降低　　　　　　　B. 提高　　　　　　　C. 不变　　　　　　　D. 无要求

1093. 锅炉点火空冷岛进汽后，应及时就地检查空冷散热器管束表面温度均应（A）且无较大偏差后，方允许考虑启动风机。

　　A. 上升　　　　　　　B. 下降　　　　　　　C. 不变

1094. 空冷风机启动后必须保证空冷岛各冷却单元的门在（A）位置。

　　A. 关闭　　　　　　　B. 开启　　　　　　　C. 无要求

1095. 为了将系统的内空气和不凝结气体排出，避免运行中在空冷凝汽器内的某些部分形成死区，应设置（A）流散热器管束。

　　A. 逆　　　　　　　　B. 顺　　　　　　　　C. 逆、顺

1096. 直接空冷机组冬季停机过程中，应尽早将部分空冷风机（A）运行。

　　A. 退出　　　　　　　B. 投入　　　　　　　C. 反转

1097. 空冷机组根据排汽缸温度投入排汽缸一、二路减温水，并控制排汽缸温度不超过（C）。

　　A. 60℃　　　　　　　B. 70℃　　　　　　　C. 80℃　　　　　　　D. 90℃

1098. 冬季空冷岛进汽后需要投入空冷风机时，应根据机组背压、（B）以及各排抽空气口温度等，综合考虑后决定是否开启风机。

　　A. 空冷岛出口热风温度　　　　　　　B. 散热器下联箱凝结水温度

　　C. 主汽温度

1099. 空冷风机投入运行后应注意监视各排两侧的任意凝结水出水温度均不得低于（B），且各排抽气口温度均不得低于5℃。

　　A. 35℃　　　　　　　B. 25℃　　　　　　　C. 45℃　　　　　　　D. 55℃

1100. 冬季运行期间每班应就地实测各排空冷散热器及联箱温度不少于（**A**）。

A. 1 次 B. 2 次 C. 3 次 D. 4 次

1101. 空冷散热器（**B**）管束是冷凝蒸汽的主要部分，可冷凝 75%～80% 的蒸汽。

A. 逆流 B. 顺流 C. 垂直 D. 水平

1102. 直接空冷系统冷却风机设置在每组空冷凝汽器的（**B**）部，使空气通过散热器外表面将汽轮机排汽凝结成水。

A. 上 B. 下 C. 上/下

1103. 直接空冷系统散热目前均采用（**A**）通风。

A. 强制 B. 自然 C. 平衡 D. 负压

1104. 间接空冷系统散热目前均采用（**C**）通风。

A. 强制 B. 自然 C. 平衡 D. 负压

1105. 直接空冷运行时，（**A**）在空冷凝汽器吸热。

A. 冷空气 B. 汽轮机排汽 C. 循环水

1106. 直接空冷运行时，（**B**）在空冷凝汽器冷却放热。

A. 冷空气 B. 汽轮机排汽 C. 循环水

1107. 间接空冷运行时，（**A**）在空冷散热器吸热。

A. 冷空气 B. 汽轮机排汽 C. 循环水

1108. 间接空冷运行时，（**C**）在空冷散热器冷却放热。

A. 冷空气 B. 汽轮机排汽 C. 循环水

1109. 直接空冷凝汽器通过增设（**B**）来克服热风再循环。

A. 门窗 B. 挡风墙 C. 风机

1110. 大型空冷机组宜采用大直径（**A**）风机。

A. 轴流 B. 离心 C. 罗茨

1111. 直接空冷风机目前有单速、双速、（**B**）三种。

A. 定速 B. 变频调速 C. 超速

1112. 不同冷却单元之间（**A**）设隔墙，以免相邻冷却单元互相影响。

A. 应该 B. 禁止 C. 无要求

1113. 发电水耗是指火力发电厂单位（**A**）取用的新鲜水量。

A. 发电量 B. 供电量 C. 厂用电量

1114. 空冷机组锅炉排污率＜（**C**）。

A. 2% B. 1% C. 3% D. 4%

1115. 空气流量控制的最佳设备是（**A**）。

A. 调频风机 B. 外部热风循环 C. 调角风机 D. 双速电机

1116. 高、中压自动主汽门、调速汽门、油动机无卡涩，关闭时间满足要求，从打闸到全关时间不大于（**A**）。

A. 0.5s B. 1s C. 2s D. 3s

1117.（**D**）在冬季防止大风对直接空冷散热器的袭击是非常重要的，同时在夏季可以

109

防止热风再循环。

    A. 风裙   B. 百叶窗   C. 风机   D. 挡风墙

1118.（B）在冬季防止大风对间接空冷散热器的袭击是非常重要的。

    A. 风裙   B. 百叶窗   C. 风机   D. 挡风墙

1119. 直接空冷机组汽轮机排汽压力通过调节（A）来控制。

    A. 空冷风机出力   B. 机组负荷   C. 挡风墙   D. 百叶窗

1120. 空冷喷湿系统在夏季高温下可以（A）汽轮机排汽背压。

    A. 降低   B. 升高   C. 不改变

1121. 直接空冷系统的总体布置主要考虑（A）对系统散热的影响。

    A. 环境风   B. 大雪   C. 大雾   D. 大雨

1122. 空冷凝汽器的主进风侧的迎风面应（A）全年或夏季的主导风向。

    A. 垂直于   B. 平行于   C. 无要求

1123. 由于大风的作用，使得从空冷岛上排出的热空气又被风机卷吸进入空冷凝汽器，导致排汽压力（A）。

    A. 升高   B. 下降   C. 不变   D. 无法判断

1124. 当机组带高负荷运行时，如果排汽压力快速升高到报警值，应申请（A）负荷处理。

    A. 降   B. 不变   C. 升   D. 无要求

1125. 顺流散热器管束是冷凝蒸汽的主要部分，可冷凝（A）的蒸汽，剩余的蒸汽随后在逆流凝汽器中被冷却。

    A. 70%～80%   B. 50%～60%   C. 40%～50%   D. 60%～70%

1126. 直接空冷系统包括（ABCD）和空冷凝汽器冲洗系统。

    A. 空冷凝汽系统   B. 空气供应系统   C. 凝结水系统   D. 抽真空系统

1127. 直接空冷凝汽器抽空气管道接到逆流冷却单元的（A）部。

    A. 上   B. 下   C. 中

1128. 空冷凝汽器外表面清洗采用（A）。

    A. 高压水   B. 低压水   C. 循环水   D. 工业水

1129. 空冷风机叶片应为同一种叶片，不同种类叶片（B）混装在同一台风机上。

    A. 可以   B. 严禁   C. 无要求

1130. 空冷凝汽器逆流风机还可在（A）额定转速内反转运行。

    A. 50%   B. 60%   C. 80%   D. 100%

1131. 空冷机组正常运行凝结水泵出口电导率经氢离子交换后25℃正常运行值<（D）。

    A. 3μS/cm   B. 2μS/cm   C. 0.2μS/cm   D. 0.3μS/cm

1132. 空冷系统优化运行的指标包括保持最佳的汽轮机的排汽背压和（ABCD）。

    A. 最小的风机电能消耗   B. 维持一定的凝结水温度

    C. 抽真空温度   D. 过冷度

1133. 在非冰冻时期，调整顺流、逆流凝汽器风机转速，应保持排汽温度和凝结水水温的差值在（D）。

A. 1℃　　　　　　B. 5℃　　　　　　C. 6℃　　　　　　D. 2～4℃

1134. 空冷风机启动时，应该（D）各空气冷却单元室小门。

A. 开启　　　　　　B. 无要求　　　　　C. 关闭或开启　　　D. 关闭

1135. 空冷风机正常投入运行时，先启动（A）单元风机。

A. 逆流　　　　　　B. 顺流　　　　　　C. 任意

1136. 直接空冷风机启动时，单元的蒸汽、冷凝水、抽空气隔离阀均应在（C）位置。

A. 关闭　　　　　　B. 任意　　　　　　C. 开启

1137. 在旁路连续工作时，背压设定值可固定，且比正常运行（C），这样可减少风机的能源损失。

A. 略低　　　　　　B. 不一定　　　　　C. 略高

1138. 直接空冷凝汽器顺流换热面积比逆流换热面积（A）。

A. 大　　　　　　　B. 小　　　　　　　C. 不一定

1139. 直接空冷凝汽器顺流管束翅片间距比逆流管束翅片间距（C）。

A. 大　　　　　　　B. 小　　　　　　　C. 相等　　　　　　D. 不固定

1140. 直接空冷凝汽器顺流迎风面面积比逆流迎风面面积（A）。

A. 大　　　　　　　B. 小　　　　　　　C. 相等　　　　　　D. 无法判断

1141. 冬季直接空冷风机（B）超频运行。

A. 允许　　　　　　B. 禁止　　　　　　C. 无要求

1142. 夏季直接空冷风机（A）超频运行。

A. 允许　　　　　　B. 禁止　　　　　　C. 无要求

1143. 空冷风机试转时，应站在风机的（B）位置。

A. 风机旁　　　　　B. 电动机旁　　　　C. 径向　　　　　　D. 轴向

1144. 利用（A）直接冷凝汽轮机排汽的电站称为直接空冷电站。

A. 环境空气　　　　B. 循环水　　　　　C. 消防水

1145. 空冷系统也称为干冷系统，其形式分为（ABC）。

A. 机械通风直接空冷系统（简称直接空冷系统）

B. 混合式凝汽器间接空冷系统（也称"海勒系统"）

C. 表面式凝汽器间接空冷系统（也称"哈蒙系统"）

1146. 以环境空气作为冷源，通过空冷散热器将汽轮机排汽直接冷凝成水的系统是（A）。

A. 直接空冷系统　　　　　　　　　　B. 混合式凝汽器间接空冷系统

C. 表面式凝汽器间接空冷系统

1147. 以环境空气作为冷源，通过空冷换热器对表面式凝汽器的循环冷却水进行冷却的系统是（C）。

A. 直接空冷系统　　　　　　　　　　B. 混合式凝汽器间接空冷系统

C. 表面式凝汽器间接空冷系统

1148. 以环境空气作为冷源，通过空冷换热器对混合式凝汽器的循环水进行冷却的系统

111

是（**B**）。

  A. 直接空冷系统   B. 混合式凝汽器间接空冷系统

  C. 表面式凝汽器间接空冷系统

1149. 空冷凝汽器顺流管束比逆流管束（**A**）。

  A. 多   B. 少   C. 不一定

1150. 直接空冷机组真空系统容积比水冷机组（**A**）。

  A. 大   B. 小   C. 相等   D. 不一定

1151. 直接空冷机组真空系统容积比间接空冷机组（**A**）。

  A. 大   B. 小   C. 相等   D. 不一定

1152. 间接空冷机组真空系统容积比水冷机组（**C**）。

  A. 大   B. 小   C. 相等   D. 不一定

1153. 直接空冷机组汽轮机排汽压力比水冷机组（**A**）。

  A. 高   B. 低   C. 一样

1154. 间接空冷机组汽轮机排汽压力比水冷机组（**A**）。

  A. 高   B. 低   C. 一样

1155. 间接空冷机组汽轮机排汽压力比直接空冷机组（**B**）。

  A. 高   B. 低   C. 一样

1156. 直接空冷机组发电水耗比水冷机组（**A**）。

  A. 小   B. 大   C. 相等

1157. 间接空冷机组发电水耗比水冷机组（**A**）。

  A. 小   B. 大   C. 相等

1158. 间接空冷机组发电水耗比直接空冷机组（**C**）。

  A. 小   B. 大   C. 相等

1159. 直接空冷机组煤耗比间接空冷机组（**B**）。

  A. 低   B. 高   C. 相等

1160. 直接空冷机组煤耗比水冷机组（**B**）。

  A. 低   B. 高   C. 相等

1161. 间接空冷机组煤耗比水冷机组（**B**）。

  A. 低   B. 高   C. 相等

1162. 直接空冷凝汽器顺流单元内蒸汽流动方向（**A**）。

  A. 自上而下   B. 自下而上   C. 不一定

1163. 直接空冷凝汽器逆流单元内蒸汽流动方向（**B**）。

  A. 上而下   B. 下而上   C. 无要求

1164. 直接空冷凝汽器顺流单元内凝结水流动方向（**A**）。

  A. 自上而下   B. 自下而上   C. 不一定

1165. 直接空冷凝汽器逆流单元内凝结水流动方向（**A**）。

  A. 自上而下   B. 自下而上   C. 不一定

1166. 直接空冷凝汽器逆流单元管束的（A）设有排气口。

A. 上部   B. 下部   C. 中部

1167. 直接空冷凝汽器（A）单元管束的上部设有排气口。

A. 逆流   B. 顺流   C. 所有

1168. 空冷风机采用变频控制（A）电耗。

A. 降低   B. 升高   C. 不影响

1169. 空冷风机采用变频控制主要是为了控制（A）。

A. 风量   B. 背压   C. 防冻

1170. 直接空冷机组真空严密性试验合格标准一般为真空下降速度小于（B）。

A. 100Pa/min   B. 200Pa/min   C. 0.3Pa/min   D. 0.4Pa/min

1171. 直接空冷系统启动时，抽真空时间比水冷系统（C）。

A. 短   B. 一样   C. 长   D. 不定

1172. 直接空冷机组真空受环境温度的影响比水冷机组（A）

A. 大   B. 一样   C. 小   D. 不定

1173. 直接空冷机组真空受环境温度的影响比间接空冷机组（A）

A. 大   B. 一样   C. 小   D. 不定

1174. 目前国内空冷发电厂采用较多的空冷系统是（A）。

A. 直接空冷系统   B. 海勒式空冷系统   C. 哈蒙式空冷系统   D. 以上三种都有

1175. 直接空冷机组的真空系统容积较海勒式空冷机组的（A）。

A. 大   B. 小   C. 一样

1176. 直接空冷机组的真空系统容积较哈蒙式空冷机组的（A）。

A. 大   B. 小   C. 一样

1177. 相同状况下，空冷机组凝结水温度比水冷机组（A）。

A. 高   B. 一样   C. 低   D. 不定

1178. 进行真空严密性试验时空冷风机应在（A）状态。

A. 手动   B. 自动   C. 两者皆可

1179. 冬季停运空冷风机的顺序是（A）。

A. 先停顺流，再停逆流

B. 先停逆流，再停顺流

C. 无固定顺序

1180. 下述不是空冷机组特点的是（D）。

A. 噪声大   B. 厂用电率高   C. 耗水量小   D. 经济性高

1181. 直接空气冷却方式简称（B）。

A. HL   B. ACC   C. HM   D. APP

1182. 海勒式空冷系统简称（A）。

A. HL   B. ACC   C. HM   D. APP

1183. 哈蒙式空冷系统简称（C）。

A. HL   B. ACC   C. HM   D. APP

1184. 空冷机组真空严密性试验一般每（**C**）做一次。

A. 天   B. 星期   C. 月   D. 季度

1185. 空冷风机最小运行频率一般为（**B**）。

A. 5 Hz   B. 15 Hz   C. 30 Hz   D. 不限制

1186. 空冷风机最大运行频率一般为（**B**）。

A. 50 Hz   B. 55 Hz   C. 40 Hz   D. 不限制

1187. 空冷机组排气压力的变化范围比水冷机组（**A**）。

A. 大   B. 一样   C. 小   D. 不定

1188. 直接空冷机组排汽压力的变化范围比间接空冷机组（**A**）。

A. 大   B. 一样   C. 小   D. 不定

1189. 直接空冷机组凝结水溶氧一般比水冷机组（**A**）。

A. 大   B. 一样   C. 小   D. 不一定

1190. 为了降低大风天气对空冷系统的影响，比较有效的措施是（**C**）。

A. 增大风机转速   B. 降低风机转速   C. 装设挡风墙   D. 提高机组负荷

1191. 空冷系统运行的主要问题是（**A**）。

A. 夏季出力不足   B. 冬季出力不足   C. 经济性较好

1192. 热风再循环会使空冷凝汽器冷却空气温度（**C**）。

A. 降低   B. 不变   C. 升高

1193. 同样工况下，增加空冷风机运行数量较提高风机转速经济性（**A**）。

A. 好   B. 差   C. 不一定   D. 不变

1194. 进行真空严密性试验时，机组负荷一般不小于（**C**）额定负荷。

A. 50%   B. 90%   C. 80%   D. 60%

1195. 其他条件不变，提高空冷风机转速，机组真空（**B**）。

A. 降低

C. 可能升高，可能降低   B. 升高

D. 不变

1196. 其他条件不变，环境温度升高，机组真空（**A**）。

A. 降低

C. 可能升高，可能降低   B. 升高

D. 不变

1197. 其他条件不变，机组负荷升高，空冷机组真空（**A**）。

A. 降低

C. 可能升高，可能降低   B. 升高

D. 不变

1198. 空冷凝汽器外表面冲洗将使空冷散热器热阻（**A**）。

A. 降低

C. 可能升高，可能降低   B. 升高

D. 不变

1199. 其他条件不变，提高空冷风机转速，汽轮机排汽压力（**A**）。

A. 降低   B. 升高

C. 可能升高，可能降低　　　　　　　　　D. 不变

1200. 其他条件不变，环境温度升高，汽轮机排汽压力（B）。

A. 降低　　　　　　　　　　　　　　　B. 升高

C. 可能升高，可能降低　　　　　　　　　D. 不变

1201. 其他条件不变，机组负荷升高，空冷机组汽轮机排汽压力（B）。

A. 降低　　　　　　　　　　　　　　　B. 升高

C. 可能升高，可能降低　　　　　　　　　D. 不变

1202. 空冷散热器外表面冲洗将使空冷散热器换热效果（B）。

A. 降低　　　　　　　B. 提高　　　　　　　C. 不变

1203. 空冷风机设有润滑油压低、（B）、电动机线圈温度高保护等。

A. 真空低保护　　　　B. 振动大保护　　　　C. 超速保护

1204. 以下不是直接空冷系统优点的是（D）。

A. 系统简单　　　　B. 投资较少占地少　　C. 空气量调节灵活　　D. 系统复杂

1205. 排汽装置真空上升到一定值时，因真空提高多发的电与所有空冷风机耗电之差最大时的真空称为（C）。

A. 绝对真空　　　　B. 极限真空　　　　C. 最佳真空　　　　D. 相对真空

1206. 排汽装置内真空升高，汽轮机排汽压力（B）。

A. 升高　　　　　　B. 降低　　　　　　C. 不变　　　　　　D. 不能判断

1207. 汽轮机排汽压力应维持在（C），才是最有利的。

A. 高背压下　　　　B. 低背压下　　　　C. 最佳背压下　　　　D. 临界压力下

1208. 空冷机组在（D）运行时经济性较高。

A. 春季　　　　　　B. 夏季　　　　　　C. 秋季　　　　　　D. 冬季

1209. 空冷机组在（B）运行时经济性较低。

A. 春季　　　　　　B. 夏季　　　　　　C. 秋季　　　　　　D. 冬季

1210. 空冷风机变频范围一般为（C）。

A. 10～30Hz　　　　B. 0～20Hz　　　　C. 15～55Hz　　　　D. 30～50Hz

1211. 空冷机组进行真空严密性试验时，一般进行（C）。

A. 3min　　　　　　B. 5min　　　　　　C. 8min　　　　　　D. 12min

1212. 空冷机组进行真空严密性试验时，一般取后（B）计算结果。

A. 3min　　　　　　B. 5min　　　　　　C. 8min　　　　　　D. 12min

1213. 空冷风机一般通过（C）来控制风量。

A. 节流　　　　　　B. 改变叶片角度　　　C. 调整转速

1214. 当汽轮机排汽压力降到（C）左右时，完成了启动期间的抽真空工作，此时空冷器可以开始接受全部蒸汽。

A. 15kPa　　　　　　B. 30kPa　　　　　　C. 35kPa　　　　　　D. 45kPa

1215. 空冷风机电动机线圈温度大于（B）时，DCS报警。

A. 100℃　　　　　　B. 120℃　　　　　　C. 150℃　　　　　　D. 180℃

1216. 空冷散热片 A 型夹角一般为（C）。

A. 20°   B. 40°   C. 60°   D. 80°

1217. 当风速大于（C）时，会对空冷系统形成热回流，甚至降低风机效率。

A. 1m/s   B. 3m/s   C. 5m/s   D. 10m/s

1218. 直接空冷机组真空严密性试验合格值（B）水冷机组。

A. 高于   B. 低于   C. 相等

1219. 空冷机组逆流管束一般占（A）。

A. 20%   B. 50%   C. 80%

1220. 夏季高温情况，空冷机组凝结水温度一般能达到（D）。

A. 20～40℃   B. 30～50℃   C. 40～60℃   D. 60～80℃

1221. 直接空冷机组的凝结水精处理系统以除（A）为主。

A. 铁   B. 铜   C. 硅   D. 钠

1222. 下述不是空冷风机正常运行调节方式的是（D）。

A. 单速   B. 双速   C. 变频调速   D. 变叶片角度

1223. 下述不是排汽装置作用的是（D）。

A. 回收凝结水   B. 除氧   C. 回收部分疏水   D. 加热工质

1224. 电厂空冷技术的最大特点是（A）。

A. 节水   B. 节煤   C. 节电

1225. 直接空冷系统是汽轮机排出的乏汽直接由（B）将其冷却为凝结水，减少了常规二次换热所需要的中间冷却介质，换热温差大，效果好。

A. 工业水   B. 环境空气   C. 循环水

1226. 直接空冷汽轮机背压变化幅度大，其背压主要随（A B C）的变化而变化。

A. 风机出力   B. 环境温度   C. 机组负荷

1227. 直接空冷系统用空气作为冷却介质，冷凝汽轮机排汽需要较大的冷却面积，因而导致真空系统（B）。

A. 较小   B. 庞大   C. 复杂

1228. 由于直接空冷凝汽器一般都布置在高架平台上，平台下仍可布置设备，空冷凝汽器占地得到综合利用，使得电厂整体占地面积（C）。

A. 增加   B. 不变   C. 减小

1229. 直接空冷系统可通过改变风机转速、停运风机调节空冷凝汽器的进风量，直至逆流风机反转来防止空冷凝汽器冻结，防冻措施（A）。

A. 灵活可靠   B. 调节困难   C. 不能实现

1230. 空冷凝汽器由散热管束、蒸汽分配管、凝结水下联箱、支撑管束的钢构架、（A）等组成。

A. 空冷风机   B. 真空泵   C. 凝结泵

1231. 空冷钢构架采用热浸镀锌处理，主要是为了（C）。

A. 提高硬度   B. 提高强度   C. 防腐

1232. 空冷换热元件要有足够的强度，在所有的运行条件下，翅片管束不会有水平和垂直方向变形，能够承受高压水冲洗，不会发生损伤变形，正常使用寿命大于（**B**）。

A. 20 年　　　　　　B. 30 年　　　　　　C. 40 年

1233. 机组在冬季启停或低负荷运行时要有可靠的防冻措施，保证空冷凝汽器管内（**B**）。

A. 不超压　　　　　B. 不冻结　　　　　C. 不变形

1234. 空冷凝汽器换热元件应（**B**）效率高、空气阻力小，强度能满足安装、运行、维修、冲洗的要求。

A. 通风　　　　　　B. 传热　　　　　　C. 加工

1235. 空冷风机采用（**C**）电动机，设有防潮、防尘等措施，能适应户外的自然环境。

A. 立式　　　　　　B. 卧式防水型　　　C. 立式防水型

1236. 空冷风机采用轴流风机并配带导风筒、防护网等，导风筒及叶片材料是（**A**）。

A. 玻璃钢　　　　　B. 不锈钢　　　　　C. 普通铁

1237. 直接空冷系统每个空冷风机对应的冷却管束有其独立的（**B**）通道，以保证冷空气进入及热空气排出，风机之间有分隔墙，以避免强迫通风的损失。

A. 凝结水　　　　　B. 冷却空气　　　　C. 蒸汽

1238. 空冷风机运转时不得引起周围结构过大的振动，可采用（**B**），装设振动保护装置。

A. 停止风机　　　　B. 减振装置　　　　C. 缩小风机

1239. 空冷风机的调节与环境气温、汽轮机排汽背压、凝结水温紧密结合，能够自动调节风机（**A**）等，以求达到机组净发电出力最大。

A. 运行转速　　　　B. 运行台数　　　　C. 运转方向

1240. 空冷排汽管道要有足够的（**A**），设置合理的管道支吊架和补偿器，保证管系的稳定，满足汽轮机排汽装置出口处要求的最小推力和力矩值。

A. 强度和刚度　　　B. 厚度　　　　　　C. 长度

1241. 空冷排汽管道要有足够的（**C**），保证系统阻力损失在设计值内。

A. 强度和刚度　　　B. 厚度　　　　　　C. 通流面积

1242. 在空冷排汽管道上设置必要的（**C**），以便对管道内进行检查维修。

A. 观察孔　　　　　B. 安全阀　　　　　C. 人孔

1243. 在空冷排汽管道上设置必要的（**B**），防止超压损坏。

A. 观察孔　　　　　B. 安全阀　　　　　C. 人孔

1244. 直接空冷排汽管道系统是指从汽轮机低压缸出口到各空冷凝汽器蒸汽分配管之间的连接管道以及排汽管道上设置的滑动和固定支座、膨胀补偿器、相关的（**B**）等。

A. 换热管束　　　　B. 阀门　　　　　　C. 空冷风机

1245. 空冷管道系统要求制造严密，管道之间应采用（**A**）连接。

A. 焊接　　　　　　B. 法兰　　　　　　C. 胀接

1246. 空冷管道系统采用（**C**）补偿管系热膨胀。

A. U 形管　　　　　B. 冷拉管　　　　　C. 膨胀补偿器

1247. 凝结水收集系统是将空冷凝汽器的（**B**）、排汽管道系统的疏水、本体扩容器的疏水等收集到凝结水箱，然后通过凝结水泵送入锅炉补水系统。

    A. 不凝结气体   B. 凝结水   C. 乏汽

1248. 空冷机组排汽装置内设有降低凝结水（**B**）的措施。

    A. 温度   B. 含氧量   C. 压力

1249. 空冷风机变频器应遵守 EMC 规范，具有抵抗（**A**）的能力，变频器电磁辐射满足 GB/T 14549—1993《电能质量　公用电网谐波》的要求，不影响邻近空冷 DCS 的正常工作。

    A. 电磁干扰   B. 电磁振动   C. 电磁辐射

1250. 空冷风机变频器应能承受该回路（**B**）电流。

    A. 最大   B. 短路   C. 额定

1251. 空冷系统所需要的阀门应采用（**C**），阀门严密、动作灵活。

    A. 高温阀   B. 高压阀   C. 真空阀

1252. 空冷风机配套的变频器能满足风机转速 30％～110％之间无级变速和逆流冷却单元风机（**A**）的控制要求。

    A. 反转   B. 10％运行   C. 150％

1253. 直接空冷系统在主机的（**A**）系统中集中控制，设独立的控制器进行监控。

    A. DCS   B. DEH   C. MEH

1254. 计算机控制系统自动对直接空冷系统进行运行工况的监视和调整、异常工况的报警和（**B**）。

    A. 单个风机启停   B. 紧急事故处理   C. 任一风机反转

1255. 空冷控制系统的功能包括（**A**）、模拟量控制系统、顺序控制系统，各系统间通过总线共享信息。

    A. 数据采集和处理系统

    B. 协调控制系统

    C. 风机转速控制系统

1256. 空冷数据采集和处理系统（DAS）连续采集和处理空冷系统有关的测点信号及设备状态信号，向操作人员提供有关的运行信息，一旦发生任何异常工况及时（**B**）。

    A. 停运风机   B. 报警   C. 调整风机转速

1257. 空冷模拟量控制系统（MCS）根据机组的负荷（空冷凝汽器的热负荷）、汽轮机排汽压力和环境温度等有关运行参数，自动对（**A**）进行调节，以确保汽轮机在允许安全运行的范围内经济运行。

    A. 空冷风机转速   B. 机组背压   C. 风机台数

1258. 空冷机组背压变化幅度大，凝结水（**A**），凝结水精处理系统夏季高温高负荷时容易退出运行。

    A. 温度高   B. 压力高   C. 溶氧量大

1259. 间接空冷散热器长期在自然环境中运行，空气中的灰尘、大风天气的扬尘、春季时的柳絮都逐渐地吸附在空冷散热器上，使空冷散热表面被灰垢包围，散热器的空气间隙被柳絮堵塞，从而影响（**A**）与空气的换热效果。

A. 循环冷却水 　　　B. 汽轮机排汽 　　　C. 凝结水

1260. 直接空冷散热器长期在自然环境中运行，空气中的灰尘、大风天气的扬尘、春季时的柳絮都逐渐地吸附在空冷散热器上，使空冷散热器表面被灰垢包围，散热器的空气间隙被柳絮堵塞，从而影响（**B**）与空气的换热效果。

A. 循环冷却水 　　　B. 汽轮机排汽 　　　C. 凝结水

1261. 为防止空冷散热器表面的灰尘影响散热效果和引起腐蚀，空冷散热器设置有（**A**）。

A. 清洗装置 　　　B. 喷淋降温装置 　　　C. 挡风墙

1262. 表面式间接空冷系统的循环冷却水采用闭式循环的方式，通过空冷散热器与外界空气进行热交换，水质为（**C**）。

A. 工业水 　　　B. 闭式水 　　　C. 除盐水

1263. 空冷散热器表面脏污严重，清洗不及时，换热热阻（**A**），空冷散热器的换热性能下降。

A. 增加 　　　B. 减小 　　　C. 无影响

1264. 空冷散热器表面清洗不及时，脏污严重，减小了翅片间的流通面积，（**A**）量减少，换热性能下降。

A. 冷却空气 　　　B. 蒸汽 　　　C. 凝结水

1265. 空冷散热器表面清洗不及时，脏污严重，机组在高温运行时（**A**）严重偏离设计范围，机组的出力受到一定的限制。

A. 汽轮机背压 　　　B. 风机转速 　　　C. 凝结水温度

1266. 哈蒙式间接空冷系统投运前，需将其管道及（**A**）中充满水，停运、检修也需将系统水放空。

A. 散热器 　　　B. 凝汽器 　　　C. 冷却塔

1267. 哈蒙式间接空冷系统充水、排水系统由（**B**）、充水泵、充水管道和阀门组成。

A. 排水坑 　　　B. 地下贮水箱 　　　C. 排水井

1268. 哈蒙式间接空冷系统的贮水箱布置在空冷塔内地面以下，容积可满足（**A**）放空后贮水的要求。

A. 所有散热器段 　　　B. 部分散热器 　　　C. 凝汽器

1269. 哈蒙式间接空冷系统充水时，散热器内的空气靠（**A**），然后排入大气。

A. 水压顶至排空气系统

B. 真空泵抽出

C. 自动排出

1270. 为保持哈蒙式间接空冷系统冷却水在空冷散热器顶部的（**C**），维持正常的水循环，空冷塔内设置稳压补水系统。

A. 水位稳定 　　　B. 温度稳定 　　　C. 压力稳定

1271. 间接空冷系统空冷散热器的布置方式有空冷塔内部和（**B**）两种。

A. 空冷塔顶部 　　　B. 空冷塔底部进风口 C. 钢结构平台

1272. 间接空冷系统百叶窗的角度由（A）控制。

A. 冷却水温度　　　　B. 汽轮机背压　　　　C. 冷却风温

1273. 直接空冷系统风机转速由（B）控制。

A. 冷却水温度　　　　B. 汽轮机背压　　　　C. 冷却风温

1274. 间接空冷散热器采用铝材质，由于（A），总散热面积较小，总造价低。

A. 传热系数高　　　　B. 质量轻　　　　C. 不生锈

1275. 间接空冷冷却三角垂直布置在塔外围所需的冷却塔尺寸，比散热器水平布置在塔内所需的冷却塔（B），减少空冷塔的土建投资。

A. 尺寸大　　　　B. 尺寸小　　　　C. 相同

1276. 间接空冷系统空冷塔百叶窗开度控制进塔空气量，调节（A）。

A. 冷却水温度　　　　B. 汽轮机背压　　　　C. 冷却风温

1277. 间接空冷系统的防冻首先调节自然通风空冷塔上百叶窗开度，控制（B）。

A. 冷却水温度　　　　B. 进塔空气量　　　　C. 进塔风温

1278. 间接空冷系统的空冷塔自身设有旁路，投运时使冷却水先走旁路，待（A）后，再进入散热器。

A. 循环水水温升高　　B. 机组并网　　　　C. 环境温度升高

1279. 间接空冷系统通过改变散热器的投运段数来调节（A）。

A. 冷却水温度　　　　B. 进塔空气量　　　　C. 汽轮机背压

1280. 间接空冷散热器设计迎面风速低，需要的散热面积就大，塔底部直径较大，空气阻力较小，所需抽力较小，空冷塔高度较低，空冷塔为（A）型。

A. 低胖　　　　B. 高瘦　　　　C. 任意

1281. 间接空冷散热器设计迎面风速高，需要的散热面积较小，塔底部直径较小，空气阻力较大，所需抽力较大，空冷塔高度较高，空冷塔为（B）型。

A. 低胖　　　　B. 高瘦　　　　C. 任意

1282. 哈蒙式间接空冷系统冷却水系统和汽水系统（B），水质控制和处理容易。

A. 水质相同　　　　B. 分开　　　　C. 相混

1283. 海勒式间接空冷系统冷却水系统和汽水系统（C），水质控制和处理困难。

A. 水质相同　　　　B. 分开　　　　C. 相混

1284. 海勒式间接空冷系统的混合式凝汽器（A），可以布置在汽轮机的下部。

A. 体积小　　　　B. 体积大　　　　C. 换热面积大　　　　D. 换热面积小

1285. 海勒式间接空冷系统汽轮机排汽管道短，真空系统（A），保持了水冷的特点。

A. 容积小　　　　B. 容积大　　　　C. 换热面积大　　　　D. 换热面积小

1286. 海勒式间接空冷系统冷却水与锅炉给水水质一样，水处理费用（A）。

A. 增加　　　　B. 减小　　　　C. 不变

1287. 全铝制散热器的防冻性能（B）。

A. 好　　　　B. 差　　　　C. 一样

1288. 间接空冷系统指具有混合式凝汽器的间接空冷系统（海勒式间接空冷系统）和具

有（A）凝汽器的间接空冷系统（哈蒙式间接空冷系统）

　　A. 表面式　　　　　　B. 喷射式　　　　　　C. 蒸发式

1289. 哈蒙式间接空冷系统由（A）凝汽器、空冷散热器、循环水泵以及充氮保护系统、循环水补充水系统、散热器清洗等系统与空冷塔构成。

　　A. 表面式　　　　　　B. 混合式　　　　　　C. 蒸发式

1290. 海勒式间接空冷系统由（B）凝汽器、空冷散热器、循环水泵以及充氮保护系统、循环水补充水系统、散热器清洗等系统与空冷塔构成。

　　A. 表面式　　　　　　B. 混合式　　　　　　C. 蒸发式

1291. 哈蒙式间接空冷系统与常规的湿冷系统基本相仿，不同之处是用空冷塔代替湿冷塔，用密闭式循环冷却水系统代替敞开式循环冷却水系统，循环水采用（A）。

　　A. 除盐水　　　　　　B. 工业水　　　　　　C. 闭式水

1292. 直接空冷系统不需要冷却水等中间介质，初始温差（A）。

　　A. 大　　　　　　　　B. 小　　　　　　　　C. 不一定

1293. 直接空冷系统的优点有设备少、系统简单、占地面积少、系统的调节（B）。

　　A. 可靠　　　　　　　B. 灵活　　　　　　　C. 困难

1294. 直接空冷系统的缺点是真空系统庞大，系统出现泄漏不易查找，易造成除氧器、凝结水（A）超标。

　　A. 溶氧　　　　　　　B. 温度　　　　　　　C. 压力

1295. 表面式凝汽器间接空冷系统的工艺流程为：循环水进入表面式凝汽器的水侧，冷却凝汽器汽侧的汽轮机排汽，吸热后的循环水由循环水泵送至空冷塔，通过空冷散热器被（A）冷却后再返回凝汽器去冷却汽轮机排汽，构成了密闭循环。

　　A. 空气　　　　　　　B. 循环水　　　　　　C. 闭式水

1296. 表面式凝汽器间接空冷系统的冷却水采用除盐水，且闭式运行，杜绝凝汽器管束内结垢堵塞情况，换热效率（A）。

　　A. 高　　　　　　　　B. 低　　　　　　　　C. 一样

1297. 空冷机组环境气象条件包括气温、（B）、厂址海拔标高及厂址处的大气压力。

　　A. 最高气温　　　　　B. 风速及风向　　　　C. 年降水量

1298. 空冷散热器基管及翅片表面进行整体热镀锌处理，可有效地保护外表面不（A），又能保证翅片与基管的接触紧密，大大减少接触热阻。

　　A. 腐蚀　　　　　　　B. 结垢　　　　　　　C. 泄漏

1299. 直接空冷机组在高气温条件下，汽轮机运行背压已经很高，不利风向会造成（A）使汽轮机背压突然升高，造成汽轮机出力下降。

　　A. 热回流及散热不畅　B. 冷却风量减少　　　C. 冷却风量增加

1300. 厂址海拔标高及厂址处的大气压力直接影响直接空冷的空气（B），对直接空冷风机的轴功率有影响。

　　A. 温度　　　　　　　B. 质量流量　　　　　C. 压力

1301. 间接空冷系统相对于直接空冷系统对环境气象条件的敏感性和受环境气象条件影

响变化（B）。

　　A. 较大　　　　　　B. 较小　　　　　　C. 一样

　　1302. 间接空冷系统一般均采用自然通风冷却塔，环境风向及风速等气象因素对冷却塔也会产生影响，但明显小于直接空冷系统，无（B）现象发生。

　　A. 散热器冻结　　　B. 热风回流　　　　C. 表面污染

　　1303. 影响间接空冷机组背压的主要因素是（A）。

　　A. 气温　　　　　　B. 气压　　　　　　C. 风向

　　1304. 太阳辐射热影响直接空冷凝汽器的热交换，对间接空冷散热器的热交换（B）。

　　A. 影响更大　　　　B. 基本不影响　　　C. 影响小

　　1305. 间接空冷系统的汽轮机背压比直接空冷系统的（A）。

　　A. 低　　　　　　　B. 高　　　　　　　C. 一样

　　1306. 空冷系统的安全性主要包括两个方面：一是夏季高温能否保证设计考核点（A）；二是在冬季及大风情况下机组的安全运行。

　　A. 带负荷　　　　　B. 带满负荷　　　　C. 经济运行

　　1307. 间接空冷的优点是因为有水，换热效果比直接空冷好，受季节的影响比直接空冷（B）。

　　A. 大　　　　　　　B. 小　　　　　　　C. 一样

　　1308. 直接空冷系统由于系统庞大，启动初期抽真空（A）。

　　A. 困难　　　　　　B. 容易　　　　　　C. 没关系

　　1309. 表面式间接空冷系统投资总体比直接空冷系统（B）。

　　A. 略低　　　　　　B. 略高　　　　　　C. 一样

　　1310. 哈蒙式空冷系统汽轮机排汽在（A）换热。

　　A. 表面式凝汽器　　B. 直接空冷凝汽器　C. 混合式凝汽器

　　1311. 海勒式空冷系统汽轮机排汽在（C）换热。

　　A. 表面式凝汽器　　B. 直接空冷凝汽器　C. 混合式凝汽器

　　1312. 直接空冷系统汽轮机排汽在（B）换热。

　　A. 表面式凝汽器　　B. 直接空冷凝汽器　C. 混合式凝汽器

　　1313. 直接空冷系统汽轮机排汽与（A）换热。

　　A. 空气　　　　　　B. 循环水　　　　　C. 工业水

　　1314. 间接空冷系统汽轮机排汽与（B）换热。

　　A. 空气　　　　　　B. 循环水　　　　　C. 工业水

　　1315. 间接空冷系统冷却水与空气在（A）换热。

　　A. 空冷塔　　　　　B. 湿冷塔　　　　　C. 凝汽器

　　1316. 间接空冷系统汽轮机排汽与空气间换热分（B）次。

　　A. 一　　　　　　　B. 二　　　　　　　C. 三

　　1317. 直接空冷系统汽轮机排汽与空气间换热分（A）次。

　　A. 一　　　　　　　B. 二　　　　　　　C. 三

1318. 冷却元件即翅片管是空冷系统的核心，其性能直接影响空冷系统的 **（A）**。

A. 换热效果　　　　　B. 使用寿命　　　　C. 清洁程度

1319. 直接空冷机组空冷凝汽器散热总面积是指 **（C）**。

A. 逆流单元散热面积　B. 单元散热面积　　C. 逆流和顺流单元散热面积之和

1320. 国内直接空冷电站对风机所产生的噪声要求日益严格，按照环保标准工业区三类标准要求在距空冷凝汽器平台 150m 处的风机噪声声压水平白天不得超过 **（B）**。

A. 55dB　　　　　　B. 65dB　　　　　　C. 75dB

1321. 国内直接空冷电站对风机所产生的噪声日益严格，按照环保标准工业区三类标准要求在距空冷凝汽器平台 150m 处的风机噪声声压水平夜间不得超过 **（A）**。

A. 55dB　　　　　　B. 65dB　　　　　　C. 75dB

1322. 采用变频调速有利于风机变工况运行，也可 **（A）** 厂用电耗。

A. 降低　　　　　　B. 升高　　　　　　C. 不影响

1323. 空冷风机减速齿轮箱易发生 **（B）** 现象。

A. 漏油　　　　　　B. 漏油和磨损　　　C. 磨损

1324. 空冷塔及直接空冷凝汽器按规定要进行 **（A）** 试验、性能试验。

A. 考核　　　　　　B. 背压　　　　　　C. 换热能力

1325. 直接空冷系统的主要参数按 **（A）** 进行多方案优化计算，以确定最佳的迎风面风速、冷却面积、风机直径及风机数量等。

A. 年总费用最小法　B. 背压最低　　　　C. 换热能力好

1326. 空冷风机的调节与环境气温、**（B）**、凝结水温紧密结合。

A. 机组负荷　　　　B. 汽轮机排汽压力　C. 空冷风机耗电量

1327. 空冷岛的 **（A）** 设计应保证在遭受雷击时岛内的电气设备及人身安全。

A. 防雷　　　　　　B. 结构　　　　　　C. 换热面积

1328. 空冷排汽管道的设计应考虑减少 **（A）**、振动、噪声和真空泄漏量。

A. 压损　　　　　　B. 钢材用量　　　　C. 管道直径

1329. 采用避雷针作为空冷岛防雷保护措施，避雷针经专用引下线集中接地装置接地，集中接地装置工频接地电阻不大于 **（B）**。

A. 5Ω　　　　　　　B. 10Ω　　　　　　 C. 20Ω

1330. 空冷系统的设计应保证便于检查、清洗、维护和检修，空冷凝汽器系统在不更换冷却元件或主要设备的情况下，在设计的气候和负荷条件下，能够保证 **（B）** 的运行寿命。

A. 20 年　　　　　　B. 30 年　　　　　　C. 40 年

1331. 目前国内外设计和运行经验，在寒冷地区或昼夜温差变化较大的地区，为减少空冷风机台数，通常采用 **（B）** 风机。

A. 大直径离心　　　B. 大直径轴流　　　C. 压缩

1332. 为降低噪声，空冷风机一般选择 **（C）** 风机。

A. 离心　　　　　　B. 轴流　　　　　　C. 低噪声或超低噪音

1333. 空冷风机叶片材质为 **（C）**，耐久性强，不宜破损。

A. 不锈钢　　　　　　B. 铝合金　　　　　　C. 玻璃钢

1334. 直接空冷对风向和风速比较敏感，风速过大会形成热回流，甚至降低（**B**）。

A. 汽轮机背压　　　　B. 空冷风机效率　　　C. 冷空气温度

1335. 空气通过空冷散热器吸热后上升，上升热气流被大风压至钢平台以下，又被空冷风机吸入，形成（**B**）。

A. 冷却空气流程　　　B. 热风再循环　　　　C. 有效的防冻

1336. 空冷平台高度的确定原则是平台下部有（**A**），以利空气能顺利地流向空冷风机。

A. 足够的空间　　　　B. 电气设备空间　　　C. 人行通道

1337. 空冷平台越高，对风机进风（**A**），但会增加工程造价。

A. 越好　　　　　　　B. 不好　　　　　　　C. 不影响

1338. 直接空冷设计上采用合理的顺流与逆流面积比，即 K/D 结构，对严寒地区 K/D 取（**B**）。

A. 大值　　　　　　　B. 小值　　　　　　　C. 不影响

1339. 直接空冷设计上采用合理的顺流与逆流面积比，即 K/D 结构，对炎热地区 K/D 取（**A**）。

A. 大值　　　　　　　B. 小值　　　　　　　C. 不影响

1340. 真空严密性差的空冷机组，夏季会造成汽轮机排汽压力（**B**）。

A. 降低　　　　　　　B. 升高　　　　　　　C. 不影响

1341. 真空严密性差的空冷机组，冬季会造成空冷凝汽器（**B**）。

A. 背压升高　　　　　B. 冻结　　　　　　　C. 影响机组带负荷

1342. 由于不同环境因素的影响，空冷散热器传热恶化，会造成汽轮机真空（**A**）。

A. 降低　　　　　　　B. 升高　　　　　　　C. 不影响

1343. 夏季高温条件下直接空冷机组的带负荷能力（**A**）。

A. 降低　　　　　　　B. 提高　　　　　　　C. 不影响

1344. 冬季低温条件下空冷凝汽器容易发生（**B**）现象。

A. 背压升高　　　　　B. 冻结　　　　　　　C. 影响机组带负荷

1345. 夏季高温条件下直接空冷机组的煤耗（**B**）。

A. 减小　　　　　　　B. 升高　　　　　　　C. 不影响

1346. 空冷凝汽器污染严重，夏季运行汽轮机排汽压力升高，机组的经济性（**A**）。

A. 降低　　　　　　　B. 升高　　　　　　　C. 不影响

1347. 空冷凝汽器安装过程中其管道、联箱的焊口及人孔法兰施工质量差导致泄漏，影响（**A**）。

A. 真空系统严密性

B. 汽轮机排汽压力升高

C. 机组带负荷能力受限

1348. 空冷凝汽器污染严重，冬季运行空冷风机运行频率升高，空机的耗电率（**B**）。

A. 降低　　　　　　　B. 升高　　　　　　　C. 不影响

1349. 空冷凝汽器污染严重，冬季运行空冷凝汽器冷却出力偏差大，容易发生（A）现象。

A. 空冷凝汽器冻结

B. 汽轮机排汽压力升高

C. 机组带负荷能力受限

1350. 空冷凝汽器表面温度（C），管束膨胀不均，基管与配汽联箱间的焊口容易拉裂，导致空冷凝汽器泄漏。

A. 低 　　　　　　 B. 高 　　　　　　 C. 偏差大

1351. 空冷凝汽器泄漏量较大时，空冷凝汽器管束内的空气量增加，使凝结水过冷度（B）。

A. 不影响 　　　　 B. 增大 　　　　 C. 减小

1352. 直接空冷机组散热器迎面风速较低时，使空冷凝汽器抵御横向风速能力和抵御热风再循环能力（B）。

A. 不影响 　　　　 B. 降低 　　　　 C. 提高

1353. 直接空冷机组散热器迎面风速较低时，使空冷凝汽器的换热面积（B）。

A. 不影响 　　　　 B. 增加 　　　　 C. 减少

1354. 直接空冷机组散热器迎面风速较高时，空冷凝汽器抵御横向风速能力和抵御热风再循环能力（C）。

A. 不影响 　　　　 B. 降低 　　　　 C. 提高

1355. 直接空冷机组散热器迎面风速较高时，空冷凝汽器的换热面积（C）。

A. 不影响 　　　　 B. 增加 　　　　 C. 减少

1356. 冷空气经过空冷凝汽器管束加热后，空气密度下降，管束出口空气速度增加，抗热风再循环能力（B）。

A. 不影响 　　　　 B. 提高 　　　　 C. 降低

1357. 在排汽装置喉部增设喷雾冷却装置，可适当降低汽轮机（A），减小空冷凝汽器热负荷，该装置受喷水量的限制。

A. 排汽温度 　　　 B. 排汽压力 　　 C. 排汽湿度

1358. 在空冷凝汽器风机室内增设喷雾冷却装置，其目的是降低（B），提高空冷凝汽器的换热效率。

A. 汽轮机真空

B. 风机出口的空气温度

C. 迎面风速

1359. 在直接空冷岛平台下方主、辅进风口增设"阻风网"，环境风速较大时，可降低空冷风机入口的横向风速，提高空冷风机（A）。

A. 出力 　　　　　 B. 进口风温 　　 C. 转速

1360. 机组在进入冬季前对空冷凝汽器翅片管进行高压水冲洗是非常必要的，其目的并不是为了提高换热效率，而是防止翅片管脏污后造成管束散热不均，导致散热器管束局部过冷发生（B）现象。

A. 过热　　　　　　B. 冻结　　　　　　C. 超压

1361. 直接空冷系统的试验包括（A）的考核试验、性能试验。

A. 空冷凝汽器　　　B. 凝汽器和空冷塔　C. 空冷塔

1362. 间接空冷系统的试验包括（B）的考核试验、性能试验。

A. 空冷凝汽器　　　B. 凝汽器和空冷塔　C. 空冷塔

1363. 火力发电厂新建或改建的空冷塔、空冷凝汽器投入正常运行后（C）内，应对其冷却能力进行考核试验和性能试验。

A. 三个月　　　　　B. 半年　　　　　　C. 一年

1364. 用于空冷塔、空冷凝汽器的空冷散热器必须经过试验室（A）性能试验，测定其技术指标及性能。

A. 热力阻力　　　　B. 污染系数　　　　C. 承压

1365. 新设计的空冷塔、空冷凝汽器和首次使用的空冷散热器（包括布置形式的改变）在投入正常运行后的（C）内，应进行性能试验。

A. 三个月　　　　　B. 半年　　　　　　C. 一年

1366. 同一火力发电厂新建或改建多座空冷塔、空冷凝汽器，当其类型、各部分几何尺寸、所用空冷散热器及其布置形式完全相同时，应对（B）进行考核试验。

A. 所有空冷系统　　B. 其中一座空冷系统　C. 多座空冷系统

1367. 如果新建空冷塔、空冷凝汽器的设计是套用其他工程的，其类型及各部分几何尺寸、所用空冷散热器及其布置形式没有作任何修改，且使用条件相近，在其他工程中进行过考核试验或性能试验，则该新建的空冷塔、空冷凝汽器（B）考核试验。

A. 也要进行　　　　B. 可不进行　　　　C. 必须进行

1368. 空冷塔及空冷凝汽器的考核试验和性能试验，应由具有空冷设备检验资格的测试机构独立承担，设计、施工、制造及运行管理单位（B）。

A. 监督　　　　　　B. 不得干预　　　　C. 指导

1369. 雨雪天和外界离地面 **10m** 高处风速大于（B）时，不应进行空冷塔、空冷凝汽器的考核试验和性能试验。

A. 3m/s　　　　　　B. 4m/s　　　　　　C. 5m/s

1370. 空冷塔及空冷凝汽器的考核试验、性能试验中，每一工况持续测试的时间不应少于（B）。

A. 30min　　　　　 B. 60min　　　　　 C. 120min

1371. 空冷散热器的试验室热力阻力性能试验中，每一工况持续测试的时间不应少于（A）。

A. 30min　　　　　 B. 60min　　　　　 C. 120min

1372. 空冷塔的考核试验、性能试验应在设计规定的保证值大气温度下进行，此温度与设计大气温度的偏差不超过（B）。

A. ±2℃　　　　　　B. ±3℃　　　　　　C. ±5℃

1373. 空冷塔考核试验时所有散热器应全部投入运行，所有百叶窗处于全开状态，要求机组负荷在 **（B）**，冷却水量与设计值的偏差应在±10% 范围内。

A. 80% 以上   B. 90% 以上   C. 100% 以上

1374. 空冷凝汽器进行考核试验时，机组负荷应不低于额定负荷的 **（B）**。

A. 80%   B. 90%   C. 100%

1375. 直接空冷凝汽器考核试验时，空冷风机最大功率应不低于额定功率的 **（B）**。

A. 80%   B. 90%   C. 100%

1376. 直接空冷凝汽器性能试验时，空冷风机最大功率应不低于额定功率的 **（B）**。

A. 40%   B. 50%   C. 60%

1377. 大气风速测点应位于距空冷塔 **20～40m** 远处的开阔地带，沿塔周测点不应少于 **（A）**。

A. 4 处   B. 6 处   C. 8 处

1378. 风速风向仪的安装高度在地面以上 **（C）** 处，风向标的方位和字标必须正确设置。

A. 2m   B. 5m   C. 10m

第三部分　判断题

1. 凝汽式汽轮机当蒸汽流量增加时，调节级焓降减少，中间级焓降基本不变，末几级焓降增加。（√）

2. 汽轮机带额定负荷运行，甩掉全部负荷比甩掉80％负荷所产生的热应力要大。（×）

3. 在室外使用灭火器灭火时，人一定要处于下风方向。（×）

4. 汽轮机带额定负荷运行时，甩掉全部负荷比甩掉80％负荷所产生的热应力要小。（√）

5. 汽轮机常用的联轴器有三种，即刚性联轴器、半挠性联轴器和挠性联轴器。（√）

6. 在同一负荷（主蒸汽流量）下，监视段压力增高，则说明该监视段后通流面积减少，或者高压加热器停运。（√）

7. 单元机组低负荷运行时，定压运行仍比变压运行的经济性好。（×）

8. 工质受热做功过程中，工质从外界吸收的热量，等于工质因容积膨胀而对外做的功与工质内部储存的能量之和。（√）

9. 汽轮机启动或变工况时，汽缸和转子以同一死点膨胀和收缩。（×）

10. 水泵并列运行的特点是每台水泵的扬程相等，总流量为每台水泵流量之和。（√）

11. 任何工况下启动，蒸汽均应有50℃以上的过热度。（√）

12. 发电机冷却介质一般有氢气、水。（√）

13. 主蒸汽温度超过汽缸材料允许的最高使用温度时，应立即打闸停机。（√）

14. 一般情况下，不允许在有压力的管道上进行任何检修工作。（√）

15. 运行中发现高压加热器钢管泄漏，应立即关闭出口门切断给水。（×）

16. 进行汽轮机真空严密性试验时，低真空保护应该解除。（×）

17. 凝汽器真空的建立是靠循环水冷却蒸汽完成的。（√）

18. 表面加热器热经济性低于混合式加热器。（√）

19. 水泵串联运行流量必然相同，总扬程等于各泵扬程之和。（√）

20. 金属材料应力松弛的本质与蠕变相同。（√）

21. 超速试验前禁止做充油试验。（√）

22. 主蒸汽压力升高，汽温不变，汽轮机末几级的蒸汽湿度增大。（√）

23. 汽压不变，汽温降低，汽轮机末几级的蒸汽湿度增大。（√）

24. 正常运行中，冷油器水侧压力不允许高于油侧压力。（√）

25. 凝结水温度与汽轮机排汽压力下对应饱和温度的差值称为过冷度。（√）

26. 正常运行中，抽气器的作用是维持凝汽器的真空。（√）

27. 再热联合汽门结构紧凑，能减小蒸汽通过时的压力损失和有害蒸汽容积。（√）

28. 抗燃油系统中蓄能器压力过低不会影响机组正常运行。（×）

29. 汽轮机热态启动的关键是合理选择冲转时的蒸汽参数。（√）

30. 电动门在打开的过程中，当需要关闭时可以直接按关闭按钮。（×）

31. 汽轮机热态启动时凝汽器真空保持为0。（×）

32. 汽轮机部件受到热冲击时，热应力大小取决于蒸汽的放热系数。（√）

33. 因为缩放喷嘴效率低，所以汽轮机很少采用。（×）

34. EH油系统中再生装置的作用只是用来降低油中的酸值。（×）

35. 高压加热器停运，应根据规程规定限制机组负荷。（√）

36. 反动式汽轮机的轴向推力较冲动式汽轮机小。（×）

37. 延长机组暖机时间的目的是为了减小热冲击造成的热应力。（√）

38. 转子自然弯曲变形引起的附加不平衡可以忽略不计的称为挠性转子。（×）

39. 火力发电厂的能量转换过程是：燃料的化学能→热能→机械能→电能。（√）

40. 再热机组由于中、低压缸在负荷变化时压力变化较慢，因此产生了功率时滞。（√）

41. 汽轮发电机运行中，密封瓦进油温度一般接近低限为好。（×）

42. 隔绝给水泵时，最后关闭出口门过程中，应密切注意泵不倒转，否则不能关闭出口门。（×）

43. 压力越高，水的汽化潜热越小。（√）

44. 循环水管空管启动循环泵时应先将出口蝶阀打开，然后启动循环泵。（×）

45. 在超临界压力下，水的比热随温度的提高而增大，蒸汽的比热随温度的提高而减小。（√）

46. 在高温条件下工作的时间越长，材料的强度极限下降越多。（√）

47. 电泵发生倒转时，工作油温将远远高于润滑油温。（√）

48. 协调控制方式下，当加负荷幅度较大时，汽轮机调节汽阀可立即持续开大，汽压的变化幅度此时由锅炉来控制。（×）

49. 当物体冷却收缩受到约束时，会产生压缩应力。（×）

50. 一般来说，汽轮机进汽流量越大，轴向推力越小。（×）

51. 除氧器滑压运行过程中，当机组增加负荷较快时，除氧效果变好。（×）

52. 汽轮机的内部损失是指配汽机构的节流损失、汽轮机的级内损失和排汽管的压力损失。（√）

53. 汽轮机阀门定位单元包括主汽门、调速汽门和中压联合汽门。（√）

54. 汽轮机自动主汽门严密性试验的目的是为了检查在额定工况下的漏汽量。（×）

55. 给水泵的任务是将除过氧的饱和水提升至一定压力后，连续不断地向锅炉供水，并随时适应锅炉给水量的变化。（√）

56. 为保证汽轮机的安全，甩负荷时超速保护应迅速动作，以使汽轮机停机。（×）

57. 汽轮机热态启动时，应先送轴封供汽，再抽真空。（√）

58. 汽轮机调速系统迟缓率过大，发电机并网后将引起负荷摆动。（√）

59. 汽轮机的损失分为内部损失和外部损失。内部损失包括进汽机构的节流损失、级内损失和排汽管压力损失三种，外部损失包括机械损失和外部损失两种。（√）

60. 常用灭火器是由筒体、器头、喷嘴等部分组成。（√）

61. 汽轮机甩去全部负荷，转速上升未引起危急保安器动作为甩负荷试验合格。（√）

62. 汽轮机主油泵小轴断裂的主要现象为转速表指示为零、主油泵出口油压为零。（√）

63. 按传热方式划分，除氧器属于混合式加热器。（√）

64. 凝汽器使用硬胶球或软胶球清洗的效果相同。（×）

65. 汽轮机发生水冲击，惰走时间明显缩短时，不应再次启动。（√）

66. 抽气器的任务是将漏入凝汽器内的空气和蒸汽中所含的不凝结气体连续抽出，保持凝汽器真空。（√）

67. 循环水泵采用大流量、低扬程的轴流泵，具有较低的比转速。（×）

68. 当 OPC 电磁阀动作时，单向阀维持 AST 的油压，使调节汽阀保持全开，当转速降到额定转速时，OPC 电磁阀关闭，主阀重新打开，使机组维持在额定转速。（×）

69. 运行中的给水泵跳闸，应紧急停炉。（×）

70. 凝汽器最佳真空是末级动叶斜切部分达到膨胀极限时所对应的真空。（×）

71. 评价凝汽器运行经济性的主要指标是凝结水的含氧量、汽阻和水阻。（×）

72. 调速系统的速度变动率越小，调速系统的稳定性越好。（×）

73. 大容量水氢氢冷却的发电机运行时，密封油压大于发电机氢压。（√）

74. 单元机组汽轮机设备运行正常，而机组的输出功率受锅炉的限制时，可采用炉跟随机的运行方式。（×）

75. 水泵在 Q-H 曲线上升段工作时，才能保证水泵运行稳定。（×）

76. 润滑油油质变化将引起部分轴承温度升高。（√）

77. 表面式加热器一般把传热面分为蒸汽冷却段、凝结段、疏水冷却段三部分。（√）

78. 汽轮机停机时蒸汽的降温降压速度可以比启动时的升温升压速度快一些。（×）

79. 汽轮机热态启动时凝汽器真空适当保持低一些。（×）

80. 球面自位轴承可以随转子挠度的变化而自动调整中心。（√）

81. 凝汽式汽轮机当流量变化时，不会影响汽轮机的效率，因各中间级的焓降不变。（×）

82. 油膜振荡与临界转速有关，可用提高转速的方法来消除。（×）

83. 平移调节系统任一机构的静态特性线都会使调节系统的静态特性线平移。（√）

84. 汽轮机由于强烈振动而停运，停机后盘车盘不动时可用天车强行盘车。（×）

85. 汽轮机启动过程中，由于内壁温度高于外壁温度，故外表面受压应力。（×）

86. 汽轮机热态启动并网，达到初始负荷后，蒸汽参数可按照冷态启动曲线滑升（升负荷暖机）。（√）

87. 能满足按寿命管理分配的热应力，汽轮机就可以安全地启动。（×）

88. 当主蒸汽温度比调速汽门外表面金属温度高 120℃以上时，要进行阀门预热。（√）

89. OPC 电磁阀动作时，关闭调速汽门和抽汽止回阀。（√）

90. 汽轮机滑停过程中，汽缸金属温度下降速度小于 1.0℃/min。（×）

91. 凝汽器真空＝当地大气压－汽轮机背压。（√）

92. 给水泵汽轮机在"遥控"方式下运行时，不能进行速关阀活动试验。（×）

93. 汽轮机发生水冲击是由于锅炉灭火造成的。（×）

94. 高、低压加热器装设紧急疏水阀，可远方操作并根据水位自动开启。（√）

95. 汽轮机的超速试验只允许在大修后进行。（×）

96. 为防止汽轮机大轴弯曲，汽轮机启动前与停机后，必须正确使用盘车装置。（√）

97. 调速系统的速度变动率越小越好。（×）

98. 汽轮机发电机组转速超过电网当时运行频率而跳闸停机称为汽轮机超速事故。（×）

99. 汽轮机启动过程中应密切注意各部温差、胀差及振动等情况，如有异常应立即打闸停机，不可等待观望。（√）

100. 汽轮机运行中进行充油试验时，将试验手柄扳至试验位，机组不跳闸。（√）

101. 凝汽器的冷却水量越大越好。（×）

102. 给水泵暖泵系统的目的是保持泵体温度始终与除氧器水温相匹配。（√）

103. 超速保护不能可靠动作时，禁止机组启动和运行。（√）

104. 一般情况下，液体的对流放热系数比气体的大。（√）

105. 给水泵在启动或停止时主要靠平衡盘来平衡轴向推力。（×）

106. 汽轮机油质不合格的情况下，严禁机组启动，正常情况下润滑油含水量标准是＜100mg/L。（√）

107. 汽轮机冷态启动，汽缸、转子等金属部件的温度低于蒸汽的饱和温度，冲转开始阶段，蒸汽在金属表面凝结并形成水膜，这种形式的凝结称为膜状凝结。（√）

108. 汽轮机静止部分主要包括基础、台板、汽缸、隔板、汽封、轴承。（√）

109. 新建机组投产时应投入一次调频功能，是并网机组安全性评价的必备条件。（√）

110. 汽门活动试验时，发现中压主汽门犯卡，关至5%的位置关不动，不可能造成汽轮机超速。（×）

111. 当转子的第一阶临界转速高于1/2工作转速时，可能发生油膜振荡现象。（×）

112. 凝结水泵安装在热水井下面0.5～0.8m处的目的是防止水泵汽化。（√）

113. 衡量汽轮机调节系统调节品质的两个重要指标是速度变动率和迟缓率。（√）

114. 大型汽轮机冷态启动带25%额定负荷，运行3～4h后方可进行超速试验。（√）

115. 离心泵叶轮外径车削后，泵的效率比原设计叶轮效率降低。（√）

116. 热传导是通过组成物质的微观粒子的热运动来进行的，热辐射是依靠热射线来传播热量的。（√）

117. 挠性轴不会发生油膜振荡现象。（×）

118. 主蒸汽温度高，机组经济性好，因此主蒸汽温度越高越好。（×）

119. 水在水泵中压缩升压可以看做是绝热过程。（√）

120. 在稳态运行过程中，阀体和汽缸内所受的压力和热应力的合力及转子上的离心力和热应力的合力维持在一个相对较低的水平，因而这些零件的疲劳损耗可忽略。（√）

121. 蒸汽压力急剧降低，蒸汽带水的可能性也降低。（×）

122. 转子在第一临界转速以下发生动静摩擦时，对机组的安全威胁最大，往往会造成

大轴永久弯曲。（√）

123. 供热汽轮机组调节系统的调节原理和凝汽式机组一样。（×）

124. 热态启动时，为尽快提高汽温，需投入旁路系统运行。（√）

125. 汽蚀是因为水泵入口水的压力等于甚至低于该处水温对应的饱和压力。（√）

126. 高压加热器疏水不是除氧器的热源。（×）

127. 导热系数越大，则它的导热能力也越强。（√）

128. 叶轮上的平衡孔可避免漏汽、吸汽损失，对级的效率提高是有利的。（×）

129. 电厂生产用水主要是为了维持热力循环系统的正常汽水循环所需要的补充水。（×）

130. 汽轮发电机组每生产 1kWh 的电能所消耗的热量叫热耗率。（√）

131. 发电机冷却介质只有空气、氢气两种形式。（×）

132. 离心泵的 Q-H 曲线连续下降，才能保证水泵连续运行的稳定性。（√）

133. 工作票签发人、工作票许可人、工作负责人对工作的安全负责任。（√）

134. 汽轮机在运行中主蒸汽温度急剧下降是发生水冲击的先兆，应紧急故障停机。（√）

135. 柔性石墨是一种软填料，适用于各种阀门的密封。（×）

136. 高压加热器投运时，应先开出水电动门，后开进水电动门。（√）

137. 汽轮机热态启动时先送轴封，后抽真空的原因是为了防止大量冷空气进入汽轮机。（√）

138. 采用额定参数停机方式的目的是保证汽轮机金属部件达到希望的温度水平。（×）

139. 发电厂所有锅炉的蒸汽送往蒸汽母管，再由母管引到汽轮机和其他用汽处，这种系统称为集中母管制系统。（√）

140. 湿汽损失在汽轮机的每一级中都不同程度的存在。（×）

141. 从辐射换热的角度上看，一个物体的吸收率小，则他的辐射能力也强。（×）

142. 汽轮发电机的振动水平是用轴承和轴颈的振动来表示的。（√）

143. 主汽门严密性试验时，高、中压主汽门全关，高、中压调汽门全开。（√）

144. 调汽门严密性试验时，高、中压调汽门全关，高、中压主汽门全开。（√）

145. 发电机密封油的作用主要是冷却密封瓦。（×）

146. 采用标准节流装置测量流量时，要求流体可不充满管道，但要连续稳定流动、无旋涡，节流件前流线与管道轴线平行。（×）

147. 在管道上采用截止阀可减少流体阻力。（×）

148. 我国常用仪表的标准等级越高，仪表测量误差越小。（√）

149. 中间再热机组甩负荷性能不佳，主要是因为转动惯量减少。（×）

150. 汽轮机的轴向推力主要是由汽流的冲动力和反动力引起的。（×）

151. 汽轮机运行中发现润滑油压低，应检查冷油器前润滑油压及主油泵入口油压，分析判断采取措施。（√）

152. 运行中发现凝结水泵电流、压力摆动，不一定是凝结水泵损坏。（√）

153. 汽轮机发生水冲击是轴向位移增大的原因之一。（√）

154. 水塔的换热效率与环境气温有关，与空气的湿度无关。（×）

155. 润滑油温过高和过低都会引起油膜的不稳定。（√）

156. 汽轮机正常运行中，当主蒸汽温度及其他条件不变时，主蒸汽压力升高则主蒸汽流量减少。（√）

157. 金属在高温下工作，即使承受应力不大，由于蠕变的发生，金属寿命也有一定的限度。（√）

158. 汽轮机变工况时即使级的焓降不变，级的反动度也变。（×）

159. 冷油器属于表面式热交换器。（√）

160. 汽轮机动叶片上的轴向推力，就是由于蒸汽流经动叶片时，其轴向分速度的变化引起轴向作用力产生的。（×）

161. 温度、压力和比体积是工质的基本状态参数。（√）

162. RB 保护是在电力系统、发电机或汽轮机甩负荷时，锅炉自动将出力降到尽可能低的水平而继续运行的保护。（×）

163. 检验回转机械安装或检修质量是否符合标准要求，必须经试运行考核。（√）

164. 除氧器应有水位高报警及高水位自动放水装置，以防止除氧器满水后返回汽轮机。（√）

165. 汽轮机推力轴承的作用只是承受转子的轴向推力。（×）

166. 给水泵轴承冒烟，应先启动备用泵，再停故障泵。（×）

167. 高压给水泵轴向推力的平衡装置一般包括双向推力轴承、平衡盘、平衡鼓等。（√）

168. 禁止在油管道上进行焊接工作，在拆下的油管道上进行焊接时，必须事先将管道清洗干净。（√）

169. 中速暖机和额定转速下暖机的目的是防止材料脆性破坏和避免过大的热应力。（√）

170. 喷油试验在机组正常运行或启动冲转至 3000r/min 后都能进行。（√）

171. 过热蒸汽是不饱和的。（√）

172. 滚动轴承温度的安全限额为不超过 100℃。（√）

173. 高压加热器设水侧自动保护的根本目的是防止汽轮机进水。（√）

174. DEH 在操作员自动方式下可自动进行同期控制。（×）

175. 泵进口处液体所具有的能量与发生汽蚀时具有的能量之差称为汽蚀余量。（√）

176. 启动循环水泵时，开循环水泵出口门一定要迅速，否则容易引起循环水泵过电流。（×）

177. 大容量汽轮机组"OPC"保护动作时，将同时关闭高、中压主汽门和高、中压调速汽门。（×）

178. 调速系统控制失灵造成摆动，不能维持负荷运行时，应破坏真空故障停机。（×）

179. 汽轮机工作时，在动叶栅中把蒸汽的动能转变成机械能。（√）

180. 在相同的温度范围内，卡诺循环的热效率最高。（√）

181. 汽轮机油系统法兰可以使用耐油橡皮垫。（×）

182. 胶球清洗装置投入的目的是清洁凝汽器换热管，减少积聚脏物，保证换热效果。（√）

183. 汽轮机低压缸大气安全门的作用是在汽轮机过负荷时动作，防止汽轮机因过负荷而损坏。（×）

184. 顶轴油泵启动前，其对应的出入口阀应处于关闭状态。（×）

185. 油区动用明火，须经厂主管生产领导（总工程师）批准。（√）

186. 汽轮机调节系统的反馈是通过改变油口面积来实现的，称为机械反馈。（×）

187. 随着汽轮发电机容量增大，转子临界转速也随之升高，轴系临界转速分布更加简单。（×）

188. 液体在沸腾阶段不吸热，温度也不上升。（×）

189. 危急保安器是防止机组发生超速事故的主要保护，只要危急保安器能够正常动作，就不会发生机组超速事故。（×）

190. 运行中，发现凝结水流量增加，即认为低压加热器发生泄漏。（×）

191. 冷态滑参数启动，可以消除启动过程中的热应力。（×）

192. 机组滑停时，应根据汽温及时调整汽压，保证高压缸排汽不进入饱和区。（√）

193. 蒸汽在做功过程中，各级的速度比是逐渐减小的。（×）

194. 凝结水再循环管均接在凝汽器的中部。（×）

195. 滑参数停机过程中，一般在较高负荷时，压力和温度的下降速度较快一些，到低负荷时，可以适当地减缓降温降压速度。（×）

196. 转子叶轮松动的原因之一是汽轮机发生超速，也有可能是原有过盈不够或运行时间长，产生材料疲劳。（√）

197. 表面式加热器的端差是指加热器的疏水温度与出口水温之差。（×）

198. 导热系数在数值上等于沿着导热方向每米长度上温差为1℃时，每小时通过壁面所传递的热量。（√）

199. 循环水泵通常选择比转速较低的离心泵或轴流泵。（×）

200. 用电负荷变化引起电网频率变化时，网内机组按自己的静态特性承担负荷变化，从而保证电网频率不变，这个过程称为一次调频。（×）

201. 投入高压加热器汽侧时，要按压力从低到高，逐个投入，以防止发生热冲击。（√）

202. 流体某一点静压力的大小与作用面的方位有关。（×）

203. 给水泵勺管下移时，给水泵的转速降低。（×）

204. 轴承油膜的最小厚度随润滑油温的降低而减少。（×）

205. 渐缩直喷嘴切去一段后，当进、出口参数不变时，将造成通过喷嘴的流量增加而速度降低。（×）

206. 离心泵在流量大于或小于设计工况下运行时，冲击损失增大。（√）

207. 油系统着火时应故障停机。（×）

208. 立式循环水泵推力轴承的主要作用是承受转子质量。（√）

209. 数字式电液控制系统是纯电调的控制系统。（√）

210. 刚性转子不可能发生油膜振荡。（√）

211. 水中溶解气体量越少，则水面上气体的分压力越大。（×）

212. 转动设备试运前，手盘转子检查设备内应无摩擦、卡涩等异常现象。（√）

213. 泵的主要性能参数是扬程、流量和压力。（×）

214. 气体温度越高，流动阻力越大。（√）

215. 电液伺服阀的作用是将液压信号转变为电信号。（×）

216. 汽轮机由单阀切为顺阀运行，高压缸调节级金属温度升高。（×）

217. 流体在管道内的流动阻力分沿程阻力和局部阻力两种。（√）

218. 压力容器内部有压力时，可以进行紧固工作。（×）

219. 调速系统的静态特性是由感受机构特性、放大机构特性和配汽机构特性所决定的。（√）

220. 单缸凝汽式汽轮机汽缸的死点多布置在低压排汽缸附近。（√）

221. 伺服阀中设置反馈弹簧，运行中突然失电或失去电信号时，可借机械力使滑阀偏移一侧，关闭调汽阀，增加调节系统的稳定性。（√）

222. 随着压力的增高，体积缩小，随着温度的升高，体积膨胀，这是流体的特性。（√）

223. 汽轮机低压缸喷水装置的作用是降低凝汽器的温度。（×）

224. 轴流泵的工作特点是流量大、扬程大。（×）

225. 机组并网运行，汽轮机转速取决于电网频率，因此这样的汽轮机可不设同步器。（×）

226. 椭圆形轴承在其上部和下部形成两个对称的油楔。（√）

227. 管道试验压力为工作压力的 1.25～1.5 倍。（√）

228. 抽汽止回阀不严就会造成汽轮机进水。（×）

229. 顶轴油泵启动前应关闭出口门，启动后再打开。（×）

230. 真空严密性试验一般每月进行一次。（√）

231. 为防止冷空气进入汽缸，必须等真空到零，方可停用轴封蒸汽。（√）

232. 汽轮机低负荷或打闸后，轴封用汽量会增加。（√）

233. 隔板汽封磨损会引起轴向推力增加。（√）

234. 一定的过封度是避免油动机摆动和提高调节系统灵敏度的有效措施。（×）

235. 弹簧管压力表是根据弹性元件的变形量来测量压力的。（√）

236. 与混合式加热器相比，采用表面式加热器有较高的效率。（×）

237. 对汽轮机组运行来说，真空越高越经济。（×）

238. 汽轮机启动时，机组并网前必须投入汽轮机主保护。（×）

239. 汽轮机的排汽压力越低，则循环的热效率越高。（√）

240．RB（快速减负荷）功能与机组增减负荷限制等控制功能可以有效地降低机组异常工况时运行人员的操作强度，保障机组的安全运行。（√）

241．大功率汽轮机，轴系较长，转子较多，临界转速分散，通常在中速暖机后，以100～150r/min的升速率升到额定转速。（√）

242．键与键槽配合时，键槽顶部及两侧应有0.2～0.4mm的间隙。（×）

243．单位质量的物体所具有的容积称比体积，单位容积的物体所具有的质量称密度。（√）

244．在热力循环中降低蒸汽的排汽压力是提高循环效率的方法之一。（√）

245．电动机运行中，如果电压下降，则电流也随之下降。（×）

246．主蒸汽管道破裂，不能维持运行时，应紧急故障停机。（√）

247．汽轮机保护动作跳闸时，联动关闭各级抽汽截止阀和止回阀。（√）

248．汽耗率是汽轮机的经济性指标，汽耗率越小，机组经济性就越高。（×）

249．在事故处理过程中，可以不填写操作票。（√）

250．转子在第二临界转速以下发生动静摩擦时，对机组的安全威胁最大，往往会造成大轴永久弯曲。（×）

251．喷嘴调节的汽轮机第一调阀常带有预启阀。（√）

252．根据给水调节的需要，给水泵汽轮机的高、低压汽源必须分开使用。（×）

253．1kg干蒸汽中含饱和水质量的百分数称为湿度。（×）

254．汽轮机的末几级中不同程度地存在湿汽损失。（√）

255．若接班人员未到，交班人员向接班值长报告后，即可离开岗位。（×）

256．任一高压加热器水位高三值连锁关闭高压加热器出口电动门。（√）

257．升速过快会引起较大的离心应力，不会引起金属过大的热应力。（×）

258．蒸汽的珠状凝结放热系数比膜状放热系数大。（√）

259．对流换热热阻越大，则换热量也越大。（×）

260．电动阀门在空载调试时，开、关位置不应留有余量。（×）

261．加热器停运时，先将水侧出入口门关闭，再将水侧旁路门打开。（×）

262．大容量机组的给水泵均装有前置泵，其目的是为了提高给水泵的进口压力，以防止汽蚀。（√）

263．泵的有效汽蚀余量与泵本身的汽蚀性有关。（×）

264．单位体积液体在流动过程中用于克服沿程阻力损失的能量称为流动损失。（×）

265．过热蒸汽的过热度越大说明越接近饱和状态。（×）

266．机组启动过程中，通过临界转速时，轴承振动超过0.1mm或相对轴振动值超过0.26mm，应立即打闸停机，严禁强行通过临界转速或降速暖机。（√）

267．汽轮机寿命是指从初次投入至转子出现第一道微小裂纹期间的总工作时间。（×）

268．运行中凝汽器不停用冲洗的唯一方法是反冲洗法。（×）

269．为了使动叶根部既不吸汽也不漏汽，根部反动度应逐级增大。（×）

270．前置泵与汽动给水泵采用串联方式运行。（√）

271. 主机油系统中，排烟风机的作用是排出油烟。（×）

272. 给水泵在额定工况时的效率一般为 $75\%\sim81\%$，损失掉的能量绝大部分在泵内转变为热量由给水吸收。（√）

273. 汽轮机的轴向位移不需要控制。（×）

274. 氢气不助燃，发电机内氢气含氧量小于 2%，可能引起发电机发生着火、爆炸的危险。（×）

275. 汽轮机的滑销系统主要由立销、纵销、横销、角销、斜销、猫爪销等组成。（√）

276. 汽轮机采用的联轴器有刚性、挠性和半挠性三种。（√）

277. 汽轮机金属部件承受的应力是工作应力和热应力的叠加。（√）

278. 加热器端差不仅与加热器结构、加热器内空气和管壁结垢情况有关，还与加热器水位有关。（√）

279. 调频叶片除要调整叶片自振频率与激振频率外，还要同时满足安全倍率大于安全倍率许用值的要求。（√）

280. 当转速达到 103% 额定转速时，OPC 动作信号输出，OPC 电磁阀就失电打开，使 OPC 母管油液泄放，相应的执行机构上的卸荷阀就快速打开，使调节汽阀迅速关闭。（×）

281. 给水泵备用，抽头电动门可以不开。（×）

282. 离心式主油泵入口油压必须大于大气压力。（√）

283. 汽轮机启动时，金属的热应力大小是由其内外壁温差决定的，而上下汽缸温差是监视汽缸产生热弯曲的控制指标。（√）

284. 流体内一点的静压力大小与作用面的方位无关。（√）

285. 超高压再热机组的主蒸汽及再热蒸汽管道又可分为单管制和双管制两种形式。（√）

286. 循环水泵入口水位低引起循环水流量减少，致使真空下降时，可迅速启动备用泵增加循环水流量。（×）

287. 电动机在运行中，允许电压在额定值的 $-5\%\sim+10\%$ 范围内变化，电动机出力不变。（√）

288. 汽轮机联跳发电机，通过发电机逆功率保护动作。（√）

289. 其他条件不变，提高蒸汽初温，主要受金属材料强度的限制。（×）

290. 水泵内进入空气将导致气塞或管道冲击。（√）

291. 安全色规定为红、蓝、黄、绿四种颜色，其中黄色是禁止和必须遵守的规定。（×）

292. 单元机组低负荷运行时，变压运行比定压运行的经济性好。（√）

293. 汽轮机由于金属温度变化引起的零件变形称为热变形。如果热变形受到约束，则在金属零件内会产生热应力。（√）

294. 蒸汽流经喷管时，蒸汽不断地把热能转换为机械能。（√）

295. 汽轮发电机组甩负荷后，转速可能不变，可能上升，也可能下降。（×）

296. 随着蒸汽参数的提高，机组供电煤耗也降低。（√）

297. 盘车投入前，必须投入密封油系统。（√）

298. 滑参数停机时，应先降汽温后降汽压。（×）

299. 值班人员可以仅根据红绿指示灯全灭来判断设备已停电。（×）

300. 电动阀门在空载调试时，开、关位置应留有一定的余量。（√）

301. 汽轮机正常运行中汽缸以推力盘为死点，沿轴向膨胀或收缩。（×）

302. 在工作蒸汽压力一定的情况下，混合室压力与抽气量之间的关系称为抽气器的热力特性，所对应的曲线称为抽气器的热力特性曲线。（√）

303. 汽轮机一般允许的正胀差值大于负胀差值。（√）

304. 蒸汽在喷嘴中膨胀，喷嘴出口压力较入口降低。（√）

305. 联箱的主要作用是汇集、分配工质，消除热偏差。（√）

306. 管道上的阀门越多，则流体的阻力越大。（√）

307. 仪表的精度是允许误差去掉百分号以后的绝对值。（√）

308. DEH系统中的油动机通常是单侧进油式。（√）

309. 热冲击主要发生在机组冷态启动过程中。（×）

310. 滑动轴承的润滑方式有自身润滑和强制润滑。（√）

311. 热力循环的热效率是评价循环热功转换效果的主要指标。（√）

312. 事故排油阀应设两个钢质截止阀，其操作手轮应设在距油箱5m以外的地方，并有两个以上的通道，操作手轮应加锁，并挂有明显的"禁止操作"标志牌。（×）

313. 汽轮机启动中温升率越小越好。（×）

314. 汽轮机的内部损失是指汽缸散热损失和机械损失。（×）

315. 中间再热机组设置中压主汽门，是为了防止甩负荷时超速。（×）

316. 协调控制方式运行时，主控系统中的功率指令处理回路不接受任何指令信号。（×）

317. 汽轮机单阀运行也会产生部分进汽损失。（×）

318. 凡是经过净化的水都可以作为电厂的补给水。（×）

319. 气体的压力升高，温度降低，其体积增大。（×）

320. 润滑油温度升高，其黏度随之降低。（√）

321. 汽轮机3000r/min打闸后，高、中压缸胀差将一直减小。（×）

322. 汽轮机主汽门的作用是当保护动作跳闸时切断进入汽轮机的进汽。（√）

323. 水泵扬程是指水泵出口的压力数值。（×）

324. 由于密封油与氢气接触，因此运行中部分密封油会被带入氢气系统中。（×）

325. 紧急停机时应首先破坏真空，然后再打闸并启动交流润滑油泵。（×）

326. 汽轮机进汽流量增加，监视段压力降低。（×）

327. 在油质及清洁度不合格的情况下，采取措施，机组可以启动。（×）

328. 发电机充氢时，密封油泵必须连续运行，并保持密封油压与氢压的差值，排烟风机也必须连续运行。（√）

329. 汽轮机在突然失去负荷时，转速升到最高点后又下降到一稳定转速，这种现象称

为动态飞升。（√）

330. 绝对压力是工质的真实压力。（√）

331. 压力越高，水的汽化潜热越大。（×）

332. 运行中发生轴封冒火花、调速系统失灵时，可以不破坏真空进行故障停机。（×）

333. 汽轮机启停变工况过程中轴封供汽温度是影响相对胀差的一个原因。（√）

334. 发电机组非计划停运状态是指机组处于不可用而又不是计划停运的状态，根据停运的紧急程度分为三类。（×）

335. 调速系统设置微分器，是为了汽轮机甩负荷时，快速关闭主汽门和调速汽门。（×）

336. 机组启动过程中因振动异常停机必须回到盘车状态，应全面检查、认真分析、查明原因。当机组已符合启动条件时，连续盘车不少于4h才能再次启动。（√）

337. 工作人员接到违反有关安全规程的命令时，应拒绝执行。（√）

338. 推力轴承中的窜动间隙过小会造成推力瓦块温度升高。（√）

339. 汽轮机停机后，要放尽各管路系统内充水，防止设备发生损坏。（√）

340. 增加汽轮机低压部分排汽口数量，能显著地增大机组容量，是提高汽轮机单机功率的一个有效措施。（√）

341. 运行中胀差增大，采取措施无效，应打闸停机。（×）

342. 汽轮机低频率运行会引起叶片断裂，且使发电机出力降低。（√）

343. 机组冷态启动前，高压缸采用从高压缸排汽倒流加热的方法是一个凝结换热过程。（×）

344. 氢气置换过程降氢压时，全开排氢门，加快氢压降低速度以缩短氢气置换时间。（×）

345. 凝结水泵外供密封水的作用是防止凝结水泵轴端的水溢出。（×）

346. 蒸汽在汽轮机喷嘴中的流动能损失称为喷嘴损失。（√）

347. 比转速是工况的函数，不同的工况有不同的比转速。（×）

348. 危急保安器超速试验应在同一情况下进行两次，两次动作转速差不超过0.6%。（√）

349. 变压运行中，随蒸汽压力的降低，理想焓降减小。（√）

350. 调速汽门留有重叠度是为了减少负荷摆动，重叠度越大，负荷摆动越小。（×）

351. 只要凝汽器进水压力不低，循环水量就不会减少。（×）

352. 汽轮机节流调节时存在部分进汽损失。（×）

353. 对汽轮机来说，滑参数启动相对定参数启动安全性好。（√）

354. 通常将汽轮机排汽压力损失称为外部损失。（×）

355. 20号优质碳素钢作导汽管的壁温可以超过450℃。（×）

356. 为提高机组运行经济性，要提高自动装置和加热器的投入率。（√）

357. 汽轮机正常运行中出现甩负荷，相对膨胀出现负值大时，易造成喷嘴出口与动叶进汽侧磨损。（√）

358. 通常汽轮机膨胀时，转子是不动的。（×）

359. 凝汽器的压力与循环水进口温度、循环水量、凝汽量之间的关系，称为凝汽器的热力特性。（√）

360. 为了防止运行中抽汽门卡涩，应对所有抽汽止回阀进行定期活动。（×）

361. 机组旁路系统不可供机组甩负荷时使用。（×）

362. 循环泵的比转速大于离心泵的比转速。（√）

363. 凝汽器的进汽量越大，则漏入凝汽器的空气越多。（×）

364. 平衡盘具有自动平衡轴向推力的优点，故在多级泵中大都采用这种平衡方法。（√）

365. 汽轮机停机后，大轴晃动度就可以不监视了。（×）

366. 正常停机前发现备用润滑油泵均有故障时，应立即停机。（×）

367. 水泵的吸上高度越大，水泵入口的真空越低。（×）

368. 汽轮机节流调节时无部分进汽损失。（√）

369. 速度系数表示喷嘴中蒸汽流动损失的大小。（√）

370. 叶片工作条件下的温度越高，其自振频率就越高。（×）

371. 主、再热蒸汽温度达到极限值时应紧急停机，但不需要破坏真空。（√）

372. 单元机组的炉跟机控制方式是锅炉调节机组的输出功率，汽轮机调节汽压。（×）

373. 上一级加热器水位过低，会排挤下一级加热器的进汽量，降低冷源损失。（×）

374. 在管道中流动的流体有两种状态，即层流和紊流。（√）

375. 调节阀、减压阀和节流阀都是用来调节流体的流量或压力的。（√）

376. 主蒸汽温度下降，汽轮机的背压、负荷不变，则轴向推力增加。（√）

377. 汽轮机大修后，必须进行油系统的循环冲洗。（√）

378. 发电机定子冷却水压力任何情况下都不能高于发电机内气体的压力。（×）

379. 高压大容量汽轮机热态启动参数的选择依据是高压缸调节级汽室温度和中压缸汽室温度，选择与之相匹配的主蒸汽和再热蒸汽温度。（√）

380. 流体的密度和重度随流体的种类而异，它与流体的温度和压力无关。（×）

381. 检修后的泵在启动前可用手或其他工具盘动转子，以确保转动灵活，动静部分无卡塞或摩擦现象。（√）

382. 具有负反馈功能的调节系统才是稳定的调节系统。（√）

383. 给水泵前置泵的流量可以小于主给水泵的流量。（×）

384. 大型高压给水泵在启动或停泵时，平衡盘不足以平衡轴向推力，造成转轴向吸入侧窜动。（√）

385. 汽轮机回热系统普遍采用表面式加热器的主要原因是汽水侧压差大。（√）

386. 汽轮机调节系统速度变动率越大，单位负荷变化引起的速度变化越大。（√）

387. 汽轮机甩负荷后，最高飞升转速取决于调速系统特性，既迟缓率、速度变动率。（√）

388. 开启离心泵前，必须先开启出口门。（×）

389. 汽轮机启停和变工况时，汽缸内表面和转子外表面始终产生同种热应力。（√）

390. 阀门的公称直径是一种名义计算直径，用 D_g 表示，单位为 mm。一般情况下，通道直径与公称直径是接近相等的。（√）

391. 汽轮机冷态启动过程中进行暖机的目的是为了防止转子的脆性破坏和避免产生过大的热应力。（√）

392. 油管道应尽量减少用法兰盘连接，在热体附近的法兰盘必须装金属罩壳，大容量机组的油管道多采用套装式。（√）

393. 发电机内冷水中断时，应减负荷运行，并及时查找原因恢复供水。（√）

394. 提高凝汽器真空，可提高机组运行经济性，因此凝汽器的真空提高得越多越好。（×）

395. 高压加热器退出运行，低温过热器温度将升高。（√）

396. 凝汽器的经济真空是在一定的蒸汽流量下机组增发电量与增加冷却水多耗电量之差达最大值的真空。（√）

397. 发现汽轮机胀差变化大时，应检查轴封蒸汽温度和压力，以及汽缸膨胀和滑销系统，进行分析，并采取措施。（√）

398. 各种超速保护均应正常投入运行，超速保护不能可靠动作时，禁止机组启动和运行。（√）

399. 调速系统的速度变动率越大，则调速系统的动态越稳定。（√）

400. 当出口扬程低于母管压力或空气在泵内积聚较多时，水泵打不出水。（×）

401. 凝汽器铜管的排列方式有垂直、水平、横向和辐向排列等。（×）

402. 汽轮机空负荷试验是为了检查调速系统空载特性及危急保安器装置的可靠性。（√）

403. 采用喷嘴调节的汽轮机，对调节级最危险的工况是流量最大时的工况。（×）

404. EH 油由于其耐温性能好，因此常用作调节保护系统用油。（√）

405. 在能量转换过程中，造成能量损失的真正原因是传热过程中有温差传热带来的不可逆损失。（√）

406. 汽轮发电机组正常运行中，当发现密封油泵出口油压升高，密封瓦入口油压降低时，应判断为密封瓦磨损。（×）

407. 过热蒸汽的过热度等于蒸汽的温度减去 100℃。（×）

408. 滚动轴承由外圈、内圈、滚动体和保持器四部分组成。（√）

409. 泵的汽蚀余量表示液体从泵的吸入口到叶道进口压力最低处的压力降低值。（×）

410. 汽轮机在启、停或变工况运行时，转子以推力盘为死点膨胀或收缩。（√）

411. 汽轮机正常停机时，当转速降至 300r/m 时，应破坏真空并停止轴封供汽。（×）

412. 高压加热器停用时应限制机组的负荷，主要是防止汽轮机通流部分过负荷。（√）

413. 采用变压运行的机组比采用定压运行机组的运行经济性要高。（×）

414. 热耗率是反映汽轮机经济性的重要指标，它的大小只与汽轮机的效率有关。（×）

415. 轴流泵应在开启出口阀的状态下启动，因为这时所需的轴功率最小。（√）

416. 汽轮机做机械超速时，若转速达到3360r/min，飞锤没有动作，应立即破坏真空停机。（×）

417. 汽轮机调节级处的蒸汽温度与负荷无关。（×）

418. 汽轮机组参与调峰运行，由于负荷变动和启停频繁，机组要经常承受温度和压力的变化，缩短了机组的使用寿命。（√）

419. 汽轮机电液调节的目的是调节有功和转速。（√）

420. 在回热加热器中，表面式比混合式换热效果好。（×）

421. 对于高、中压合缸机组，主、再热蒸汽都在高、中压缸中部进入汽轮机，为减少热应力，主、再热蒸汽温差要在规定范围内。（√）

422. 机组运行中，凝汽器的真空越高越好。（×）

423. 热力发电厂的主要技术经济指标是发电量、供电煤耗和厂用电率三项。（√）

424. 汽轮机冷油器运行中必须保持水侧压力高于油侧压力。（×）

425. 对某些带有旁路系统的中间再热机组，在汽轮机跳闸时可以不动作MFT。（√）

426. 汽轮机支持轴承的作用只是支撑转子的重量。（×）

427. 盘车状态当顶轴油压低时，可相应地降低润滑油温。（√）

428. 对同一种液体而言，其密度和重度不随温度和压力的变化而变化。（×）

429. 蒸汽温升率一定时，汽轮机进入准稳态后，零部件的热应力值最小。（×）

430. 水在水泵内的压缩可看做是等温过程。（×）

431. 汽轮机汽缸与转子以同一死点膨胀或收缩时，其出现的差值称为相对膨胀差。（×）

432. 当润滑油压降至0.06～0.08MPa时联动交流润滑油泵。（×）

433. 轴向位移保护是为防止通流部分动静摩擦造成严重损坏而设置的。（√）

434. 离心水泵的叶轮尺寸一定时，泵的轴功率与转速的四次方成正比。（×）

435. 上级加热器水位低，会排挤下一级加热器进汽。（√）

436. 凝汽器进水滤网后压力低，是滤网堵塞所致。（×）

437. 电力系统负荷可分为有功负荷和无功负荷两种。（√）

438. 高压过热蒸汽的放热系数大于湿蒸汽放热系数。（×）

439. 当机组跳闸或甩负荷时，自动打开逆流阀，将高压轴封蒸汽排到凝汽器。（×）

440. 汽轮机启动中速暖机的目的是为了降低振动值。（×）

441. 停机时是否破坏真空应根据事故性质确定。（√）

442. 汽轮机运行中凝结水泵入口的真空大于凝汽器真空。（×）

443. 为赶走调节系统内的空气，当机组启动时，开高压油泵前应启动顶轴油泵向高压油泵及调节系统充油。（×）

444. 在凝汽器内部，空气抽出口处的压力最低，排汽口处的压力最高。（√）

445. 表面式加热器由于金属受热面存在热阻，给水不可能加热到对应压力下的饱和温度，因此它不可避免地存在着端差。（×）

446. 机组在最大负荷时轴向推力最大不仅适用于冲动式汽轮机，也适用于其他类型的

汽轮机。（×）

447. 冲车前，应保证机组连续盘车不少于 4h。机前主蒸汽温度必须高于汽缸最高金属温度 50～60℃，但不超过额定蒸汽温度，蒸汽过热度不低于 50℃。（×）

448. 评定汽轮发电机组的振动以轴承垂直、水平、轴向三个方向振动中最大者为依据，而振动类型是按照振动频谱来划分的。（√）

449. 定冷水系统运行时，为确保发电机的安全，要求水压大于氢压。（×）

450. 离心泵的轴向推力不大，一般不需考虑。（×）

451. 水内冷发电机内冷水电导率过大会引起较大的电流泄漏，使绝缘引水管加速老化。（√）

452. 汽轮机在冷态启动和加负荷过程中，若高压胀差增加较快，可对高调门进行适当节流。（√）

453. 汽轮机找中心的目的之一就是使汽轮发电机各转子的中心线连成连续曲线。（√）

454. 油系统失火需紧急停机时，只允许使用润滑油泵进行停机操作。（√）

455. 冷油器检修时打压试验的压力一般为工作压力的 1.5 倍，时间为 5min。（×）

456. 一般情况下，离心式水泵的功率是随流量的增加而增加的。（√）

457. 汽轮机超速试验在热态启动后，必须带 25％ 负荷运行 3～4h 后进行。（×）

458. 高压加热器的疏水也是除氧器的一个热源。（√）

459. 汽轮机危急保安器充油试验的动作转速应略低于额定转速，其复位转速应略高于额定转速。（√）

460. 油系统法兰禁止使用塑料垫、橡皮垫、石棉纸垫。（√）

461. 前置泵入口压力与除氧器压力一致。（×）

462. 机组冷态启动前暖机的目的是将转子中心金属温度加热至脆性转变温度以上。（√）

463. 轴流式风机流量大，风压低。（√）

464. 水蒸气凝结放热时，其温度保持不变，主要是通过蒸汽凝结放出汽化潜热而传递热量的。（√）

465. 汽轮机主汽门、调节汽门关闭时间一般要求不大于 1.0s。（×）

466. 制氢站动用明火，须经厂主管生产领导（总工程师）批准。（√）

467. 1 度电就是 1kWh，也就是 3600kJ 的能量。（√）

468. 计算机监控系统的输入/输出信号通常可分为模拟量、开关量。（√）

469. 气闭式调整门在断气后阀门开启。（√）

470. 大流量、低扬程的轴流泵具有较低的比转速。（×）

471. 汽轮机油系统各阀门不得水平安装。（√）

472. 汽轮发电机在启动升速过程中，有临界转速发生的称为挠性转子。（√）

473. 汽轮机停机或减负荷过程中，蒸气流量不断减少对金属部件起冷却作用。（√）

474. 汽轮机是把蒸汽的热能转变为机械能的动力机械。（√）

475. 蠕变是在热应力不变的条件下，不断地产生塑性变形的一种现象。（√）

476. 汽轮机运行中当凝汽器管子脏污时，真空下降，排汽温度升高，循环水出入口温差减小。（√）

477. 气开式调整门在断气后阀门开启。（×）

478. 卡诺循环是由两个定温过程和两个绝热过程组成的。（√）

479. 采用变压运行时，经济性一定提高。（×）

480. 凝结水中含有氧气等气体是造成过冷却的一个原因。（√）

481. 运行中的给水泵跳闸时，应紧急停运汽轮机。（×）

482. 当给水温度在某一值使回热循环的热耗率最低时，此给水温度称为最佳给水温度。（√）

483. 凝汽器热负荷是指凝汽器内凝结水传给冷却水的总热量。（×）

484. 凝汽式、轴流式多级汽轮机中间各级的级前压力与蒸汽流量成正比变化。（√）

485. 改变电网中各机组负荷的分配，从而改变电网的频率，称为二次调频。（√）

486. 水蒸气的形成经过五种状态的变化，即未饱和水、饱和水、湿饱和蒸汽、干饱和蒸汽和过热蒸汽。（√）

487. 气开式调整门在断气后阀门关闭。（√）

488. 发电机的补氢管道从储氢罐引出，也可以与电解槽引出的管路连接。（×）

489. 回热加热器的级数越多，则循环的热效率越高。（×）

490. 阳离子交换器的作用是除去水中的金属离子。（√）

491. 当汽轮机胀差超限时应紧急停机，并破坏真空。（√）

492. 抗燃油系统中的硅藻土过滤器可以降低油中的碱度。（×）

493. 1工程大气压等于1MPa。（×）

494. 润滑油黏度过低，不能形成必要的油膜厚度，无法保证润滑的需要，严重时会烧坏轴瓦。（√）

495. 汽轮机惰走时间的长短，可以验证汽轮机轴瓦或通流部分是否摩擦以及汽门是否严密。（√）

496. 提高初压对汽轮机的安全和循环效率均有利。（×）

497. 单级离心泵平衡轴向推力的方法主要是采用平衡盘。（×）

498. 发现电动机有进水受潮现象，应及时测量绝缘电阻。（√）

499. 当离心水泵叶轮尺寸一定时，泵的转速与流量的二次方成正比。（×）

500. 混合式凝汽器的端差为零。（√）

501. 给水泵汽轮机CCS遥控切除，在给水系统画面中，通过给水泵汽轮机转速调节器控制转速无效。（√）

502. 只有给水泵汽轮机CCS遥控投入后，才能在给水系统画面通过调节给水泵汽轮机转速调节器手动或自动控制转速。（√）

503. 汽轮机调速系统的速度变动率太小，甩负荷时容易超速。（×）

504. 叶片越高，叶片损失就越大。（×）

505. 重热现象可使多级汽轮机的理想焓降增加。重热系数越大，多级汽轮机的内效率

就越低。（√）

506. 滑压运行的除氧器在机组甩负荷时，会产生汽化现象，对运行中的给水泵设备造成危害。（×）

507. 加热器的疏水采用疏水泵排出的优点是疏水可以利用。（×）

508. 对于大型机组而言，冷态启动进行超速试验，应按制造厂规定进行，一般在带25%～30%额定负荷，连续运行1～2h后进行。（×）

509. 危急保安器有飞锤式和飞环式两种，它们分别在额定转速103%和110%～112%时动作，行使超速保护功能。（×）

510. 表面式换热器中，采用逆流式可以加强传热。（√）

511. 为安装检修方便，汽缸都做成水平对分。上下汽缸通过水平结合面的法兰用螺栓紧密连接。（√）

512. "机跳炉"保护属于机组的横向连锁保护。（√）

513. 液体流动时造成能量损失的主要因素是流体的黏滞性。（√）

514. 在密集敷设电缆的主控制室下电缆夹层和电缆沟内，不得布置热力管道、油气管以及其他可能引起着火的管道和设备。（√）

515. 轴封供汽温度是影响汽轮机胀差的一个原因。（√）

516. 汽轮发电机一个轴承的一个方向振动增大，可以继续升负荷。（×）

517. 蒸汽在汽轮机内的膨胀主要在喷嘴中进行，动叶片按冲动原理工作的汽轮机为冲动式汽轮机。（√）

518. 加热器的端差是指加热器入口水温与本级加热器工作蒸汽压力所对应的饱和温度的差值。（×）

519. 四段抽汽供辅汽时与冷段供汽相比辅汽温度会升高。（√）

520. 汽轮机排汽在凝汽器中凝结成水，只放出汽化潜热，但温度不变。（√）

521. 高压加热器故障停运，给水温度降低将引起汽温上升。（√）

522. 0.5级仪表的精度比0.25级仪表的精度高。（×）

523. 机组大修后必须按规程要求进行汽轮机调节系统的静止试验或仿真试验，确认调节系统工作正常。在调节部套存在卡涩、调节系统工作不正常的情况下，严禁启动。（√）

524. 当汽轮机金属温度等于或高于蒸汽温度时，蒸汽的热量以对流方式传给金属表面。（×）

525. 功频电液调节中"反调现象"主要是因为汽轮发电机转子的惯性大引起的。（√）

526. 工质在管内流动时，由于通道截面突然缩小，使工质的压力降低，这种现象称为节流。（√）

527. 两票三制中的"三制"是指交接班制、巡回检查制和缺陷管理制。（×）

528. 循环水加锯末加到循环泵入口即可。（×）

529. 蒸汽凝结放热系数大于蒸汽对流放热系数。（√）

530. 汽轮机油系统设备或管道损坏漏油的，可以带压处理。（×）

531. 表面式换热器中，采用顺流式可以加强传热。（×）

532. 汽轮机喷油试验时，薄膜阀上部油压应泄至 0.2MPa 以下。（×）

533. 设计水塔旁路门的目的主要是降低回水压力。（×）

534. 立销和纵销必须装在机组的中心线上。（√）

535. DEH 系统中的 AST 电磁阀在正常运行中是带电关闭的。（√）

536. 汽轮机低压缸一般都是支撑在基础台板上，而高、中压缸一般是通过猫爪支撑在轴承座上。（√）

537. 任一温度的水，在定压下被加热到饱和温度时所需的热量称为汽化热。（×）

538. 汽轮机上下缸最大温差通常出现在调节级处，动静间隙最小处也在调节级部分，所以在汽轮机启停机、变工况运行时应对调节级加强监视。（√）

539. 在任何负荷段，机组滑压运行都比定压运行热经济性高。（×）

540. 高压加热器全部切除后，汽轮机的轴向位移增大，高排压力增大。（×）

541. 微分器的作用是提高机组的一次调频能力。（×）

542. 油系统法兰禁止使用塑料垫、橡皮垫、石棉纸垫、聚四氟乙烯垫。（×）

543. 离心泵在运行中不会产生轴向推力。（×）

544. 水的蒸发可以无休止地进行下去。（×）

545. 因水塔水位过低，造成泵内进空气后，循环泵的出口压力下降、电流下降且摆动。（√）

546. 电泵运行中不仅要监视工作冷油器出口油温，还要监视进口油温，防止由于工作油温过高造成易熔塞熔化。（√）

547. 汽轮机主汽门、调速汽门卡涩时，禁止启动汽轮机。（√）

548. 汽轮机在冷态启动和加负荷过程中，蒸汽温度高于汽缸内壁金属温度。（√）

549. 汽轮机膨胀或收缩过程中出现跳跃式增大或减小时，可能是滑销系统或台板滑动面有卡涩现象，应查明原因予以消除。（√）

550. 汽轮机调节系统的主要任务是并网后保持负荷与外界功率平衡，并网前调节汽轮机转速。（√）

551. 汽轮机在停机和减负荷过程中蒸汽温度低于汽缸内壁金属温度。（√）

552. 汽轮机负荷的摆动与调节系统速度变动率大小成反比。（√）

553. 检查锅炉各安全门的动作良好后，即可进行汽轮机甩负荷试验。（×）

554. 热电厂就是能同时满足供电与供热需要的电厂。（√）

555. 离心水泵轴套的旋转方向与转轴转向通常相同。（√）

556. 对于停机时间少于一周的热力设备，必须采取充氮保养措施。（×）

557. 氢侧密封油箱的油位调整，最理想是维持油位平衡时用最少的补、排油量。（√）

558. 由于转子的临界转速有无限多个，因此大机组在升速过程中可以越过两阶以上的临界转速。（×）

559. 闸阀只适用于在全开或全关的位置作截断流体使用。（√）

560. 运行分析的方法通常采用对比分析法、动态分析法及多元分析法。（√）

561. 反映汽轮发电机组热经济性最完善的经济指标是煤耗率。（√）

562. 在稳定状态下汽轮机转速与功率之间的对应关系称为调节系统的静态特性，其关系曲线称为调节系统静态特性曲线。（√）

563. 进行变工况分析时，通常将调节级和高压缸的各压力级作为一个级组，中、低压缸各级作为另一个级组。（×）

564. 凝结水泵不允许凝汽器无水位运行。（√）

565. 循环冷却塔的出水温度越低越好。（×）

566. 汽轮机转速超过额定值时的一个不利影响就是增大了轴系稳定破坏的可能。（√）

567. 汽轮机的寿命包括出现宏观裂纹后的残余寿命。（×）

568. 汽泵因给水泵汽轮机的缘故是不可能出现倒转的。（×）

569. 汽轮机运行中发现主油箱油位升高说明油中进水并应查漏。（×）

570. 由于回转效应（泊松效应）的存在，汽轮机转子在离心力作用下会变粗变短。（√）

571. 管道的工作压力＜管道的试验压力＜管道的公称压力。（×）

572. 汽轮机停机后的强制冷却介质采用蒸汽与空气。（×）

573. 汽轮发电机组若联轴器中心错位，则引起相邻两轴承的振动相位相反。（√）

574. 汽轮发电机组若联轴器张口，则引起相邻两轴承的振动相位接近相同。（√）

575. 对于变截面叶片，其叶身拉力最大的截面不一定是底部截面。（√）

576. 水泵汽化的内在因素是因为泵内液体温度超过对应压力下的饱和温度。（√）

577. 油的流速越大，形成乳化状态的可能性越小。（×）

578. 为保证对再热蒸汽参数的控制，再热机组必须采用单元制。（√）

579. 机组热态启动时调节级出口的蒸汽温度与金属温度之间出现一定程度的负温差是允许的。（√）

580. 不同液体在相同压力下沸点不同，但同一液体在不同压力下沸点也不同。（√）

581. 凝结水泵运行中误关空气门，将造成停机。（×）

582. 目前火力发电厂防止大气污染的主要措施是安装脱硫装置。（×）

583. 自然循环的自补偿能力对水循环的安全有利，这也是自然水循环的一大优点。（√）

584. 当转速达到103％额定转速时，OPC动作信号输出，OPC电磁阀带电打开，使OPC母管油压泄放，调节汽阀执行机构上的卸荷阀就快速打开，迅速关闭。（√）

585. 金属在一定温度和应力作用下，逐渐产生弹性变形的现象就是蠕变。（×）

586. 油净化装置是仅对汽轮机油进行水分分离的装置。（×）

587. 一般冷油器水侧压力应高于油侧压力。（×）

588. 危急遮断器的试验方法有压出试验和超速试验两种。（√）

589. 汽轮机启动时先供轴封汽后抽真空是热态启动与冷态启动的主要区别之一。（×）

590. 给水泵组的轴向推力主要由推力轴承来平衡。（×）

591. 给水泵投入联动备用，开出口阀特别费力，并且阀门内有水流声，说明给水泵出口止回阀卡涩或损坏。（√）

592. 在湿蒸汽区工作的动叶发生冲蚀现象的部位是进汽边背弧上，且叶顶部最为严重。（√）

593. 金属在蠕变过程中，弹性变形不断增加，最终断裂。（×）

594. 每 1kg 蒸汽在喷嘴中增加的动能等于蒸汽在喷嘴中焓的降低。（√）

595. 汽轮机大修后油系统冲洗循环中为把系统冲洗干净，一般油温不低于 50℃，但不得超过 85℃。（×）

596. 汽轮机排汽温度一般在空负荷时不超过 150℃，带负荷时不超过 80℃。（×）

597. 汽轮机组的油膜振荡现象可通过调整润滑油温的方法来消除。（√）

598. 汽轮机的绝对内效率等于循环热效率和相对内效率的乘积，采用给水回热循环使汽轮机的绝对内效率显著提高的原因是提高了循环热效率和汽轮机的相对内效率。（√）

599. 汽轮机正常运行出现甩负荷时，易造成相对膨胀出现负值增大。（√）

600. 减温器一般分为表面式和混合式两种。（√）

601. 采用高压抗燃油的目的是防止油系统漏油着火的事故发生。（√）

602. 汽轮机超速只与保护系统有关，而与调节系统无关。（×）

603. 降低排汽压力使汽轮机相对内效率提高。（×）

604. 凝汽器的空气冷却区可以减轻抽气器的负担，改善抽气效果。（√）

605. 现代喷嘴调节的反动式汽轮机，因反动级不能做成部分进汽，故第一级调节级常采用单列冲动级或双列速度级。（√）

606. 闸阀在运行中必须处于全开或全关位置。（√）

607. 在额定蒸汽参数下，调节系统应能维持汽轮机在额定转速下稳定运行，甩负荷后能将机组转速控制在 3100r/min 转速以下。（×）

608. 给水温度升高，在同样的炉内负荷下，锅炉的吸热量就会减小。（√）

609. 凝汽器铜管结垢，将使循环水进出口温差增大。（×）

610. 转子不平衡力产生的弯曲变形不可忽略的称为挠性转子。（√）

611. 改变管路阻力特性的常用方法是节流法。（√）

612. 当汽轮机高压缸排汽温度高于 540℃，低压缸排汽温度高于 260℃时，汽轮机保护跳闸。（×）

613. 计算机控制系统按有无反馈信号可分为开环系统和闭环系统。（√）

614. 汽轮机在减负荷时，蒸汽温度高于金属温度，转子表面温度低于中心孔的温度，此时转子表面形成拉伸应力，中心孔形成压应力。（×）

615. 正常运行中，发电机内氢气压力任何时候都不应低于大气压力。（√）

616. 单元机组的自动控制方式一般有锅炉跟踪控制、汽轮机跟踪控制、机炉协调控制三种。（√）

617. 按传热方式分，回热加热器可分为混合式和表面式两种。（√）

618. 空侧密封油完全中断时应打闸停机并紧急排氢。（√）

619. 机组运行中，高、低压加热器危急疏水调整门打开是一种正常运行现象。（×）

620. 凡是有温差的物体，就一定有热量的传递。（√）

621. 给水泵汽轮机 MEH 控制系统的控制方式中，锅炉自动方式能通过把从锅炉协调控制系统 CCS 来的给水流量信号转换成转速定值信号，输入转速控制回路控制给水泵汽轮机的转速。转速控制范围是 0～6000r/min。（×）

622. 对于同一种流体来说，沸腾放热的放热系数比无物态变化时的对流放热系数小。（×）

623. 两票指操作票、工作票。三制指交接班制、巡回检查制和设备定期试验切换制。（√）

624. 凝汽器的端差是指凝汽器排汽温度与凝汽器循环水进口温度之差。（×）

625. 动态平衡时，水的蒸发不再发生。（×）

626. 当投 CCS 时，DEH 相当于 CCS 系统的一个执行机构。（√）

627. 一般油的燃点温度比闪点温度高 3～6℃。（√）

628. 当汽轮机的转速达到额定转速的 112%～115% 时，超速保护装置动作，紧急停机。（×）

629. 汽轮机正常运行中，转子以推力盘为死点，沿轴向膨胀或收缩。（√）

630. 单热源的热机是不存在的。（√）

631. 闪点越高的油发生火灾的危险性越大。（×）

632. 目前大型汽轮机一般采用渐缩型斜切喷嘴。（√）

633. 汽轮机通流部分结了盐垢时，轴向推力不变。（×）

634. 为保证凝结水泵在高度真空下工作，需用生水密封盘根。（×）

635. 机组启动过程中因振动异常停机，若检查无明显故障，振动值恢复时，可以在未到盘车转速时重新挂闸升速。（×）

636. 汽轮机正常停机，转子静止后，应立即启动盘车，连续运行。（√）

637. 转动机械轴承温度过高时，应首先检查油位、油质和冷却水是否正常。（√）

638. 冷油器的检修质量标准是：油、水侧清洁无垢，铜管无脱锌、机械损伤，水压 0.5MPa，5min 无泄漏，筒体组装时需用面洁净，会同化学验收合格。（√）

639. 发生洪水、地震、台风等自然灾害时，各企业报告的同时，立即启动应急工作预案。（√）

640. 汽轮机启动过程中，在连续盘车的情况下，先向轴封供汽，然后抽真空。（√）

641. 配有两台凝结水泵的汽轮机，每台凝结水泵的出力都必须大于或等于凝汽器最大负荷时的凝结水量。（√）

642. 汽轮机大轴发生弯曲变形时，低转速下比高转速下危害更大。（√）

643. 机械超速试验应进行两次，两次动作转速之差不应超过 18r/min。（√）

644. 密封油双回路供油系统中，被油吸收而损耗的氢气几乎为零。（√）

645. 无反馈的调节系统是不稳定的调节。（√）

646. 发电机并列后，投入功率负荷不平衡装置可以避免功率的不平衡。（×）

647. 在机组负荷不变的情况下，减温水喷入再热器后，增加了中、低压缸的出力，限制了汽轮机高压缸的出力，必然降低整个机组的热经济性。（√）

648. 分散式控制系统在实现控制功能、危险性分散的同时，实现了对生产过程监视、控制、管理功能的集中。（√）

649. 定子冷却水泵切换时应解除连锁。（×）

650. 水塔水温与循环泵的台数无关，只与水塔换热效率有关。（×）

651. 高压加热器特别设置了过热蒸汽冷却段，其目的是减少加热器端差。（×）

652. 大流量、小扬程的泵比转速小，小流程、大扬程的泵比转速大。（×）

653. 凝结水泵安装在热井下面 0.5～0.8m 处是为防止凝结水泵在运行中入口水位低。（×）

654. 汽轮机热态启动时先抽真空，后送轴封的原因是为了防止大量冷空气进入汽轮机。（×）

655. 汽轮机调节系统中传动放大机构的输出是油动机活塞的移动。（√）

656. 计算机监控系统的基本功能就是为运行人员提供机组在正常和异常情况下的各种有用信息。（×）

657. 在热机的热力循环中，不可能将热源所提供的能量全部转变为机械能。（√）

658. 由于迟缓率的存在，使调节系统的静态特性线呈一带状区域。（√）

659. 氢冷发电机气体置换的中间介质只能用 CO_2。（×）

660. 热力循环从理论上讲给水回热加热温度可达到新蒸汽压力下的饱和温度。（√）

661. 机组滑停时应保持高压缸排汽温度的过热度不低于10℃。（√）

662. 汽轮机突然甩掉全负荷后，调节系统应能将汽轮机维持在额定转速下运行。（×）

663. 触电人心脏停止跳动时，应采取胸外心脏挤压方法进行抢救。（√）

664. 汽轮机寿命的终止标志着汽轮机工作能力的完全丧失，将不能继续运行。（×）

665. 电流对人体的伤害形式主要有电击和电伤两种。（√）

666. 汽轮机停机和减负荷时，转子表面受拉伸热应力，中心孔受压缩热应力。（√）

667. 渐缩喷嘴中汽流的速度可超过当地音速。（×）

668. 两台水泵串联运行，流量必须相同，扬程相同。（×）

669. 汽轮机减负荷打闸停机，高压缸胀差将出现正值增大。（×）

670. 汽轮机转子膨胀值小于汽缸膨胀值时，相对胀差为负值。（√）

671. 轴承油膜的最小厚度是随润滑油温的降低而增加。（√）

672. 高压加热器停用后机组带负荷不受限制。（×）

673. 密封油管道振动的可能原因是差压阀油侧信号门开度大。（√）

674. 按热力过程，汽轮机可分为凝汽式、背压式。（√）

675. 沿程损失之和称为总水头损失。（×）

676. 热力学温标规定在物质分子停止运动时的温度为0K。（√）

677. 为防止凝结水泵发生汽蚀，一般第一级采用了诱导轮，并在安装时保证泵入口具有一定的倒灌高度。（√）

678. 密封油箱补油量大，不会造成氢气纯度下降。（×）

679. 当 AST 电磁阀动作时，AST 油路油压下降，OPC 油路通过两个单向阀，油压也

下降，将关闭所有汽轮机进汽阀而停机。（√）

680. 金属在一定温度和压力作用下逐渐产生塑性变形的现象称为蠕变。（√）

681. 汽轮机调速系统工作不良，使机组负荷摆动，当负荷向升高方向摆动时，主汽门后的压力指示降低。（√）

682. 汽轮机冲车前，采用较高的再热蒸汽温度，有利于降低机组振动。（×）

683. 主油箱油温的变化，会影响油位的变化。（√）

684. 随着汽轮发电机组容量的增大，转子的临界转速降低，轴系临界转速分布更复杂。（√）

685. 过热蒸汽的过热度越小，说明越接近饱和状态。（√）

686. 冷却水塔按通风方式可分为自然通风塔和机力通风塔两种形式。（√）

687. 绝对压力、表压力和真空都是气体状态参数。（×）

688. 气体在平衡状态下可以认为各部分具有相同的压力、温度、比体积。（√）

689. 表面式加热器的端差和抽汽管压降使回热过程的热损失最大，回热经济性下降。（√）

690. 泵的汽蚀余量小，则泵运行的抗汽蚀性能就好。（×）

691. 调节阀关闭不严是造成调节系统不能维持空负荷运行的主要原因。（√）

692. 汽轮机汽缸的进汽室为汽缸中承受压力最高的区域。（√）

693. 一个设备或部件的寿命是指在设计规定条件下的安全使用期限。（√）

694. 温度、压力和焓为工质的基本状态参数。（×）

695. 改变水泵的转速，可使泵的特性曲线平行移动，从而使泵的流量发生改变。（√）

696. 投入化学精处理装置的主要目的是降低凝结水硬度。（√）

697. 真空系统和负压设备漏空气，将使射汽式抽气器冒汽量增大且真空不稳。（√）

698. 除氧器滑压运行中，当机组负荷骤减时，由于抽汽量减小，故除氧效果将变得较差。（×）

699. 流体在管道中流动产生的阻力与流体平均速度的二次方成正比。（√）

700. 分级控制系统一般分为三级：最高一级是综合命令级；中间一级是功能控制级；最低一级是执行级。（√）

701. 汽轮机负温差启动时将在转子表面和汽缸内壁产生过大的压应力。（×）

702. 密封油空、氢侧窜油量越大，氢气纯度降低越快。（√）

703. 凝汽器内设立空气冷却区是为了防止凝汽器内的蒸汽被抽出。（×）

704. 汽轮机的临界转速在工作转速以上的转子称为软轴，反之叫硬轴。（×）

705. 在汽压下降过程中，如发现汽温急速下降，应按汽压下降处理。（×）

706. 汽轮机水冲击的主要象征之一是主蒸汽温度急剧下降。（√）

707. 汽轮机的动叶片结垢将引起轴向位移正值增大。（√）

708. 冷源损失是火电厂效率不高的主要原因，降低冷源损失是提高火电厂热效率的主要途径。（√）

709. 凝汽器的端差只是指凝汽器循环水的出、入口温度之差。（×）

710. 金属材料在负荷作用下能够改变形状而不被破坏，在取消负荷后又能把改变形状保持下来的性能称为塑性。（√）

711. 汽轮机从满负荷下全甩负荷，不影响给水泵运行。（×）

712. 当蒸汽初压和终压不变时，提高蒸汽初温可提高朗肯循环的热效率。（√）

713. 汽轮机的内功率与总功率之比称做汽轮机的相对内效率。（×）

714. 热量在金属内传导需要一定时间，因此汽轮机在启停或工况变化过程中，汽缸内外壁、转子表面与中心孔形成温差。（√）

715. 汽轮机滑销系统是保证机组膨胀和收缩的。（√）

716. 由于工质的膨胀对外所做的功称为压缩功。（×）

717. 主、再热蒸汽分别进入高、中压缸，因此主、再热蒸汽温度只要不超过规程允许范围即可。（×）

718. 企业标准化工作就是对企业生产活动中的各项技术标准的制定。（×）

719. 水塔运行中，将塔身上的人孔门打开，对水塔的效率无影响。（×）

720. 抗燃油系统中的蓄能器可分为两种形式，即活塞式蓄能器和球胆式蓄能器。（√）

721. 汽轮机轴向位移保护系统中，轴向位移检测应设在推力盘上，以排除转子膨胀的影响。（√）

722. 衡量火电厂经济运行的三大指标是发电量、煤耗和厂用电率。（√）

723. 热态启动时，由于汽缸转子的温度场是均匀的，因此启动时间快，热应力小。（×）

724. 离心式水泵的调节方式一般是节流调节，其缺点是不经济。（√）

725. 在汽轮机不稳定传热阶段，若保持单位时间与金属的传热量不变，则金属部件内引起的温差也不变。（√）

726. 汽轮机螺栓承受的拉伸应力是附加拉伸热应力与拉伸预应力之和。（√）

727. 大容量离心式水泵在启动前必须开启入口门，关闭出口门，是为了防止水泵汽蚀。（×）

728. 加装疏水冷却器可提高热经济性，原因是疏水热量得到了充分利用。（×）

729. 若水泵的 Q-H 曲线为连续下降的，则不能保证水泵运行的稳定性。（×）

730. 正常运行中，机组真空越高，汽轮机低压缸排汽温度越高。（×）

731. 漏入凝汽器的空气越多，相应的真空就越低，凝结水过冷度越大，含氧量越多。（√）

732. 产生水锤时，压力管道中液体任意一点的流速和压强都随时间而变化。（√）

733. 灭火的基本方法有隔离法、窒息法、冷却法和抑制法。（√）

734. 凝结水泵加盘根时应停电，关闭进出口水门、密封水门即可检修。（×）

735. 汽轮机调节系统中的反馈作用是通过杠杆来实现的。（×）

736. 冷态滑参数启动过程中，限制加负荷的主要因素是胀差正值的增加。（×）

737. 在热能和机械能相互转换过程中，能的总量保持不变，这就是热力学第二定律。（×）

738. 提高蒸汽品质只能加大锅炉排污量。（×）

739. 机组运行中凝汽器水位高时，可以打开凝结水泵入口管放水门进行放水。（×）

740. 事故排油阀应设两个钢质截止阀，其操作手轮应设在距油箱5m以外的地方，并有两个以上的通道，操作手轮不允许加锁，并挂有明显的"禁止操作"标志牌。（√）

741. 汽轮发电机找中心时，如轴承座膨胀较大时，电动机转子应比汽轮机转子高，并处于下胀口状态。（×）

742. 目前大多数电厂中的冷却水系统均采用闭式循环，故系统内的水不会减少，也不需要补水。（×）

743. 汽轮机内叶轮摩擦损失和叶片高度损失都是由于产生涡流而造成的损失。（×）

744. 汽轮机摩擦振动产生永久弯曲的高位就是摩擦最严重的部位。（×）

745. 加热蒸汽和被加热的水不直接接触，其换热通过金属壁面进行的加热器叫表面式加热器。（√）

746. 汽轮机排汽在凝汽器内凝结过程可以近似看做变压、变温凝结放热过程。（×）

747. 进行汽轮机主汽门、调速汽门严密性试验，试验机前压力大于50%，试验最终转速为1550r/min，共耗时2min，严密性试验合格。（×）

748. 汽轮机进汽量变化时，由于调节汽室处的温度变化大，所以会影响改变负荷的速度。（√）

749. 汽轮机打闸后，只要主汽门、调汽门能关闭，就不会发生超速事故。（×）

750. 同一种液体，强迫流动放热比自由流动放热强烈。（√）

751. 给水温度升高，在同样的炉内负荷下，锅炉的吸热量就会提高。（×）

752. 汽轮机功率与转速的关系曲线称为调速系统静态特性曲线。（√）

753. 串联排污门正确的关闭步骤是：先关闭一道门，后关闭二道门。（×）

754. 1kWh的功要由3600kJ的热量转变而来。（√）

755. 除氧器的唯一作用是除去锅炉给水中的氧气。（×）

756. 机组运行中，两台射水泵均掉闸应立即停机。（×）

757. 机组运行中，定冷水箱补充凝结水总是好于除盐水。（×）

758. 传热量是由三个方面的因素决定的，即冷/热流体传热平均温差、换热面积和传热系数。（√）

759. 触电者死亡的五个特征（①心跳、呼吸停止；②瞳孔放大；③尸斑；④尸僵；⑤血管硬化），只要有一个尚未出现，就应该坚持抢救。（√）

760. 汽轮机冷态启动时汽缸加热过程中，汽缸内壁温度高于外壁，因而内壁受到压缩产生热压应力，而外壁受到拉伸产生热拉应力。（√）

761. 大容量汽轮机联跳发电机，一般通过发电机逆功率保护动作来实现。（√）

762. 按传热方式划分，除氧器属于表面式加热器。（×）

763. 汽轮机润滑油温过高，可能造成油膜破坏，严重时可能造成烧瓦事故，所以一定要保持润滑油温在规定范围内。（√）

764. 汽轮机带负荷后，当调节级金属温度达到准稳态点时，机组带负荷速度不再受限

制。（√）

765. 汽轮机轴向位移过大，主要是由于推力瓦块磨损造成的。（×）

766. 皮托管装置是用来测量管道中流体流速的。（√）

767. 控制室手打汽轮机跳闸按钮，四个 AST 电磁阀、薄膜阀及危急遮断滑阀均动作。（×）

768. 汽轮机主汽门、调节汽门关闭时间一般要求不大于 0.1s。（×）

769. 汽轮机的自动保护项目通常包括超速、甩负荷、凝汽器真空低、轴承油压过低。（×）

770. 汽轮机调速系统的静态试验是指在汽轮机静止状态下，测取各部套之间的关系曲线。（√）

771. 停止离心泵前应将入口阀逐渐关小，直至全关。（×）

772. 当除氧给水中的含氧量增大时，可以开大除氧器排气门来降低含氧量。（√）

773. 蒸汽压力急剧降低会增加蒸汽带水的可能。（√）

774. 在除氧器滑压运行的情况下，机组负荷突然下降时，其除氧效果反而会更好。（√）

775. 汽轮机部分进汽启动可以减小蒸汽在调节级的温降幅度，并使喷嘴室附近区段周向温度分布均匀。（×）

776. 启动顶轴油泵前，其出口、入口门必须开启，再循环门必须关闭。（×）

777. 为提高动叶片的抗冲蚀能力，可在检修时将因冲蚀形成的粗糙面打磨光滑。（×）

778. 凝汽器运行中，可通过凝结水过冷度的大小来判断凝汽器的严密性。（×）

779. 蒸汽初压力和初温度不变时，提高排汽压力，可以提高朗肯循环的热效率。（×）

780. 热机在热力循环中，不可能将热源提供的热量全部转变为机械功。（√）

781. 汽轮机圆周速度与喷嘴出口汽流速度之比，称为理想速度比。（√）

782. 凝汽器的端差是指凝结水温度与冷却水出口温度的差。（×）

783. 自动调节系统的测量单元一般由传感器和变送器两个环节组成。（√）

784. 密封油空侧向氢侧窜油是引起发电机氢气纯度不合格的原因之一。（√）

785. 一般泵的主要性能参数是电流、流量和出口压力。（×）

786. 热电偶测温系统一般是由热电偶、补偿导线及二次仪表组成。（√）

787. 离心泵在运行中将会产生由进口指向出口侧的轴向推力。（×）

788. 在稳定状态下，汽轮机空负荷时与满负荷时的转速之差与额定转速的比值，称为汽轮机调节系统的速度变化率。（√）

789. 汽轮机运行中发现润滑油压低，应参照冷油器后润滑油压及油泵入口油压分析采取措施。（√）

790. 汽轮机负荷的摆动与调速系统的速度变动率成正比。（×）

791. 干度是指每千克湿蒸汽中含有干蒸汽的质量百分数。（√）

792. 汽轮机产生第一条宏观裂纹，意味着转子使用寿命到达了终点。（×）

793. ADS 包括 AGC 和 DEB 两部分。（×）

794. 锅炉水压试验与汽轮机调速系统静态试验可以同时进行。（×）

795. 运行中高压加热器保护装置动作的唯一原因是加热器钢管泄漏。（×）

796. 在同一负荷（主蒸汽流量）下，监视段压力升高，则说明该监视段后通流面积减少。（×）

797. 循环水泵出口蝶阀全开后，开启循环泵。（×）

798. 汽轮机部件受到热冲击时的热应力，取决于蒸汽与金属部件表面的温差和蒸汽的放热系数。（√）

799. 汽轮机运行中，凝汽器入口循环水量增加，则凝汽器真空升高。（√）

800. 只有汽轮发电机组转子第一临界转速低于 1/2 工作转速时，才会发生油膜振荡现象。（√）

801. 节流调节时没有蒸汽能量的损失。（×）

802. 氢气与空气混合的气体中，当氢气的含量达 4％～76％时，属于爆炸危险范围。（√）

803. 只有在流速较小、管径较大或流体粘滞性较大的情况下才会发生层流。（√）

804. 改变传热效果所采用的方法是加保温材料。（×）

805. 水与空气的温差为零时，接触散热量也为零。（√）

806. 表面式热交换器都是管内流动压力低的介质。（×）

807. 流体在管道中流动产生的阻力与流体平均速度的三次方成正比。（×）

808. 监视段压力超过极限值时，通流部分一定结垢严重。（×）

809. 同样温度升高 1℃，定容加热比定压加热需要的热量多。（×）

810. 提高初蒸汽温度可以提高郎肯循环热效率。（√）

811. 当转子在第一临界转速以下发生动静摩擦时，机组的振动会急剧增加，所以提升转速的速率越快越好。（×）

812. 热电偶测温系统一般是由热电偶、一般导线及二次仪表组成。（×）

813. 热量是依靠温差而传递的能量。（√）

814. 高压加热器水侧严重泄漏时，汽轮机必须紧急停机。（×）

815. 火电厂最基本的循环是朗肯循环，影响朗肯循环热效率的因素是蒸汽的初、终参数。（√）

816. 大型汽轮发电机组一般采用额定参数停机方式，目的是为了保证汽轮机金属部件达到希望的温度水平。（×）

817. 管子外壁加装肋片的目的是使热阻增大，传热量减小。（×）

818. 流体与壁面间温差越大，换热量越大，对流换热热阻越大，则换热量也越大。（×）

819. 汽轮机正常运行中，真空系统严密不漏空气，则凝结泵入口处真空应等于凝汽器真空。（×）

820. 在转动机械试运行启动时，除运行操作人员外，其他人员应先远离，站在转动机械的横向位置，以防止转动部分飞出伤人。（×）

821. 对汽轮机来说，滑参数启动的特点是安全性好。（√）

822. 具有程序启动的汽轮机，在启动时运行人员可以完全脱离操作。（×）

823. 汽轮机的外部损失是指汽缸散热损失和机械损失。（×）

824. 热力试验的温度测点应尽可能远离所对应的压力测点。（×）

825. 当给水压力（或凝结水）低于一定值时，高压旁路（低压旁路）会连锁关闭。（√）

826. 汽轮机超速试验之前，应先进行充油试验。（×）

827. 主油箱的排烟风机只要在运行中，主油箱内就不可能积有烟气。（×）

828. 转速表显示不正确或失效时，禁止机组启动。（√）

829. 热量不可能从低温物体传给高温物体。（×）

830. 如果转子的质量中心与几何中心重合，则转子没有临界转速。（×）

831. 在室外使用灭火器灭火时，人应处于上风方向。（√）

832. 汽轮机调节系统因采用了抗燃油，而该油的闪点在100℃以上，所以当抗燃油发生泄漏至高温部件时，永远不会着火。（×）

833. 在高压室内二次接线和照明等回路上的工作，需要将高压设备停电或做安全措施者应填用第二种工作票。（×）

834. 凝汽式汽轮机当流量增加时，中间各级的焓降不变，末几级焓降减小，调节级焓降增加。（×）

835. 凝汽器的传热端差是随着凝汽量的增加而增加的。（×）

836. 汽轮机超速试验时，为防止发生水冲击事故，必须加强对汽压、汽温的监视。（√）

837. 椭圆形轴承上下部油膜相互作用，使垂直方向抗振能力增强。（√）

838. 汽轮机按工作原理可分为冲动式、反动式、冲动反动联合式三种。（√）

839. 蒸汽与金属间的传热越大，金属部件内部引起的温差就越小。（×）

840. 止回阀不严的给水泵不得投入运行，但可做备用。（×）

841. 机组运行中，停止交流润滑油泵后，润滑油压必然下降。（×）

842. 提高蒸汽品质应从提高凝结水、补给水的品质着手。（√）

843. 单元制汽轮机调速系统的静态试验一定要在锅炉点火前进行。（√）

844. 蝶阀主要用于主蒸汽系统。（×）

845. 当低真空保护动作时，通过危急遮断油门关闭主汽门。（×）

846. 一般安全用具有安全带、安全帽、安全照明灯具、防毒面具、护目眼镜、标示牌等。（√）

847. 在带电作业过程中如设备突然停电，作业人员可视设备无电。（×）

848. 汽轮机冷态启动和加负荷过程一般相对膨胀出现向负值增大。（×）

849. 汽轮机运行中，汽缸通过保温层、转子通过中心孔都有一定的散热损失，所以汽轮机的金属温度略高于蒸汽温度。（×）

850. 卡诺循环是由两个可逆的定温过程和两个可逆的绝热过程组成。（√）

851. 超速试验应进行一次。（×）

852. 无论是用直叶片还是用扭叶片，级中均有扇形损失。（×）

853. 背压机组按电负荷运行或按热负荷运行，同步器与排汽压力调节器不能同时投入工作。（√）

854. 汽轮机的合理启动方式是寻求合理的加热方式，在启动过程中使机组各部件热应力、热膨胀、热变形和振动等维持在允许范围内，启动时间越长越好。（×）

855. 当机组跳闸或甩负荷时，自动打开事故排泄阀，将高、中压缸隔断，轴封蒸汽直接排到凝汽器。（√）

856. 只要轴瓦能连续供油，轴瓦损坏事故就不会发生。（×）

857. 分散控制系统中可以没有专门的数据采集站，而由基本控制单元来完成数据采集和生产过程控制的双重任务。（√）

858. 发电机密封油只能起到密封作用。（×）

859. 零件在高温作用下，随时间的增长，承受应力逐渐降低，这种现象称为应力松弛。（×）

860. 汽轮机启动进入准稳态时热应力也达到最大值。（√）

861. 泵与风机采用变速调节可以提高运行效率。（√）

862. 液力耦合器调节泵的特点是传动平稳、转速连续可调、无级变速、能获得较好的经济效益。（√）

863. 汽轮机从 3000r/min 打闸时，低压缸的胀差突增较大。（√）

864. 通常汽轮机推力瓦间隙允许在 1.5～2.0mm 之间变化。（×）

865. 提高蒸汽初压力时，汽轮机末级湿度相应增大。（√）

866. 隔板最大应力发生在垂直中分面的外径处。（×）

867. 由失稳分力引起的油膜振荡，是发生在转子处于第二临界转速时的。（×）

868. 汽轮机冷态启动和减负荷过程一般相对膨胀出现负值增大。（×）

869. 汽轮机在临界转速下运行时，一定会产生剧烈振动。（×）

870. 当润滑油温度升高时，其黏度随之升高。（×）

871. 凝结水的过冷度是随凝汽器漏气量的增加而增加的。（√）

872. 轴抽风机运行中超电流，常见原因是风机壳体内有水所致。（√）

873. 在流速较小、管径较大或流体黏滞性较大的情况下才会发生紊流。（×）

874. 主油泵解体前应测量转子的轴向推力间隙，根据运行经验此间隙一般最大不超过 0.25mm 为宜。（√）

875. 由于转子的临界转速有多个，因此大机组在升速过程中可以越过十阶以上的临界转速。（×）

876. 辅机就地紧急停运时，必须先通知集控室，再停止运行。（×）

877. 由于滑压调节增加了机组运行的可靠性和负荷的适应性，因此各种机组均应采用滑压调节。（×）

878. 单位时间内通过固体壁面的热量与壁的两表面温度差和壁面面积成正比，与壁厚

度成反比。（√）

879. 物体导热系数越小，则它的导热能力也越强。（×）

880. 在装发电机、励磁机轴瓦、密封瓦的进回油管道时要加绝缘套管，垫片要加绝缘垫，以防接地。（√）

881. 常用寿命评估为常规肉眼检查、无损检验和破坏性检验三级管理法。（√）

882. 大型汽轮机负荷在 15％～100％变化一个循环，只要保持主蒸汽参数在额定值就不会出现交变热应力。（×）

883. 为检查管道及附件的强度而进行水压试验时所选用的压力叫试验压力。（√）

884. 绝对压力是用压力表实际测出的压力。（×）

885. 为保证调节稳定性，油动机的错油门活塞在不同的稳定负荷下处在不同的位置。（×）

886. DEH 系统中保安系统的 AST 电磁阀在有遮断请求时，通常是通电的。（×）

887. 阴离子交换器的作用是除去水中的酸根。（√）

888. 配合的种类有间隙配合、过渡配合、过盈配合三种。（√）

889. 汽轮机的调速系统必须具有良好的静态特性和动态特性。（√）

890. 发电机冷却方式效果最好的是氢冷。（×）

891. 当汽轮机调节级蒸汽温度低于金属温度 20℃时，表明汽轮机进水。（×）

892. 在逆流启动过程中，为避免高压转子鼓风损失，应开启空气卸载阀，将漏汽排到凝汽器。（×）

893. 汽轮机大小修后，直流油泵均应做启动试验，试验应在关闭直流润滑油泵出口门的情况下进行。（×）

894. 轴向推力使机组很难安全运行，所以要彻底消除轴向推力。（×）

895. 在循环水量和凝汽器冷却面积一定时，每对应一个循环水进口温度，就可得到凝汽器压力与排汽量的关系曲线，称为凝汽器的热力特性曲线。（√）

896. DEH 判断发电机是否并列的判据来自发电机出口开关 A、B、C 三相油开关的状态（三取二）。（√）

897. 对流传热过程中，传热平均温差不仅取决于冷热流体进出口温度，而且与受热面布置方式有关。（√）

898. 真空泵电流高、电动机线圈温度高的主要原因可能是真空泵出口模片磨损。（√）

899. 一般辅助设备的试运时间应连续运行 1～2h。（×）

900. 汽轮机冲转后保持 400～500r/min 的速率下暖机是为了检查冲转后各部件状况以及疏放主蒸汽管内、汽缸内的凝结水。（√）

901. 分散控制系统的主要功能包括控制、监视、管理和通信功能四个部分。（√）

902. 提高凝汽器真空，可使汽轮机负荷增加，所以凝汽器真空提高得越高越好。（×）

903. 热平衡是指系统内部各部分之间及系统与外界没有温差，也会发生热传递。（×）

904. 临界转速的高低与转子质量的偏心距大小无关，但转子振动的振幅与转子质量的偏心距成正比，因而应尽量减少转子的偏心质量。（√）

905. 离心泵的主要损失有机械损失、水力损失。（×）

906. 汽轮机调速系统速度变动率过大，在汽轮发电机并网后，将引起负荷摆动。（×）

907. 中压缸进口再热联合汽门是将调速汽门与主汽门同装于阀壳内，且两阀是串联的。（√）

908. 节流阀的阀芯多数是圆锥流线型的。（√）

909. 增加等截面叶片的面积后，其承受的拉应力会减少。（×）

910. 汽轮机调节系统因采用了抗燃油，而该油的闪点在 500℃ 以上，所以当抗燃油发生泄漏至高温部件时，永远不会着火。（×）

911. 离心水泵 Q-H 性能曲线出现驼峰形状时，泵可能发生不稳定运行。（√）

912. 凝汽器冷却水的作用是将排汽冷凝成水，吸收排汽凝结所放出的热量。（√）

913. 主蒸汽温度高出极限值时，汽轮机应破坏真空紧急停机。（×）

914. 滑参数停机时，为保证汽缸热应力在允许范围内，要求金属温度下降速度不要超过 1.5℃/min。在整个滑参数停机过程中，新蒸汽温度应该始终保持有 50℃ 的过热度。（√）

915. 锅炉汽压调节的实质是调节锅炉的燃烧。（√）

916. 氢气与空气混合的气体中，当氢气的含量达 4%～75% 时，属于爆炸危险范围。（√）

917. 主油箱事故排油门应设两个钢质截止门，操作手轮上不允许加锁，并应挂有明显的警告牌。（√）

918. 机组运行中，凝汽器水位高时，不可以打开凝结水泵入口管放水门进行放水。（√）

919. 轴流泵的功率，随着流量的增加而减少。（√）

920. 汽轮机在热状态下，若主、再热蒸汽系统截止门不严密，则锅炉不得进行水压试验。（√）

921. 汽轮机中采用最多的是渐缩斜切喷嘴。（√）

922. 汽轮机通流部分结垢时轴向推力增大。（√）

923. 启动时，卧式泵转子窜动是由于受到指向泵吸入侧的轴向推力作用。（√）

924. 冲动式汽轮机蒸汽在喷嘴中膨胀做功。（√）

925. 在热冲击和热疲劳及交变应力的反复作用下，材料不会影响寿命。（×）

926. 当气体的流速较低时，气体参数变化不大，可以不考虑其压缩性。（√）

927. 有温差的物体不一定就有热量的传递。（×）

928. 调节级在最大负荷时最危险。（×）

929. 当发电机主断路器跳闸时，DEH 调节系统会立即关闭高、中压调节阀，以防止转速的动态飞升。（√）

930. 循环水泵出口使用蝶阀或闸板阀都可以。（×）

931. 在湿蒸汽区域内工作的叶轮，1kg 蒸汽内有 $(1-x)$ kg 的水做负功。（√）

932. 氢气置换过程中，氢气降压时应缓慢进行。（√）

933. 汽轮机调节级压力与高压缸排汽压力之比达 1.8 时，自动停机。（×）

934. 汽轮机调速系统的静态速度变动率为8%，机组停止后可在5%～10%内连续变化。（×）

935. 高压加热器随机启动时，疏水不能始终导向除氧器。（√）

936. 同步器的作用是平移调速系统静态特性曲线。（√）

937. 质量增加，则叶片频率增加；刚度增加，则叶片频率下降。（×）

938. 喷油试验过程中，必须保证试验拉杆始终保持在试验位置，不能松手。（√）

939. 机组运行中，轴封加热器汽侧呈微负压。（√）

940. "机跳炉"保护是属于机组的纵向连锁保护。（×）

941. 启动循环水泵开出口门时，一定要缓慢，否则容易引起水锤，造成阀门、管道等损坏及循环水泵运行不稳。（√）

942. 采用中间再热可降低末几级的排汽干度。（×）

943. 一般情况下，冷油器的水侧压力应小于油侧压力。（√）

944. 发生汽压下降时，应稳定负荷运行。（×）

945. 运行中做AST在线试验时，机组不跳闸。（√）

946. 机组温态启动后，设定初负荷时，无需改变变化率。（×）

947. 在其他情况相同时，汽轮机轴承轴向长度越长，则旋转时产生的油压越低，轴承承载能力越小。（×）

948. 当汽轮机甩负荷时，再热器内大量的蒸汽易使机组超速而损坏设备，因此在低负荷和超速超过正常值时，再热调节阀也参与调节。（√）

949. 水泵并联运行流量相等，总扬程等于并联泵扬程之和。（×）

950. 滑参数停机前，应先将机组阀门控制方式由"顺阀"切为"单阀"。（√）

951. 流体的压缩性是指流体在压力（压强）作用下体积增大的性质。（×）

952. 凝汽器运行中，真空越高机组经济性越好。（×）

953. 运行中高压加热器钢管泄漏解列时，应首先开启大旁路门，关闭出入口门，以防止给水进入汽轮机中去。（√）

954. 离心式风机比轴流式风机效率高。（×）

955. 由于动静摩擦，使转子局部过热，产生压缩应力，出现弹性变形。在转子冷却后，受到残余拉应力的作用，造成大轴弯曲。（×）

956. 联动备用泵的出口门必须在开足状态。（×）

957. 汽轮机热态启动和减负荷过程中一般相对膨胀出现正值增大。（×）

958. 空侧密封油设置U形管的目的是防止油中的氢气流入汽轮机的系统。（√）

959. 凝汽器的作用是建立并保持真空。（√）

960. 发现高压加热器管束泄漏，可根据水位高低停用高压加热器。（×）

961. 利用其他蒸汽设备的低压排汽或工业生产工艺流程中副产的低压蒸汽作为工质的汽轮机称为背压式汽轮机。（×）

962. 高压缸采用双层是为了在启动和负荷变化时，减少热应力及节省优质钢材。（√）

963. 观察流体运动的两种重要参数是流速和压力。（√）

964. 汽轮机运行进入准稳态后金属部件内部温差不再发生变化。（×）

965. 射水式抽气器分为启动抽气器和主抽气器两种。（×）

966. 成组叶片也可能发生 A 型振动。（√）

967. 汽轮机油系统事故排油阀的操作手轮应设在距油箱 5m 以外的地方。（√）

968. 离心水泵在串联运行时，各泵压力相等，总流量是各泵流量之和。（×）

969. 无反馈的调节系统是稳定的调节。（×）

970. 润滑油温过低，油的黏度增大，会使油膜过厚，不但承载能力下降，而且工作不稳定。油温也不能过高，否则油的黏度过低，以至难以建立油膜，失去润滑作用。（√）

971. 密封油管道振动可以通过关小主差压阀油侧信号门来消除。（√）

972. 循环水泵入口水位低，引起循环水流量减少，若启动备用泵只能加剧泵入口水位的降低，使事故扩大。（√）

973. 从辐射换热的角度看，一个物体的吸收率越大，则它的辐射能力也越强。（√）

974. 当汽轮机调速系统工作不良，使机组出力负荷摆动，当负荷向升高方向摆动时，主汽门后的压力指示升高。（×）

975. 管道外部加保温层使管道对外界的热阻增加，传递的热量减少。（√）

976. 汽轮机泊桑效应指大轴在离心力作用下变细、变长。（×）

977. 汽轮发电机运行中，密封油瓦进油温度一般接近高限为好。（√）

978. 提高蒸汽初参数、降低蒸汽终参数、增大汽轮机的机容量，改进热力循环和回热系统连接方式，是提高单元机组运行经济性的四大途径。（√）

979. 汽轮机在运行中发现轴承振动突增 0.05mm，超过 0.1mm 时应紧急事故停机。（√）

980. 汽轮机在启动时产生正胀差，对于单缸汽轮机，将使本级的喷嘴出口与动叶进口轴向间隙增大。（√）

981. 一切防火措施都是为了破坏已产生的燃烧条件。（×）

982. 汽轮机能维持空负荷运行，甩负荷后就能维持额定转速。（×）

983. 滑压运行的除氧器在机组甩负荷时，会产生沸腾现象，对运行中的给水泵设备造成危害。（√）

984. 球形阀于闸阀比较，其优点是局部阻力大，开启和关闭力大。（×）

985. 提高排汽压力可以提高郎肯循环热效率。（×）

986. 当投 AGC 时，DEH 应在遥控状态。（√）

987. 汽轮机危急保安器动作转速整定为额定转速的 109%～111%，且两次动作的转速差不应超过额定转速的 0.6%。（×）

988. 泵的线性尺寸几何相似地均放大一倍时，对应工况点的流量、扬程、轴功率将各增到原来的 8 倍、4 倍和 16 倍。（×）

989. 厂用电是指发电厂辅助设备、辅助车间的用电，还包括生产照明用电。（√）

990. 轴在发电机短路时所承受的扭力最大。（√）

991. 水蒸气凝结时虽放出热量，但能保持其饱和温度不变，故只要维持容器内的压力

一定，饱和水温就不会发生变化。（√）

992. DEH 调节系统的转速控制回路和负荷控制回路能根据电网要求参与一次调频，而不能参与二次调频。（×）

993. 汽轮机负荷的摆动与调速系统的速度变动率成正比、迟缓率成反比。（×）

994. 在热力循环中，同时提高初温初压，循环热效率增加为最大。（√）

995. 汽轮机轴向位移所指示的数值包括推力瓦间隙和瓦块后的支承座垫片、瓦架的弹性位移。（√）

996. 同型号的汽轮机调速系统特性曲线一定相同。（×）

997. 滑压运行的机组对负荷的反应速度比定压运行快。（×）

998. 蒸汽管道保温后，可以防止热传递过程的发生。（×）

999. 油系统应尽量避免使用法兰连接，可以使用铸铁阀门。（×）

1000. 金属材料在高温下工作时间越长，材料的强度极限下降得越多。（√）

1001. 对外抽汽供热影响机组安全的因素是机组超速。（√）

1002. 机组的功率越大，机组的机械损失越大。（×）

1003. 干度是干蒸汽的一个状态参数，它表示干蒸汽的过热程度。（×）

1004. 汽动给水泵若要隔绝，给水泵前置泵必须停用。（√）

1005. 汽轮机的负荷摆动值与调速系统的迟缓率成正比，与调速系统的速度变动率成反比。（√）

1006. 给水温度越高，回热循环绝对内效率也越高。（×）

1007. 泵的车削定律是指水泵叶轮内径经车削后，其流量、扬程、功率与外径的关系。（×）

1008. 汽轮机调速系统速度变动率小，说明汽轮机在一定负荷变化下转速变化小。（√）

1009. 运行中胀差变化将影响轴位移变化。（×）

1010. 汽轮机轴端功率与内功率之比叫做汽轮机的机械效率。（√）

1011. 对于水环式真空泵，若气、水分离器水位过高，会淹没排水管，使泵内充满水，造成水环泵工作失灵。（√）

1012. 高压加热器旁路门不严可造成给水温度下降。（√）

1013. 上一级高压加热器水位过低，会排挤下一级加热器的进汽量，增加冷源损失。（√）

1014. 一般泵的主要性能参数是扬程、流量和功率。（√）

1015. 高压加热器启动时，只有高压加热器汽侧压力高于除氧器压力和克服沿程阻力时，才能将疏水倒向除氧器。（√）

1016. 当前置泵入口压力下降，入口滤网差压超限时，要进行滤网的检查清理工作，否则会引起给水泵的汽化现象。（√）

1017. 多级汽轮机的重热系数越大，前面级的损失在后面级中利用得越多，因而越好。（×）

1018. 在管道内流动的液体有两种流动状态，即层流和紊流。（√）

1019. 汽轮机调速系统的速度变动率越小，正常并网运行越稳定。（×）

1020. 液体静压力的方向和其作用面相垂直并指向作用面。（√）

1021. 汽轮机正常运行中叶片以推力盘为死点，沿轴向膨胀或收缩。（×）

1022. 凝汽式汽轮机中间各级的级前压力与蒸汽流量成正比变化。（√）

1023. 发电机内氢气压力升高时，只能用紧急排氢门降压至规定值。（×）

1024. 在管道内流动的液体有两种流动状态，即顺流和混流。（×）

1025. 有效汽蚀余量大，则泵运行的抗汽蚀性能就好。（√）

1026. 凝汽器端差是指汽轮机排汽压力下的饱和温度与循环冷却水出口温度之差。（√）

1027. 超临界机组给水温度降低，蒸发段后移，过热段减少，过热汽温下降。（√）

1028. 室内着火时，应立即打开门窗，以降低室内温度进行灭火。（×）

1029. 启动电动机时，如果接通电源开关，电动机转子不动，应立即拉闸，查明原因并消除故障后，才允许重新启动。（√）

1030. 当某一点液体静压力是以绝对真空为零算起时，这个压力称为绝对压力。（√）

1031. 疲劳极限随零部件尺寸增大而增大。（×）

1032. 机组热态启动时，调节级出口的蒸汽温度与金属温度之间出现负温差是不允许的。（×）

1033. 汽轮机甩负荷后，转速上升，危急保安器正确动作，即为甩负荷试验合格。（×）

1034. 汽轮机装有低油压保护装置，它的作用是：当润滑油压降低时，根据油压降低程度依次自动地启动润滑油泵，跳机，发出报警信号和停止盘车。（√）

1035. 氢冷升压泵和循环泵之间属于串联方式运行。（√）

1036. 运行分析的内容有岗位分析、定期分析和专题分析三种。（×）

1037. 机组在运行中突然发生振动时，较为常见的原因是转子平衡恶化和油膜振荡。（√）

1038. 工作转速高于临界转速的汽轮机转子称为挠性转子，这种转子在启动过程中有临界转速出现。（√）

1039. 降低排汽压力是提高热效率的有效方法之一，排汽压力越低，排汽温度越低，冷源损失越小，机组效率越高。（×）

1040. 水泵的特性曲线与阀门的阻力特性曲线的交点就是水泵的工作点。（×）

1041. 当转子的第一阶临界转速高于 1/2 工作转速时，不可能发生油膜振荡现象。（√）

1042. 中间再热机组旁路系统的作用之一是回收工质。（√）

1043. 汽轮机动叶片结垢将引起轴位移降低。（×）

1044. 机组甩负荷后，高排温度不会发生明显变化。（×）

1045. 汽轮机热态启动过程中进行中速暖机的目的是为了防止转子的脆性破坏和避免产生过大的热应力。（√）

1046. 只要提高蒸汽初温就可提高朗肯循环的热效率。（√）

1047. 单元汽轮机组冷态启动时，一般采用低压微过热蒸汽冲动汽轮机转子。（√）

1048. 机组胀差达到极限值或汽轮机任一轴承金属温度达到极限值或主、再热蒸汽温度

达到极限值均应破坏真空，紧急停机。（×）

1049. 备用凝结水泵的出口电动门应处于关闭状态。（×）

1050. 转子在一阶临界转速以下，汽轮机轴振动值达 0.03mm 应立即打闸停机，过临界转速时，汽轮机轴承振动值达 0.1mm 应立即打闸停机。（√）

1051. 汽轮机轴向位移保护必须在冲转前投入。（√）

1052. 热力学第一定律的实质是能量守恒定律与能量转换定律在热力学上应用的一种特定形式。（√）

1053. 汽轮机正常运行时，凝汽器的真空不是靠真空泵抽气来建立的。（√）

1054. 汽轮发电机组发生超速事故时，事故的破坏性完全来自随转速的平方而增大的离心力。（×）

1055. 给水温度越高越经济。（×）

1056. 汽轮机油箱的容积越小，则循环倍率也越小。（×）

1057. 管道检修工作前，检修管道的疏水阀必须打开，以防阀门不严密时，泄漏的水或蒸汽积聚在检修的管道内。（√）

1058. 蒸汽在汽轮机内膨胀做功，将热能转变为机械能，同时又以传导传热方式将热量传给汽缸内壁，汽缸内壁的热量以热传导方式由内壁传到外壁。（×）

1059. 在换热器中，当冷热流体的进出口温度一定时，采用逆流布置时传热效果差。（×）

1060. 凝汽器循环水入口蝶阀全开后方可启动本机组循环泵。（×）

1061. 汽轮机运行中凝汽器入口循环水水压升高，则凝汽器真空升高。（×）

1062. 在耐热钢中，较多的镍能使钢获得奥氏体组织以显著提高钢的抗蠕变能力。（√）

1063. 只能通过提高工质初参数来提高郎肯循环的循环热效率。（×）

1064. 加热器投入时，应先投水侧，后投汽侧。（√）

1065. 水泵的主要性能参数有流量、扬程、转速、功率、效率、比转速、汽蚀余量。（√）

1066. 辅机定期切换时应先启动备用设备，后停运行设备。（√）

1067. 判别流体运动状态的依据是雷诺数的大小。（√）

1068. 汽轮机正常运行中转子以高压缸前轴承座为死点，沿轴向膨胀或收缩。（×）

1069. 汽轮机中压缸同级内动、静叶间的轴向间隙大于相邻级的动、静叶片间轴向间隙。（×）

1070. 汽轮机总体试运行的目的是检查、考核调速系统的动态特性及稳定性，检查危急保安器动作的可靠性及本体部分的运转情况。（√）

1071. 对于汽轮机转子在第一临界转速以下发生动静摩擦比转子在第一临界转速以上发生动静摩擦时对振动的影响大。（√）

1072. 运行中凝汽器端差增大，过冷度也增大，则表明凝汽器中的空气量增多。（√）

1073. 凝汽器内蒸汽的凝结过程可以看做是等容过程。（×）

1074. 在热力循环中，热机能将热源提供的热量全部转变为机械功。（×）

1075. 超速限制电磁阀动作打开后，只关闭高压调速汽门。（×）

1076. 汽轮发电机组的振动状态是设计、制造、安装、检修和运行维护水平的综合表现。（√）

1077. 汽轮机 ETS 通道有故障时不得进行通道试验。（√）

1078. 循环水泵的主要特点是流量大、扬程小。（√）

1079. 运行中高压加热器进汽压力允许超过规定值。（×）

1080. 中压缸启动，由中压缸控制向高压缸控制切换时，应打开高压缸排汽通风阀。（√）

1081. 并列运行的汽轮发电机组间负荷经济分配的原则是按机组汽耗（或热耗）微增率从小到大依次进行分配。（√）

1082. 控制室打闸后，机组就地保安油压不会下降。（√）

1083. 运行中凝汽器不停用清洗的方法有胶球清洗法。（√）

1084. 在标准状态下，不同气体相同质量分子的容积都是相等的。（√）

1085. 因振动而最易损坏的叶片是最末一级。（×）

1086. 中间再热机组设置旁路系统的作用之一是保护汽轮机。（×）

1087. 两台水泵串联运行的目的是为了提高扬程或是为了防止泵的汽蚀。（√）

1088. 启动过临界转速时，润滑油温应适当控制低一些。（×）

1089. 滑停过程中保持蒸汽过热度不小于 50℃。（√）

1090. 提高凝汽器真空，可提高机组运行经济性，凝汽器的真空不是提高得越多越好。（√）

1091. 水环式真空泵正常运行，随工作水温的升高，抽气量下降。（√）

1092. 汽轮机甩去额定负荷后转速上升，达到危急保安器动作转速即为甩负荷试验不合格。（√）

1093. 汽轮机盘车前必须投入超速保护，任一超速保护故障或动作不可靠时禁止启动和运行。（×）

1094. 汽轮机冷态启动冲转的开始阶段，蒸汽在金属表面凝结，但不能形成水膜，这种形式的凝结称为珠状凝结。（√）

1095. 机组在调度规定的最低负荷运行时，不能将汽泵的运行方式改变为一台运行、一台旋转备用的方式。（×）

1096. 采用中间再热循环的主要目的是提高热效率，但有可能汽轮机末级叶片工作条件恶化。（×）

1097. 测量通流间隙时，应将推力盘紧靠推力瓦工作瓦块。（√）

1098. 再热汽温的调节一般以蒸汽侧喷水减温为主，烟气侧调节为辅助手段。（×）

1099. 当增大泵的几何安装高度时会在更小的流量下发生汽蚀。（√）

1100. 为防止汽轮机金属部件内出现过大的温差，在汽轮机启动中温升率越小越好。（×）

1101. 机组热态启动时，应先抽真空后送轴封，以防止大气阀爆破。（×）

1102. 驱动给水泵的小汽轮机只有一个进汽汽源。（×）

1103. AGC投入后，值班员可酌情修改负荷设定值，保持机组各参数的稳定。（×）

1104. 发电厂重要道路应建成环形，并应有道路与主要建筑物和消防队（所）连通。（√）

1105. 抽汽管道上设置的一对防进水温度检测测点位于抽汽止回阀后。（√）

1106. 在主机高压主汽门活动试验中，主汽门能达到完全关闭的程度；而在中压主汽门活动试验中，主汽门则不能达到完全关闭的程度。（×）

1107. 汽轮机维持3000r/min运行稳定，就能在甩负荷后维持额定转速。（×）

1108. 汽轮机正常运行，当发生甩负荷，胀差出现负值大时，易造成喷嘴出口与动叶进汽侧磨损。（√）

1109. 机组启动过程中，凝结水水质不合格时，一定要将凝结水泵打到除氧器的水及时进行加药，保证除氧器水质合格。（×）

1110. 汽轮机大轴弯曲指示晃度偏离原始值0.02mm时，禁止启动。（√）

1111. 电接点水位计的工作原理是基于汽与水的电导率不同来测量的。（√）

1112. 凝汽器水位过低时，容易引起凝结水泵发生气蚀。（√）

1113. 为了减少端部损失，高压级喷嘴出口角α往往选取较大值。（×）

1114. 热力学第三定律的克劳修斯说法是：不可能把热从低温物体传至高温物体而不引起其他变化。（×）

1115. 调频机组的速度变动率应大一些。（×）

1116. 当给水泵汽轮机跳闸时，速关油压低、EH油压低报警都出现。（×）

1117. 主要管道破裂，又无法隔离或加热器、除氧器等压力容器发生爆炸时，应紧急停机。（√）

1118. 汽轮机运行中，若新蒸汽温度降低（初压、背压不变）时，将引起各级前温度降低、各级理想焓降降低、反动度增大、轴向推力增大。（√）

1119. 在任何启动工况下，蒸汽均应有100℃以上的过热度。（×）

1120. 阀门的工作压力是指阀门在工作状态下承受的压力，用p_g表示。（√）

1121. 可用高压加热器充水的方法检查管板是否泄漏。（×）

1122. 从"顺阀"向"单阀"切换的过程中，若想再进行相反的切换，计算机将立即响应，不必等切换结束后再进行。（×）

1123. 汽轮机在启、停或变工况运行时，转子和汽缸分别以自己的死点膨胀或收缩，二者热膨胀的差值称为相对膨胀。（√）

1124. 低负荷时，长叶片根部会出现负反动度，造成根部回流和根部出汽边冲刷，甚至形成不稳定的旋涡使叶片产生振动。（√）

1125. 加热器管束泄漏，有可能造成汽轮机进水。（√）

1126. 汽轮机热态启动的关键是恰当选择冲转时的蒸汽压力。（×）

1127. 在机组启动前高调门金属温度在150℃以上不需要暖阀。（×）

1128. 汽轮机启动过程中，在一阶临界转速以下，汽轮机振动不应超过0.26mm。（×）

1129. 正常运行时，凝汽器的真空是由抽汽建立的。（×）

1130. 加热器停用后不影响机组带负荷。（×）

1131. 汽轮机甩负荷试验，一般按 1/2 额定负荷、3/4 额定负荷及全部负荷三个等级来进行。（√）

1132. 汽轮机热态启动的关键是恰当选择冲转时的蒸汽温度。（×）

1133. 电厂中采用高压除氧器可以减少高压加热器的台数，节省贵重材料。（√）

1134. 流体与壁面间温差越大，换热量越大。（√）

1135. 超速试验两次动作转速差不超过 0.6% 额定转速。（√）

1136. 机组各种状态启动，热态启动对机组寿命影响最大。（×）

1137. 当除氧给水中含氧量增大时，可开大除氧器的进水门来降低含氧量。（×）

1138. 在汽轮机排汽口设计扩压片，目的是为了减少排汽损失。（√）

1139. CCS 在以锅炉为基础方式下运行时，锅炉调负荷，汽轮机调压力。（√）

1140. 当水泵的工作流量越低于额定流量时，水泵越不易产生汽蚀。（×）

1141. 调节动作结束后，错油门活塞都回到中间位置。（√）

1142. 在同一热力循环中，热效率越高则循环功越大；反之，循环功越大，热效率越高。（×）

1143. 抗燃油系统中的硅藻土过滤器可以降低油中的酸度。（√）

1144. 轴流泵启动有闭阀启动和开阀启动两种方式，主泵与出口阀门同时启动为开阀启动。（×）

1145. 电流直接经过人体或不经过人体的触电伤害叫做电击。（×）

1146. 在室内窄小空间使用二氧化碳灭火器时，一旦火被扑灭，操作者就应迅速离开。（√）

1147. 中速暖机的主要目的是防止转子发生脆性破坏。（√）

1148. 凝结水泵属于单级叶轮泵。（×）

1149. 汽轮机在冷态启动和加负荷过程中，蒸汽温度低于汽缸内壁金属温度。（×）

1150. 数字程序控制是计算机控制系统的一种最简单且不可缺少的功能。（√）

1151. 电动给水泵发生倒转时，因前置泵质量轻，将会比电泵的主泵倒转得快。（×）

1152. 静电只有在带电体绝缘时才会产生。（√）

1153. 蒸汽在喷嘴入口处所具有的焓值大于在喷嘴出口处所具有的焓值。（√）

1154. 汽轮机冷态启动定速并网后加负荷阶段容易出现负胀差。（×）

1155. 机组正常运行中，给水溶氧高可能是因为除氧器压力低引起的。（×）

1156. 汽轮机热态启动时，真空建立后，应立即打开缸体疏水门。（×）

1157. 抽汽压力变化的原因有负荷变化、蒸汽流量变化、抽汽流量变化、汽轮机通流部分结垢。（√）

1158. 汽轮机在停机和减负荷过程中蒸气温度高于汽缸内壁金属温度。（×）

1159. 两台给水泵并列运行时，应使其转速差最小，以防止流量偏差过大。（√）

1160. 采用双层缸有利于减小汽缸内外壁温差，改善启动性能。（√）

1161．机组每次大修中，必须进行转子表面和中心孔探伤检查，对高温段应力集中部位可进行金相和探伤检查，选取不影响转子安全的部位进行硬度测试。（√）

1162．火力发电厂中锅炉是生产蒸汽的设备，锅炉的容量叫蒸发量，它的单位是 t/h。（√）

1163．汽轮机大修后启动时，汽缸转子等金属部件的温度等于室温，低于蒸汽的饱和温度，所以在冲动转子的开始阶段，蒸汽在金属表面凝结并形成水膜。这种形式的凝结称为膜状凝结。（√）

1164．止回阀不严的给水泵不得投入运行，也不能做备用。（√）

1165．双侧进油式油动机的特点是：当油系统发生断油故障时，仍可将自动主汽门迅速关闭，但它的提升力较小。（×）

1166．主蒸汽压力高而汽温低，容易造成低压缸叶片的损坏。（√）

1167．盘车暖机时，应开启与高、中压缸相连接的管道疏水门，关闭通风阀和高压缸排汽止回阀前疏水门，当高压缸调节级内壁金属温度达 150℃以上时结束。（√）

1168．汽轮机的容量越大，其机械损失也就越大，因此大容量机组的机械效率比小容量机组低。（×）

1169．油管道法兰可以用塑料垫或胶皮垫作垫。（×）

1170．润滑油系统必须保持一定的油压，若油压过低，将导致润滑油膜破坏，不但损坏轴承还能造成动静之间摩擦恶性事故。（√）

1171．根据过程中熵的变化可以说明热力过程是吸热还是放热。（√）

1172．汽轮机工作时，首先是在喷嘴叶栅中将蒸汽的热能转变成动能，然后在动叶栅中把蒸汽的动能转变成机械能。（√）

1173．增加除氧水箱容积，对给水泵运行工况有利。（√）

1174．凝结水泵入口设置空气管的主要作用是减少凝结水中的溶氧。（×）

1175．汽轮机正常运行中，当主蒸汽温度及其他条件不变时，主蒸汽压力升高，则主蒸汽流量增加。（×）

1176．电泵从设计角度考虑是允许倒转的。（×）

1177．汽耗率是反映汽轮机经济性的重要指标，它的大小只与汽轮机组效率有关。（×）

1178．沿程水头损失随着水温的增加而增加。（×）

1179．工作结束前，如必须改变检修与运行设备的隔离方式，必须重新签发工作票。（√）

1180．汽轮机螺栓承受的拉伸应力等于附加拉伸应力。（×）

1181．给水泵汽轮机是否可以挂闸，与其高、低压进汽电动门的开关状态无关。（√）

1182．传热量是由传热平均温差、传热面积、传热系数三个方面决定的。（√）

1183．性能不相同的水泵不能并列运行。（×）

1184．发现运行中的发电机定子冷却水泵电动机轴承冒烟时，应通知主控启动备用泵后，再停故障泵。（√）

1185．某容器内工质的绝对压力最低是 0。（√）

1186. 任何时候，汽缸法兰加热蒸汽温度都应高于汽缸法兰温度。（×）

1187. 当激振力的频率大于叶片的自振频率时，叶片会发生共振。（×）

1188. 汽轮机正常运行中，凝汽器入口循环水压升高，则凝汽器真空升高。（×）

1189. 除氧器投加热时开启再沸腾管可以提高除氧器的加热速度。（√）

1190. 为提高热经济性，减少排汽室的压力损失，通常将压力室设计成扩压型。（√）

1191. 发电机的有功负荷是指把电能转换成其他形式能量时用电设备中消耗的有功功率。（√）

1192. 离心泵运行中盘根发热的原因是盘根太多。（×）

1193. 汽轮机相对内效率表示了汽轮机通流部分工作的完善程度，一般该效率在 $40\%\sim50\%$。（×）

1194. 机组启动升速在 1200r/min 以下时，若瓦振大于 $30\mu m$，应采用降速暖机的方法。（×）

1195. 投入高压加热器汽侧时，要按压力从高到低，逐个投入，以防汽水冲击。（×）

1196. 0.5 级仪表的精度比 0.25 级仪表精度低。（√）

1197. 蒸汽在喷嘴中膨胀，不发生损失时的焓降是理想焓降。（√）

1198. 滑压运行除氧器在各种工况下均能保持最佳除氧效果。（×）

1199. 全部工作结束前，部分检修设备将加入运行时应重新签发工作票。（√）

1200. 锅炉安全阀动作不正常，不可进行汽轮机甩负荷试验。（√）

1201. 汽轮机设备使用的容积泵均是定量泵。（×）

1202. 低周疲劳主要是由于机组加减负荷产生的交变热应力造成的。（×）

1203. 汽轮机"OPC"保护动作时，将同时关闭高、中压主汽门和高、中压调速汽门。（×）

1204. 冲动式汽轮机蒸汽在喷嘴及动叶中不膨胀做功。（×）

1205. 发现循环泵电动机上部冒烟着火，即可判定电动机线圈烧坏。（×）

1206. 汽轮机在正常停机过程中，不会发生超速事故。（×）

1207. 所谓最佳真空，是指汽轮机出力达到最大时，所对应凝汽器的真空。（×）

1208. 压力容器为了满足某些运行工况，可以稍许超温、超压运行，但必须监视。（×）

1209. 水泵启动前注水的目的是排出泵内空气。（√）

1210. 汽轮机冷态启动时，从冲动转子到定速，一般相对膨胀差出现负值。（×）

1211. 汽轮机转子膨胀小于汽缸膨胀或收缩时，相对膨胀差为负值。（×）

1212. 发电机并列后应立即投入初压限制器，并根据升负荷曲线调节设定值。（×）

1213. 汽轮机速度变动率的调整范围一般为额定转速的 $3\%\sim6\%$，局部速度变动率最低不小于 2.5%。（√）

1214. 热力试验的温度测点应尽可能靠近所对应的压力测点，并位于压力测点的下游。（√）

1215. 在汽轮机中任一级的轴向推力都与部分进汽度有关，部分进汽度增大则轴向推力增大。（×）

1216. 在除氧器滑压运行的情况下，机组负荷突然下降时，其除氧效果会变差。（×）

1217. 汽轮机凝汽器底部若装有弹簧，要加装临时支撑后方可进行灌水查漏。（√）

1218. 汽轮机热态启动和减负荷过程一般相对膨胀出现负值增大。（√）

1219. 在转子通过第一临界转速后，润滑油温应在40℃以上。（√）

1220. 汽缸的热膨胀值主要取决于法兰各段的平均温升。（√）

1221. 除氧器滑压运行时，机组加负荷，除氧效果变差。（√）

1222. 汽轮机冷态启动时，从冲动转子到定速，一般相对膨胀差出现正值。（√）

1223. 一般来说，汽轮机进汽流量越大，轴向推力越大。（√）

1224. 水泵入口处的汽蚀余量称为装置汽蚀余量。（√）

1225. 汽轮发电机组最优化启停是由升温速度和升温幅度决定的。（√）

1226. 水环式真空泵只有在吸入压力高于一定值时才能稳定工作。（√）

1227. 做高、中压主汽门、调门严密性试验时，在机组转速降至合格转速后，无需打闸。（×）

1228. 投入汽轮机高压旁路时，应先投减温水，后投蒸汽。（×）

1229. 凝汽器热负荷是指汽轮机乏汽传给冷却水的总热量。（√）

1230. 汽轮机滑销系统的合理布置和应用只能保证汽缸在横向和纵向的自由膨胀和收缩。（×）

1231. 单位体积液体在流动过程中，用于克服沿程阻力损失的能量称为沿程损失。（√）

1232. 凝汽器运行中，当铜管结垢时，将导致循环水传热下降。（√）

1233. 交流润滑油泵电源的接触器应采取低电压延时释放措施，同时要保证自投装置动作可靠。（√）

1234. 汽轮机中汽流在带有斜切部分的渐缩喷嘴中流动，可获得超音速汽流。（√）

1235. 再热冷段供高压厂用汽时，无论采用自动或手动调节，均应防止厂用汽系统超压。（√）

1236. 厂用电是指发电厂辅助设备、附属车间的用电，不包括生产照明用电。（×）

1237. 引起流体流动时能量损失的主要原因是流体的压缩性。（×）

1238. 锅炉给水未经良好的除氧，无疑是造成热力设备严重腐蚀的原因之一。（√）

1239. 泵采用变速调节可以提高运行效率。（√）

1240. 汽轮机的调节级是汽缸中承受压力最高的区域。（√）

1241. 操作票应有统一编号。（√）

1242. 火电厂采用的基本理论循环卡诺循环，其四个热力过程是吸热、膨胀、放热、压缩。（×）

1243. 自动主汽门是一种自动闭锁装置，对它的要求是动作迅速、关闭严密。（√）

1244. 汽轮机做机械超速试验时，参数应接近额定值。（×）

1245. 离心泵启动后空载时间不能过长。（√）

1246. 喷嘴速度系数表示喷嘴出口蒸汽速度与入口速度的比值。（×）

1247. 火力发电厂的循环水泵一般采用大流量、高扬程的离心式水泵。（×）

1248. 机组加负荷时，轴向窜动向负增加。（×）

1249. 水环式真空泵入口串联一个大气式喷射器，是用来增加泵的吸入口压力。（√）

1250. 为减小启动热应力，启动中升速率越小越好。（×）

1251. DEH 只有在操作员自动方式下才能投入 ATC 控制。（√）

1252. 单位数量的物质温度升高或降低 1℃，所吸收或放出的热量称为该物质的比热。（√）

1253. 在汽轮机轴封处，由于蒸汽流速高，蒸汽放热系数大，启动时这些部分会产生较大的温差。（√）

1254. 公称压力是指阀门的最大工作压力。（×）

1255. 在停机时，发现调速汽门不严，可以解列后再打闸。（×）

1256. 汽泵运行中，出口水温高于入口水温。（√）

1257. 反映汽轮发电机组热经济性最完善的经济指标是热耗率。（×）

1258. 在选择使用压力表时，为使压力表能安全可靠地工作，压力表的量程应选得比测量压力高 2 倍。（×）

1259. 水泵的效率就是总功率与轴功率之比。（×）

1260. 油系统着火停机时，严禁启动高压启动油泵。（√）

1261. 当流量增加时，监视段压力不变。（×）

1262. 汽轮机启停或变工况过程中蒸汽温度是影响相对胀差的一个原因。（√）

1263. 汽轮机热态启动时，应先抽真空，然后向轴封供汽。（×）

1264. 主蒸汽压力越低，滑压取得的经济效益越好。（×）

1265. 汽轮机停止后盘车未能及时投入或在盘车连续运行中停止时，应查明原因，修复后立即投入盘车并连续运行。（×）

1266. 由于再热蒸汽温度高、压力低，其比热容较过热蒸汽小，故等量的蒸汽在获得相同的热量时，再热蒸汽温度变化较过热蒸汽温度变化小。（×）

1267. 电厂热能有效利用程度低的原因是热能在转换过程中存在着热量损失、做功能力损失、功率耗损、工质流失、厂用电消耗五项损失。（√）

1268. 汽轮机启动后运行一段时间就可以进行超速试验。（×）

1269. 机组运行中当轴承振动突然增加 0.05mm 时，应打闸停机。（√）

1270. 电动给水泵调节时，应注意在特性曲线工作区范围内调整，电流在额定电流范围内。（√）

1271. 汽轮机椭圆形轴承在运行中可形成上、下两个油楔。（√）

1272. 轴封的作用是为了防止机内的蒸汽漏出，造成工质损失、恶化运行环境等。（×）

1273. 汽轮机功率调节，主要是通过改变进入汽轮机的蒸汽流量来实现的。（√）

1274. 汽轮机推力瓦片上的钨金厚度一般为 9.5mm 左右，这个数值等于汽轮机通流部分动静最小间隙。（×）

1275. 发电机定子水系统漏入氢气，会使发电机定子温度升高。（√）

1276. 电动阀门由于与管道连接，故电动机不用接地线。（√）

1277．当离心水泵叶轮尺寸不变时，泵的扬程与转速的二次方成正比。（√）

1278．单元制的给水系统，除氧器上应配备不少于一只全启式安全门，并完善除氧器的自动调压和报警装置。（√）

1279．胀差向负方向变化，将使轴向位移也向负方向变化。（×）

1280．轴流式风机流量大、风压高。（×）

1281．弹簧管压力表内装有游丝，其作用是用来克服扇形齿轮和中心齿轮的间隙所产生的仪表变差。（×）

1282．湿蒸汽是饱和的。（×）

1283．汽轮机打闸停机后，转子惰走时间越长证明转子越灵活。（×）

1284．调速系统的静态特性曲线应能满足并列和正常运行的要求。（√）

1285．发电机冷却介质一般有空气、氢气和油。（×）

1286．机组启动时，大轴晃动值不应超过制造厂的规定值或原始值的 0.02mm。（√）

1287．采用中间介质换氢时，应使中介气体含量合格后再充入氢气。（√）

1288．因循环泵叶轮为离心式，因此启动逻辑为先启泵后开出口蝶阀。（×）

1289．冷却塔工作性能的好坏与天气阴晴有关。（√）

1290．闸阀通常安装在管道直径大于 200mm 的汽水管道中，用于切断介质流通，而不宜做调节流量之用。（×）

1291．离心式主油泵的优点是当油动机快速动作时，油量会大量增加，而压力几乎不变。（√）

1292．将两个或两个以上的力合成为一个力即为力的平衡。（×）

1293．迷宫密封是利用转子与静子间的间隙进行节流、降压来起密封作用。（√）

1294．减少散热损失的方法有：增加绝热层厚度以减小导热热阻；设法减少设备外表面与空气间总换热系数。（×）

1295．水泵密封环的作用是减少水泵的水力损失、提高水泵的效率。（√）

1296．为保证汽轮机的自动保护装置在运行中动作正确、可靠，机组在启动前应进行模拟试验。（√）

1297．油膜振荡是指汽轮机转子的工作转速接近一阶临界转速的 1/2 时，转子振幅猛增，产生剧烈振动的现象。（×）

1298．在密集敷设电缆的主控制室下电缆夹层和电缆沟内，不得布置油气管以及其他可能引起着火的管道和设备，可以布置热力管道。（×）

1299．用于管路吊点上，需要三个方向，即垂直、纵向、横向有一定的位移时，应采用的吊架是导向吊架。（×）

1300．在一阶临界转速下发生强烈振动，有可能因此造成大轴永久性弯曲，而这种情况应及时停机改为盘车状态。（√）

1301．当停运给水泵发生倒转时，应立即合闸启动。（×）

1302．泵与风机采用变速调节可以降低耗电率。（√）

1303．汽轮机调速系统带负荷试验的目的是为了检查调速系统在各种负荷下的稳定情

况。（√）

1304. 热可以变为功，功可以变为热，消耗一定量的热时必然产生一定量的功；消耗一定量的功时，必然出现与之对应的一定量的热。（√）

1305. 运行中对汽缸检查的项目包括轴封温度、运转声音和排汽缸振动三项。（×）

1306. 一标准大气压等于 735.6mm 汞柱。（×）

1307. 水泵的汽蚀是经常发生的，对水泵没有任何损坏。（×）

1308. 低真空故障停机时，应保证旁路系统的正常投入。（×）

1309. 上一级加热器水位过低，会排挤下一级加热器的进汽量，增加冷源损失。（√）

1310. 表示工质特征的参数叫状态参数。（×）

1311. 油管道要保证机组在各种运行工况下自由膨胀。（√）

1312. 机组在部分负荷下运行时，真空降低一定会造成末级叶片喘振。（×）

1313. 当流体在管内流动时，若 $Re<2300$，流动为层流；$Re>10000$，流动为紊流。（√）

1314. 当投 AGC 时，DEH 应在就地状态。（×）

1315. 机组正常运行中，轴封加热器水位过低不会影响机组真空。（√）

1316. 调节系统的迟缓率应不大于 0.5%，对新安装的机组应不大于 0.2%。（√）

1317. 在生产实践中，圆管中的流动当 $Re>12000$ 时，流动状态一定是紊流。（√）

1318. 采用多级汽轮机的目的是增加功率和提高效率。（√）

1319. 反动式汽轮机的轴向推力较冲动式汽轮机大。（√）

1320. 停机后应认真监视凝汽器、高压加热器水位和除氧器水位，防止汽轮机进水。（√）

1321. 凝结水中溶氧过多是造成凝结水过冷的主要原因。（√）

1322. 当汽轮机流量增加时，监视段压力升高。（√）

1323. 表面式加热器中，由于金属的传热阻力，被加热的给水不可能达到蒸汽压力下的饱和温度，使其经济性比混合式加热器高。（×）

1324. 叶片的共振损坏是由于叶片受到往复的拉、压应力而疲劳损坏的。（×）

1325. 汽轮机危急保安器动作转速整定为额定转速的 110%～122%，且两次动作的转速差不应超过 1%。（×）

1326. 汽轮机采用节流调节时，每个喷嘴组由一个调速汽门控制，根据负荷的大小依次开启一个或几个调门。（×）

1327. 协调控制方式既能保证有良好的负荷跟踪性能，又能保证汽轮机运行的稳定性。（√）

1328. 运行中发现凝结水泵电流摆动、压力摆动，可能是凝结水泵损坏。（√）

1329. 机组最小负荷定为 30%MCR，目的是满足汽轮机末级叶片的振动特性。（√）

1330. 氢冷发电机的冷却介质由氢气置换成空气，应按置换规程进行。（√）

1331. 高压加热器退出运行的顺序是按抽汽压力由低至高。（×）

1332. 在与外界没有热量交换情况下所进行的过程称为绝热过程，例如水在水泵中的压

缩升压过程。（√）

1333. Q-H 性能曲线越陡，表明泵的运行效率越高。（×）

1334. 当机组转速达到同期范围时，在 DEH 操作员自动方式下可以投入同期自动控制。（√）

1335. 氢冷发电机的冷却介质由空气置换成为氢气操作，应按置换规程进行。（√）

1336. 主油泵供给调节及润滑油系统用油，要求其 Q-H 特性曲线较陡。（×）

1337. 汽轮机调速系统的迟缓率与机组的容量有关。（×）

1338. 汽轮机启动过程中，在一阶临界转速以下，汽轮机振动不应超过 0.05mm。（×）

1339. 在相同的温度范围内，朗肯循环的热效率最高；在同一热力循环中，热效率越高，则循环功越大。（×）

1340. 水冷发电机入口水温应高于发电机内氢气的露点，以防发电机内部结露。（√）

1341. 由于中间再热容积引起的功率滞后，可能引起系统的摆动。（√）

1342. 轴承的载荷越大，则轴承的稳定性越好。（√）

1343. 氢冷发电机的冷却介质由氢气置换成空气，应利用氮气或二氧化碳中间介质进行。（√）

1344. 电动机的滑动轴承温度不能超过 65℃，滚动轴承不能超过 75℃。（×）

1345. 汽轮机负温差启动时，将在转子表面和汽缸内壁产生过大的拉应力。（√）

1346. 氢冷发电机的冷却介质由空气置换成为氢气操作，可不需要中间介质。（×）

1347. 密封油系统中，排烟风机的作用是排出油烟。（×）

1348. 当正常盘车盘不动时，可以用吊车强行盘车。（×）

1349. 在油管道上进行焊接工作，必须采取有效措施。（×）

1350. 机组甩掉电负荷到零后，转速保持不变。（×）

1351. 汽轮机冷态启动和加负荷过程一般相对膨胀出现正值增大。（√）

1352. 单元机组滑压运行时比定压运行热经济性高。（√）

1353. 发电机内氢气压力升高时，只能用排污门排氢降压至规定值。（×）

1354. 汽轮机做机械超速试验时，应先做单个后做联合。（√）

1355. 发电厂中汽水管道涂上各种颜色是为了便于生产人员识别和操作。（√）

1356. 目前火力发电厂防止大气污染的措施有安装脱硫装置。（√）

1357. 运行中发现给水流量增大，母管压力降至低于规定而又无备用给水泵时，应降低机组负荷运行。（√）

1358. 所有汽轮机都有一个共同点，即汽轮机的排汽均排入凝汽器。（×）

1359. 在停机和减负荷时，转子要受到热应力和工作应力的同时作用，其表面承受的应力因叠加而减小，中心孔表面应力因叠加而增大。（×）

1360. 汽缸大螺栓的拧紧程序是先冷紧，后热紧。（√）

1361. 油系统油压或油位下降超过规定极限值时，应执行紧急停机。（√）

1362. 操作同步器可以改变电网中各台机级的负荷分配，从而改变电网的频率，该过程称为二次调频。（√）

1363. 密封油系统充油、调试及投运正常后，方可向发电机内充入气体。（√）

1364. 高压加热器的冷凝段主要是利用蒸汽过热热来加热给水。（×）

1365. 氢冷却器入口闭冷水压力最好调整在 1.0～1.5MPa。（×）

1366. 转动设备轴承温度高时，应首先检查轴承油位、油质、冷却水是否正常。（√）

1367. 滑参数启动时，通过汽轮机的蒸汽流量大，可以有效地冷却低压通流部分。（×）

1368. 管道的吊架有普通吊架和弹簧吊架两种。（×）

1369. 循环水管道由于工作温度低，其热伸长值较小，依靠管道本身的弹性压缩即可作为热伸长的补偿。（×）

1370. 滑压运行除氧器在负荷增加时除氧效果降低。（√）

1371. 汽轮机启动时，蒸汽对汽缸金属壁的放热过程分两个阶段，第一阶段为凝结放热，第二阶段为对流放热。（√）

1372. 加热器按换热方式不同，分为表面式加热器和混合式加热器两种形式。（√）

1373. 在汽轮机的热力循环中，不可能将热源提供的热量全部变为机械能。（√）

1374. 汽轮机进冷水只发生在机组运行中，只要停机后就不会发生。（×）

1375. 闸阀适用于流量、压力、节流的调节。（×）

1376. 采取给水回热加热可以提高火电厂的热经济性。（√）

1377. 高加退出运行的顺序是按抽汽压力由高至低。（√）

1378. 汽轮机变工况时，级的焓降增加，则级的反动度也增加。（×）

1379. 增加汽轮机低压部分排汽口数量是提高汽轮机单机功率的唯一有效措施。（×）

1380. 金属材料的性质是耐拉不耐压，所以当压应力大时危险性较大。（×）

1381. 在稳定状态下汽轮机转速与功率之间的对应关系称为调节系统的静态特性，其关系曲线称为调节系统动态特性曲线。（×）

1382. 为了减少冷源损失，提高循环热效率，发电厂采用了给水回热循环的方式。（√）

1383. 汽轮机组运行中，凝汽器的真空并不是越高越好。（√）

1384. 汽轮机从冷态启动、并网、稳定工况运行到减负荷停机，转子表面、转子中心孔、汽缸内壁、汽缸外壁等的热应力刚好完成一个交变热应力循环。（√）

1385. 机组转速到零后方可停止轴封系统供汽。（×）

1386. 凝汽器冷却水管在管板上的排列方法有顺列、错列和辐向排列三种。（√）

1387. 除氧器滑压运行时，汽轮机从满负荷下全甩负荷是给水泵最危险工况。（√）

1388. 汽轮机冲转前，主蒸汽温度至少高于汽缸金属温度，对蒸汽过热度可不予考虑。（×）

1389. 主蒸汽流量并非测量值而是计算值，与调节级压力有关。（√）

1390. 在额定蒸汽参数下，调节系统应能维持汽轮机在额定转速下稳定运行，甩负荷后能将机组转速控制在危急保安器动作转速以下。（√）

1391. 阀门进行严密性水压试验时的压力称为试验压力，用 p 试表示。（√）

1392. 轴封供汽温度是影响汽轮机相对胀差的一个原因。（√）

1393. 测量汽轮机转子大轴弯曲值时，按转子工作时的旋转方向盘动转子，盘过头时可

以倒盘。（×）

1394. 反映汽轮发电机组经济性最完善的经济指标是耗煤量。（×）

1395. 机组运行中，两台循环泵均掉闸应立即停机。（√）

1396. 汽轮机在突然甩负荷时，会造成推力盘反弹，瞬间冲击非工作瓦块。（√）

1397. 汽轮机升速中，因 DEH 失控，造成转速升高到 3090r/min 时，调门将会暂态关闭。（√）

1398. 由调节系统静态特性曲线可知，电负荷的提高意味着汽轮发电机的转速降低。（√）

1399. 在稳态下汽轮机功率与转速的关系曲线称为调速系统静态特性曲线。（√）

1400. 工程上常用的喷管有渐扩喷管和缩放喷管两种形式。（×）

1401. 气闭式调整门在失去气源后阀门会关闭。（×）

1402. 在热力系统中，提高蒸汽的初压力是提高热效率的方法之一。（√）

1403. 运行中发现高压加热器钢管泄漏，应立即关闭入口门，切断给水，以防止水倒入汽轮机中。（×）

1404. 发电机冷却介质一般有空气、氢气和水。（√）

1405. 阀门是用来通断和调节介质流量的。（√）

1406. 测量汽轮机转子大轴弯曲值时，按转子工作时的旋转方向盘动转子，不宜倒盘。（√）

1407. 机组热态启动时，应先送轴封后抽真空。（√）

1408. 两个物体的质量不同，比热容若相同，则热容量相等。（×）

1409. 数字电液控制系统用作协调控制系统中汽轮机的执行器部分。（√）

1410. 汽轮机的理想焓降一半加在喷嘴中转变为动能，另一半在动叶中转变为动能的称做带反动度的冲动级。（×）

1411. 供热机组停止供应调节抽汽后，其调节系统的调节原理就和凝汽式机组一样。（√）

1412. 为保证调节系统的灵敏度，速度变动率越小越好。（×）

1413. AGC 投入后，值班员可酌情修改主蒸汽压力设定值，保持机组各参数的稳定。（√）

1414. 液面上的压力越高，液体蒸发的速度越快。（×）

1415. 物质的温度越高，其热量也越大。（×）

1416. 汽缸上下缸存在温差，将引起汽缸变形，上缸温度高于下缸时，将引起汽缸向上拱起，发生热翘曲变形。（√）

1417. 调节系统的静态特性曲线可以在机组带负荷运行时直接作出。（×）

1418. 汽轮机启动时，一般不应采用低压微过热蒸汽冲动汽轮机转子。（√）

1419. 当蒸汽温升率一定时，汽轮机进入准稳态后，零部件的热应力值最大。（√）

1420. 主蒸汽压力、温度随负荷变化而变化的运行方式称为滑压运行。（×）

1421. 对热流体的管道进行保温是为了减少热损失和环境污染。（√）

1422. 与表面式加热器相比，采用混合式加热器有较高的效率。（√）

1423. 若抽汽管道的阀门没有全开，会造成加热器出口端差减小。（×）

1424. 管子外壁加装肋片（俗称散热片）的目的是使热阻减小，传递热量增大。（√）

1425. 当汽轮机高压缸排汽温度高于 482℃，低压缸排汽温度高于 260℃ 时，汽轮机保护跳闸。（×）

1426. 发电机与汽轮机之间的大轴接地碳刷是为了防止转子接地。（×）

1427. 卡诺循环的四个热力过程是吸热、膨胀、放热、压缩。（×）

1428. 汽轮发电机组启动过程中在通过临界转速时，机组的振动会急剧增加，所以提升转速的速率越快越好。（×）

1429. 凝结水泵再循环管均接回凝汽器水侧。（√）

1430. 焓熵图中的一点表示某一确定的热力状态，某一线段表示一个特定的热力过程。（√）

1431. 热力系统五大循环是指卡诺循环、朗肯循环、回热循环、再热循环、热电联合循环。（√）

1432. 为减小热应力，启动中升速率越大越好。（×）

1433. 循环泵发生倒转对泵无所谓，对电动机有影响。（×）

1434. 大型汽轮机凝汽器本体一般采用固定支撑。（×）

1435. 考虑频率对发电机组的影响，汽轮发电机组的频率最高不应超过 52.5Hz，即超出额定值的 5%，这是由发电机、汽轮机转子的机械强度决定的。（√）

1436. 汽轮机调速系统的速度变动率越大，正常并网运行越稳定。（√）

1437. 汽轮机甩负荷后转速上升，但未引起危急保安器动作即为甩负荷试验合格。（√）

1438. 转子中心偏差不符合要求时，需采用移动轴瓦垂直和水平位置来调整。轴瓦位置的调整常采用调整轴承座垫片厚度或轴瓦垫铁片厚度的方法。（√）

1439. 真空越高，汽轮机的相对内效率就越高，故真空越高越好。（×）

1440. 热工保护装置被迫退出运行的，必须在 48h 内恢复，否则应立即停机、停炉处理。（×）

1441. 汽轮机骤升负荷，造成汽压突然降低，汽包水位也随之突然降低。（×）

1442. ETS 试验时不允许两个通道同时试验。（√）

1443. 一般来说，低强度的软材料容易发生循环软化，而高强度的硬材料则容易发生循环硬化现象。（×）

1444. 射汽式抽气器过负荷时，抽气口压力的升高会使凝汽器真空下降。（×）

1445. 锅炉的主蒸汽流量与再热蒸汽流量之间须保持一定的比例，这样才能保证再热蒸汽温度的控制。（√）

1446. 汽轮机打闸停机后，真空破坏得越早越好，这样可以使转子尽早停下来。（×）

1447. 汽轮机轴端输出功率为汽轮发电机功率。（×）

1448. 运行中监督监视段压力就可以有效监督通流部分的工作情况。（√）

1449. 停机后就可以停止轴封供汽。（×）

1450. 投入 CCS 时，应先投入汽轮机功率回路及调节级压力回路，再投入 CCS。（×）

1451. 轴流泵运行中无轴向推力产生。（×）

1452. 因凝结水泵入口有空气管，当热井底部放水门不严时，也不会引起凝结水溶氧的增大。（×）

1453. 回热系统普遍采用表面式加热器的主要原因是其传热效果好。（×）

1454. 汽轮机上下缸温差大，汽缸将产生"驼背猫"，使汽轮机通流部分间隙发生变化。（√）

1455. 单位体积流体的质量称为流体的密度，用符号 ρ 表示，单位为 kg/m^3。（√）

1456. 油达到闪点温度时只闪燃一下，不能连续燃烧。（√）

1457. 除氧器也是一个加热器。（√）

1458. 用蒸汽加热作为冷却介质有利于机组的防腐保护。（×）

1459. 只有激振力频率等于或接近于叶片自振频率时，叶片才发生共振。（√）

1460. 热力循环中郎肯循环效率最高。（×）

1461. 热力循环中，同时提高初温和初压，循环热效率下降。（×）

1462. 立式加热器与卧式加热器相比，因其传热效果好，故应用较为广泛。（×）

1463. 操作票由操作人员填写。（√）

1464. 真空泵的作用是维持凝汽器真空。（√）

1465. 除氧器的作用就是除去锅炉给水中的氧气。（×）

1466. 汽轮机推力轴承的作用是使转子定位和承受转子的轴向推力。（√）

1467. 根据热力学第一定律，外界不给工质加热，工质就不能做功。（×）

1468. 危急保安器常见的有偏心飞环式和偏心飞锤式两种形式。（√）

1469. 干度等于干蒸汽的容积除以湿蒸汽的容积。（×）

1470. 热平衡是指系统内部各个部分之间及系统与外界没有温差也会发生传热。（×）

1471. 为提高钢的耐磨性和抗磁性，需加入适量的合金元素锰。（√）

1472. 鼓风损失发生在没有喷嘴的区域。（√）

1473. 汽轮发电机组启动过程中在过临界转速时，机组振动会急剧增加，应提升转速快速通过。（√）

1474. 冷却塔的出口水温能够降到低于当地的大气温度。（√）

1475. 通过改变轴承的支持刚度，可以改变转子的临界转速。（×）

1476. 凝汽系统的投用工作应在锅炉点火后完成。（×）

1477. 汽轮机喷嘴出口的实际速度与流动速度之比称为速度系数。（×）

1478. 氢冷发电机组检修后，要做密封性试验，漏氢量应符合发电机运行规程要求。（√）

1479. 离心水泵运行的稳定性取决于泵流量–扬程曲线的形状。（√）

1480. 汽轮机正常运行中，凝汽器真空是靠凝结排汽来建立的。（√）

1481. 汽缸的支撑和滑销系统的布置将直接影响机组通流部分轴向间隙的分配。（√）

1482. 在发电机充氢时，应使用铜制工具，且充氢速度越快越好。（×）

1483. 叶片温度升高时，自振频率将降低。（√）

1484. 沿程阻力系数只与管壁粗糙度和雷诺数有关。（×）

1485. 顶轴油泵运行中噪声大，可能是泵入口供油不足，形成负压所致。（√）

1486. 衡量火电厂经济运行的三大指标是供电量、煤耗和厂用电率。（×）

1487. 汽轮机停机中，当转子静止后，应立即投入盘车连续运行。（√）

1488. 表面式热交换器都是管内走压力高的介质。（√）

1489. 频率升高时，会使汽轮发电机组转子加速，离心力增加，造成转子的部件损坏。（√）

1490. 液压离心式调速器利用液柱旋转时产生离心力的原理，把感受到的转速变化信号转变为油压的变化信号。（√）

1491. 大型汽轮机负荷在 15％～100％变化一个循环，保持主蒸汽参数在额定值也会出现交变热应力。（√）

1492. 凝汽器在正常运行中有除氧作用，能除去凝结水中所含的氧，从而提高凝结水质量。（√）

1493. 为保证串联运行的两台水泵在高效区工作，其最佳工况点的流量必须相近。（√）

1494. 高压给水管道系统有集中母管制、切换母管制、单元制和扩大单元制。（√）

1495. 由于运行中喷嘴结垢，故级的反动度增大。（×）

1496. 机组正常运行中，调节级后汽温低于高内缸内壁温度指示是正确的。（√）

1497. 工作负责人应对工作许可人正确说明哪些设备有压力、高温和爆炸危险。（×）

1498. 火力发电厂中除去除氧器以外的回热加热器普遍采用表面式加热器，其主要原因是传热效果好。（×）

1499. 热态启动中蒸汽温度偏低时，会产生负胀差。（√）

1500. 冷油器运行中水侧压力应大于油侧压力，以确保油不会泄漏。（×）

1501. 汽轮机轴端输出功率也称为汽轮机的有效功率。（√）

1502. 汽轮机排汽在凝汽器中凝结成水，放出汽化潜热，温度降低。（×）

1503. 流体有层流和紊流，发电厂的汽、水、风、烟等各种流动管道系统中的流动绝大多数属于层流运动。（×）

1504. 汽轮机正常运行中凝汽器的真空不是靠真空泵建立的。（√）

1505. 衡量火电厂经济运行的三大指标是发电量、煤量和厂用电量。（×）

1506. 防止汽轮机超速措施中要求每月应进行一次抽汽止回阀活动试验。（√）

1507. 汽轮机额定参数启动时，由于冲转和升速时限制进汽量，因此对汽轮机各金属部件的热应力热变形没影响。（×）

1508. 机组甩掉部分负荷（带厂用电）所产生的热应力比甩掉全部负荷（至空转）还要大。（√）

1509. 热工信号仪表一般由感受元件、中间元件和显示元件三个基本部件组成。（√）

1510. 汽轮机停机后，真空到零可以停止循环水泵运行。（×）

1511. 冷态启动时升速太快或升负荷太快会造成胀差向正值增大。（√）

1512. 蒸汽在喷嘴中膨胀，不发生损失时的焓降是有效焓降。（×）

1513. 在氢冷发电机周围明火工作时，只办理热力工作票手续。（×）

1514. 测温电阻采用三线制输入，是为了将线路电阻影响减至最小。（√）

1515. 汽轮机与发电机转子的连接通常采用半挠性联轴器，是为了减少振动。（√）

1516. 超速试验应连续做两次，两次动作转速差不应超过 18r/min。（√）

1517. 两台水泵并联运行时流量相等、扬程相等。（×）

1518. 与非生产信息系统联网时，DCS 系统可以接受信息。（×）

1519. 汽轮机椭圆形轴承在运行中可形成 3 个油锲。（×）

1520. 自动主蒸汽门和调速汽门的严密性试验可在空负荷下进行。（√）

1521. 功频电液调节可实现无差调节。（√）

1522. 额定功率下，节流调节比喷嘴调节更经济。（√）

1523. 采用喷水调节再热蒸汽温度是不经济的。（√）

1524. 只经过净化处理的水不可以作为电厂的补充水。（√）

1525. 正常运行中，氢侧密封油泵可短时停用进行清洗。（√）

1526. 如果某侧中压主汽门犯卡，关至 5％的位置关不动，可能会造成汽轮机超速。（√）

1527. 射水抽气器喷嘴堵塞时，将造成真空下降，此时抽气器前喷嘴压力也升高。（√）

1528. 汽轮机在冷态启动和加负荷过程中，蒸汽将热量传给金属部件，使之温度升高。（√）

1529. 随着蒸汽参数的提高，厂用电率也降低。（×）

1530. 低压内缸内、外壁装有遮热板的目的是减小高温进汽部分的内、外壁温差。（×）

1531. 表示工质状态特性的物理量叫状态参数。（√）

1532. 冲动式汽轮机蒸汽在喷嘴中不膨胀做功。（×）

1533. 沿程所有损失之和称为总水头损失。（√）

1534. 空负荷运行排汽温度升高是由于蒸汽管道部分疏水排入凝汽器所致。（×）

1535. 轴功率为 1000kW 的水泵可配用 1000kW 的电动机。（×）

1536. 计算机控制系统按其结构可分为集中控制系统和分散控制系统。（√）

1537. 汽轮机泊桑效应指大轴在离心力作用下变粗、变长。（×）

1538. 大型机组必须要带低负荷运行一段时间后，再做超速试验。（√）

1539. 能使用闸阀又能使用蝶阀的地方最好使用闸阀，因为闸阀比蝶阀经济。（×）

1540. 主油箱事故放油阀应设有两个钢质截止阀，并加锁，且应有明显的"禁止操作"标示牌。（×）

1541. 机组运行中当相对轴振动大于 0.260mm 时，应立即打闸停机。（√）

1542. 高压加热器水侧正常注水时，也可使用出口旁路门向系统注水。（×）

1543. 汽轮机停机从 3000r/min 打闸后，轴承振动不发生变化。（×）

1544. 调速系统调节品质主要指标为速度变动率和迟缓率。（√）

1545. 主蒸汽温度低于调节级后温度 50℃以上时应维持机组运行。（×）

1546. 汽轮机正常运行中，凝汽器真空是靠抽气器建立的。（×）

1547. 机组正常运行时，主、再热蒸汽温度在10min内突然下降70℃时，应立即打闸停机。（×）

1548. 可靠性是评价火电机组分散控制系统性能的一个重要因素。为提高分散式控制系统的可靠性，冗余技术是经常采用的一种方式，它包括网络、现场处理器、操作员站、重要信号的冗余等。（√）

1549. 高压加热器疏水管道振动是一种正常现象。（×）

1550. 汽轮机的启停过程是一个稳定的导热过程。（×）

1551. 汽轮机冷态启动过程中，蒸汽对金属的凝结放热时间较长，一般要到汽轮机定速，凝结放热才停止。（×）

1552. 汽轮机轴封系统的作用是防止汽缸内蒸汽向大气中泄漏。（×）

1553. 加热器的水位太高，其出口水温会降低。（√）

1554. 汽轮机上下缸存在较大温差时，会产生较大的热应力，因此应限制上下缸温差。（√）

1555. 蒸汽初压和初温不变时，降低排汽压力可提高朗肯循环的热效率。（√）

1556. 运行中发现给水泵电流表摆动、出口压力摆动，该泵可能发生汽化，但不严重。（√）

1557. 机组运行中胀差发生变化，则轴向位移也发生变化；反之亦然。（×）

1558. 流体与壁面间温差越小，换热量越大，对流换热热阻越大，则换热量也越大。（×）

1559. 电液转换器作用时，将电调的电压信号转变成位移信号。（×）

1560. 电厂中容易发生汽蚀现象的泵有凝结水泵、给水泵。（√）

1561. 门杆漏汽始终是导入除氧器的。（×）

1562. 冷油器中存有空气时会导致润滑油温升高。（√）

1563. 高压加热器不能随机组同时启动。（×）

1564. 蒸汽在喷嘴和动叶片中都膨胀的汽轮机为冲动式汽轮机。（×）

1565. 按传热方式划分，高压加热器属于混合式加热器。（×）

1566. 循环泵跳闸后，出口碟阀联关；备用泵联启，出口碟阀联开。（√）

1567. 汽轮机热态启动中注意汽缸温度变化，不应出现温度下降，出现温度下降时，查无其他原因应尽快升速或并列接带负荷。（√）

1568. 汽轮机负荷越大，则漏入凝汽器的空气越多。（×）

1569. 射气式抽气器在某一个凝汽量下，工作蒸汽压力越高，则相应的抽气压力就越高。（×）

1570. 冬季水塔内挂冰，对水塔的填料损坏最严重。（√）

1571. 汽轮机寿命的终止标志着汽轮机工作能力的降低，但仍可以继续运行。（√）

1572. 提高除氧器的布置高度，设置再循环管的目的都是为了防止给水泵汽化。（√）

1573. 汽轮机润滑油温过低，可能造成油膜破坏，严重时可能造成烧瓦事故，所以一定

要保持润滑油温在规定范围内。（×）

1574．相变点即在超临界压力下，水全部汽化变为蒸汽时的温度，又称为临界温度。不同的压力，相变点温度不同。（×）

1575．一根直径为108mm、厚度为4mm的水管，在流速不变的情况下，欲使流量增加一倍，管径也要增加一倍。（×）

1576．汽轮机是把蒸汽轮机的热能转变为电能的动力机械。（×）

1577．喷嘴调节反动式汽轮机的各级都是反动级。（×）

1578．低周疲劳主要是由于机组启停时的变交热应力造成的。（√）

1579．汽轮机在稳定工况下运行时，汽缸和转子的热应力趋近于零。（√）

1580．汽轮机故障跳闸时，连锁会立即跳开发电机主开关。（×）

1581．变压运行汽压降低、汽温不变时，汽轮机各级容积流量、流速近似不变，能在低负荷时保持汽轮机内效率不下降。（√）

1582．凝结水的精处理设备严禁退出运行。（√）

1583．凝汽器换热管发生泄漏凝结水品质超标时，应及时查找、堵漏。（√）

1584．通常气道、人工呼吸和胸外心脏按压是心肺复苏法支持生命的三项基本措施。（√）

1585．滑参数停机汽温下降速率应小于1.5℃/min。（×）

1586．工作人员接到违反有关安全规程的命令时，也应执行。（×）

1587．汽轮机最主要的保护是润滑油压低保护。（×）

1588．机械密封的特点是摩擦力小、寿命长、不易泄漏，在圆周速度较大的场所也能可靠地工作。（√）

1589．平衡汽轮机轴向推力的主要手段是推力轴承。（×）

1590．虽影响设备出力和经济性，但不影响主机继续运行，由于受客观条件限制，在运行中暂时无法解决，必须在设备停运后才能解决的设备缺陷，称为三类设备缺陷。（×）

1591．汽轮机监视段压力反映汽轮机通流部分的工作状态，若某个加热器停止运行，则在相同负荷下该段后的监视段压力升高。（√）

1592．离心泵的主要部件有吸入室、叶轮、压出室、轴向推力平衡装置及密封装置等。（√）

1593．消防工作的方针是，以消为主，以防为辅。（×）

1594．一般规定电动机的空转试验不得小于30min。（√）

1595．为了赶走调节系统内的空气，当机组启动时，开高压油泵前启动润滑油泵向高压油泵及调节系统充油。（√）

1596．由于油系着火而故障停机时，应启动调速油泵或润滑油泵。（×）

1597．凝汽器端差是指汽轮机排汽压力下的饱和温度与循环水入口温度之差。（×）

1598．反动级的效率比纯冲动级高。（√）

1599．采用喷嘴调节工况的汽轮机，调节最危险工况发生在第一调节阀全开，第二调节阀尚未开启时。（√）

1600. AST 油与无压回油油路接通，AST 油将快速泄压，引起 OPC 同时泄压，主汽门和调门关闭。（√）

1601. 凝结水泵水封环的作用是阻止泵内水漏出。（×）

1602. 再热蒸汽的特点是密度较小、放热系数较低、比热较小。（√）

1603. 蒸汽的初压力和终压力不变时，提高蒸汽初温能提高朗肯循环热效率。（√）

1604. 离心泵允许带负荷启动，否则启动电流大将损坏设备。（×）

1605. 汽轮机进水故障停机时，应正确记录惰走时间。（√）

1606. 叶片用围带和拉筋连接成组，是为了减少蒸汽作用的弯应力。（√）

1607. 当润滑油压降至 0.06～0.07MPa 时联动直流润滑油泵，并停机。（√）

1608. 汽轮机正常停机，当转子静手动盘车正常时，方可启动盘车连续运行。（×）

1609. 水蒸气经节流后不仅压力降低、温度降低，而且做功能力也降低。（√）

1610. 抽气器的任务是建立真空和抽出漏入凝汽器的空气。（√）

1611. 运行中给水泵电流摆动、流量摆动，可能是该泵已发生汽化，但不严重。（√）

1612. 循环泵电动机轴瓦烧了后，油的颜色会变黑。（√）

1613. 汽轮机自动主蒸汽门严密性试验，必须在额定汽压、额定真空和额定转速下进行。（×）

1614. 处于备用状态的给水泵其勺管位置应放于"零位"。（×）

1615. 当停运给水泵发生倒转时，应立即关闭泵入口阀门。（×）

1616. 运行中给水泵电流摆动、流量摆动，该泵已发生汽化，但不严重。（×）

1617. 流体与壁面之间进行的热量传递过程叫对流传热。（√）

1618. 当发电机内气体置换为二氧化碳后方可停止密封油系统。（×）

1619. 在氢站进行检修工作时，只能使用铜制工具。（×）

1620. 水泵汽化可能导致管道冲击和振动、轴窜动，动静部分发生摩擦，使供水中断。（√）

1621. 动圈式温度表中的张丝除了产生反作用力矩和支撑轴的作用，还起导电作用。（√）

1622. 润滑油对轴承起润滑、冷却、清洗等作用。（√）

1623. 阀门水压试验的压力应为公称压力的 1.25 倍，保持 15min。（√）

1624. 采用回热循环，可以提高循环热效率，降低汽耗率。（×）

1625. 电泵运行时，若其所在 6kV 厂用母线失电，应立即断开电源开关。（√）

1626. 滑压运行使汽轮机变负荷的速度变慢。（√）

1627. 离心水泵 Q-H 性能曲线出现驼峰形状时，泵能稳定运行。（×）

1628. 离心泵叶轮上开平衡孔的作用是平衡叶轮的质量。（×）

1629. 汽轮机在停止后盘车不能即时投入或盘车连续运行中停止，应查明原因，修复后立即投入盘车。（×）

1630. 给水泵入口法兰漏水时，应进行紧急故障停泵。（×）

1631. 胶球的直径应略小于凝汽器换热管的内径。（×）

1632. 汽轮机各级叶片经调频处理，可以在49.5～50.5Hz长期安全运行。（√）

1633. 高压加热器随机启动时疏水可以始终导向除氧器。（×）

1634. 膜状凝结时蒸汽与壁面之间隔着一层液膜，凝结只在液膜表面进行，汽化潜热则以导热和对流方式穿过液膜传到壁面上。（√）

1635. 机组旁路系统可供机组甩负荷时使用。（√）

1636. 机跟踪控制方式适用于承担调峰负荷的单元机组。（×）

1637. 加热器泄漏会使上端差升高、出口水温下降、汽侧水位高、抽汽管道被冲击。（√）

1638. 当主蒸汽温度不变、压力降低时，汽轮机的热耗量增加。（√）

1639. 低负荷运行，汽轮机采用节流调节比采用喷嘴调节时效率高。（×）

1640. 通过危急保安器的充油试验的动作数值，可以换算出在超速时危急保安器的动作数值。（×）

1641. 超高压汽轮机的高、中压缸采用双层缸结构，在夹层中通入蒸汽，以减小每层汽缸的压差和温差。（√）

1642. 发电机置换、排污过程中，氢气排出地点周围20m以内禁止有明火。（√）

1643. 主蒸汽管的管壁温度测点设在汽轮机主汽门前的主汽管道上。（√）

1644. 汽轮发电机找中心时，当轴承座膨胀较大时，电动机转子应比汽轮机转子高，并处于上胀口状态。（√）

1645. 汽缸的"死点"即是汽缸的固定点，一般在汽缸纵销中心线与横销中心线的交点处。（√）

1646. 如果汽轮机的出力保持不变，增加级内焓降，则叶片的高度和喷嘴的部分进汽度减少。（√）

1647. 真空泵启动前，应检查入口蝶阀在开启位置。（×）

1648. 调速系统大修后，开机前做静态试验的目的是测量各部件的行程量限和传动关系，调整有关部件的始终位置、动作时间等，并与厂家提供的关系曲线比较，是否符合厂家要求，工作是否正常。（√）

1649. 汽轮机热态启动时润滑油温不得低于38℃。（√）

1650. 中压联合汽门开启时，应先开主汽阀，后开调节阀。主汽阀前后压力平衡，调节阀四周受力，开启比较省力。（√）

1651. 不能同时对两侧主汽门进行活动试验。（√）

1652. 水泵电动机两相运行现象：电流大幅度异常升高或到零；电动机有异声，温度降低，转速明显升高；水泵出口压力及流量大幅度下降。（×）

1653. 机组启动在低转速下进行摩擦检查是因为在低转速下摩擦危害小。（×）

1654. 若给水泵汽轮机的三个转速点均故障，或偏差过大，会造成给水泵汽轮机"遥控"退出。（√）

1655. 凝汽器的真空越高，则机组发电量越多，因此经济性就越高。（×）

1656. 转子自然挠曲变形引起的附加不平衡可以忽略不计的称为刚性转子。（√）

1657. 汽轮机轮周效率最高时的速度比称为理想速度比。（×）

1658. 提高冷源温度，降低热源的温度，可以提高卡诺循环的热效率。（×）

1659. 管子外壁加装肋片（俗称散热片）的目的是强化传热，使传递热量增加。（√）

1660. 发电机与系统并列运行时，若增加发电机有功，发电机的无功不变。（×）

1661. 在进行超速试验之前严禁做喷油试验。（√）

1662. 凝汽器铜管的排列方式有垂直、横向和辐向排列等。（×）

1663. 离心泵按泵壳结合位置形式分类可分为射流式泵和轴流式泵。（×）

1664. 正常运行时，AST 电磁阀失电关闭泄油孔，AST 油压正常建立。（×）

1665. 复合变压运行，各方式均优于纯变压和节流变压运行。（√）

1666. 汽轮机动叶片结垢将引起轴位移增大。（√）

1667. 汽轮机轴封系统的作用是为了防止向汽缸内漏空气。（×）

1668. 当汽轮机转速达到额定转速的 110％～111％时，超速保护装置动作，紧急停机。（√）

1669. 变压运行方式下，变工况时汽轮机金属温度基本不发生变化。（√）

1670. 给水泵平衡盘的作用是密封作用。（×）

1671. 高压加热器全部切除后，汽轮机的正向轴向位移增大，高排压力增大。（×）

1672. 活动支架除承受管道质量外，还限制管道的位移方向，即当温度变化时使其按规定方向移动。（√）

1673. 蒸汽在汽轮机内的膨胀是在喷嘴和动叶中分步完成的，其动叶片主要按反动原理工作的汽轮机称为冲动反动联合式汽轮机。（×）

1674. 滑动轴承的温度不得超过 100℃。（×）

1675. 汽轮机相对效率表示了汽轮机通流部分工作的完善程度，一般该效率在 78％～90％。（√）

1676. 并列运行的 2 台容量不同的机组，如果其调节系统的迟缓率与速度变动率相同，当发生扰动时，其摆动幅度相同。（×）

1677. 离心泵启动前应关闭出口门，开启入口门。（√）

1678. 换热的基本方式有导热、对流、辐射。（√）

1679. 冷却水温升与机组负荷成相同方向变化。（√）

1680. 汽轮机的停运比启动更容易使汽缸产生裂纹。（√）

1681. 给水泵勺管位置越高，进油量越多。（×）

1682. 进行现场急救时，如发现伤员停止呼吸，可以放弃抢救。（×）

1683. 汽轮机冷态启动暖机效果主要在于中速、高速暖机过程。（√）

1684. 凝汽器的真空越趋向于极限真空，其内功率越大。（×）

1685. 高压排汽止回阀在电磁阀失灵、卡涩且发生倒流时，仍会自行关闭。（√）

1686. 水泵的吸上高度越大，水泵的入口真空越高。（√）

1687. 凝汽器水位过高的明显标志是水位显示高。（√）

1688. 加热式除氧器利用气体在水中溶解的性质进行除氧。（√）

1689. 机组出现"ASP 油压高"报警信号，是由于 AST 电磁阀动作的结果所致，此时若主汽门未关闭，应尽快申请停机。（×）

1690. 若两个物体的质量不同，比热相同，则它们的热容量相等。（×）

1691. 汽轮机在空负荷时排汽温度一般不超过 120℃，带负荷时排汽温度一般不超过 80℃。（√）

1692. 当汽轮机金属温度低于主蒸汽或再热蒸汽温度时，蒸汽将在金属壁凝结，热量以凝结放热的方式传给金属表面。（×）

1693. 汽轮机电液调节的主要作用是调节有功功率。（×）

1694. 热电偶的热端温度不变，而冷端温度升高时，热电偶的输出电势将减小。（√）

1695. 注油器出口油压波动可能是注油器喷嘴堵塞、油箱油位太低或油中泡沫太多。（√）

1696. 管子外壁加装助片（俗称散热片）的目的是使热阻增大，传递热量减小。（×）

1697. 汽包锅炉的排污操作主要是依据炉水中的二氧化硅含量。（√）

1698. 汽轮机发生水冲击时，导致轴向推力急剧增大的原因是蒸汽中携带的大量水分使蒸汽流量增大。（×）

1699. 机组启动前连续盘车时间应执行制造厂的有关规定，至少不得少于 2～4h，热态启动不少于 4h。若盘车中断应重新计时。（√）

1700. 汽轮发电机组的振动状况是运行调整水平的综合表现。（×）

1701. 主油箱排烟风机备用时出入口门应打开。（×）

1702. 火电厂经济运行的关键是减少燃料消耗量，此外节电、节水、加强对设备的改造、保养及提高检修质量也是火电厂经济运行的重要方面。（√）

1703. 对凝汽式汽轮机，各级的压力与蒸汽温度成正比。（×）

1704. 高压汽轮机叶片上的主要沉积物是碳酸盐垢。（×）

1705. 层流是指液体流动过程中，各质点的流线互不混杂、互不干扰的流动状态。（√）

1706. 端差越大凝汽器换热效率越高。（×）

1707. 汽轮机进汽方式有节流调节、喷嘴调节等。（√）

1708. 密封油系统中的油、氢自动跟踪调节装置是在氢压变化时自动调节密封油压的。（√）

1709. 在压力管路中，由于液体流速的急剧变化，从而造成管中的液体压力显著、反复、迅速地变化，对管道有一种"锤击"的特征，这种现象称为水锤。（√）

1710. 汽轮机冷态启动冲转时和升速中，蒸汽对转子的传热属于凝结放热。（×）

1711. 发电机冷却方式效果最好的是水内冷。（√）

1712. 汽轮机超速既与保护系统有关系，又与调节系统有关系。（√）

1713. 蒸汽在喷嘴中膨胀，不发生损失时的焓降是滞止焓降。（×）

1714. 按外力作用的性质不同，金属强度可分为抗拉强度和抗压强度、抗弯强度、抗扭强度等。（√）

1715. 系统电源应设计有可靠的两路供电电源，备用电源的切换时间应小于 10ms。

（×）

1716. 汽轮机负荷增加时，流量增加，各级的焓降均增加。（×）

1717. 汽轮机射汽式抽气器冷却满水时，抽气器的排气口有水喷出，抽气器外壳温度低，内部有撞击声，疏水量增加。（√）

1718. 靠近高温管道、阀门等热体的电缆应有隔热措施，靠近带油设备的电缆沟盖板应密封。（√）

1719. 汽轮机保护动作跳闸，将同时关闭高、中压主汽阀、调汽阀。（√）

1720. 调速系统的稳定性、过渡过程的品质、系统动作的迅速性和过程的振荡性是衡量调节系统动态特性的四个指标。（√）

1721. 循环水温度升高，凝汽器真空下降。（×）

1722. 通常汽轮机循环冷却水的循环倍率在 30～50 倍范围内。（×）

1723. 凝汽器的水位越低越好。（×）

1724. 空侧密封油回油系统中设置 U 形管的目的是防止油中的氢气进入汽轮机的油系统。（√）

1725. 汽轮机并网运行时，可使用同步器改变转速 n，进而绘制出转速感应机构的特性曲线。（×）

1726. 任何生产工作都存在着不同程度危及人身及设备安全的因素，凡进行运行、维护、检修、试验工作都必须进行危险点分析。（√）

1727. 操作同步器可进行一次调频。（×）

1728. 发电机风温过高会使定子线圈温度、铁芯温度相应升高，使绝缘发生脆化，丧失机械强度，发电机寿命大大缩短。（√）

1729. 当除氧器发生振动时，应迅速降低该除氧器负荷。（√）

1730. 水泵入口处的汽蚀余量称为有效汽蚀余量。（√）

1731. 低压微过热蒸汽的放热系数比高压过热蒸汽和湿蒸汽的放热系数小。（√）

1732. 汽轮机推力轴承只承受转子的轴向推力。（√）

1733. 工质的压力、温度、比体积三者关系中，当温度不变时，压力与比体积成反比。（√）

1734. 反映汽轮发电机组经济性最完善的经济指标是厂用电率。（×）

1735. 无论启动还是停机，都应尽可能减少机组在空负荷的运行时间。（√）

1736. 得到总工程师批准解除保护的机组可以长期运行。（×）

1737. 调节系统动态特性试验的目的是测取从一个稳定工况过渡到另一个稳定工况的过渡过程中汽轮机组的功率、转速、调节汽门开度等参数随时间的变化规律，以准确评价过渡过程的品质。（√）

1738. 热力除氧器是以加热沸腾的方式除去水中溶解的氧气以及其他气体的一种设备。（√）

1739. 汽轮机在减负荷时，蒸汽温度低于金属温度，转子表面温度低于中心孔的温度，此时转子表面形成拉伸应力，中心孔形成压应力。（√）

1740. 高速盘车能形成油膜，故可不设顶轴油泵。（×）

1741. 汽轮机隔板主要由隔板体、喷嘴叶片和外缘组成。（√）

1742. 同一种流体，其密度随温度和压力的变化而变化。（√）

1743. 喷嘴调节汽轮机运行中，当初压升高（初温、背压不变）时，若保持进汽量不变，则汽轮机的内功率不变。（×）

1744. 焓熵图中，在湿蒸汽区域内，等温线就是等压线。（√）

1745. 中间再热机组设置旁路系统的作用之一是保护再热器。（√）

1746. 加热器的水位太高，其出口水温会升高。（×）

1747. 两个物体比热容相同，质量不同，热容量不相等。（√）

1748. 机组掉闸后，主蒸汽压力过高时，可用疏水门泄压。（×）

1749. 速度变动率越大，调节系统的静态特性线越陡，因此调频机组的速度变动率应大些。（×）

1750. 过热蒸汽的过热度等于蒸汽的温度减去对应压力下的饱和温度。（√）

1751. 一般来说，转子直径越大，质量越轻，跨距越小，轴承支承刚度越大，则转子的临界转速就越低；反之，则越高。（×）

1752. 离汽缸的死点越远，则汽轮机的胀差越大。（√）

1753. 正常运行中除氧器缺水时，可通过开启锅炉上水泵向除氧器上水。（×）

1754. 汽轮机由于急剧的加热或冷却将造成汽轮机部件膨胀不均，机组动静部分发生摩擦使机组产生振动。（√）

1755. 所有低压加热器均带有内置式疏水冷却段，均为淹没式结构。（×）

1756. 混流式和轴流式水泵是属于低比转速的泵类。（×）

1757. 降低凝汽器端差的措施：保持循环水质合格；保持清洗系统运行正常，冷却水管清洁；防止凝汽器汽侧漏入空气。（√）

1758. 为了保证安全运行，且减小机组因甩负荷而造成的热应力，就要尽量避免汽轮机甩负荷后带低负荷运行的工况。（√）

1759. 超速保安器装置手打试验的目的是检查危急保安器动作是否灵活可靠。（×）

1760. 采用回热循环将汽轮机中一部分做了功的蒸汽抽出送入加热器加热凝结水或给水，使之温度提高，就可以减少进入锅炉后吸收的热量，从而节约了燃料，另外，由于抽出的蒸汽不在凝汽器中凝结，减少了冷源损失，因此会提高热效率。（√）

1761. 凝汽式汽轮机当蒸汽流量减少时，调节级和中间级焓降近似不变，但末级焓降增大。（×）

1762. 电接点式水位计，其水位显示是不连续的。（√）

1763. 由于轴向推力的大小随负荷、蒸汽参数等运行工况条件而变化，因此汽轮机必须设置推力轴承。（√）

1764. 汽动给水泵严重汽化，使汽动给水泵转速突降。（×）

1765. 混合式加热器可以将水直接加热到蒸汽压力下的饱和温度，无端差。（√）

1766. 松弛是在总变形不变的情况下应力逐渐降低，由弹性变形变为塑性变形的一种现

象。（√）

1767. 运行中高压加热器解列将影响轴位移变化。（√）

1768. 水泵中离心叶轮的抗汽蚀性能比诱导轮高得多。（×）

1769. 汽轮机升速过程中，严禁硬闯临界转速。（√）

1770. 汽轮机的自动保护装置在运行中动作可靠，机组启动前不应进行模拟试验。（×）

1771. 冷态启动时，采用低压微过热蒸汽冲动汽轮机将更有利于汽轮机金属部件的加热。（√）

1772. 发生 EH 油系统泄漏严重，油箱油位无法维持时，应进行紧急故障停机。（√）

1773. 汽缸上下缸温差过大，会使轴封发生摩擦及振动，引起大轴弯曲。因此，必须重视汽缸上下缸温差的变化。（√）

1774. 发电机内充有氢气，且发电机转子在静止状态时，可不供密封油。（×）

1775. 凝结水泵流量大大超过设计值时，凝结水位过低，这时容易引起水泵发生气蚀。（√）

1776. 汽耗率是判断不同参数机组经济性好坏的指标之一。（×）

1777. 转子在一阶临界转速以下，汽轮机轴承振动值达 0.08mm 应立即打闸停机，过临界转速时，汽轮机轴承振动值达 0.18mm 应立即打闸停机。（×）

1778. 自动控制系统的执行器按驱动形式不同分为气动执行器、电动执行器和液体执行器。（√）

1779. 蒸汽在汽轮机中做功的过程可近似看做是绝热膨胀过程。（√）

1780. 汽轮机运行中发现轴承回油窗上有水珠，则说明油中含有水分。（√）

1781. 大型汽轮机冷态启动定速后可进行超速试验。（×）

1782. 凝结水补水泵电流和出口压力晃动，出现打水不好的现象，可能是由于泵入口窜入空气引起。（√）

1783. 极热态启动时，由于转子温度高于脆性转变温度，因而比较适合于做超速试验。（×）

1784. 大容量机组采用高参数后，经济性高；而小容量机组采用高参数后，经济性并不高。（√）

1785. 为了防止管道热胀冷缩而产生应力，应设有必要数量的伸缩节。（√）

1786. 汽轮机大、小修后，均应做直流油泵的启动试验，试验时出口门应开启。（√）

1787. 发电厂的转动设备和电气元件着火时不准使用二氧化碳灭火器。（×）

1788. 汽轮机启动过程中要进行低速暖机、中速暖机、高速暖机工作。（×）

1789. 凝结水过冷却度大是造成凝结水溶氧大的一个原因。（√）

1790. 滑动轴承温度超过 85℃时应紧急停止运行。（×）

1791. 故障停机时，如机电炉大连锁未动作，应通知电气解列、锅炉灭火。（√）

1792. 密封油系统的投运可以在汽轮机盘车启动后进行。（×）

1793. 蒸汽流经喷嘴时，压力降低，比体积将减小，热能转变为动能，所以蒸汽流速增加了。（×）

1794. 当阀壳上无流向标志时，对于截止阀，介质应由阀瓣上方向下流动。（×）

1795. 轴封风机启动后，应检查入口挡板门开启，备用风机不倒转。（√）

1796. 油净化装置是对汽轮机油进行水分分离与杂质过滤的装置。（√）

1797. 汽轮机的转动部分包括轴、叶轮、动叶栅和联轴器、盘车装置和装在转子上的其他部件。（√）

1798. 轴封加热器水封筒注水应在机组启动送轴封前进行。（√）

1799. 机组正常运行时，高压调门一挡漏汽应打开至除氧器门、关闭至三段抽汽门。（×）

1800. 传热温压指的是放热介质进出口平均温度与吸热介质进出口平均温度之差。（×）

1801. 汽轮机本体疏水应单独接入扩容器或联箱，不得接入其他压力疏水。（√）

1802. 凝汽器的端差越小越好。（√）

1803. 驱动给水泵的汽轮机具有多个进汽汽源。（√）

1804. 在压力管道中，由于压力的急剧变化，从而造成流体流速显著地变化，这种现象称为水锤。（×）

1805. 调节系统的迟缓率越大越好。（×）

1806. 蒸汽对金属的放热系数与蒸汽的状态有很大关系，高压微过热蒸汽的放热系数比高压过热蒸汽和湿蒸汽的放热系数都小。（√）

1807. 对新投产的机组或汽轮机调节系统经重大改造后的机组必须进行甩负荷试验。（√）

1808. 盘车状态下用少量蒸汽加热，高压缸加热至 150℃ 时再冲转，减少了蒸汽与金属壁的温差，温升率容易控制，热应力较小。（√）

1809. 调频机组的速度变动率应小于 2%。（×）

1810. 大型氢冷发电机要严格控制机内氢气湿度，防止机内结露。（√）

1811. 汽轮机滑销系统的作用在于防止汽缸受热膨胀而保持汽缸与转子中心一致。（×）

1812. 从干饱和蒸汽加热到一定温度的过热蒸汽所加入的热量叫过热热。（√）

1813. 运行中发现高压加热器钢管泄漏，应立即关闭三通门切断进入高压加热器的给水。（√）

1814. 油系统油质应按规程要求定期进行化验，油质劣化及时处理。在油质及清洁度超标的情况下，严禁机组启动。（√）

1815. 错油门活塞的过封度越大，调节系统的迟缓率越大。（√）

1816. 大气压随时间、地点、空气的湿度和温度的变化而变化。（√）

1817. 疏水回收系统采用疏水泵方式热经济性高，所以回热系统设计时应多采用疏水泵方式回收疏水。（×）

1818. 由于中间再热的采用削弱了给水回热的效果。（√）

1819. 汽轮机滑销系统的作用在于防止汽缸受热位移而保持与转子中心一致。（×）

1820. 油系统应尽量避免使用法兰连接，禁止使用铸铁阀门。（√）

1821. 汽轮机打闸，轴封用汽量会突然增加。（√）

1822. 湿空气中包含的水蒸气质量与干空气质量之比值称为含湿量。（√）

1823. 单列调节级喷嘴采用子午面型线是为了减少端部损失，提高效率。（√）

1824. 运行中只需进行主汽门活动试验，不需进行调节汽门活动试验。（×）

1825. 调速系统是由感受机构、放大机构、执行机构、反馈机构组成。（√）

1826. 喷嘴配汽式汽轮机在负荷最大时，其各级叶片承受的应力最大。（×）

1827. 快速冷却时，采用顺流冷却方式从热应力角度来说比较合理，且操作较为方便。（×）

1828. 不可压缩流体在稳定流动状态下，沿程流量保持不变。（√）

1829. 汽门严密性差，可能造成汽轮机超速。（√）

1830. 汽轮机危急保安器动作转速整定为额定转速的 $110\% \sim 112\%$，且两次动作的转速差不应超过 0.6%。（√）

1831. 汽轮机启动、停机过程中，轴振、瓦振保护系统不必投入。（×）

1832. 汽轮机调速级处的蒸汽温度与负荷无关。（×）

1833. 汽轮机正常运行中蒸汽在汽轮机内膨胀做功，将热能转换为机械能，同时又以导热方式将热量传给汽缸、转子等金属部件。（×）

1834. 在 ATC 控制下，运行中的机组可以自动根据电网需要来增减负荷。（×）

1835. 由于传热热阻的存在，表面式加热器传热端差不可能为零。（√）

1836. 汽轮机的超速多发生于保护动作跳开发电机主开关之后。（×）

1837. 在机组启动过程中发生油膜振荡时，可以像通过临界转速那样以提高转速冲过去的办法来消除。（×）

1838. 换热器逆流布置时，由于传热平均温差大，传热效果好，因此可增加受热面。（×）

1839. 喷嘴调节的汽轮机调阀常带有预启阀。（√）

1840. 换热面积减小将使表面式加热器端差增大。（√）

1841. 给水泵进口门不严密时，严禁启动给水泵。（×）

1842. 汽轮机挂闸后，检查高、中压主汽门应开启。（×）

1843. 汽轮机运行中，汽缸通过保温层、转子通过中心孔都有一定的散热损失，所以汽轮机各级的金属温度略低于蒸汽温度。（√）

1844. 流体与壁面间温差越大，换热面积越大，对流换热热阻越大，则换热量也应越大。（×）

1845. 钢材抵抗外力破坏作用的能力，称为金属的疲劳强度。（×）

1846. 除氧器的作用就是除去系统补水中的氧气。（×）

1847. 电厂中常发生汽蚀现象的泵有凝结水泵、给水泵、循环水泵。（×）

1848. 加热器的端差是指加热器出口水温与本级加热器工作蒸汽压力所对应的饱和温度的差值。（√）

1849. 汽轮机变工况时，推力盘有时靠工作瓦块，有时靠非工作瓦块。（√）

1850. 机组带负荷运行，可以进行 ETS 通道在线试验。（√）

1851. 泵的种类按其作用可分为离心式、轴流式和混流式三种。（×）

1852. 氢冷发电机一旦引起着火和爆炸，应迅速关闭来氢阀门，并用泡沫灭火器和1211灭火器灭火。（×）

1853. 蒸汽对金属的放热系数与蒸汽的状态有很大关系，高压过热蒸汽的放热系数小于湿蒸汽放热系数。（√）

1854. 采用回热循环，可以提高循环效率，降低热耗率。（√）

1855. 绝对压力与表压力的关系为：绝对压力＝表压力。（×）

1856. 所谓的最佳真空，是指汽轮机出力达到最大时所对应的凝汽器真空。（×）

1857. 汽轮发电机组每生产1kWh的电能所消耗的热量叫汽效率。（×）

1858. 凝汽器真空是随着蒸汽负荷减小而降低的。（√）

1859. 机组整套启动试运是指由机电炉第一次联合启动开始到72h或168h试运合格移交生产为止的全过程。（√）

1860. 蠕变是在热应力变化的条件下，不断地产生塑性变形的一种现象。（×）

1861. 并列运行的汽轮发电机组间负荷经济分配的原则是按机组汽耗（或热耗）微增率从大到小依次进行分配。（×）

1862. 汽轮机3000r/min打闸后，高、中压缸胀差不发生变化。（×）

1863. 滑参数停机过程中，应控制调节级后汽温不低于高压内缸法兰内壁金属温度35℃。（×）

1864. 水泵汽蚀发生时，会发出异声且电流摆动。（√）

1865. 水泵的密封环的作用是分隔高压区与低压区，以减少水泵的容积损失，提高水泵的效率。（√）

1866. 运行中凝汽器进行半边隔离时，应先隔离水侧，然后关闭空气门。（×）

1867. 由于传热热阻的存在，表面式加热器传热端差可能为零。（×）

1868. 观察流体运动的两个重要参数是压力和流量。（×）

1869. 氧气、乙炔、液氯钢瓶应垂直立放。（×）

1870. 汽轮机低负荷和打闸时，轴封用汽量会减小。（×）

1871. 机组运行中，高压外缸上下缸温差超过50℃，高压内缸上下缸温差超过35℃，应打闸停机。（√）

1872. 给水泵汽轮机高压汽源未投入，而高压调门有开度时，欲降低给水泵汽轮机转速，必须迅速设法降低给水泵汽轮机阀位到100％以下，才能有效控制给水泵汽轮机转速。（√）

1873. 汽轮机运行中当发现主蒸汽压力升高时，应对照自动主汽门前后压力及各监视段压力分析判断采取措施。（√）

1874. 汽轮机无论就地挂闸与否，高压密封备用油压和抗燃油压正常后，控制室内四个AST电磁阀复位后，汽轮机即可挂闸成功。（×）

1875. 正胀差对汽轮机的危害比负胀差大。（×）

1876. 工作转速大于2倍临界转速时，轴承才可能发生油膜振荡。（√）

1877. 当发现汽轮机 ETS 保护动作首出为"EH 油压低"、"润滑油压低"同时出现时，可以判断为就地手动打闸。（×）

1878. 对动叶做功的力是蒸汽作用在动叶片上的力在圆周方向的分力。（√）

1879. 并网后，若主蒸汽温度下降，应迅速升负荷，增加进汽量，以提高汽温。（×）

1880. 在热力循环中，提高初温循环的热效率增大。（√）

1881. 辅机轴承在无制造厂的特殊规定时，滑动轴承温度应小于 80℃，滚动轴承温度应小于 100℃。（√）

1882. 喷嘴的速度系数越大，喷嘴损失越大。（×）

1883. 焓熵图中湿蒸汽区等压线就是等温线。（√）

1884. 工作转速低于临界转速的汽轮机转子称为刚性转子，这种转子在启动过程中没有共振现象产生。（√）

1885. 大容量汽轮机组"OPC"快关保护动作时，同时关闭高、中压调速汽门。（√）

1886. 汽轮机找中心的目的之一，就是为使汽轮发电机各转子的中心线连成一条直线。（×）

1887. 由于氢气不能助燃，因此发电机绕组元件被击穿时着火的危险性很小。（√）

1888. 做高、中压主汽门、调门严密性试验时，当机组转速降至合格转速后，应直接打闸。（√）

1889. 分散控制中的基本控制单元可以实现模拟量控制和顺序控制，完成常规模拟仪表所能完成的功能，并且在数量上有很多个。（√）

1890. 精处理系统设置自动旁路的原因是为防止精处理系统故障造成断水。（√）

1891. 凝结水泵水封环的作用是防止空气漏入泵内。（√）

1892. 凝汽器水位过高的明显标志是凝结水过冷度大。（×）

1893. 为防止冷空气冷却转子，必须等真空到零后，方可停用轴封蒸汽。（√）

1894. 加热器投停过程中应严格控制出口水温升率，高压加热器出口温升率≤56℃/h，不能超过 110℃/h。低压加热器温度变化率以 2℃/min 为宜，不大于 3℃/min。（√）

1895. 加热器投入时应先投水侧，后投汽侧；停止时先停汽侧，后停水侧。（√）

1896. 机组正常运行中，加热器投入时，应保证凝结水处理装置投入，高压加热器疏水水质合格后切至除氧器。（√）

1897. 受热面管子的壁温≤580℃时可用 12Cr1MoV 的钢材。（√）

1898. 循环水冷却塔分内、外区，冬季外界温度比较低时，停止内区运行，可以防止水塔结冰。（√）

1899. 汽轮机停机后真空到零，如果凝汽器水位不高，可以马上停止循环水泵运行。（×）

1900. 水塔的蒸发量只与机组的负荷大小有关。（×）

1901. 机组运行中，当循环泵突然掉闸时，凝汽器水侧中的水不流动，对保护凝汽器铜管最有利。（√）

1902. 循环水允许的浓缩倍率越大节水效果越明显。（√）

1903. 汽轮机排汽在凝汽器内凝结过程可以近似看作定压、定温凝结放热过程。（√）

1904. 射水抽气器喷嘴堵塞时将导致真空下降，此时抽气器喷嘴前压力也降低。（×）

1905. 真空系统和负压设备漏空气，将使射汽式抽气器冒汽量增大但不影响真空。（×）

1906. 汽轮机运行中，凝汽器入口循环水水温升高，则凝汽器真空升高。（×）

1907. 凝汽设备主要由凝汽器、凝结水泵、抽气器等组成。（√）

1908. 凝结水泵安装在热水井下面 0.5～0.8m 处的目的是为了安装方便。（×）

1909. 机组运行时，大容量水-氢-氢冷却的发电机密封油压小于发电机氢压。（×）

1910. 机组转速降至 200r/min 时，可以不停止氢气冷却水系统。（×）

1911. 高压加热器水侧注水时，加热器水位计有水属于正常。（×）

1912. 当不具备随机滑启、滑停的条件时，依压力由低到高逐台投入加热器，每台加热器投入时，投入间隔时间不少于 10min。由高到低逐台停止加热器，每台加热器停止时，间隔时间不少于 10min。（√）

1913. 离心泵启动的空转时间不允许太长，通常以 2～4min 为限，目的是为了防止水温升高而发生汽蚀。（√）

1914. 球型阀与闸阀比较，其优点是局部阻力小，开启和关闭力小。（×）

1915. 水泵运行中应经常监视和检查电流、出口压力、振动、声音、轴承油位、油质和温度。（√）

1916. 高压加热器水侧注水后投运前，水侧压力比给水压力低属于正常。（×）

1917. 运行中发现凝结水泵电流摆动、压力摆动，即可判断为凝结水泵汽蚀。（×）

1918. 加热器泄漏或故障时严禁投入。（√）

1919. 检查氢冷系统有无泄漏，应使用仪器或肥皂水，严禁使用明火查漏。（√）

1920. 氢气是无色、无味、无嗅、无毒的不可燃气体。（×）

1921. 加热器必须在水位计完好、报警信号及保护动作正常的情况下才允许投入。（√）

1922. 高、低压加热器原则上采用随机滑启、滑停的方式。（√）

1923. 发电机的补氢管道必须从储氢罐引出，不得与电解槽引出的管道连接。（√）

1924. 在隔绝给水泵时，在最后关闭进口门过程中，应密切注意泵不倒转，否则不能关闭进口门。（×）

1925. 运行中发现凝结水泵电流摆动、压力摆动，可能是凝结水泵汽蚀。（√）

1926. 辅机停运后，如有倒转现象，应关闭入口阀以消除倒转。（×）

1927. 高压加热器的端差为抽汽温度与加热器进水温度的差值。（×）

1928. 冷油器属于混合式加热器。（×）

1929. 容积泵允许在出口阀关闭的情况下启动。（×）

1930. 加热器的端差越大越经济。（×）

1931. 表面式热交换器中，采用顺流式可以加强传热。（×）

1932. 机组启、停时由交流润滑油泵经冷油器向润滑油系统供油。（√）

1933. 给水泵油系统中的启动阀可控制启动油、速关油和二次油。（√）

1934. 水内冷发电机内冷水电导率过大时，应通过换水方式使定子水水质合格。（√）

1935. 机组正常运行中，应将电泵勺管位置调至 80%，保持出口门关闭状态。（×）

1936. 氢气置换应在发电机静止或盘车状态时进行，同时应保持密封油系统运行正常。（√）

1937. 发电机氢压与定子冷却水的压差必须在 0.035MPa 以上。（√）

1938. 汽轮机主油箱的作用是储油和分离水、空气、杂质和沉淀物。（√）

1939. 汽轮机盘车期间，应维持润滑油温在 21～35℃ 之间，检查顶轴油压、轴承金属温度是否正常。（√）

1940. 氢气置换采用 N_2 或 CO_2 气体作为中间介质，也可以直接充入空气排出氢气。（×）

1941. 正常运行时，主油泵出口油管向 1 号和 2 号射油器、机械超速脱扣和手动脱扣总管、高压密封备用油管供油。1 号射油器出口向主油泵入口及低压密封备用油管供油。（√）

1942. 切除所有加热器，其机组负荷最大为 50% 的额定负荷。（×）

1943. 一定压力下气体的饱和浓度与温度呈函数关系，这就是可以用露点温度表示氢气湿度的原因。（√）

1944. 发电机停运一组氢气冷却器，发电机允许带 70% 额定负荷。（×）

1945. 空侧密封油完全中断时应脱扣停机，并紧急排氢。（√）

1946. 发电机内冷水水质不合格时会引起电导率升高，管道结垢。（√）

1947. 汽轮机润滑油系统由主油泵、交流润滑油泵、直流事故油泵、氢密封油泵、顶轴盘车装置、冷油器、排烟系统、主油箱、射油器、油净化装置等组成，汽轮机主轴驱动的主油泵是蜗壳式离心泵。（√）

1948. 水内冷发电机的冷却水必须采用凝结水。（×）

1949. 汽轮机的合理启动方式是寻求合理的加热方式，在启动过程中使机组各部件热应力、热膨胀、热变形和振动等维持在允许范围内。（√）

1950. 抗燃油系统中的纤维过滤器可以降低油中的杂质和颗粒度。（√）

1951. 采用中间再热循环的目的是降低末几级蒸汽湿度和提高循环的热效率。（√）

1952. 供热式汽轮机当供热抽汽压力保持在正常范围时，机组能供给规定的抽汽量，调压系统的压力变动率为 5%～8%。（√）

1953. 正常情况，汽轮机第一级金属温度低于 200℃ 时，可停止盘车。（×）

1954. 汽轮机低压缸排汽温度低于 60℃ 时，可停止循环泵。（×）

1955. 汽轮机首级蒸汽温度应不低于首级金属温度 56℃ 以上，否则应立即打闸停机。（√）

1956. 转速达 3000r/min 后应当调整管道疏水，防止疏水量大而影响本体疏水。（√）

1957. 汽轮机停机后真空到零，如果凝汽器水位不高，可以停止凝结水泵运行。（×）

1958. 在非正常工况下，主汽压力的瞬间波动峰值不超过额定压力的 20%。（×）

1959. 热态启动中，如果低压缸差胀大，冲转前低压轴封可不送或少送。（×）

1960. 主蒸汽压力随负荷变化而变化的运行方式称为滑压运行。（√）

1961. 蒸汽温度高于 450℃ 和内径≥200mm 的蒸汽管道上应装设膨胀指示器。（×）

1962. 新机组的试生产阶段为 3 个月。（×）

1963. 当转子的临界转速低于 1/2 工作转速时，才有可能发生油膜振荡现象。（√）

1964. 调节系统的迟缓率越大，其速度变动率也越大。（×）

1965. 惰走时间的长短，可以验证汽轮机轴瓦或通流部分是否发生问题。（√）

1966. 发现汽轮机胀差变化大时，应首先检查主蒸汽温度和压力，并检查汽缸膨胀和滑销系统，进行分析，采取措施。（√）

1967. 负荷指令处理器发出的负荷指令对于汽轮机来说，相当于改变机前压力的定值。（×）

1968. 汽轮机能维持空负荷运行，甩负荷后不一定能维持额定转速。（√）

1969. 轴承的润滑方式有自身润滑和强制润滑两种。（√）

1970. 汽轮机的低油压保护应在冲车前投入。（×）

1971. 汽轮机通流部分结垢时轴向推力减少。（×）

1972. 汽轮机泊桑效应是指大轴在离心力作用下变粗、变短。（√）

1973. 汽轮机启动暖管时，要注意调节供汽阀和疏水阀的开度是为了提高金属温度。（×）

1974. DEH 单阀控制是指所有高压调门开启方式相同，各阀开度一样。（√）

1975. DEH 顺阀控制是指调门按预先给定的顺序依次开启。（√）

1976. DEH 控制系统和配汽轮机构故障时，应紧急停止汽轮机运行。（×）

1977. 汽轮机热态启动时由于汽缸、转子的温度场是均匀的，因此启动时间短，热应力小。（√）

1978. 汽轮机停机后的强制冷却介质采用空气。（√）

1979. 汽轮机推力瓦片上的钨金厚度一般为 1.5mm 左右，这个数值等于汽轮机通流部分动静最小间隙。（×）

1980. 提高初压对汽轮机的安全和循环效率均不利。（√）

1981. 由于回转效应（泊松效应）的存在，汽轮机转子在离心力作用下会变长、变细。（×）

1982. 由于汽轮机调速系统工作不良，使汽轮机在运行中负荷摆动，当负荷向减少的方向摆动时，主汽门后的压力表读数就降低。（×）

1983. 由于再热蒸汽比热容较过热蒸汽小，故等量的蒸汽在获得相同的热量时，再热蒸汽温度变化较过热蒸汽温度变化要大。（√）

1984. 主蒸汽管道保温后，可以防止热传递过程的发生。（×）

1985. DEH 中功率回路和调节级压力回路的投入顺序是：投入时先投功率回路，再投压力回路；切除时先切功率回路，再切调节级压力回路。（×）

1986. 功频电液调节中"反调现象"的产生从根本上讲是因为转速信号变化快于功率信号的变化。（×）

1987. 汽轮机发生水冲击振动会增大。（√）

1988. DEH 具有"自动"（ATC）、"操作员自动"、"手动"三种运行方式。（√）

1989. 发电机内部着火时，应打闸停机，紧急排氢，当转子惰走到近 200r/min 时，要关闭真空破坏阀，建立真空，尽量维持转速，直至火被扑灭。（√）

1990. 汽轮机连续无蒸汽运行超过 1min 时，应立即破坏真空停机。（×）

1991. 事故发生时，应按"保人身、保电网、保设备"的原则进行事故处理。（√）

1992. 滑停过程中，过、再热蒸汽过热度不大于 50℃。（×）

1993. 在至少两个高调门全开的高负荷下，汽轮机可以在允许变化范围内的任意主蒸汽压力下运行。（√）

1994. 启动时低压缸排汽温度高的原因是由于鼓风作用。（√）

1995. 任何情况下，手动解除 AGC 均需先征得值长的同意。（×）

1996. 汽轮机热态启动过程与减负荷过程相比，胀差一般是朝正值方向增大。（×）

1997. 汽轮机并网带负荷后，蒸汽参数提高，流速增大，蒸汽放热系数增大，此时可适当减小蒸汽的温升率。（√）

1998. 汽轮机的轴位移保护应在冲车前投入。（√）

1999. 转子掉叶片后，有时会引起推力瓦温度和轴承回油温度升高。（√）

2000. 机组在 TF 方式下，操作员手动改变锅炉主控的负荷指令或手动调节燃料，而主蒸汽压力由汽轮机主控控制。（√）

2001. 上下汽缸温差过大，往往是造成大轴弯曲的初始原因。（√）

2002. 主蒸汽温度急剧下降，同时转子轴位移明显增加，说明蒸汽带水，应立即打闸停机。（√）

2003. 低压缸排汽温度高易导致振动增大，严重时可能造成动静摩擦而损坏低压缸轴封。（√）

2004. 真空严密性试验可以在满负荷下进行。（√）

2005. AGC 方式下机组的目标负荷由中调遥控设定，负荷变化率可以由运行操作人员手动设定或按中调下令设定。（√）

2006. 发电机大轴接地碳刷不光用于转子接地保护，同时用来防止发电机汽侧产生的轴电压破坏轴承油膜。（√）

2007. 机组在极限真空下运行最经济。（×）

2008. 高压缸排汽通风阀及其减温水门应在机组并网后关闭。（×）

2009. 汽轮机变工况时，如果级的焓降不变，级的反动度也不变。（√）

2010. 超速试验时汽轮机转子应力比额定转速下约增加 20% 的附加应力。（×）

2011. 汽轮发电机运行中在转子轴上产生的对地静电电压，其电压的大小与汽轮机的结构和蒸汽参数有关。（√）

2012. 汽轮机凝汽器换热管结垢将使循环水出入口温差增大，造成凝汽器的端差减小。（×）

2013. 一般情况下，液体的对流放热系数比气体的大，同一种液体，强迫流动放热比自由流动放热强烈。（√）

2014. 氢冷发电机氢气纯度应大于 90%。（×）

2015. 汽轮机热态启动时先供轴封汽后抽真空，机组设置高温汽源时，高压轴封可使用高温汽源。（√）

2016. 汽轮机汽缸内声音失常，主蒸汽管道或抽汽管道有显著的水击声，对此应判断为汽轮机组发生水击，必须紧急破坏真空停机。（√）

2017. 汽轮机启动中当转速接近 2850r/min 左右时，注意主油泵是否投入工作。（√）

2018. 汽轮机凝汽器底部装有弹簧的不用加装临时支撑可灌水找漏。（×）

2019. 汽轮机油压及油箱油位同时下降，应判断为压力油管向外漏油，应立即采取措施予以消除。（√）

2020. 发生管道爆破事故，在切除管道时应注意先关送汽送水门，后关来汽来水门，先关离事故点近的截门，后关离事故点远的截门。（×）

2021. 汽轮机冷态启动时由于汽缸转子的温度场是均匀的，因此启动时间快，热应力小。（×）

2022. 在调整发电机风温时，骤然开大冷却器出入口水门，增加冷却水流量，将使发电机内部氢压有所上升。（×）

2023. 汽轮机金属部件的最大允许温差由其结构、汽缸和转子的热应力及热变形等因素来确定。（√）

2024. 泵在运行时，造成电流增大的原因有流量增加、转动部分有卡涩或电动机本身发生事故。（√）

2025. 冷油器出口油温应用冷却水入口门调整，以免水侧压力大于油侧压力。（√）

2026. 汽轮机的相对内效率是汽轮机内功率与理想功率之比。（√）

2027. 巡检时发现循环水泵有电动机冒烟、剧烈振动或威胁人身及设备安全时，应立即通知集控停止运行泵运行。（×）

2028. 凝汽器的端差是指凝汽器压力下的饱和温度和凝结水温度之差（×）

2029. 汽轮机的各油泵在开、停机前应进行自启动试验。（√）

2030. 当发现汽轮机某瓦回油温度升高时，应参照其他各瓦回油温度，并参考冷油器出口油温，充分分析，采取措施。（√）

2031. 定参数启动是指从汽轮机冲转到发电机并网至带到要求负荷，汽轮机主汽门前的蒸汽参数始终保持额定值的启动。（√）

2032. 蒸汽对汽轮机转子和汽缸等金属部件的放热系数是固定不变的，它不会随蒸汽的压力、温度和流速的变化而变化。（×）

2033. 汽轮机油中带水的危害有缩短油的使用寿命、加剧油系统金属的腐蚀和促进油的乳化。（√）

2034. 汽轮机运行中发现胀差变化大，应首先检查主、再热蒸汽参数，并检查汽缸膨胀和滑销系统，综合分析，采取措施。（√）

2035. 在其他条件不变的情况下，凝汽器真空度降低时，凝汽器的端差减小。（×）

2036. 水泵的工作点在 Q-H 性能曲线的下降段能保证水泵的运行稳定。（√）

2037. 正常运行中，应控制定子冷却水的 pH 值小于 7。（×）

2038. 机组在冷态启动前至少连续盘车 2h。（×）

2039. 给水泵汽轮机投盘车时，先抽真空送轴封后，投入盘车运行。（×）

2040. 汽轮机调节级处的蒸汽温度随负荷的增加而增大。（√）

2041. 汽轮机运行中，推力盘只靠工作瓦块，不靠非工作瓦块。（×）

2042. 正常运行中，发电机的风温越低冷却效果越好。（×）

2043. 发电机并列后负荷不应增加太快，主要是为了防止定子绕组温度升高。（×）

2044. 汽轮机启停或变工况过程中，轴封供汽温度对胀差没有影响。（×）

2045. 给水泵勺管位置开度越大，泄油量越大。（×）

2046. 在滑参数停机过程中可以顺带做汽轮机超速试验。（×）

2047. 机跟炉运行方式时，汽轮机只进行机前压力控制。（√）

2048. 机组采用定压运行比采用滑压运行经济性高。（×）

2049. 汽动给水泵进行超速试验时，必须将给水泵汽轮机与给水泵的对轮解开。（√）

2050. 机组跳闸后，可以任意向凝汽器排汽水。（×）

2051. 汽轮机冷态启动，从冲转转子到 3000r/min 定速，一般相对膨胀差出现正值。（√）

2052. 汽轮机的油膜振荡现象可通过提高转速或升速率的方法来消除。（×）

2053. 当金属材料受到急剧的加热或冷却时，内部会产生很大的温差，产生的应力称为热冲击。（√）

2054. 升速和暖机过程中，可以用提高真空的办法来减小中、低压缸的胀差。（×）

2055. 停机时，蒸汽温降率可以等于启机时的温升率。（×）

2056. 凝汽器真空下降，凝结水过冷度将减小。（×）

2057. 凝汽器真空下降，凝汽器端差将减小。（×）

2058. 热冲击和热疲劳都是在交变应力的反复作用下使材料破坏。（×）

2059. 从传热学观点来看，汽轮机的启停过程是一个不稳定的加热和冷却过程。（√）

2060. 汽轮机的启动过程是将转子由静止或盘车状态加速至额定转速，并接带负荷至正常运行的过程。（√）

2061. 汽缸和转子的热应力、热变形以及转子与汽缸的胀差均与蒸汽的温升率有关。（√）

2062. 对于一些采用无中心孔转子的机组，由于转子没有内表面，转子应力降低，温升率即使选得稍大一些，也不会增加转子的寿命损耗。（√）

2063. 汽轮机转子冲动时，真空越高越好。（×）

2064. 滑参数启动是指从汽轮机冲转到发电机并网至带到要求负荷，汽轮机主汽门前的蒸汽参数始终保持额定值的启动。（×）

2065. 现代大型机组大部分同时具有节流调节和喷嘴调节的功能，在启动中采用喷嘴调节，启动后再切换为节流调节。（×）

2066. 采用滑参数进行冷态启动时，汽轮机零部件中所产生的热应力比额定参数启动要大。（×）

2067. 冷态启动暖机过程中，真空不宜过低，较高的真空可以使进入汽轮机的蒸汽流量相对增加，有利于机组的加热，缩短启动时间。（×）

2068. 高压加热器投入时应先投抽汽压力较高的加热器，然后依次投入抽汽压力低的加热器。（×）

2069. 汽轮机启动中，控制金属升温率是控制热应力的最基本手段。（√）

2070. 对于具体的机组，各部件的几何尺寸是固定的，温升率越高，则其内外壁温差越大。（√）

2071. 汽轮机冷态启动中，随机投入各加热器，及早投入高压加热器，有利于控制胀差。（√）

2072. 汽轮机启动过程中出现较大胀差时，应停止升温、升压，并在该负荷下进行暖机，必要时采取其他措施来减小胀差值。（√）

2073. 汽轮机冷态启动过程中，转子表面受冷，会产生较大的热应力，并且和机械拉应力叠加，会出现危险工况。（×）

2074. 汽轮机冷态启动中，从冲转到定速，一般呈现负胀差。（×）

2075. 所谓热冲击就是指汽轮机在运行中蒸汽温度突然大幅度下降或蒸汽过水，造成对金属部件的急剧冷却。（×）

2076. 汽轮机热态启动时应先抽真空，后送汽封。（×）

2077. 汽轮机启动中暖机的目的是为了提高金属部件的温度。（×）

2078. 汽轮机胀差为零时，说明汽缸和转子没有膨胀或收缩。（×）

2079. 汽轮机冷态启动时，为了避免金属产生过大的温差，一般不应采用低压微过热蒸汽冲动汽轮机。（×）

2080. 当初始压力和排汽压力不变，主蒸汽温度降低时，做功能力降低，效率降低。（√）

2081. 在调节汽门全开的情况下，随着初温的升高，通过汽轮机的蒸汽流量减少，调节级叶片可能过负荷。（√）

2082. 凝汽器真空降低时，将使排汽的体积流量增大，对末级叶片的工作不利。（×）

2083. 当凝汽器真空下降，蒸汽的比体积减小时，蒸汽的流速将减小。（√）

2084. 轴封蒸汽压力过低，低压缸汽封会漏空气而造成凝汽器真空下降，因此轴封蒸汽压力越高越好。（×）

2085. 在定压运行方式下，负荷变化时调节级处金属温度基本不发生变化，增强了机组负荷的适应性。（×）

2086. 在低负荷时，汽轮机采用变压运行方式，可以保持较高的效率。（√）

2087. 变压运行时，如采用变速给水泵，随负荷的降低，给水泵的出口压力降低，给水泵的耗功减少。（√）

2088. 汽轮机在高负荷区变压运行，经济性好。（×）

2089. 汽缸出现裂纹或损坏大多是由拉应力所造成，所以快速加热比快速冷却更危险。（×）

2090. 在整个热态启动过程中，汽轮机部件的热应力要经历一个压-拉应力循环。（×）

2091. 金属在高温下所受的应力低于金属在该温度点下的屈服点，就不会发生蠕变。（×）

2092. 金属在蠕变过程中，弹性变形不断增长，最终导致在工作应力下的断裂。（×）

2093. 滑参数停机过程比额定参数停机过程容易出现较大的正胀差。（×）

2094. 当循环水泵发生盘根冒烟、轴承温度或电动机温度超过规定值时，应紧急停泵，以免造成设备损坏。（×）

2095. 凝结水泵容易发生汽化，主要是因为出力大。（×）

2096. 正常运行中，凝汽器真空等于凝结水泵入口真空。（×）

2097. 在给水泵发生倒转的情况下，应迅速关闭入口门，防止给水系统压力下降和除氧器满水。（×）

2098. 运行中发现给水泵汽化时，应立即停止运行，并启动备用泵。（×）

2099. 运行中给水泵电流表摆动、流量表摆动，说明该泵已经汽化，但不严重。（×）

2100. 给水泵出口装设再循环管的目的是为了防止给水泵在低负荷或空负荷时发生汽化。（√）

2101. 汽轮机全周进汽启动可使喷嘴室附近区段全周方向温度分布均匀。（√）

2102. 大型机组滑参数停机时，先维持汽压不变而适当降低汽温，以利汽缸冷却。（√）

2103. 高压大容量汽轮机热态启动参数的选择原则是根据高压缸调节级汽室温度和中压缸进汽室温度，选择与之相匹配的主蒸汽和再热蒸汽压力。（×）

2104. 汽轮机停机后，最大弯曲部位一般在调节级附近。（√）

2105. 在其他参数条件不变的情况下，主蒸汽压力升高会引起进入汽轮机的蒸汽流量加大，同时在一定压力提升范围内整机的焓降也会增大。（×）

2106. 汽轮机在启动过程中，转速在 2500r/min 以下时，若调速油泵发生故障，应立即启动交流油泵，迅速提高汽轮机转速至 3000r/min。（√）

2107. 凝汽器因进入杂物而堵塞铜管或由于水质较差使铜管结垢时，凝汽器的入口压力将升高，出、入口温差将增加。（×）

2108. 蒸汽管道发生冲击时，应立即开大供汽门，增大送汽量，使冲击减小或消失。（×）

2109. 加热器泄漏严重时，只影响本级加热器的安全运行，不可能沿抽汽管道返回到汽轮机中。（×）

2110. 由于汽轮机保护装置误动作或调节系统误动作，引起汽轮机进汽中断，负荷甩到零时，可将保护退出，重新挂闸，迅速恢复机组负荷。（√）

2111. 转轴失稳转速（即产生半速涡动时的转速）的大小取决于该转子和支持轴承的特性与工作条件。（√）

2112. 油膜振荡的一个特性是降速时发生油膜振荡的转速要比升速时油膜振荡消失的转速高些。（×）

2113. 为了防止和消除油膜振荡，在设计上可改进转子，尽量提高转子的第一临界转

速。（√）

2114．转子中心不正是指相邻转轴的同心度和倾斜度超标。（√）

2115．当汽轮发电机组的转子受到不规则冲击时，将会产生随机振动，即振动的频率、振幅都在不断地发生不规则的变化。（√）

2116．在启动过程中，汽轮机转子加热和膨胀的速度要比汽缸快，这样就产生了膨胀差值，通常称之为绝对膨胀。（×）

2117．高压加热器保护不能满足运行要求时，禁止高压加热器投入运行。（√）

2118．汽轮机在低转速下进水，对设备的威胁要比在额定转速下或带负荷运行状态时大得多。（√）

2119．汽轮机油循环中，冲洗油温应交变进行，高温一般为85℃左右，低温为20℃以下。（×）

2120．一般规定超速试验前不可进行充油试验，以免充油试验影响超速试验的准确性。（√）

2121．前置泵的扬程是按主给水泵的有效汽蚀余量来确定的，以防止主给水泵运行时发生汽蚀。（×）

2122．给水泵组采用液力耦合器，主要用于调节给水泵的转速。（√）

2123．前置泵的扬程是按主给水泵的必须汽蚀余量来确定的，以防止主给水泵运行时发生汽蚀。（√）

2124．循环水泵的主要作用是向汽轮机凝汽器提供冷却水。（√）

2125．循环水泵停运时，应确保出口阀门可靠关闭，防止水泵发生倒转。（√）

2126．凝结水泵容易发生汽化，主要因为输送的是饱和状态的水。（×）

2127．凝结水泵安装在凝汽器热水井下面0.5～0.8m处的目的是为了防止凝结水泵汽化。（√）

2128．并联运行水泵台数越多，总流量越大，流量增加的比例也越大。（×）

2129．离心泵的流量−必需汽蚀余量性能曲线是通过理论方法得到的。（×）

2130．当泵流量为零时，扬程不为零，这种情况下离心泵内液体在叶轮的旋转下仍然提高了压力能，此时的扬程称为关死点扬程。（√）

2131．水泵的工作点是由流量−扬程和流量−效率性能曲线的交点确定的。（×）

2132．两台水泵并联运行后比每台水泵单独运行时的扬程高、功率小。（√）

2133．目前国内外电站空冷主要有间接空气冷却系统和直接空气冷却系统两大类。（√）

2134．为满足空冷机组过夏能力而增加散热器的传热面积，使机组的初投资增加，同时给空冷凝汽器冬季防冻带来了麻烦。（√）

2135．空冷凝汽器迎面风速较低时，空冷凝汽器抵御横向风速能力和抵御热风再循环能力降低。（√）

2136．间接空气冷却系统又分为混合式空气冷却系统和表面式空气冷却系统。（√）

2137．真空严密性差的空冷机组，由于空冷凝汽器内积存空气降低了其换热性能，夏季运行背压升高，导致机组的运行经济性下降。（√）

2138. 空冷凝汽器由于安装过程中其管道、联箱的焊口及人孔法兰施工质量差，容易导致泄漏。（√）

2139. 空冷凝汽器相邻管束温度偏差大，膨胀不均，管束与配汽联箱间的焊口容易被拉裂，导致泄漏。（√）

2140. 夏季应定期对空冷凝汽器进行高压水冲洗，提高其表面清洁度，保证空冷凝汽器的换热效率。（√）

2141. 若空冷凝汽器发生过冷，应先降低空冷风机频率，减小冷却空气量。（√）

2142. 空冷凝汽器翅片管表面污染严重，换热效果减弱。（√）

2143. 环境风速增大，空冷凝汽器换热效果减弱。（√）

2144. 直接空冷技术不存在中间循环冷却水的消耗，机组的水耗率比同等容量的湿冷机组低 50%～65%，节水效益非常显著。（√）

2145. 空冷机组受环境气候影响显著：夏季背压高、冬季防冻、环境风速大机组背压升高。（√）

2146. 空冷凝汽器翅片管积灰，换热能力减弱。（√）

2147. 空冷机组发电煤耗高，以煤换水。（√）

2148. 空冷风机电动机通过变频器供电，依靠变频器调整运转风机转速。（√）

2149. 采用椭圆形管束，如果发生冻结，则椭圆形的管束就会向圆形胀去，从而减少了管束冻裂的可能性。（√）

2150. 空冷凝汽器在汽轮发电机组的热力循环中起着冷源的作用，降低汽轮机排汽压力和排汽温度，以提高循环热效率。（√）

2151. 提高空冷风机的转速，可使汽轮机真空提高，所以空冷风机转速越高越好。（×）

2152. 空冷凝汽器防冻，主要对管内的蒸汽流量进行调节。（×）

2153. 空冷凝汽器防冻，主要对管外的冷却风量进行调节，即调节风机的转速与运行台数。（√）

2154. 空冷平台上布置与蒸汽分配管中心线等高的挡风墙，冬季能挡御寒风直吹凝汽器管束，防止发生局部管束过冷而冻结；夏季能防止发生热风再循环，影响机组的真空。（√）

2155. 空冷风机采用 380V 户外立式防水型电动机，风机装设振动保护装置，低油压保护及热工保护。（√）

2156. 每个空冷风机与对应的冷凝管束组成一个冷却单元，每个单元有独立的空气通道，以保证冷空气进入及热空气排出，在每个单元之间有分隔墙，可以避免强迫通风的损失。（√）

2157. 空冷风机采用变频调速，能在 30%～110% 转速间调速运行，逆流单元风机还可切换至反转运行。（√）

2158. 空冷风机导风筒及叶片一般采用玻璃钢材料。（√）

2159. 为保证空冷系统的气密性，所有管束、联箱和蒸汽分配管道采用焊接连接，所有焊缝进行检验。（√）

2160. 直接空冷的钢构架必须采用热浸镀锌防腐蚀处理。（√）

2161. 空冷凝汽器的正常使用寿命应大于 30 年。（√）

2162. 空冷凝汽器换热管束应采用传热效率高、性能先进、强度能满足要求的材料。（√）

2163. 当环境温度在 10℃ 以上时，允许风机及风机电动机在 110％ 额定转速下运转。（×）

2164. 采用合理的顺流与逆流面积比不利于直接空冷系统的防冻。（×）

2165. 空冷凝汽器凝结水联箱内的凝结水在重力作用下排入汽轮排气装置下的凝结水箱，通过喷嘴雾化后加热除氧，并减小过冷度，然后作为锅炉的主要补给水。（√）

2166. 直接空冷凝汽器 A 型夹角一般为 60°。（√）

2167. 蒸汽通过逆流冷凝管束获得冷凝，凝结水向下流动进入下联箱，凝结水向下流动过程中总能从蒸汽获得热能，从而避免发生过冷现象。（√）

2168. 直接空冷凝汽器管束为顺流＋逆流布置。（√）

2169. 提高排气装置真空，可提高机组运行经济性，但是排气装置的真空不是提高得越多越好。（√）

2170. 无论何时机组背压控制均不得低于阻塞背压。（√）

2171. 锅炉点火后应维持空冷散热器内较高背压，投入旁路前再根据低旁要求将机组背压降低到要求的数值。（√）

2172. 空冷机组进行真空严密性试验时机组负荷应小于 480MW。（×）

2173. 空冷机组真空越高越好。（×）

2174. 空冷装置容量应保证在规定的夏季某气温条件下 T－MCR 工况发额定功率，空冷风机电机可以使用普通电动机。（×）

2175. 空冷装置在典型年最高温条件下，机组进汽量为 VWO 工况汽量的背压值与机组安全限制背压之间留有 15kPa 以上的裕量，以适应在不利的环境风速变化下安全运行。（√）

2176. 空冷风机减速箱油位正常，油温达到 15℃ 时，方可启动。（√）

2177. 空冷风机启动前应检查减速箱油位正常，各空冷单元小门关闭。（√）

2178. 空冷风机电动机应采用防水电动机。（√）

2179. 直接空冷凝汽器管束全部为顺流布置。（×）

2180. 直接空冷凝汽器顺流与逆流面积比为 6。（×）

2181. 空冷散热片 A 型夹角一般为 90°。（×）

2182. 当汽轮机背压达 15kPa 左右时，完成了启动期间的抽真空工作，此时空冷岛可以开始接受全部蒸汽。（√）

2183. 当环境温度在 20℃ 以上时，允许风机及风机电动机在 110％ 额定转速下运转。（√）

2184. 直接空冷凝汽器管束全部为逆流布置。（×）

2185. 空冷风机电动机线圈温度大于 150℃ 时，空冷风机跳闸。（√）

2186. 空冷散热片 A 型夹角一般为 30°。（×）

2187. 冬季空冷机组启动低压旁路投运后，应尽快增加低压旁路流量至空冷岛要求的最小进汽量，并控制低压旁路后温度在 100℃ 左右。在保证空冷岛进汽温度小于 120℃ 的情况下，应尽量提高空冷岛进汽温度。（√）

2188. 锅炉点火，空冷岛进汽后，应及时启动空冷风机。（×）

2189. 空冷机组启动过程中根据排汽缸温度投入排汽缸一、二路减温水，并控制排汽缸温度在低负荷期间不超过 80℃。（√）

2190. 空冷风机启动后必须保证空冷岛各排散热器端部小门以及同一排中各冷却单元的隔离门在关闭位置。（√）

2191. 冬季空冷风机投入运行后，应注意监视各排两侧的任意凝结水出水温度均不得低于 25℃，且各排抽气口温度均不得低于 15℃。（√）

2192. 空冷机组进行真空严密性试验时，机组负荷应大于 80% 额定负荷。（√）

2193. 空冷机组进行真空严密性试验时排汽背压小于 30kPa。（√）

2194. 空冷机组进行真空严密性试验时，应限制空冷风机停运数量。（√）

2195. 进行真空严密性试验过程中，发现真空下降速度快应及时中止试验，必要时启动 3 台真空泵运行，及时恢复机组正常。（√）

2196. 空冷的理想工作状态：排气温度＝冷却水温度。（√）

2197. 采用合理的顺流与逆流面积比有利于直接空冷系统的防冻。（√）

2198. 大型空冷机组宜采用大直径轴流风机，风机有单速、双速、变频调速三种。（√）

2199. 直接空冷系统受不同风向和不同风速影响较小，可以忽略不计。（×）

2200. 水中溶解气体量越少，则水面上气体的分压力越小。（√）

2201. 空冷机组真空严密性试验应每半月定期做一次。（×）

2202. 大型空冷机组宜采用大直径轴流风机，风机可为单速、变频调速两种。（×）

2203. 直接空冷系统散热目前均采用强制通风。（√）

2204. 间接空冷系统受不同风向和不同风速影响较小，可以忽略不计。（√）

2205. 在寒冷地区或昼夜温差变化较大的地区，采用变频调速风机有利于变工况运行，也可降低厂用电量。（√）

2206. 在寒冷地区或昼夜温差变化较大的地区，采用变频调速风机有利于变工况运行，提高了厂用电耗。（×）

2207. 空冷机组进行真空严密性试验时排汽背压大于 30kPa。（×）

2208. 冬季运行时，要根据环境温度的变化进行排汽背压的调整，防止空冷凝汽器发生冻结。（√）

2209. 冬季运行时，要根据环境温度的变化进行排汽背压的调整，保持较低的排汽温度。（×）

2210. 正常情况下所有空冷风机必须在自动位运行。（√）

2211. 正常情况下所有空冷风机都在手动位运行。（×）

2212. 空冷的理想工作状态：排气温度大于冷却水温度。（×）

2213. 空冷翅片管采用单个停运的方法进行高压水冲洗。（√）

2214. 直接空冷系统，即汽轮机排汽直接进入空冷凝汽器，其冷凝水由凝结水泵排入汽

轮机组的回热系统。（√）

2215. 空冷机组真空严密性试验合格标准为400Pa/min。（×）

2216. 直接空冷系统，即汽轮机排汽先进入排汽装置初步冷却，再进入空冷凝汽器，其凝凝水由凝结水泵排入汽轮机组的回热系统。（×）

2217. 直接空冷系统换热目前均采用自然通风。（×）

2218. 空冷凝汽器的冷却元件即翅片管，它是空冷系统的核心，其性能直接影响空冷系统的换热效果。（√）

2219. 对翅片管的性能基本要求：良好的传热性能和良好的耐温性能。（√）

2220. 直接空冷系统对风向和风速的影响比较敏感。（√）

2221. 当风速超过3.0m/s时，对空冷系统散热效果就有一定影响。（√）

2222. 在直接空冷工程上增设挡风墙用来克服热风再循环，挡风墙高度要通过设计确定。（√）

2223. 对翅片管性能的基本要求：良好的传热性能和良好的防冻性能。（×）

2224. 空冷凝汽器正常运行时，顺流管束内自上而下凝结水量逐渐增加，蒸汽量逐渐减少。（√）

2225. 正常运行时，顺流管束内自上而下凝结水量逐渐减小，蒸汽量逐渐增加。（×）

2226. 正常运行时，逆流管束内自下而上，凝结水量和蒸汽量逐渐减少。（√）

2227. 正常运行时，逆流管束内自下而上，蒸汽量逐渐减少，凝结水量逐渐增加。（×）

2228. 电厂空冷技术的最大特点就是节水。（√）

2229. 空冷机组真空严密性试验应每个月定期做一次。（√）

2230. 空冷机组真空严密性试验与水冷机组真空严密性试验合格标准一样。（×）

2231. 空冷机组真空严密性试验合格标准为200Pa/min。（√）

2232. 汽轮机排汽进入直接空冷系统，大约有70%～80%的蒸汽在逆流管束内被冷凝。（×）

2233. 空冷风机任何时候都不可以超频运行。（×）

2234. 真空系统和负压设备漏空气量大，冬季空冷凝汽器容易发生冻结。（√）

2235. 水中溶解气体量越少，则水面上气体的分压力越大。（×）

2236. 不凝结气体在逆流管束的上部抽出，由真空泵系统中排入大气。（√）

2237. 当风速达到6.0m/s以上时，容易形成热风回流，甚至降低风机效率，空冷系统换热能力大大下降。（√）

2238. 空冷凝汽器所需的冷却空气由空冷风机获取并吹向翅片管束的冷却表面。（√）

2239. 直接空冷凝汽器的冷却风量依靠改变空冷风机的转速来实现。（√）

2240. 每一列空冷凝汽器由顺流管束和逆流管束两部分组成。（√）

2241. 汽轮机排汽进入直接空冷系统，大约有70%～80%的蒸汽在顺流管束内被冷凝。（√）

2242. 在顺流管束内，凝结水与蒸汽流动方向一致，因此该管束称为顺流管束。（√）

2243. 在逆流管束内，凝结水流动方向与蒸汽流动方向相反，因此称该管束为逆流管

束。（√）

2244. 空冷系统产生的凝结水在重力作用下，通过凝结水管道流入主凝结水箱。（√）

2245. 空冷风机主要设有油压低保护、振动大保护、电动机温度高保护等。（√）

2246. 空冷机组运行中汽轮机背压设定值在 DCS 控制逻辑中设计为可调，具体数据可以由机组运行人员根据机组实际运行状态进行调整。（√）

2247. 空冷机组运行中汽轮机背压设定值不可以调节。（×）

2248. 在冬季运行模式下，当凝结水、抽空气温度均过低时，应首先减少冷却风量。（√）

2249. 清洗空冷凝汽器单元管束时，可以不停运该单元空冷风机。（×）

2250. 不凝结气体在顺流管束的上部抽出，由真空泵系统中排入大气。（×）

2251. 清洗空冷凝汽器管束时，必须停运对应单元风机、齿轮箱、电动机，并停电以防受潮短路。（×）

2252. 空冷风机电动机轴承可在设备运行时进行润滑，不可在风机运行时给齿轮箱换油。（√）

2253. 空冷风机低速运行时可以在规定时间内迅速给齿轮箱换油。（×）

2254. 长期停机期间，风机每周至少运行一次且持续 20min，以保持电动机和齿轮箱可用。（×）

2255. 在正常的运行工况下，空冷系统应该处于全自动运行状态。（√）

2256. 为了空冷系统防冻需要，冬季运行的背压不是越低越好。（√）

2257. 空冷凝汽器的作用是利用空气吸收汽轮机排汽的汽化热，使蒸汽冷却成水，以便锅炉循环使用。（√）

2258. 空冷凝汽器只吸收了汽轮机排汽的汽化热，而不发生任何过冷。（×）

2259. 顺流管束占空冷总面积的 80%，逆流管束占 20%。（×）

2260. 空气从四周汇流向空冷风机入口，距离风机入口越近风速越大。（√）

2261. 空冷机组凝结水温度在冬季气温低时一般均比湿冷机组低得多。（×）

2262. 减风网的作用：降低空冷风机入口横切风的风速，保证空冷风机的效率。（√）

2263. 冬季空冷机组低压旁路投运后，应尽快增加低旁流量至空冷岛要求的最小进汽量，并控制低旁后温度在 80℃左右。（×）

2264. 目前空冷电厂的冷却系统主要有三种方式，即直接空冷系统、表面式凝汽器间接空冷系统和混合式凝汽器间接空冷系统。（√）

2265. 基于防冻的要求，直接空冷系统一般需设置顺流管束和逆流管束。（√）

2266. 直接空冷系统中大部分的蒸汽在顺流凝汽器中被冷凝，剩余的小部分蒸汽再通过逆流凝汽器被冷凝。（√）

2267. 为了系统防冻需要，冬季运行的最低背压应不低于 12kPa。（×）

2268. 在逆流凝汽器的顶部设有抽真空系统，可将系统内的空气和不凝结气体抽出。（√）

2269. 在顺流凝汽器的顶部设有抽真空系统，可将系统内的空气和不凝结气体抽出。

（×）

2270．在逆流凝汽器中，由于蒸汽和凝结水的运动方向相反，凝结水不易冻结。（√）

2271．直接空冷系统的单元是指一台风机和对应的翅片管束的总成。（√）

2272．空冷机组运行的显著特点是背压较低、变幅较小。（×）

2273．空冷风机包括叶片、轮毂、叶轮、减速箱、电动机等。（√）

2274．冬季运行期间每天应就地实测各排散热器及联箱温度不少于1次。（×）

2275．直接空冷系统中所有的蒸汽在顺流凝汽器中被冷凝，只有在防冻措施下部分蒸汽再通过逆流凝汽器被冷凝。（×）

2276．空冷风机通过减振器与钢结构平台支撑连接。（√）

2277．应用于空冷凝汽器的风机有三种驱动方式，即单速、双速及变频调速。（√）

2278．空冷机组锅炉排污率小于3%。（√）

2279．直接空冷系统的保护主要包括汽轮机背压高保护、空冷器防冻保护、空冷风机故障保护。（√）

2280．空冷机组凝结水温度在夏季气温高时均比湿冷机组高很多。（√）

2281．目前空冷电厂的冷却系统主要有两种方式，即表面式凝汽器空冷系统和混合式凝汽器空冷系统。（×）

2282．空冷机组排气装置真空低保护，定值是－65kPa。（×）

2283．直接空冷系统的优点是系统简单、占地少、空气量调节灵活。（√）

2284．空气从四周汇流向空冷风机入口，距离风机入口越近流量越大。（×）

2285．空冷机组根据排汽缸温度投入排汽缸一、二路减温水，并控制排汽缸温度在低负荷期间在60～70℃范围内。（×）

2286．逆流冷却单元的风机还可在50%额定转速下反转运行。（√）

2287．冬季空冷机组低压旁路投运后，应尽快增加低压旁路流量至空冷岛要求的最小进汽量，并控制低压旁路后温度在100℃左右。（√）

2288．直接空冷系统中大部分的蒸汽在逆流凝汽器中被冷凝，剩余的小部分蒸汽再通过顺流凝汽器被冷凝。（×）

2289．空冷风机通过空冷翅片与"A"型钢结构平台支撑连接。（×）

2290．锅炉点火后应维持空冷散热器内较高背压。（×）

2291．在非冰冻时期，运行中要比较排汽温度和凝结水水温的差值，调整顺流、逆流单元风机转速，使过冷度保持在一定范围内，一般小于2℃。（√）

2292．空冷机组运行中要严格控制汽水品质，要求凝结水氢电导率≤0.7μS/cm。（×）

2293．间接空冷系统又可分为带表面式凝汽器的间接空冷系统（哈蒙系统）和带喷射式（混合式）凝汽器的间接空冷系统（海勒系统）。（√）

2294．空冷系统运行时的缺点是粗大的排汽管道密封困难，维持排汽管内的真空困难，启动时形成真空需要的时间较长。（√）

2295．空冷机组运行的显著特点是背压较高、变幅较大。（√）

2296．真空泵的最低工作压力应该小于空冷凝汽器的运行压力。（√）

2297. 出于防冻需要，空冷凝汽器的运行压力必须小于或等于真空泵的工作压力。（×）

2298. 空冷机组汽轮机的最低运行背压是由防冻因素确定的。（×）

2299. 逆流冷却单元的风机还应在80%额定转速下进行反转试运行。（×）

2300. 空冷机组汽轮机的最低运行背压是由排汽温度和压力确定的。（×）

2301. 锅炉点火，空冷岛进汽后，应及时就地检查所有通汽排的散热器管束表面温度均应上升且无较大偏差后方允许启动空冷风机。（√）

2302. 锅炉点火后应维持空冷散热器内较低背压。（√）

2303. 冬季运行期间每班应就地实测各排散热器及联箱温度不少于1次。（√）

2304. 空冷机组锅炉排污率小于1%。（×）

2305. 所有空冷风机转速在50Hz，背压低于8kPa时，可以停止部分空冷风机运行。（×）

2306. 空冷凝汽器外表面清洗采用高压水。（√）

2307. 管内蒸汽流量不均是造成直接空冷凝汽器管束表面温差大一个原因。（√）

2308. 空冷凝汽器外表面清洗采用工业水。（×）

2309. 空冷机组炉水硅应≤200μg/L。（√）

2310. 空冷凝汽器一般每年冲洗2~4次。（×）

2311. 空冷机组排汽压力高保护，定值是65kPa。（√）

2312. 在非冰冻时期，运行中要比较排汽温度和凝结水水温的差值，调整顺流、逆流单元风机转速，使过冷度保持在一定范围内，一般为2~4℃。（×）

2313. 直接空冷凝汽器管束表面温差大是由于冷却风量偏差大造成的。（×）

2314. 空冷风机试转时，应站在风机的轴向位置。（×）

2315. 空冷机组运行中要严格控制汽水品质，要求凝结水氢电导率≤0.3μS/cm。（√）

2316. 空冷机组炉水硅应≤100μg/L。（×）

2317. 空冷风机运行频率最高为50Hz。（×）

2318. 直接空冷机组在冬季停机过程中应提前将部分空冷风机退出运行，适当提高排汽压力。（√）

2319. 散热器管束表面温度有较大偏差时，严禁启动空冷风机。（×）

2320. 直接空冷机组在环境温度过低的情况下启动时，空冷风机尽可能推迟投入运行。（√）

2321. 直接空冷机组正常运行中，严格按机组排汽压力保护曲线要求控制机组负荷，保证机组不发生排汽压力高保护。（√）

2322. 当出现排汽压力上升时，重点检查真空泵组、空冷风机、轴封压力、真空破坏门、低压缸安全门等处。（√）

2323. 冷却风量偏差大是造成直接空冷凝汽器管束表面温差大的一个原因。（√）

2324. 所有空冷风机共用一路电源。（×）

2325. 直接空冷凝汽器挡风墙冬季防止大风对散热器的袭击，夏季可以防止热风再循环。（√）

209

2326. 直接空冷凝汽器空冷风机启动时，先启动顺流单元风机。（×）

2327. 直接空冷凝汽器顺流比逆流面积小。（×）

2328. 空冷凝汽器一般每年最少冲洗 1 次。（×）

2329. 空冷凝汽器在汽轮发电机的热力循环中起着冷源的作用，可降低凝结水温度，提高循环热效率。（×）

2330. 环境大风的作用，使得从空冷岛排出的热空气快速离开，导致汽轮机排汽压力下降。（×）

第四部分　简答题

第一节　汽轮机设备概述、工作原理

1. 抗燃油高、低压蓄能器的作用是什么？

答：（1）积蓄能量：液压系统利用蓄能器在某段时间内将油泵输出的液压能储存起来，短期地或周期性地给执行机构输送压力油液（即短时间内大量供油），或用作应急的动力源。这样可以提高液压系统液压能的利用率。

（2）补偿压力和流量损失以及补充系统内的漏油消耗，减少因液压阀突然关闭或换向等产生的系统冲击力。

（3）吸收系统压力的脉动分量。

2. 保持加热器安全经济运行的要求有哪些？

答：（1）保持最小的传热端差值。

（2）汽侧疏水水位应在规定范围内。

（3）加热器汽侧压力在规定范围内。

（4）加热器旁路门无内漏。

3. 汽轮机调节系统动态特性的性能指标有哪些？

答：（1）稳定性。在机组运行中受到干扰离开平衡状态后，经调节系统作用能够过渡到新的平衡状态，或者扰动过后能恢复到原来的状态。

（2）转速超调量。甩负荷后，最高转速超过最后稳定转速的最大偏差值称为转速超调量。一般要求甩负荷的最高转速 $N_{max} \leqslant (107\% \sim 109\%) N_0$。所以，甩满负荷后汽轮机的最大飞升转速也不会引起危急保安器动作而停机。

（3）过渡时间。机组受到扰动后，从原来的平衡状态过渡到新的平衡状态所需的时间称为过渡时间，要求过渡时间不得超过 $5 \sim 50s$。

4. 薄膜阀的作用是什么？

答：低压透平油机械保安系统与高压抗燃油危急遮断保安系统之间的接口为薄膜阀，它接受低压透平油机械保安系统的控制，用于遮断高压抗燃油危急遮断保安系统。当机组正常运行时，低压透平油系统中的保安油通入薄膜阀的上腔，克服弹簧力，使阀保持在关闭位置，堵住 AST 母管的排油通道，使高、中压自动关闭器和高、中压调节阀执行机构投入工作。当汽轮机组机械超速跳闸时，加在薄膜阀上部的低压保安油失掉，薄膜阀在阀体上弹簧的作用下打开，将 AST 控制油母管通往 EH 控制系统无压回油母管的通道打开，AST 控制油母管失压，引起汽轮发电机组的跳闸。

5. 为什么低压缸要加装去湿装置？

答：汽轮机低压通流部分的末几级叶片工作在湿蒸汽区，由于蒸汽中含有水分，给叶片的工作带来不良影响，主要是湿蒸汽引起的附加能量转换损失，使叶片工作效率降低，蒸汽中的水分对动叶片造成水蚀，致使叶片的寿命降低。

6. 布莱登汽封与传统汽封的区别是什么？

答：传统汽封的设计是在汽封弧块背部安装有板弹簧，板弹簧使汽封弧块推向转子并保持一定的间隙，从而使汽封能够在与转子碰磨时产生退让，以尽可能减少汽封与转子的摩擦力，减少汽封的磨损程度；而布莱登汽封取消了传统汽封弧块背部的板弹簧，并引入蒸汽，并在每圈汽封弧块端面处加装了4只螺旋弹簧。在自由状态下，汽封弧块在4只螺旋弹簧的作用下处于张开状态而远离转子，机组启动过程中，随着蒸汽流量的增加，汽封弧块背部压力升高，开始逐渐关闭，直至全关，始终保持与转子的最小间隙值运行，从而减少了汽封漏汽量，提高了机组运行安全性和经济性。

7. 凝结水泵定速改变频后的效果有哪些？

答：(1) 节约厂用电量。

(2) 减少电动机启动时的电流冲击。

(3) 减少设备磨损。

(4) 减小除氧器水位调整门的节流损失，降低噪声。

(5) 降低凝结水精处理设备工作压力，减少泄漏现象。

8. 大容量、高参数机组的凝汽器应符合哪些要求？

答：(1) 结构上有较高的严密性。

(2) 有较高的平均传热系数。

(3) 汽阻要小。

(4) 循环水流动阻力要小。

(5) 凝结水的含氧量要小。

(6) 能够不停机进行水室和管束内壁的清洗。

9. 液力耦合器的调速原理是什么？

答：通过改变工作油量的多少来调节涡轮的转速，去适应泵的转速、流量、扬程，在泵轮转速固定的情况下，工作油量越多，传递的动转矩也越大，涡轮的转速也越大。

10. 为什么排汽缸要装喷水降温装置？

答：汽轮机在启动、停机和低负荷运行时，蒸汽流量很小，不足以带走蒸汽与叶轮摩擦产生的热量，从而使排汽温度升高。如果排汽温度过高会引起排汽缸较大的变形，破坏汽轮机动静部分中心线的一致性，严重时会引起机组振动。为此，大功率机组都装有排汽缸喷水装置，当机组负荷低至一定值时，自动投入。

11. 液力耦合器调速的基本方法有哪几种？各有何特点？

答：在液力耦合器中，调速的方法基本上有以下三种：

(1) 调节循环圆的进油量。调节工作油的进油量是通过工作油泵和调节阀来进行的。

(2) 调节循环圆的出油量。调节工作油的出油量是通过旋转外壳里的勺管位移来实现的。

（3）调节循环圆的进、出油量。

采用前两种调节方法，无法满足发电机组迅速增减负荷的需求，只有采用第三种方法，在改变工作油进油量的同时，移动勺管位置，调节工作油的出油量，才能使涡轮的转速迅速变化。

12. 什么是汽轮机膨胀的"死点"？

答：横销引导汽缸沿横向膨胀并与纵销配合成为膨胀的固定点，称为"死点"，即纵销中心线与横销中心线的交点。"死点"固定不动，汽缸以"死点"为基准向前后左右膨胀滑动。

13. 汽轮机的热冲击是指什么？

答：热冲击是指蒸汽与汽缸转子等金属部件之间，在短时间内有大量的热交换，金属部件内温差直线上升，热应力增大，甚至超过材料的屈服极限，严重时会造成部件损坏。

14. DEH 装置应具有的基本功能有哪些？

答：DEH 装置具有的基本功能有：转速和功率控制；阀门试验和阀门管理；运行参数监视；超速保护；手动控制。

15. 什么叫绝对压力、表压力？两者有何关系？

答：容器内工质本身的实际压力称为绝对压力，用符号 p 表示。工质的绝对压力与大气压力的差值为表压力，用符号 p_g 表示。因此，表压力就是表计测量所得的压力。绝对压力与表压力之间的关系为

$$p = p_g + p_a \text{ 或 } p_g = p - p_a$$

式中　p_a——大气压力。

16. 何谓热量，热量的单位是什么？

答：热量是依靠温差而传递的能量。热量的单位是 J（焦耳）。

17. 压力测量仪表有哪几类？

答：压力测量仪表可分为液柱式压力计、弹性式压力计和活塞式压力计等。

18. 水位测量仪表有哪几种？

答：水位测量仪表主要有玻璃管水位计、差压型水位计、电极式水位计。

19. 什么叫仪表一次门？

答：测量仪表与设备测点连接时，从设备测点引出管上接出的第一道隔离阀门称为仪表一次门。

20. 何谓"两票"、"三制"？

答："两票"指操作票、工作票。"三制"指交接班制、巡回检查制和设备定期试验切换制。

21. 热力学第一定律及其实质是什么？

答：热力学第一定律是指自然界一切物体都具有能量，能量有各种不同形式，它能从一种形式转化为另一种形式，从一个物体传递给另一个物体，在转化和传递过程中能量的总和不变。

其实质是能量守恒与转换定律在热力学上的一种特定应用形式。它说明了热能与机械

能互相转换的可能性及其数值关系。

22．什么叫等压过程？

答：工质压力保持不变的过程称为等压过程，如锅炉中水的汽化过程、乏汽在凝汽器中的凝结过程、空气预热器中空气的吸热过程，都是在压力不变时进行的过程。

23．什么叫节流、绝热节流？

答：工质在管内流动时，由于通道截面突然缩小，使工质流速突然增加、压力降低的现象称为节流。

节流过程中如果工质与外界没有热交换，则称为绝热节流。

24．为什么饱和压力随饱和温度升高而升高？

答：因为温度越高分子的平均动能越大，能从水中飞出的分子越多，因而使汽侧分子密度增大；同时因为温度升高蒸汽分子的平均运动速度也随之增大，这样就使得蒸汽分子对容器壁面的碰撞增强，使压力增大，所以饱和压力随饱和温度升高而升高。

25．局部流动损失是怎样形成的？

答：在流动的局部范围内，由于边界的突然改变，如管道上的阀门、弯头、过流断面形状或面积的突然变化等，使得液体流动速度的大小和方向发生剧烈的变化，质点剧烈碰撞形成旋涡消耗能量，从而形成局部流动损失。

26．何谓状态参数？

答：表示工质状态特征的物理量叫状态参数。工质的状态参数有压力、温度、比体积、焓、熵、内能等，其中压力、温度、比体积为工质的基本状态参数。

27．什么叫绝热过程？

答：在与外界没有热量交换情况下所进行的过程称为绝热过程。如汽轮机为了减少散热损失，汽缸外侧包有绝热材料，而工质所进行的膨胀过程极快，在极短时间内来不及散热，其热量损失很小，可忽略不计，故常把工质在这些热机中的过程作为绝热过程处理。

28．火力发电机组计算机监控系统输入信号有哪几类？

答：火力发电机组计算机监控系统输入信号分为模拟量输入信号、数字量输入信号和脉冲量输入信号。

29．何谓疲劳和疲劳强度？

答：金属部件在交变应力的长期作用下，会在小于材料的强度极限，甚至在小于屈服极限的应力下断裂，这种现象称为疲劳。金属材料在无限多次交变应力作用下，不致引起断裂的最大应力称为疲劳极限或疲劳强度。

30．什么是凝汽器的最佳真空？

答：提高凝汽器真空，使汽轮机增加的功率与循环水泵多耗功率的差值为最大时的真空值，称为凝汽器的最佳真空（即最经济真空）。

31．水泵的主要性能参数有哪些？并说出其定义和单位。

答：（1）扬程：单位重量液体通过泵后所获得的能量，用 H 表示，单位为 m。

（2）流量：单位时间内泵提供的液体数量。有体积流量 Q，单位为 m^3/s；有质量流量 G，单位为 kg/s。

（3）转速：泵每分钟的转数，用 n 表示，单位为 r/min。

（4）轴功率：原动机传给泵轴上的功率，用 p 表示，单位为 kW。

（5）效率：泵的有用功率与轴功率的比值，用 η 表示。它是衡量泵在水力方面完善程度的一个指标。

32. 单元制主蒸汽系统有何优缺点？适用何种形式的电厂？

答：单元制主蒸汽系统的优点是系统简单、机炉集中控制，管道短、附件少、投资少、管道的压力损失小、检修工作量小、系统本身发生事故的可能性小。

单元制主蒸汽系统的缺点是：相邻单元之间不能切换运行，单元中任何一个主要设备发生故障，整个单元都要被迫停止运行，运行灵活性差。

单元制主蒸汽系统广泛应用于高参数、大容量的凝汽式电厂及蒸汽中间再热的超高参数电厂。

33. 什么叫金属的低温脆性转变温度？

答：低碳钢和高强度合金钢在某些温度下有较高的冲击韧性，但随着温度的降低，其冲击韧性将有所下降。冲击韧性显著下降时，即脆性断口占试验断口 50% 时的温度，称为金属的低温脆性转变温度。

34. 离心泵"汽蚀"的危害是什么？如何防止？

答：汽蚀现象发生后，使能量损失增加，水泵的流量、扬程、效率同时下降，而且噪声和振动加剧，严重时水流将全部中断。

为防止"汽蚀"现象的发生，在泵的设计方面应减少入口管阻力；装设前置泵和诱导轮，设置水泵再循环等。运行方面要防止水泵启动后长时间不开出口门运行。

35. 微机型保护自动装置的正常检查项目有哪些？

答：（1）装置的电源、运行监视灯亮，自检灯闪烁。

（2）出口动作信号灯在正常运行中应熄灭。

（3）各保护投入，压板位置正确。

（4）保护、自动装置"运行""调试"方式开关在"运行"位。

（5）各装置无发热、焦味、冒烟、异音。

36. 汽轮机本体由哪些部件组成？

答：汽轮机本体由静止和转动两大部分组成。静止部分包括汽缸、隔板、喷嘴和轴承等；转动部分包括轴、叶轮、叶片和联轴器等。

37. 简述射水式抽气器的工作原理？

答：从专用射水泵来的具有一定压力的工作水，经水室进入喷嘴，喷嘴将压力水的压力能转变成动能，水流以高速从喷嘴喷出，在混合室内形成高度真空，抽出凝汽器内的汽-气混合物，一起进入扩散管，速度降低，压力升高，最后略高于大气压力，排出扩散管。

38. 电接点水位计是根据什么原理测量水位的？

答：汽水容器中水和蒸汽的密度不同，所含导电物质的数量也不同，它们的电导率存在着极大的差异，电接点式水位计就是根据汽和水的电导率不同来测量水位的。

39. 什么是调速系统的空负荷试验？

答：调速系统的空负荷试验是指汽轮机不带负荷，在额定参数及不同同步器位置条件下，用主汽门或其旁路门来改变转速，测取转速感应机构特性曲线、传动放大机构特性曲线、感应机构和传动放大机构的迟缓率，检验同步器的工作范围以及汽轮机空负荷运转的特性。

40. 凝汽器胶球清洗系统的工作原理是什么？

答：密度与水相近的海绵胶球（用天然橡胶或合成树脂制成）装入球室后，启动胶球泵将胶球用比循环水压力高的水流送入凝汽器水室。胶球直径虽比铜管内径大 1～2mm，但因是多孔柔软的弹性体，很容易被水流带入铜管，并被压缩成卵形。胶球在行进过程中抹去管壁上的污垢，流出管壁时，依靠自身的弹力弹掉表面的污垢，在收球网处被胶球泵吸入收球室，然后被胶球泵重新送入凝汽器。

41. 凝汽器的任务有哪些？

答：（1）在汽轮机的排汽口建立并保持真空。

（2）把在汽轮机中做完功的排汽凝结成水，并除去凝结水中的氧气和其他不凝结气体，回收工质。

42. 简述高压加热器汽侧安全门的作用。

答：高压加热器汽侧安全门是为了防止高压加热器壳体超压爆破而设置的。由于管系破裂或高压加热器疏水装置失灵等因素引起高压加热器壳内压力急剧增高，通过设置的安全阀可将此压力泄掉，保证高压加热器的安全。

43. 抽气器的作用是什么？主、辅抽气器的作用有何不同？

答：抽气器的作用就是不断地抽出凝汽器内的不凝结气体，以利蒸汽凝结成水。

辅助抽气器一般是在汽轮机启动之前抽出凝汽器和汽轮机本体内的空气，迅速建立真空，以便缩短启动时间，而主抽气器是在汽轮机正常运行中维持真空的。

44. 凝汽器的中间支持管板有什么作用？

答：凝汽器中间支持管板的作用是减少冷却水管的挠度，并改善运行中冷却水管的振动特性。支持管板布置时，通常要求使冷却水管中间高于两端，可减少冷却水管的热胀应力。

45. 简述热力除氧的基本条件。

答：（1）气体的解析过程充分。

（2）保证水和蒸汽有足够的接触时间和接触面积。

（3）必须将水加热到相应压力下的饱和温度。

（4）能顺利地排出解析出来的溶解气体。

46. 什么叫中间再热循环？

答：中间再热循环就是把汽轮机高压缸内做了功的蒸汽引到锅炉的中间再热器重新加热，使蒸汽的温度又得到提高，然后再引到汽轮机中压缸内继续做功，最后的乏汽排入凝汽器的热力循环过程。

47. 简述汽轮机油系统中注油器的工作原理。

答：当压力油经喷嘴高速喷出时，利用自由射流的卷吸作用，把油箱中的油经滤网带入扩散管，经扩散管减速升压后，以一定油压自扩散管排出。

48. 简述设置轴封加热器的作用。

答：汽轮机运行中必然要有一部分蒸汽从轴端漏向大气，造成工质和热量的损失，同时也影响汽轮发电机的工作环境，若调整不当而使漏汽过大，还将使靠近轴封处的轴承温度升高或使轴承油中进水。为此，在各类机组中，都设置了轴封加热器，以回收利用汽轮机的轴封漏汽加热凝结水。

49. 真空泵有哪些种类和形式？

答：（1）容积式真空泵，主要有滑阀式真空泵、机械增压泵和液环泵等。此类泵价格高，维护工作量大。

（2）射流式真空泵，主要是射汽抽气器和射水抽气器等。射汽抽气器按用途又分为主抽气器和辅助抽气器。

50. 发电厂原则性热力系统图的定义和实质是什么？

答：以规定的符号表明工质在完成某种热力循环时所必须流经的各种热力设备之间的联系线路图，称为原则性热力系统图。其实质是用以表明工质的能量转换和热量利用的基本规律，反映发电厂能量转换过程的技术完善程度和热经济性的高低。

51. 国产再热机组的旁路系统有哪几种形式？

答：（1）两级串联旁路系统。

（2）一级大旁路系统：由锅炉来的新蒸汽通过汽轮机，经一级大旁路减压减温后排入凝汽器。一级大旁路应用在再热器不需要保护的机组上。

（3）三级旁路系统：由两级串联旁路和一级大旁路系统合并组成。

（4）三用阀旁路系统：是一种由高、低压旁路组成的两级串联旁路系统。它的容量一般为100%，由于一个系统具有"启动、溢流、安全"三种功能，故被称为三用阀旁路系统。

52. 汽轮机采用双层缸有何优点？

答：（1）可减轻单个汽缸的质量，加工制造方便。可以按不同温度合理选用材料，节约优质合金材料。

（2）缸壁薄，内缸和外缸的内外壁之间温差小，有利于改善机组的启动性能和变工况运行的适应能力。

53. 调速系统静态特性曲线的合理形状应该是怎样的？为什么？

答：调速系统静态特性曲线并非是一条直线，为了保证机组的正常运行，对静态特性曲线的形状有以下要求：

（1）曲线的起始段（约10%负荷区）对应于机组刚刚带负荷的工况，故称为启动段，一般要求速度变动率大一些，即曲线陡一些，主要是为了并网方便，并有利于低负荷暖机。

（2）曲线的中间段应较平坦，以使整个调速系统的速度变动率不至于过大。

（3）对于曲线的末尾段，即在额定功率附近，局部速度变动率一般认为大些好。因为机组在额定功率附近工作经济性比较好，功率尽量少变动。

54. 电力系统的主要技术经济指标有哪些？

答：（1）发电量、供电量、售电量和供热量。

（2）电力系统供电（供热）成本。

（3）发电厂供电（供热）成本。

（4）火电厂的供电（供热）的标准煤耗。

（5）水电厂的供电水耗。

（6）厂用电率。

（7）网损率（电网损失电量占发电厂送至网络电量的百分比）。

（8）主要设备的可调小时。

（9）主要设备的最大出力和最小出力。

55. 调峰机组应具备哪些性能？

答：（1）具有良好的启动特性。可以随时启动，且要求启动损失小，设备可靠性高，寿命损耗小，具有较高的自动化水平。

（2）具有良好的低负荷特性。能在低谷负荷时间内带较低的负荷安全运行，通常要求至少在不小于50％额定负荷的负荷范围内在锅炉不投油助燃的情况下稳定运行，有时要求调峰机组能在20％额定负荷工况下稳定运行。

（3）具有快速的变负荷能力。为了适应电网负荷快速变化的需要，通常要求参与调峰机组能以不低与5％/min的速率安全稳定地升降负荷。

（4）具有较好的热经济性。在低负荷运行时，必然要降低机组的经济性能，通常要求参与调峰机组具有较平缓的热力特性曲线，也就是说在低负荷运行时，热效率降低较小。

（5）具备滑压运行功能。采用滑压运行方式进行调峰可以大大改善机组的运行工况，减小热应力，降低机组寿命损耗，同时还可以提高低负荷运行时的经济性。

56. 写出三种主要的网络结构形式并画图示意。

答：（1）星形结构：具有一个中心结点，所有通信都通过它，见图4-1（a）。

（2）环形结构：网络结点连成一个封闭的环形，见图4-1（b）。

（3）总线型结构：具有一个共享总线，所有结点都挂在上面，又称树形结构，见图4-1（c）。

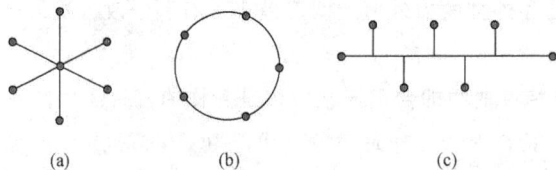

(a)　　　　　　　(b)　　　　　　　(c)

图4-1　三种主要的网络结构形式示意图

(a) 星形；(b) 环形；(c) 总线型

57. 凝汽器管板有什么作用？

答：凝汽器管板的作用是安装并固定冷却水管，并把凝汽器分为汽侧和水侧。

58. 凝汽器为什么要有热井？

答：热井的作用是集聚凝结水，有利于凝结水泵的正常运行。热井储存一定数量的水，保证甩负荷时凝结水泵不会马上断水。热井的容积一般要求相当于满负荷时0.5～1.0min内所集聚的凝结水量。

59. 采用给水泵汽轮机调节给水泵有什么特点？

答：（1）增大了单元机组的输出电量，为发电量的 $2\%\sim3\%$，即降低了厂用电量。

（2）不需要升速齿轮和液力耦合器，故不存在设备的传动损失。

（3）提高了给水泵运行的稳定性，当电网频率变化时，给水泵运行转速不受影响。

60. 为什么说功频电液调节具有抗内扰的能力？

答：首先，功频电液调节采用功率与频率作为输入信号，当压力变化导致功率改变时，必然被功率回路感知进而对其进行调节；其次，功频电液调节中设置了压力控制回路，当压力波动超过一定范围时对其进行调节。

61. 在 DEH 中，引入调节级压力反馈的作用是什么？

答：因为凝汽式汽轮机调节级压力与功率成正比。在 DEH 的功率回路中引入调节级压力反馈，一方面对功率起粗调作用，加快了对负荷变化的响应速度；另一方面对阀门的升程与流量特性曲线加以修正，使其线性化。

62. 机炉主控制器在汽轮机方面的作用主要有哪些？

答：（1）接受主控制器指令，调节汽轮机的功率和机前压力。

（2）克服中、低压缸功率滞后，让高压调门动态过开。

（3）负荷要求变化较大时限制汽压的变化范围。

63. 热力除氧的工作原理是什么？

答：热力除氧的工作原理是：液面上蒸汽的分压越高，空气分压越低，液体温度越接近饱和温度，则液体中溶解的空气量越少。所以在除氧器中尽量将水加热到饱和温度，并尽量增大液体的表面积（雾化、滴化、膜化）以加快汽化速度，使液面上蒸汽分压升高，空气分压降低，就可达到除氧效果。

64. 给水为什么要除氧？

答：因为水与空气或某气体混合接触时，就会有一部分气体溶解到水中去，给水也溶有一定数量的气体，其中给水溶解的气体中危害性最大的是氧气，它对热力设备造成氧化腐蚀，严重影响着电厂的安全经济运行。此外，在热交换设备中存在的气体还会影响传热，降低传热效果，所以给水必须进行除氧。

65. 汽轮机喷嘴的作用是什么？

答：汽轮机喷嘴的作用是把蒸汽的热能转变成动能，也就是使蒸汽膨胀降压增速，按一定的方向喷射出来推动动叶片做功。

66. 密封油系统中平衡阀的工作原理是什么？

答：平衡阀平衡活塞的上侧引入空侧密封油，下侧引入被调节并输出的氢侧密封油压。此两种油压分别作用在平衡活塞的两面，当空侧油压高于氢侧油压时，平衡活塞带动阀芯向氢侧移动，加大阀门开度，使氢侧油压增加，则进入密封瓦的氢侧油压随之增加，直至达到新的平衡；反之平衡活塞带动阀芯向空侧移动，减小阀门的开度，使氢侧油量减少，其压力也随之减少，直至达到新的平衡。

67. 密封油系统中差压阀的工作原理是什么？

答：压差阀的活塞上面引入机内氢气压力（压力为 p_1），活塞下面引入被调节并输出的空侧密封油（压力为 p），活塞自重及其配重片荷重（或调节弹簧）之和为 p_2（可调节），则使 $p=p_1+p_2$（上下力平衡）。

当机内氢气压力 p_1 上升时，作用于活塞上面的总压力（p_1+p_2）增大，使活塞向下移动，加大三角形工作油孔的开度，使空侧油量增加，则进入空侧密封瓦的油压随之增加，直到达到新的平衡；当机内氢气压力 p_1 下降时，作用于活塞上面的总压力（p_1+p_2）减少，使活塞上移，减少三角形油孔的开度，使空侧油量减少，压力 p 随之减少，直到达到新的平衡。

68. 汽轮机供油系统主要由哪些设备组成？

答：汽轮机供油系统主要由主油泵、射油器、交流润滑油泵、直流润滑油泵、顶轴油泵、冷油器、滤油器、电热器、油箱等组成。

69. 汽轮机油箱的主要构造是怎样的？

答：汽轮机油箱一般由钢板焊成，油箱内装有回油滤网，过滤油中杂质并降低油的流速。底部倾斜以便能很快地将已分离出的水、沉淀物或其他杂质由最底部的放水管掉。在油箱上设有油位计，用以指示油位的高低。在油位计上还装有最高、最低油位的电气接点，当油位超过最高或最低油位时，这些接点接通，发出响声和灯光信号。为了不使油箱内压力高于大气压力，在油箱盖上装有排烟孔，大机组油箱上专设有排油烟机。

70. 汽轮机离心式主油泵有何优缺点？

答：离心式油泵的优点有：

(1) 转速高，可由汽轮机主轴直接带动而不需任何减速装置。

(2) 特性曲线比较平坦，调节系统动作大量用油时，油泵出油量增加，而出口油压下降不多，能满足调节系统快速动作的要求。

离心式油泵的缺点有：油泵入口为负压，一旦漏入空气就会使油泵工作失常。因此必须用专门的注油器向主油泵供油，以保证油泵工作的可靠与稳定。

71. 什么是油的抗乳化度和闪点？

答：抗乳化度是油能迅速地和水分离的能力，它用分离所需的时间来表示。良好的汽轮机油抗乳化度不大于 8min，油中含有机酸时，抗乳化度就恶化、增大。

汽轮机油加热到一定温度时部分油变为气体，用火一点就能燃烧，这个温度叫做闪点（又称引火点）。汽轮机的温度很高，因此闪点不能太低，良好的汽轮机油闪点应不低于 180℃。油质劣化时，闪点会下降。

72. EH 油箱为什么不装设底部放水阀？

答：由于 EH 系统使用的是抗燃油，在工作温度下抗燃油的密度一般在 1.11～1.17，比水的密度大，因此即使 EH 油箱中有水，也只能浮在油面上，无法在油箱具体位置安装放水阀。在运行中，应通过定期检查空气干燥剂的硅胶失效情况，进行及时更换；维持 EH 油温在允许范围内；保持抗燃油再生系统正常投运，并通过对酸值的化验分析，及时或定期对抗燃油再生装置滤芯进行更换。

73. 什么是汽轮机油的酸价？什么是酸碱性反应？

答：酸价表示油中含酸分的多少。它以每克油中用多少毫克的氢氧化钾才能中和来计算。新汽轮机油的酸价应不大于 0.04mg/g。油质劣化时，酸价迅速上升。

酸碱性反应是指油呈酸性还是碱性。良好的汽轮机油应呈中性。

74. 注油器（射油器）的组成及工作原理是什么？

答：注油器由喷嘴、混合室、扩压管、滤网等组成。注油器是一种喷射泵，其工作原理是：高压油经喷嘴高速喷出，在混合室形成真空，油箱中的油被吸入混合室，高速油流带动周围低速油流，在混合室中混合后进入扩压管，油流在扩压管中速度降低，油压升高，最后以一定压力流出，供给系统使用；装在注油器进口的滤网是为了防止杂物堵塞喷嘴。

75. 高压加热器为什么要装注水门？

答：（1）便于检查水侧是否泄漏。

（2）便于打开进水联成阀。

（3）为了预热钢管，减少热冲击。

76. TSI 的中文含义是什么？有什么功能？

答：TSI 中文含义为汽轮机安全监测系统。其功能为对汽轮机转子的串轴、相对膨胀、绝对膨胀、轴承振动、轴挠度、转速、轴偏心、零转速等进行监测，并对测量值进行比较判断，超限时发出报警信号和停机信号。

77. ETS 的中文含义是什么？有什么功能？

答：ETS 的中文含义是危急遮断系统。其功能为当机组运行参数超过安全运行极限（真空低、润滑油压低、EH 油压低、串轴大、超速等），ETS 动作，泄掉汽轮机进汽阀门油动机中的压力油，迅速关闭全部阀门以保证汽轮机安全。该系统采用了双路并串联逻辑电路，可避免误动作及拒动作，提高系统可靠性。

78. 热工信号和电气信号的作用什么？

答：（1）热工信号（灯光或音响）的作用是在有关热工参数偏离规定范围或出现某些异常情况时，引起运行人员注意，以便采取措施，避免事故的发生和扩大。

（2）电气信号的作用是反映电气设备工作的状况，如合闸、断开及异常情况等，它包括位置信号、故障信号和警告信号等。

79. 什么是一次调频？

答：当外界负荷变化时，电网中并列运行的机组自动按静态特性承担一定的负荷变化，以减少电网频率的改变，这叫一次调频。一次调频不能精确的维持电网频率不变，而只能减小电网频率变化的幅度，即抑制时间短、幅度小的频率的偏移，一次调频是暂态的、自动的。即电网负荷变化后，二次调频还来不及充分保证电网功率的供求平衡时，暂时由一次调频来保证频率不致变化过大而造成严重后果。

80. 什么是二次调频？

答：当电网频率不正常时，通过调整电网中某些机组的调节系统，改变某些机组的功率，以恢复电网的正常频率，称为二次调频。二次调频可以恢复电网的正常频率，在人为干预下进行的，是经常性的。二次调频的作用是在电网负荷发生变化时，达到新的供求平衡以维持频率稳定。这主要是靠调整调速汽门的开度变化，来改变发电机组的功率以恢复电网正常频率。保证电网频率的精确不变依靠的是二次调频而不是一次调频。

81. 汽轮机调速保护系统中空气导向阀的作用是什么？

答：空气导向阀用于控制供给汽轮机各抽汽逆止阀的压缩空气，该阀由一个气缸和一个带弹簧的阀体组成，油缸控制阀门的打开而弹簧提供了关闭阀门所需的力。当 OPC 母管有压力时，油缸活塞往外伸出，空气引导阀的提升头便封住"通大气"的孔口，使压缩空气通过此阀进入抽汽逆止阀的控制系统，能够打开抽汽逆止阀；当 OPC 母管失压时，导向阀在弹簧力的作用下而关闭，提升头封住了压缩空气的进口通路，抽汽逆止阀控制系统的压缩空气经"通大气"阀口排放，使得抽汽逆止阀快速关闭。

82. 轴封加热器为什么设置在凝结水再循环管路的前面？

答：在机组点火启动初期，由于锅炉上水量小，这就必然使除氧器上水不能连续，而此时已经有疏水排入凝汽器，凝汽器必然要建立真空，轴封供汽必须投入，为了使轴封回汽能够连续被冷却，这就使轴封冷却器必然设在凝结水再循环管路前面。

83. EH 油再生装置的组成及作用是什么？

答：组成：由精密过滤器、纤维素过滤器和硅藻土过滤器三部分组成。

作用：纤维过滤器去除 EH 油中杂质，硅藻土过滤器去除 EH 油中水分，精密过滤器除去细微杂质，使 EH 油保持中性。

84. EH 油系统由哪些设备组成？

答：EH 油系统由供油装置、抗燃油再生装置、冷却系统及油管路系统组成。

（1）供油装置由油箱、油泵、控制块、滤油器、磁性过滤器、溢流阀、蓄能器、冷油器、EH 端子箱和一些对油压、油温、油位的报警、指示和控制设备以及一套自循环滤油系统和自循环冷却系统组成。

（2）抗燃油再生装置主要由硅藻土过滤器、纤维过滤器和精密过滤器组成。

（3）冷却系统由循环油泵、冷却器组成。

85. 循环水冷却水塔为什么要保持一定的排污量？

答：对于闭式循环供水系统，循环水多次进行循环使用，循环水将被蒸发浓缩，循环水中的有机杂质及无机盐的比例将大大增加，循环水中的盐类物质在凝汽器冷却水管内结垢，影响传热效果，因此应进行连续不断的排污并补充新水工作，保证循环水质在规定规范内。

86. 电动机温度的变化与哪些因素有关？

答：（1）电动机负荷改变。

（2）环境温度变化。

（3）电动机风道阻塞或积灰严重。

（4）空冷器冷却水量及水温变化。

（5）电动机风叶损坏，冷却风量减少。

87. 自然通风冷却塔是如何工作的？

答：冷却水在凝汽器吸热后，沿压力管道送至水塔内的配水槽中，水沿水槽由塔中心流向四周，在配水槽下底部的出水孔呈线状落到与孔眼同心的溅水碟上，溅成细小的水滴，再落入淋水装置散热后流入储水池，由循环水泵送入凝汽器中重复使用。冷空气依靠塔身所形成的自拔力由塔的下部吸入并与水流交换热量后向上流动，吸热后的空气由顶部排入大气。

88. 发电机冷却设备的作用是什么？

答：汽轮发电机运行时和其他电动机一样会产生能量损耗，主要为涡流损失，这部分损耗功率转变为热量，使发电机转子和定子线圈发热。为了不使发电机线圈的绝缘材料因温度过高而损坏，就必须不断地排出这些由于损耗而产生的热量。

发电机冷却设备的作用正是在于排出发电机电磁损耗而产生的热量，以保证发电机在允许的温度下正常运转。

89. 低压轴封供汽减温装置的作用是什么？

答：低压汽封减温器用于降低低压汽封供汽温度。低压汽封蒸汽温度维持在120～180℃之间，以防止汽封体可能的变形和损坏汽轮机转子。

90. 简述汽轮机喷嘴室的作用、结构及优点。

答：作用：接受从进汽管来的蒸汽，将其热能转变为动能，为调节级提供部分进汽的可能性，形成阀门的顺序调节。

结构：分成几个组，进汽部分分别受不同的调节阀控制，调节阀按顺序开启，并设有一定的部分进汽度，同时喷嘴室内装有对应的静叶。

优点：喷嘴室沿汽缸周围对称布置，使其受热均匀，减少热应力，高温高压蒸汽只作用于喷嘴室，汽缸只承受调节级后降低的蒸汽压力、温度。

91. 简单描述汽轮机平衡活塞的作用及安装位置。

答：所谓平衡活塞，是指在转子的某一部分加大其直径，在转子上形成一个明显的凸肩，在凸肩对应处装置相应的平衡活塞汽封。

其中，高压平衡活塞位于转子中部，在调节级与中压缸第一级之间的转子上，一侧承受的是调节级后蒸汽压力，另一侧是经过该平衡活塞汽封节流后降低了的蒸汽压力。中压平衡活塞位于高压平衡活塞之后，一侧是经过高压平衡活塞汽封节流后降低了的蒸汽压力，另一侧是经过该平衡活塞汽封节流后降低了的蒸汽压力。在高、中压平衡活塞两侧都产生一个与高压转子轴向推力相反的平衡力。低压平衡活塞位于高压缸排汽侧的转子上，一侧是高压缸排汽压力，另一侧是经该平衡活塞节流后降低了的蒸汽压力，平衡了中压叶片通道上的轴向推力。

92. 简述离心式真空泵的工作原理。

答：离心式真空泵的工作原理为：工作水从专用水箱经过吸入管进入泵的中心，然后从一个固定喷嘴喷出，进入不停旋转着的工作轮的叶片槽道中。叶片把水流分成许多断续的小股水柱，这些水柱类似于一些小活塞，将吸气口处汽、气混合物夹带在小活塞之间带入聚水锥筒，然后经扩散管压缩排入水箱。工作水循环使用，空气自水箱析出。

93. 协调控制系统的主要任务是什么？

答：（1）根据机炉具体运行状态及控制要求，选择协调控制的方式以适应外部负荷指令。

（2）对外部负荷指令进行恰当处理，使之与锅炉的动态特性及负荷变化能力相适应，对机炉发出负荷指令。

（3）根据不同的负荷指令，确定锅炉相应的风、水、煤量，确定汽轮机相应的高压调节汽阀开度。

94. 协调控制的基本原则是什么？

答：协调控制的基本原则是：为了提高机组负荷响应速度，可以在保证机组安全运行的前提下，即主蒸汽压力在允许范围内变化，充分利用锅炉蓄热能力，也就是负荷变化时，汽轮机进汽阀适当动作，允许主蒸汽压力有一定波动，释放或吸收部分锅炉蓄热，加快机组初期负荷的响应速度，同时根据外部负荷请求指令，加强对锅炉燃料量和给水量的控制，及时恢复锅炉蓄热，使锅炉蒸发量与机组负荷保持一致。

95. 汽轮机的进汽部分有哪几种结构？各有什么特点？

答：汽轮机的进汽部分有四种结构，即整体结构、螺栓连接结构、焊接结构及双层套管结构。前三种为单层汽缸进汽部分结构，最后一种为双层汽缸进汽部分结构。所谓进汽部分，就是指从调汽门到调节级喷嘴的这段区域，它包括调汽门的汽室和喷嘴室。

（1）一般中小型功率、低参数机组采用汽室、喷嘴室与汽缸铸为一体的整体结构。其优点是制造的加工工作量较小；缺点是工作时喷嘴室与汽缸有较大的温差，产生较大的热应力，且汽室与汽缸使用同等材料，对材料的利用不合理。

（2）对于功率稍大的机组，汽室、喷嘴室另行制造后，用螺栓与汽缸连接在一起，属螺栓连接结构。螺栓连接结构和焊接结构的优点是不但能够简化汽缸的形状，减少工作时的热应力，而且对高压参数汽轮机还可以更合理地利用材料。

（3）对于超高压机组，由于采用了双层汽缸结构，因此进入喷嘴室的蒸汽管要穿过外缸再接到内缸上。运行中因内缸存在着温差将产生相对膨胀，这样进汽管就不能同时固定在内外缸上，而且还不能避免大量高温、高压蒸汽外漏，所以采用了滑动密封式的连接结构。进汽管与调汽门相连在一起，内管的一端插入喷嘴室的进汽管中，用活塞环来密封。这样既保证了高压蒸汽的密封，又允许喷嘴室进汽管与双层套管之间的相对膨胀。

96. 何谓强迫振动？主要有什么特点？

答：在外力激励下强迫发生的振动称为强迫振动。其主要特点是振动频率等于外来激振力的频率或为激振力频率的整倍数；当激振力的频率和振动系统的固有频率相符时，系统将发生共振；部件所呈现的振幅与作用在该部件上的激振力成正比。

97. 何谓自激振动？

答：自激振动是振动系统通过本身的运动，不断地向振动系统内馈送能量，它与外界激励无关，完全依靠本身的运动来激励振动。自激振动的频率与转子的工作转速不符，而且与转速无线性关系，一般低于工作频率，与转子第一临界转速相符合。

98. 改善调速系统的动态特性有哪些措施？

答：（1）改善调速系统的静态特性，使其符合要求，主要是使速度变动率和迟缓率合格。

（2）消除调汽门的不严密。如果调汽门不严，会造成机组甩负荷后的超速。

（3）缩短抽汽口到抽汽止回阀的距离，减小中间容积，还要消除止回阀的不严密。

（4）增加错油门的通流面积，使进油量增大，提高油动机的关闭速度。

（5）对于中间再热式机组，由于转速飞升时间短，中间容积时间常数较大，故为了提高调速系统的动态品质，可在调速系统中设置微分器和电加速器等装置，以限制甩负荷后的超速。

99. 什么是单元机组锅炉跟随汽轮机的控制方式？

答：当汽轮发电机组按照指令增加功率时，首先开大汽轮机调节汽门，利用锅炉储热量来增加汽轮机进汽量，使发电机输出功率达到与功率指令相一致。蒸汽流量的增加引起了主蒸汽压力下降，使调节级蒸汽压力与主蒸汽压力给定值产生偏差。利用蒸汽的偏差，可以控制锅炉的燃料量，增加蒸发量，以保持蒸汽的压力值。此种控制方法称为锅炉跟随汽轮机的控制方式。

100. 何谓单元机组汽轮机跟随锅炉的控制方式？

答：当需增加功率时，首先指定锅炉的控制器，调整燃料调节阀开度，增加燃料。随着燃烧强度的增大，蒸发量增加，主蒸汽压力上升，汽轮机前置压力调节器维持主蒸汽压力为定值。控制调节阀的开度，增加汽轮机进汽量，使功率增加到指定值。此种控制方法称为汽轮机跟随锅炉的控制方式。

101. 调压器的作用是什么？常见的调压器有哪几种形式？

答：调压器的作用是在抽汽式汽轮机工况发生变化时，调压器感受抽汽室压力变化并将其转换成油压信号，从而自动地控制调节器门和抽汽调节器门的开度，保持抽汽压力不变。

常见的调压器主要有活塞式、薄膜钢带式和波纹管式三种。

102. 冷油器的换热效率与哪些因素有关？

答：（1）传热导体的材质。传热导体的材质对换热效率影响很大，一般要用传热性能好的材料，如铜管。

（2）流体的流速。流速越大传热效果越好。

（3）流体的流向。顺流及逆流的冷却效果不同。

（4）冷却面积。冷却面积越大，冷却效果越好。

（5）冷油器的结构和装配工艺。

（6）冷却器铜管的脏污程度。

103. 何谓汽轮机的残余寿命？

答：汽轮机转子产生第一道宏观裂纹，并不意味着转子使用寿命到达终点。事实上如果裂纹是表面或近表面的，经过适当的处理消除裂纹后，仍可使转子寿命保持相当高的值，即使是内部埋藏裂纹，也不能简单认为转子报废，因为裂纹从初始尺寸扩展到临界尺寸仍有相当长时间的寿命，工程上把这种寿命称为残余寿命。

104. 单级双吸离心式蜗壳泵的工作原理是什么？

答：工质沿轴向进入泵体，在流经叶片的过程中，叶轮内部的液体随叶轮一方面做圆周运动，另一方面在离心力的作用下被径向抛出，叶轮中间部位就形成了负压区，在入口压力（大气压）作用下就吸进了液体。这样液体就形成了不断抛出和吸入的过程。

105. 常见闭式水泵的结构和工作原理是什么？

答：单级单吸离心式蜗壳泵通过叶轮增压在泵入口形成真空区，水从入口吸进来，通过叶轮旋转受离心力作用由出口甩出去。

106. 水环式真空泵的结构是怎样的?

答:水环式真空泵是机械式真空泵的一种。结构上包括由泵体、侧封盖、入口、出口、吸气窗口、叶轮、叶片间小室、排气窗口、月牙形腔室和工作时形成的水环。

107. 水环式真空泵的工作原理是什么?

答:真空泵是单级液环式,工作介质是水。它由叶轮、泵体、汽水分离器以及补充水管路、冷却水管路组成,在圆筒形泵壳内偏心安装着叶轮转子,其叶片是前弯式。当叶轮旋转时,在离心力作用下形成沿泵壳漩流的水环,由于叶轮偏心布置,水环相对于叶片作相对运动,使相邻两叶片之间的空间容积呈周期性变化,有如液体"活塞"在液栅中作径向往复运动,形成吸气及排气的过程,通过分离器将抽吸来的气体排除。

108. 除氧器的工作原理是什么?

答:来自低压加热器的主凝结水经进水调节阀后,进入除氧器,与其他各路疏水在除氧器内混合,经喷头喷出,形成伞状水膜,与由下而上的加热蒸汽进行混合式传热和传质,给水迅速达到工作压力下的饱和温度,水中的气体不断分离逸出,达到除氧的目的,从水中析出的气体不断地从除氧器顶部的排气管排出。

109. 简述低压加热器的结构。

答:低加为整体型结构、卧式、U形管布置。壳侧筒体和水室侧圆筒体均由管板焊接,水室内部与凝结水的流程数相对应,被分割为入口部和出口部。壳程筒体内部由疏水冷却段和蒸汽凝结段两个区域构成。蒸汽凝结段是用加热蒸汽的潜热加热给水,是加热器的主要部分。疏水冷却段用饱和温度下疏水所具有的热量来加热给水,使给水温度上升的同时,将疏水冷却到饱和温度以下以防止在疏水出口管道内发生闪蒸现象。

110. 氢气干燥器的工作原理是什么?

答:氢气干燥器的基本工作原理是氢气进入干燥器干燥,干燥剂经过加热冷却再生,循环工作。氢气干燥器的进口与发电机的高压区相连,氢气干燥器的出口与发电机的低压区相连。通过氢气干燥器的运行,可以连续排出发电机内氢气所含有的水分,从而达到降低氢气湿度的作用。

111. 定子冷却水箱顶部防虹吸管的作用是什么?

答:防虹吸管接在定冷水箱上部空气侧,在发生发电机断水事故时,发电机两端的汇水管由于与下部供、回水总管相连所以形成虹吸现象,会将发电机定子线圈内的剩余定冷水吸出,造成其严重超温,所以设计了防虹吸管,将汇水管的虹吸现象破坏,保护发电机。

112. 密封油系统的组成设备有哪些?

答:密封油系统的组成设备包括空、氢侧交流密封油泵及直流油泵、密封油箱、滤网及冷油器;空侧差压阀、氢侧平衡阀、隔氢防爆风机、发电机密封瓦、消泡箱等。

113. 凝汽器的结构及作用是什么?

答:结构:本凝汽器是双壳体、单流程、双背压表面式凝汽器,是由两个斜喉部、两个壳体(包括热井、水室,回热管系),循环水连通管,汽轮机排汽缸与凝汽器连接所采用的不锈钢波形膨胀节,底部的滑动、固定支座等组成的全焊结构。

作用:凝汽器是汽轮机辅助设备中最主要的设备之一,它的作用是用循环冷却水使汽轮机排出的蒸汽凝结，在汽轮机排汽空间建立并维持所需要的真空，并回收纯净的凝结水以供锅炉给水。

114. 简述润滑油系统的功能和设备组成。

答：润滑油系统不仅向汽轮发电机的支持轴承、推力轴承和盘车装置提供润滑油，还向机械超速跳闸装置及注油试验提供动力油，同时为防止发电机氢气泄漏，还向发电机氢气系统提供高压及低压密封备用油。

主机润滑油系统包括主轴驱动的主油泵、交流润滑油泵、直流润滑油泵、氢密封油备用油泵、两个射油器、主油箱、顶轴油系统、两台主机冷油器、两台排烟风机、四只电加热器。该系统还作为发电机密封油的辅助供油系统。

115. 简述离心式油净化装置的组成结构及工作过程。

答：离心式油净化装置由离心式分离机及驱动系统、油泵、电加热器、控制及操作系统、测量元件及保护系统、工作平台等部分组成。润滑油从油箱底部出口，经过滤网进入油泵，然后进入油加热器中，在加热器中油被加热到最佳工作温度（调整到 55～70℃），经过加热后的润滑油进入分离机进行净化处理。分离出来的水经过出水口流入工作平台上的水箱，分离出来的杂质沉积在转鼓的内壁上，在适当的时候进行清理。净化后的油经过离心机内的向心排油泵回到油箱。

116. 简述离心式油净化装置的工作原理。

答：工作原理：油、水、杂质密度不同，在重力作用下可自然分离。在离心式分离机中，离心力是重力的数千倍，在重力作用下需要几个小时或者几天才能达到的分离效果，在分离机中几秒钟即可完成。

117. 冷油器泄漏的现象是什么？如何处理？

答：现象：主油箱油位下降，打开冷油器水侧放空气门见水中有明显油渍。

处理：发现冷油器泄漏应尽快切换至备用冷油器运行，若油位降低快应联系补油，并处理故障冷油器。

118. 简述汽轮机旁路系统的作用。

答：（1）机组启动时，能控制汽轮机主、再热蒸汽进汽压力，以适应汽轮机在各种工况下的启动要求，实现汽轮机冲转，带初负荷，缩短机组启动时间和减少蒸汽介质损失，减少汽轮机循环寿命损耗，实现机组的最佳启动。

（2）在机组启动期间，加快锅炉和主、再热蒸汽管道升温过程，使主、再热蒸汽参数尽快达到汽轮机冲转要求，加快启动速度，缩短机组启动时间。

（3）机组启动时，对于不允许干烧的再热器，旁路系统可以冷却再热器。

（4）回收工质和消除噪声。在机组启动时，由于机炉消耗蒸汽量的不平衡性，多余的蒸汽量需要排出，旁路系统可以达到回收工质和消除噪声的目的。

119. 轴封系统的作用是什么？由哪些部分组成？

答：（1）轴封是装设在汽轮机动静部分之间，减少或防止蒸汽泄漏的装置。根据位置不同，分为高压、中压和低压部分。高中压合缸的汽轮机在中间部位还有中间轴封，紧急泄汽阀在中压缸不进汽后打开，将蒸汽泄至排汽装置。

（2）轴封系统是由不同压力的汽源供汽，或与抽汽管道相连接组成的轴封蒸汽系统将蒸汽引入轴端汽封内。轴封系统可阻止汽缸高压部分的蒸汽泻出和空气被吸入汽缸低压部分。

（3）轴封系统包括减温装置、压力调节装置、轴封加热器及疏水装置、阀门门杆泄气管道、轴封排汽管道等。

120. 汽轮机技术经济指标有哪些？

答：汽轮机热耗、真空、真空严密性、端差、过冷度、给水温度、主蒸汽温度、主蒸汽压力、排汽温度、汽耗率。

121. 简述汽轮机轴系监视系统的组成及功能。

答：汽轮机轴系监视系统由偏心、轴振动、轴瓦振动、轴向位移、胀差、转速等测量装置组成。偏心实现盘车阶段对转子弯曲度监视。振动、轴向位移、胀差、转速作为汽轮机转子的状态参数提供运行监视与保护跳闸功能。

122. 简述盘车装置的结构组成。

答：盘车装置由壳体、蜗轮蜗杆、减速齿轮、链条、电动机、润滑油管路、护罩、气动啮合装置等组成。

123. 汽轮机调节保安系统由哪几部分组成？

答：调节保安系统的组成按其功能可分为四大部分，即供油系统部分、执行机构部分、调节部分、危急遮断部分。

124. EH 供油系统有何功能？

答：提供高压抗燃油；驱动阀门和执行机构；保持液压油的正常理化特性。

125. 简述数字电液控制系统的定义。

答：数字电液控制系统就是采用电子元件和电气设备对机、炉、电及其有关工作系统的状态进行监视，以数字的方式传递信号、计算机分析判断、发出控制指令，然后通过电液转换器将电气指令信号转换为液压执行机构能够执行的液压信号，达到完成控制操作的目的。

126. 简述危急遮断器的功能。

答：在机组运行中，为防止部分设备失常造成汽轮机严重损坏，机组装有紧急跳闸保护（AST）。在发生异常情况时，使汽轮机危急停机，保护汽轮机安全，危急跳闸系统监视汽机的某些参数，当这些参数超过其运行限制值时，该系统就关闭全部汽轮机蒸汽进汽阀门。

127. DEH 系统控制方式有哪些？

答：DEH 系统控制方式有手动控制、操作员自动、自动汽轮机控制 ATC。

128. 什么是 TPC 控制？

答：TPC 控制即主汽压控制，是指运行人员能投切主蒸汽压力控制软件控制主蒸汽压力不大于某一给定值，可实现低汽压保护及机调压功能。

129. TPC 控制有哪些运行方式？

答：当 DEH 处于自动时，可选"操作员 TPC"、"固定 TPC"、"遥控 TPC"三种方式进行主蒸汽压力 TPC 控制。

130. 简述高、中压缸联合启动与中压缸启动各自的特点。

答：（1）高、中压缸联合启动：启动时，蒸汽同时进入高、中压缸冲动转子，对高、中压合缸的机组，可以使分缸处均匀受热，减少热应力，并能缩短启动时间。

（2）中压缸启动：启动时，蒸汽进入中压缸冲动中压转子，高压缸不进汽，待转子转速到 2300～2500r/min 后，高压缸才进汽。这种启动虽然能达到安全启动的目的，但启动时间较长。

131. 什么是偏差分析法？

答：偏差分析法是指根据机组主要运行参数的实际值与基准值相比较的偏差，通过微机计算得出对机组的热耗率、煤耗率的影响程度，从而使运行人员根据这些数量概念，能动地、分主次地去努力减少机组可控热损失。也可用此法来分析运行日报或月报的热经济指标的变化趋势和能耗情况，以提高计划工作的科学性和热经济指标的技术管理水平。任何时候只要有了实际的运行参数，就可以通过编制的微机计算程序计算出偏离基准值的能耗损失量，可随时指导运行操作人员进行科学的调整，从而获得更高的运行经济效益。

132. 机组启动过程中防止发生低温脆性破坏事故的技术措施有哪些？

答：（1）选择合适的冲转参数和启动方式，防止低温蒸汽进入汽缸。

（2）防止汽轮机进水，汽轮机启动和停止过程中，严密监视蒸汽温度，保持一定的过热度，疏水必须充分。

（3）启动过程，充分暖机。使上下缸温差、胀差在合理范围内。

（4）合理投运和退出轴封，疏水彻底，防止轴封进冷汽冷水。

（5）热态启动时严格控制蒸汽参数，禁止负温差启动。

（6）严格控制冲转升速率和升负荷率，防止冲转和低负荷期间鼓风作用时进入大量蒸汽。

（7）禁止减温水大幅度调节造成蒸汽温度突降。

133. DCS 的概念是什么？

答：DCS 是分散控制系统（distributed control system）的简称，国内一般习惯称为集散控制系统。它是一个由过程控制级和过程监控级组成的以通信网络为纽带的多级计算机系统，综合了计算机（computer）、通信（communication）、显示（CRT）和控制（control）4C 技术，其基本思想是分散控制、集中操作、分级管理、配置灵活、组态方便。

134. 机炉协调控制的概念是什么？

答：当外界负荷发生变化时，机组的实际输出功率与给定功率的偏差以及压力给定值与实际主蒸汽压力值的偏差信号，通过协调主控制器同时作用于锅炉主控器和汽轮机主控器，使之分别进行调节。

135. 简述机组运行控制方式的种类。

答：（1）基本模式（BM）：即锅炉主控、汽轮机主控均在手动状态，锅炉燃烧率指令手动给定，汽轮机调门由 DEH 独立控制。

（2）炉跟机方式（BF）：即锅炉主控在自动，汽轮机主控在手动，主蒸汽压力由锅炉燃烧率自动控制，汽轮机调门由 DEH 独立控制，机侧控制负荷。

（3）机跟炉方式（TF）：即汽轮机主控在自动，锅炉主控在手动，主蒸汽压力由汽轮机调门自动控制，机组功率在炉侧手动控制。

（4）机炉协调方式（CCS）：即汽轮机、锅炉主控均在自动，主蒸汽压力和机组功率均为自动控制。协调控制系统可以分为以汽轮机跟随为基础的协调控制和以锅炉跟随为基础的协调控制，在协调控制和锅炉跟踪方式下，可以采用滑压控制。滑压控制时，主蒸汽压力的设定值根据机组负荷经函数发生器自动改变。在协调方式下，引入频率校正回路，即发电机频率偏差经函数发生器后给出目标负荷增减值，通过函数发生器的参数设置，调节本机组参与电网自动调频的程度和最大负荷的改变量。当机组未在协调方式运行时，频率校正回路不起作用。

136. AGC（ADS）控制系统分层管理的内容是什么？

答：自动发电控制简称 AGC，它是能量管理系统（EMS）的重要组成部分。按电网高度中心的控制目标将指令发送给有关发电厂或机组，通过电厂或机组的自动控制调节装置，实现对发电机功率的自动控制。AGC 控制模式有一次控制模式和二次控制模式两种。一次控制模式分为三种：①定频率控制模式；②定联络线功率控制模式；③频率与联络线偏差控制模式。二次控制模式分为两种：①时间误差校正模式；②联络线累积电量误差校正模式。

137. 机组定压运行以及变压运行的概念是什么？

答：定压运行：压力不随负荷的变化而变化的运行方式。

变压运行：是指由控制系统给出的主蒸汽压力给定值随负荷而变，即高负荷时，汽压给定值高；低负荷时，汽压给定值低，运行中控制系统保持住汽压等于其给定值，即也是随负荷而变化的。

138. 汽轮发电机组对于机组负荷的限制因素有哪些？

答：真空、振动、给水泵及凝结水泵出力、轴向位移、高/中压缸胀差、汽轮机通流能力、受热面温度、制粉系统出力、燃煤的品质等因素都会对机组负荷起限制作用。

139. 汽轮机调节系统的任务是什么？

答：汽轮机调节系统的任务是使汽轮机输出功率与外界负荷保持平衡。及当外界负荷改变、电网频率改变时，汽轮机的调节系统相应地改变汽轮机的功率，使之与外界负荷相适应，建立新的平衡，并保持转速偏差不超过规定。另外在外界负荷与汽轮机相适应时，保持汽轮机稳定运行。当外界故障造成汽轮发电机甩负荷时，调节系统关小汽轮机调速汽门，控制汽轮机转速升高值低于"危机保安器动作值"，保持汽轮机空负荷运行。

140. 什么是汽轮机的汽耗特性和热耗特性？

答：汽耗特性是指汽轮发电机组汽耗量与电负荷之间的关系。汽轮发电机组的汽耗特性可以通过汽轮机变工况特性计算或在机组热力试验的基础上求得。凝汽式汽轮发电机组的汽耗特性随其调节方式不同而异。

热耗特性是指汽轮发电机组热耗量与电负荷之间的关系。热耗特性可由汽耗特性和给水温度随负荷而变化的关系求得。

141. 汽轮机供油系统的作用有哪些？

答：（1）向汽轮发电机组各轴承提供润滑油。

（2）向调节保安系统提供压力油。

（3）启动和停机时向盘车装置和顶轴装置供油。

（4）对采用氢冷的发电机，向氢侧环式密封瓦和空侧环式密封瓦提供密封油。

142. 何谓汽轮机调速系统的静态特性及动态特性？

答：机组在稳定工况下，汽轮机负荷与转速之间的关系为调速系统的静态特性。

当处于稳定状态下运行的机组受到外界干扰时，稳定状态被破坏，要经过调速系统的一个调节过程，然后过渡到另一个新的稳定状态。调速系统从一个稳定状态过渡到另一个稳定状态动作过程中的特性，称为调速系统的动态特性。从动态特性中，可掌握动态过程中负荷、转速、调速汽门开度及控制油压等参数随时间变化的规律，判断调速系统是否稳定，评价调速系统品质，以及分析影响动态特性的因素。

143. 汽轮机主汽门带有预启阀结构有什么优点？

答：高压机组主汽门门碟很大，而且主蒸汽压力很高，门碟在开启前，阀门的前后压差很大，需要很大的油动机提升力开启，所以油动机尺寸设计很大。如果主汽门带有预启阀结构，开启主汽门的提升力就会减小，使操纵装置结构紧凑。

144. 何谓调汽门的重叠度？为什么要有重叠度？

答：当汽轮机进汽采用喷嘴调节时，前一个调汽门还尚未完全开启时，另一个调汽门就开启，这就是调汽门的重叠度。调汽门的重叠度一般为10%，即前一个调汽门开到90%时，第二个调汽门就动作开启。

若调汽门没有重叠度，执行机构的特性曲线就会有波折，那么调速系统的静态特性曲线也不是一条平滑的曲线，这样调速系统动作就不平稳，所以调汽门要有重叠度。

145. 何谓透平油的循环倍率？对透平油有什么影响？

答：循环倍率是指1h内油在整个系统中循环的次数，即每小时使用的油量与油系统总量之比，即

$$循环倍率＝每小时用油量÷油系统总量$$

循环倍率是影响油使用期限的一个重要因素，汽轮机油箱容积越小，则循环倍率越大，每千克油在单位时间内从轴承中吸收的热量越多，油质越容易恶化。循环倍率一般不应超过8～10。

146. 汽轮机保安系统的作用是什么？

答：汽轮机保安系统的作用是对主要运行参数、转速、轴向位移、真空、油压、振动等进行监视，当这些参数超过一定的范围时，保护系统动作使汽轮机减少负荷或停止运行，以确保汽轮机的安全运行，防止设备损坏事故的发生。此外，保安系统对某些被监视量还有指示作用，对维护汽轮机的正常运行有着重要意义。

147. 上汽缸用猫爪支撑的方法有什么优点？

答：上汽缸猫爪支撑法的优点是由于以上汽缸猫爪为承力面，其承力面与汽缸中分面在同一水平面上，故受热膨胀后，汽缸中心与转子中心仍保持一致。

148. 何谓油膜振荡现象？什么情况下会发生油膜振荡？

答：旋转的轴颈在滑动的轴承中带动润滑油高速流动，在一定条件下，高速油流反过来激励轴颈，产生一种强烈的自激振动现象，这种现象即为油膜振荡现象。

油膜振荡只在转速高于第一临界转速的 2 倍时才会发生。所以，转子的第一临界转速越低，其支撑轴承发生油膜振荡的可能性越大。

149. 为什么说胀差是大型机组启、停时的关键性控制指标？

答：大功率机组由于长度增加，机组膨胀死点增多，采用双层缸，高、中压合缸及分流缸等结构，增加了汽缸、转子相对膨胀的复杂性；特别是在启动、停止和甩负荷的特殊工况下，若胀差的监视控制不好，则往往会成为限制机组启动速度的主要因素，甚至造成威胁设备安全的严重后果。因此，胀差是大型机组启、停时的关键性控制指标。

150. 何谓汽轮机的寿命管理？

答：根据汽轮机在正常运行、启、停、甩负荷等其他异常工况运行对汽轮机的寿命损伤特性，进行规划和合理分配汽轮机寿命，做到有计划的管理，以达到汽轮机预期的使用寿命。在寿命管理中不应单纯追求长寿，而要全面考虑节能、效益及电网的紧急需要。

151. 发电机采用氢气冷却有哪些优点？

答：氢气是相对密度最小的气体之一，因此通风损耗低，发电机转子上的风扇机械效率高，氢气的导热系数大，能将发电机的热量迅速导出，冷却效率高；氢气不能助燃，发电机内充入的含氧量小于 2%，所以一旦发电机绕组击穿时着火的危险性很小。

152. 汽轮机的推力轴承为什么要装非工作瓦块？

答：一般情况下，汽轮机正常运行时，推力瓦的非工作瓦块是不承受任何推力的，但当机组负荷突然减少时，如甩负荷，汽轮机有时会出现与汽流方向相反的轴向推力，这时非工作瓦块在其楔形油膜的作用下，起到了平衡这部分轴向推力的作用，而不使汽轮机向前串动太大，以免造成动静部分碰撞和磨损。

153. 何谓汽轮机的合理启动方式？

答：汽轮机的启动过程是一个对汽轮机各金属部件的加热过程。在启动过程中，如果温升率控制不好，使金属部件急剧受热，就会使各部件产生较大的热应力、热变形，使动、静部分膨胀不均而产生胀差，造成部件寿命降低，甚至损坏部件。

所谓合理的启动方式，就是寻求合理的加热方式，使机组各部件的热应力、热变形、汽缸和转子的胀差及转动部分的振动均控制在允许的范围内，尽快地把机组的金属温度均匀地升高到工作温度。

154. 汽轮机控制系统包括哪些功能系统？

答：（1）监视系统。监视系统是保证汽轮机安全运行的必不可少的设备，它能够连续监视汽轮机各参数的变化。汽轮机参数监视通常由 DAS 系统实现，测量结果同时送往调节系统作为限制条件，送往保护系统作为保护条件，送往顺序控制系统作为控制条件。

（2）保护系统。保护系统的作用是当电网或汽轮机本身出现故障时保护装置根据实际情况迅速动作，使汽轮机退出工作，或者采取一定措施进行保护，以防止事故扩大或造成设备损坏。大容量汽轮机保护内容有超速保护、低油压保护、轴向位移保护、胀差保护、低真空保护、振动保护等。

（3）调节系统。汽轮机的闭环调节系统包括转速调节系统、功率调节系统、压力调节系统等。

（4）热应力在线监视系统。热应力无法直接测量，通常是用建立模型的方法通过测取汽轮机某些特定点的温度值来间接计算热应力的。热应力计算结果除用于监视外，还可以对汽轮机升速率和变负荷率进行校正。

（5）汽轮机自启停控制系统。汽轮机自启停控制系统能够完成盘车、抽真空、升速并网、带负荷、带满负荷以及甩负荷和停机的全部过程。可实现汽轮机自启停的前提条件是各个必要的控制系统应配备齐全，并且可以正常投运，这些系统包括自动调节系统、监视系统、热应力计算系统以及旁路控制系统等。

（6）液压伺服系统。液压伺服系统包括汽轮机供油系统和液压执行机构两部分。供油系统向液压执行机构提供压力油。液压执行机构由电液转换器、油动机、位置传感器等部件组成，其功能是根据电调系统的指令去控制相应的阀门动作。

155. 简述分散控制系统的组成，并说出各部分的作用。

答：分散控制系统由以微处理器为核心的基本控制单元、数据采集站、高速数据通道、上位监视和管理计算机、网间连接器以及 CRT 操作站等组成。

（1）基本控制单元是直接控制生产过程的硬件和软件的有机结合体，是分散控制系统的基础，可以实现闭环模拟量控制和顺序控制，完成常规模拟仪表所能完成的一切功能。

（2）数据采集站主要用来采集生产现场数据，以满足系统监视、控制以及生产管理与决策计算的需要。有的分散控制系统没有专门的数据采集站，而由基本控制单元完成数据采集和生产过程控制的双重任务。

（3）高速数据通道是信息交换的媒介，它将分散在不同物理位置上接受不同任务的各基本控制单元、数据采集站、上位监视和管理计算机、CRT 操作站连接起来，形成一个信息共享的控制和管理系统。

（4）上位监视和管理计算机用于对生产过程的管理和监督控制，协调各基本控制单元的工作，实现生产过程最优化控制，并在大容量存储器中建立数据库。有的分散控制系统没有设置上位监视和管理计算机，而是把它的功能分散到系统的其他一些工作站中，建立分散的数据库，并为整个系统公用，各个工作站都可以透明地访问它。

（5）CRT 操作站是用户与系统进行信息交换的设备，它以屏幕窗口或文件表格的形式提供人与过程、人与系统的界面，可以实现操作指令输入、各种画面显示、控制系统组态、系统仿真等功能。

156. 采用电液调节系统有哪些优点？

答：（1）采用电气元件增加了调节系统的精度，减少了迟缓率，在甩负荷时能迅速地将功率输出返零，改善了动态超速特性。

（2）实现转速的全程调节，控制汽轮机平稳升速。

（3）可按选定的静态特性（可方便地改善静态特性的斜率及调频的最大幅值）参与电网一次调频，以满足机、炉、电网等多方面的要求。

（4）采用功率系统，具有抗内扰及改善调频动态特性的作用，提高机组对负荷的适应性。

（5）能方便地与机、炉、主控设备匹配，实现机、电、炉自动控制。

157. 什么是功频电液调节中的反调现象？克服反调现象可采取哪些措施？

答：在动态过程中，当发电机的功率因电力系统的变化而突然改变，如发电机的输出功率突然变大，而转子的转速因转子惯性的影响瞬间变化很小，转速信号也变化较小时，功频电液调节系统不但不会开大调门来增大负荷，相反还会因发电机功率大于给定值而关小阀门，这就是所谓的反调现象。

反调现象的产生从根本上讲是因为功率信号变化快于转速信号的变化，为了消除"反调"，可采取下列措施：

（1）除转速信号外，增加采用转速的微分信号。

（2）在功率测量中加惯性延迟。

（3）在功率信号中加负的功率微分信号。

（4）在调节系统中增加一些电网故障的逻辑判断，以区别是甩负荷从电网解列，还是电网瞬时故障暂时失去负荷，在确定电负荷突然变化的原因后，决定调节系统动作方式。

158. 试简述采用协调控制系统的必要性。

答：（1）大功率都采用中间再热和单元制，其控制方式和母管制机组相比有很大区别。从电网角度看，现代单元制机组作为一整体满足电网负荷要求。这种要求一般有三种方式，即电网调度的负荷分配指令、机组值班员指令、电网频率要求指令。无论哪种指令改变，都要求机组迅速进行调整，改变出力，适应负荷要求。采用中间再热的单元制机组，庞大的中间再热容积使得汽轮机中、低压缸功率滞后，加上锅炉的热惯性大，使得汽轮发电机组的一次调频能力降低。

（2）从运行的角度讲，机组对负荷要求的快速响应能力必须建立在不能危及机组本身运行稳定性的基础上。如果机组自身尚处于不稳定状态，负荷适应能力则无从谈起。机组的不稳定性是由于汽轮机与锅炉动态特性的差异引起的。锅炉的热惯性大，动态响应速度慢，而汽轮机将热能转变为机械能迅速得多。这种差异使得当外界负荷发生变化时，机前压力迅速降低，破坏机组运行的稳定性。机前压力的波动也和锅炉的蓄热能力有关，锅炉的蓄热能力越大，机前压力波动越小。

（3）综上所述，为了保证机炉的配合动作，各自发挥其优势，共同满足负荷要求，并保证机炉间的相互兼顾，汽压稳定，应设置协调控制系统。

159. 协调控制系统由哪些部分组成？

答：协调控制系统主要由两大部分构成：第一部分是协调控制主控制系统，包括负荷指令处理器和机炉主控制器；第二部分是机、炉独立控制系统，即锅炉燃烧率控制系统、锅炉风量控制系统、锅炉给水控制系统、汽轮机阀位控制系统。

160. 协调控制系统中负荷指令处理器由哪些部分组成？其作用是什么？

答：负荷指令处理器由负荷指令信号运算、机组可能最大出力计算、机组实际出力计算三部分组成。

负荷指令处理器的作用是：

（1）根据机组的运行状态，选择不同的外部负荷指令信号。

（2）根据本机组辅机发生故障的运行状态、运行台数以及燃烧率偏差信号计算出机组最大允许出力。

（3）根据机组金属部件热应力状况计算出达到目标负荷所需要的负荷变化和起始变化幅度。

（4）追降功能。在运行中，当机、炉部分辅机发生故障时，其最大允许负荷将发生阶跃变化，根据不同设备的故障类型规定适当的甩负荷速度。

（5）负荷限制功能。当机组运行过程中达到负荷限制条件时，对机组负荷加以限制。

161. 为什么整锻转子常作为大型汽轮机的高、中压转子？

答：（1）高温蒸汽可能引起套装转子叶轮和轴之间的松动。

（2）整锻转子结构紧凑，装配零件少，可缩短汽轮机的长度。

（3）在高压级中，转子的直径和圆周速度相对较小，有可能采用等厚度叶轮的整锻结构。

（4）转子刚性较好。

（5）启动适应性好。

162. 什么叫凝汽器的热负荷？

答：凝汽器热负荷是指凝汽器内蒸汽和凝结水传给冷却水的总热量（包括排汽、汽封漏汽、加热器疏水等热量）。

163. 离心水泵的工作原理是什么？

答：离心水泵的工作原理是在泵内充满水的情况下，叶轮旋转使叶轮内的水也跟着旋转，叶轮内的水在离心力的作用下获得能量。叶轮槽道中的水在离心力的作用下甩向外围流进泵壳，于是叶轮中心压力降低，这个压力低于进水管内压力，水就在这个压力差作用下由吸水池流入叶轮，这样水泵就可以不断地吸水、供水了。

164. 除氧器的作用是什么？

答：除氧器的作用就是除去锅炉给水中的氧气及其他气体，保证给水品质，同时它本身又是回热系统中的一个混合式加热器，起到加热给水的作用。

165. 什么是热冲击？

答：由于急剧加热或冷却，使物体在较短的时间内产生大量的热交换，温度发生剧烈的变化时，该物体就会产生冲击热应力，这种现象称为热冲击。

166. 什么情况下容易造成汽轮机热冲击？

答：（1）启动时蒸汽温度与金属温度不匹配。如果启动时蒸汽与汽缸的温度不相匹配，或者未能控制一定的温升速度，则会产生较大的热冲击。

（2）极热态启动时造成的热冲击。单元制大机组极热态启动时，由于条件限制，往往是在蒸汽参数较低情况下冲转，这样在汽缸、转子上极易产生热冲击。

（3）负荷大幅度变化造成的热冲击。汽轮机突然甩去大部分负荷时，蒸汽温度下降较大，汽缸、转子受冷而产生较大的热冲击。而在短时大幅度加负荷时，蒸汽温度升高（放热系数增加很大），短时间内蒸汽与金属间有大量热交换，产生的热冲击更大。

（4）汽缸、轴封进水造成的热冲击。冷水进入汽缸、轴封体内，强烈的热交换造成很大的热冲击，往往引起金属部件变形。

167. 什么是热应力？

答：温度的变化能引起物体膨胀或收缩，当膨胀或收缩受到约束，不能自由地进行时，物体内部就会产生应力，这样的应力通常称为热应力。

168. 汽轮机主轴承主要有哪几种结构形式？

答：(1) 圆筒瓦支持轴承。

(2) 椭圆瓦支持轴承。

(3) 三油楔支持轴承。

(4) 可倾瓦支持轴承。

169. 无头式除氧器有哪些特点？

答：(1) 除氧效果好，运行平稳可靠。其出水含氧量<5μg/L；适应负荷变化的能力较强，负荷的允许变化范围为10%~110%，在此范围内均能保证上述除氧效果。

(2) 使用寿命长。由于取消了除氧头，因此避免了除氧水箱支撑除氧头处产生的应力所造成的裂纹，增加了除氧器的使用寿命。

(3) 安装检修维护简单、方便。因取消了除氧头，总高度降低、外形紧凑，其自身高度至少能降低3~5m，无需设除氧头的检修维护平台，只需沿水箱布置一个平台即可满足检修维护要求。本工程除氧器布置在汽机房运转层，采用无头式更有利于汽机房运转层行车的运行及空间的美观。

(4) 设备维护费用低。无头式除氧器不需要填料，喷嘴性能稳定，正常情况下不需要更换喷嘴，设备维护及备件费用低。

(5) 节能。无头式除氧器由于采用蒸汽与水直接接触，不会出现蒸汽跑漏现象，在排除非凝结气体时伴随排放的蒸汽量少，热效率高。

170. 高压加热器的水位计有哪几种类型？其主要作用是什么？

答：(1) 就地水位计（玻璃管、翻板、双色水位计）：用于就地观看、显示高压加热器实际水位。

(2) 测量筒水位计（平衡容器水位计）：主要用于调节和远方显示。

(3) 电接点水位计（液位开关水位）：主要用于保护。

171. 伺服阀的工作原理是什么？

答：工作原理：当有电气信号由伺服放大器输入时，力矩马达中电磁铁间的衔铁上的线圈中就有电流通过，并产生一个磁场，在两旁的磁铁作用下，产生一个旋转力矩，衔铁旋转，同时带动与之相连的挡板转动，此挡板伸到两个喷嘴中间。在正常稳定工况时，挡板两侧与喷嘴的距离相等。当有电气信号输入，衔铁带动挡板转动时，则挡板移近一只喷嘴，使这只喷嘴的泄油面积变小，流量变小，喷嘴前的油压变高，而对侧的喷嘴与挡板间的距离变大，泄油量增大，使喷嘴前的压力变低，这样就将原来的电气信号转变为力矩而产生机械位移信号，再转变为油压信号，通过喷嘴挡板系统将油压放大。挡板两侧的喷嘴前油压与下部活塞的两个腔室相通，因此当两个喷嘴前的油压不相等时，滑阀在压差的作用下产生位移，滑阀上的凸肩所控制的油口开启或关闭，便可控制高压油由此通向油动机下腔，以开大汽阀的开度，或者将活塞下腔通向回油，使活塞下腔的油泄去，由弹簧力关小或关闭汽阀。

为了增加调节系统的稳定性，在伺服阀中设置了反馈弹簧。另外，伺服阀有一定的机械零偏，以便在运行中突然失电或失去电信号时，借机械力量使滑阀最后偏移一侧，使汽阀关闭。

172. 什么是"单阀"与"顺序阀"？

答：单阀即节流调节，汽轮机的高压调节汽门同步控制。

顺序阀即喷嘴调节，汽轮机的高压调节汽门按预先设定的顺序逐个开启，仅有一个调节汽阀处于节流状态。

173. 机组运行中"单阀"与"顺序阀"各在什么时候使用效果最好？

答：冷态启动或低参数下变负荷运行期间，采用单阀方式能够加快机组的热膨胀，减小热应力，延长机组寿命；额定参数下变负荷运行时，采用顺序阀方式能有效地减小节流损失，提高汽轮机热效率。

174. 简述机组采用"单阀"、"顺序阀"运行方式的优缺点。

答：单阀方式下，蒸汽通过高压调节阀和喷嘴室，调节级动叶全周进汽，受热均匀，有效地改善了叶片的应力分配，使机组可以较快改变负荷，但由于所有调节阀均部分开启，节流损失较大。顺序阀方式下由于仅有一个调节汽阀处于节流状态节流损失大大减小，机组运行的热经济性得以明显改善，但同时对叶片产生冲击，容易形成部分应力区，机组负荷改变速度受到限制。

175. 对于不同负荷工况来说进行单阀/顺序阀切换有何意义？

答：对于定压运行带基本负荷的工况，调节阀接近全开状态，这时节流调节和喷嘴调节的差别很小，单阀/顺序阀切换的意义不大。对于滑压运行调峰的变负荷工况，部分负荷对应于部分压力，调节阀也近似于全开状态，这时阀门切换的意义也不大。对于定压运行变负荷工况，在变负荷过程中希望用节流调节改善均热过程，而当均热完成后，又希望用喷嘴调节来改善机组效率，因此这种工况下要求运行方式采用单阀/顺序阀切换来实现两种调节方式的无扰切换。

176. 简述高压调节阀执行机构的工作原理。

答：高压调节阀执行机构属连续控制型执行机构，可以将高压调节汽阀控制在任一位置上，成比例地调节汽轮机进汽量以适应机组负荷的需要。

计算机运算处理后的开大或关小高压调节汽阀的电气信号经过伺服放大器放大后，在电液伺服阀中将电气信号转换为液压信号，使电液伺服阀主阀芯移动，并将液压信号放大后控制高压抗燃油的通道，使高压抗燃油进入执行机构活塞杆下腔，使执行机构活塞向上移动，带动高压调节汽阀使之开启，或者是使压力油自活塞杆下腔泄出，借弹簧力使活塞下移，关闭高压调节汽阀。当执行机构活塞移动时，同时带动两个线性位移传感器（LVDT），将执行机构活塞的位移转换成电气信号，作为负反馈信号与前面计算机处理后送来的信号相叠加，输入伺服放大器。当伺服放大器输入信号为零时，伺服阀的主阀回到中间位置，不再有高压油通向执行机构活塞杆下腔，此时高压调节汽阀便停止移动，停留在一个新的工作位置。

在该执行机构控制块上装有一个卸荷阀。当汽轮机转速超过103%额定转速或发生故障需紧急停机时，危急遮断系统动作，使超速保护母管油泄去，卸荷阀快速打开，迅速泄去执行机构活塞杆下腔的压力油，在弹簧力的作用下迅速关闭各高压调节汽阀。

177. 简述热力学第二定律。

答：热力学第二定律说明了能量传递和转化的方向、条件、程度。它有两种叙述方法：从能量传递角度来讲：热不可能自发地、不付代价地从低温物体传至高温物体。从能量转换角度来讲：不可能制造出从单一热源吸热，使之全部转化成为功而不留下任何其他变化的热力发动机。

178. 什么是反动式汽轮机？

答：反动式汽轮机是指蒸汽在喷嘴和动叶中的膨胀程度基本相同。此时动叶片不仅受到由于汽流冲击而引起的作用力，而且受到因蒸汽在叶片中膨胀加速而引起的反作用力。由于动叶片进出口蒸汽存在较大压差，因此与冲动式汽轮机相比，反动式汽轮机轴向推力较大。因此一般都装平衡盘以平衡轴向推力。

179. 简述局部流动损失的形成过程。

答：在流动的局部范围内，由于边界的突然改变，如管道上的阀门、弯头、过流断面形状或面积的突然变化等，使得液体流动速度的大小和方向发生剧烈的变化，质点剧烈碰撞形成旋涡消耗能量，从而形成流动损失。

180. 什么是等熵过程？

答：熵不变的热力过程称为等熵过程。可逆的绝热过程，即没有能量损失的绝热过程为等熵过程。在有能量损耗的不可逆过程中，虽然外界没有加入热量，但工质要吸收由于摩擦、扰动等损耗而转变成的热量，这部分热量使工质的熵是增加的，这时绝热过程不为等熵过程。汽轮机工质膨胀过程是个不可逆的绝热过程。

181. 汽轮机按工作原理分为哪几种？按热力过程特性分为哪几种？

答：汽轮机按工作原理分为冲动式汽轮机和反动式汽轮机。

汽轮机按热力过程特性分为凝汽式汽轮机和背压式汽轮机、调整抽汽式汽轮机、中间再热式汽轮机。

182. 什么是泵的特性曲线？

答：泵的特性曲线就是在转速为某一定值时，流量与扬程、所需功率及效率间的关系曲线。即 Q-H 曲线、Q-N 曲线、Q-η 曲线。

183. 何谓金属的机械性能？

答：金属的机械性能是金属材料在外力作用下表现出来的特性，如弹性、强度、韧性和塑性等。

184. 汽轮机为什么要设滑销系统？

答：汽轮机在启动及带负荷过程中，汽缸的温度变化很大，因而热膨胀值较大，为保证汽缸受热时能沿给定的方向自由膨胀，保证汽缸与转子中心一致，以及汽轮机停机时，保证汽缸能按给定的方向自由收缩，汽轮机均设有滑销系统。

185. 影响汽轮机惰走曲线的斜率、形状的因素有哪些？

答：（1）真空破坏门开度的大小，开启时间的早晚；

（2）机组内转动部分是否摩擦；

（3）主汽门、调速汽门、抽汽止回阀是否严密。

186. 机械密封的工作原理是什么？

答：机械密封是一种不用填料的密封形式，其工作原理是靠两个经过精密加工的端面（动环和静环）沿轴向紧密接触来达到密封的。

动环装在动环座上与轴同时旋转；静环装在泵体的静环座上，为静止部分。动环与静环的轴向密封端面间有一层水膜，起着冷却和润滑端面的作用。当泵运转时，两密封端面的摩擦作用引起密封腔内的液体发热，为防止汽化，系统设计有循环液及时将摩擦产生的热量带走，同时也保护两密封端不受损伤，以延长其使用寿命。

187. 与喷射式抽气器相比，水环式真空泵在性能上有何优势？

答：抽气设备的性能可分为启动性能和持续运行性能两大部分。

启动性能指抽气设备在启动工况下抽吸能力的大小，直接影响凝汽器建立汽轮机启动真空所需花费的时间。水环式真空泵在低真空下的抽吸能力远大于射水式抽气器和射汽式抽气器在同样压力下的抽吸能力。

持续运行性能直接反映抽气设备在额定工况下的运行性能，抽气能力不能太大，否则会将凝汽器中的蒸汽大量抽走。水环式真空泵的抽吸能力与吸入口压力有关，吸入口压力越低，抽吸能力越弱，因此它既能满足启动时低真空下的抽气性能，又能满足高真空下的抽气性能。

188. 液力耦合器中的工作油是怎样传递动力的？

答：液力耦合器中在主动涡轮和从动涡轮的腔室中充有工作油，形成一个循环流道。若主轴以一定转速旋转，主动涡轮和被动涡轮形成的工作腔室内的油自主动涡轮内侧引入后，在离心力的作用下被甩到油腔外侧形成高速的油流，冲向对面的被动涡轮叶片，驱动被动涡轮叶片一同旋转。然后，工作油又沿被动涡轮叶片流向油腔内侧并逐渐减速流回到主动涡轮内侧，构成一个油的循环流动圆。如此周而复始构成了工作油在泵轮和涡轮两者间的自然环流。这样，工作油在主动涡轮内获得能量，又在被动涡轮里释放能量，完成了能量的传递。

189. 主蒸汽温度变化对机组的安全经济性有哪些影响？

答：主蒸汽温度的异常变化对汽轮机运行安全性有很大威胁。

主蒸汽温度升高时，蒸汽的理想焓降增加且排汽湿度降低而有利于汽轮机的热效率提高。但若汽温高于允许值，对设备可靠性和使用寿命方面都有影响。汽温过高时，一方面使材料强度降低，另一方面使零件超量膨胀，而引起动静间隙和装配紧力的变化，由此对主汽门、调节汽门、高压内缸前几级静叶和动叶都将造成较大的危害。在高温条件下，金属材料的蠕变速度加快，将引起设备损坏或缩短使用寿命。因此，在超温的幅度上和累计时间上都必须严格加以限制。

运行中主蒸汽温度降低对汽轮机安全与经济性都是不利的。一方面由于汽温降低时蒸汽的理想焓降减小，排汽湿度增大，效率降低；另一方面，温度降低时若维持额定负荷，则蒸汽流量的增加对末级叶片极为不利。汽温降低还使汽轮机各级反动度增加、轴向推力增大。

190. 汽轮机的滑销系统有什么作用?

答:滑销系统是保证汽缸定向自由膨胀并能保持轴线不变的一种装置。汽轮机在启动和增加负荷的过程中,汽缸的温度逐渐升高,并发生膨胀。由于基础台板的温度升高低于汽缸,如果汽缸和基础台板为固定连接,汽缸将不能自由膨胀,因此汽缸与基础台板之间以及汽缸与轴承座之间应装上各种滑销,并使固定汽缸的螺栓留出适当的间隙,形成完整的滑销系统,既能保证汽缸的自由膨胀,又能保持机组的中心不变。

191. 主汽门冲转和调门冲转的优缺点是什么?

答:主汽门冲转是启动时调节汽门全开,转速由主汽门控制,转速达到一定值或带少量负荷后进行切换,改由调门控制。这种启动方式汽轮机全周进气,除圆周上温度均匀以外,全部喷嘴焓降很小,调节级汽温较高是其最明显的优点;缺点是有可能使主汽门受到冲刷,导致主汽门关闭不严。现在采用主汽门冲转的机组,一般都用主汽门阀座底下的预启阀来控制进汽,这样就避免了对主汽门的直接冲刷。

调门冲转是启动时主汽门开足,进入汽轮机的蒸汽流量由调节汽门控制。这种方式一般采用部分进汽,导致汽缸受热不均,各部温差较大;但没有高压主汽门与高压调门之间的切换,操作简便。先在采用调门冲转的机组冲转期间都采用单阀控制,使汽轮机仍为全周进气,减小了汽缸各部分的温差。

192. 汽轮机寿命管理的内容有哪些?

答:为了更好地使用汽轮机,必须对汽轮机的寿命进行有计划的管理,汽轮机的寿命管理包括两个方面的内容:

(1)对汽轮机在总的运行年限内的使用寿命情况作出明确的切合实际的规划,也就是确定汽轮机的寿命分配方案,事先给定汽轮机在整个运行年限内的启动类型、启停次数、工况变化以及甩负荷次数等。

(2)根据寿命分配方案,制订出汽轮机启停的最佳启动及变工况运行方案,保证在寿命损耗不超限的前提下,汽轮机启动最迅速,经济性最好。

193. 现场如何根据检测结果区分临界共振、油膜振荡和间隙振荡?

答:根据转速、振动频率和振幅的测量结果可以区分这三种振动。

临界共振时,其振动频率与当时转速对应的频率一致,且转速越过临界转速后,振动会迅速减小。

油膜振荡一般出现在升速过程中,其共振频率相当于当时转速对应频率的1/2(约为转子第一临界转速),且转速升高时振动频率不变,振幅不减小。

间隙振荡一般出现在带负荷过程中。当负荷加到一定的值时振荡出现,负荷减小时振荡消失,其振动频率也与转子第一临界转速对应的频率相近。

194. 叶片调频措施有哪些?依据是什么?

答:调频措施如下:

(1)在围带、拉金与叶片连接处加焊;

(2)叶顶钻径向孔;

(3)研磨叶根接触面,提高连接刚性;

（4）改变成级叶片的数目；

（5）加装围带、拉金，或改变其尺寸。

这些调频措施的依据是只要改变叶片的质量和刚度就可改变叶片的自振频率，从而与激振力频率调开。当质量减小、刚度增加时，自振频率增加。

195. 高参数机组的高压缸一般采用什么支承方式？为什么？

答：高参数高压缸一般采用上猫爪支承，这是由于高参数高压缸的猫爪比较厚，采用上猫爪后其承力面即汽缸中分面，这样汽缸在受热时其中心线高度与轴承箱中心线高度可保持一致。

196. 影响调节系统动态特性的主要因素有哪些？它们是如何影响的？

答：从被调对象看，用两个指标反映其影响：一是转子飞升时间常数 T_a，T_a 越小，甩负荷时加速越快，超调量越大，动态越不稳定；二是中间容积时间常数 T_V，T_V 越大，动态稳定性越差。

从调节系统看，用三个指标反映其影响：一是速度变动率 δ，δ 越大，动态稳定性越好（但 δ 大转速升高绝对值很大）；二是油动机时间常数 T_m，T_m 越大，动态稳定性越差；三是迟缓率 ε，ε 越大，动态稳定性越差。

197. 油膜是如何形成的？影响油膜厚度的因素有哪些？

答：由于轴颈的直径肯定小于轴瓦的直径，因此轴颈支承在轴瓦中自然形成楔形间隙，当轴颈转动并加入润滑油后，由于轴颈的带动和油的黏性，油由宽口流向窄口，形成油楔，并产生一定油压，当油压足以支承轴颈载荷时，轴颈轴瓦就被油膜隔开，形成液体润滑（或称湿摩擦）。油楔的角度、油的黏度以及轴颈转速都会影响油膜的形成及其厚度。

198. 为什么饱和压力随饱和温度升高而升高？

答：因为温度越高分子的平均动能越大，能从水中飞出的分子越高，因而使得汽侧分子密度增大。同时因为温度升高蒸汽分子的平均运动速度也随着增加，这样就使得蒸汽分子对容器壁的碰撞增强，结果使得压力增大。所以饱和压力随饱和温度升高而升高。

199. 采用回热循环为什么会提高热效率？

答：采用回热循环时汽轮机中间抽出的一部分做了功的蒸汽送入回热加热器加热凝汽器来的凝结水，提高了凝结水（或给水）温度，这样送入锅炉后可少吸收燃料燃烧的热量，节约了燃料。另外由于抽汽部分的蒸汽不在凝汽器中凝结，减少了冷却水带走的热量损失。所以采用回热循环可以提高热效率。

200. 什么叫分散控制系统？

答：分散控制系统是以微处理机为核心，采用数据通信和 CRT 显示技术，对生产过程进行集中操作管理和分散控制的系统，是计算机技术、控制技术、数据通信技术和图形显示技术相结合的产物。

201. 金属材料的物理性能包括哪些？

答：金属材料的物理性能包括金属的相对密度、比热、熔点、导电性、磁性、导热性、热膨胀性、抗氧化性、耐磨蚀性等。

202. 简述液体静压力的特性。

答：液体静压力的方向和其作用面相垂直并指向作用面。静止液体内任一给定点的各个方向的液体静压力均相等。

203. 减少散热损失的方法有哪些？

答：减少散热损失的方法是：增加绝热层厚度以增大导热热阻；设法减小设备外表面与空气间的总换热系数。

204. 金属的超温与过热两者之间有什么关系？

答：金属的超温与过热在概念上是相同的，所不同的是，超温是指在运行中由于种种原因，使金属的管壁温度超过它所允许的温度，而过热是因为超温致使金属发生不同程度的损坏，也就是超温是过热的原因，过热是超温的结果。

205. 影响传热的因素有哪些？

答：由传热方程 $Q = KF\Delta t$ 可以看出，传热量是由三个方面的因素决定的，即冷、热流体传热平均温差 Δt、换热面积 F 和传热系数 K。

206. 热力学第一定律的实质是什么？它说明了什么问题？

答：热力学第一定律的实质是能量守恒与转换定律在热力学上的一种特定应用形式。它说明了热能与机械能互相转换的可能性及其数值关系。

207. 什么是汽轮机合理的启动方式？

答：汽轮机的启动受热应力、热变形、膨胀和振动等因素的限制。所谓合理的启动方式就是寻求合理的加热方式，根据启动前机组的实际设备状况，选择合理的启动参数（蒸汽参数、升速率、暖机时间、初负荷率），保证启动过程中热应力、热变形、膨胀及振动均维持在合理范围时，尽快把金属温度均匀升高到工作温度，减少启动消耗，增加机组的机动性。

208. 汽轮机本体由哪些部件组成？

答：汽轮机本体由静止和转动两大部分组成。静止部分包括汽缸、隔板、喷嘴和轴承等；转动部分包括轴、叶轮、叶片和联轴器等。此外还有汽封。

209. 在操作员自动方式下，功率回路投入和切除时，DEH 目标负荷指令分别代表什么含义？

答：功率回路投入后，DEH 调节系统中功率反馈回路接通，此时 DEH 目标负荷指令表示运行人员要求达到的功率值。

功率回路切除后，DEH 调节系统中功率反馈回路被切断，此时 DEH 目标负荷指令实际表示运行人员要求达到的调节汽门开度值。

210. 简述在操作员自动方式下，DEH 负荷的目标值、设定值与实际值之间的关系。

答：在操作员自动方式下，目标值由运行人员给出，是一个阶跃信号；在正常情况下设定值是设定值形成回路根据运行人员给出的目标值和基本计算得到，或者根据来自 CCS 或电气的信号计算得到，在异常情况下，该值是根据异常信号（如 RB 信号、TPC 动作信号等）计算得到，变负荷（或变速）设定只是一个平滑的斜坡信号，且易于保持，以便于实施对机组的控制；实际值（转速或负荷）是机组的实际输出及控制系统根据设定值对机组实施控制的最终结果。在自动同步方式下，电气调速信号直接改变的是设定值。

211. 影响汽轮发电机组经济运行的主要技术参数和经济指标有哪些？

答：影响汽轮发电机组经济运行的主要技术参数和经济指标有汽压、汽温、真空度、给水温度、汽耗率、循环水泵耗电率、高压加热投入率、凝汽器端差、凝结水过冷度、汽轮机热效率等。

212. 为预防给水泵汽蚀在其设置上有什么特点？

答：由于给水温度一般都比较高（为除氧器压力下的饱和温度），在给水泵进口处水容易发生汽化，会形成汽蚀而引起出水中断。因此一般都把给水泵布置在除氧器水箱以下，以增加给水泵进口的静压力，避免汽化现象的发生，保证水泵的正常工作。

另外，大参数机组在给水前设有前置泵，用以提高给水泵进口压力，改善给水泵的工作条件。

213. 减少汽水流动损失的方法有哪些？

答：（1）尽量保持汽水管路系统阀门全开状态，减少不必要的阀门和节流元件。

（2）合理选择管道直径和进行管道布置。

（3）采取适当的技术措施，减少局部阻力。

（4）减少涡流损失。

214. 导热微分方程式的定解条件有哪些？其中边界条件有哪几类？

答：（1）几何条件：说明参与过程的物体的几何形状和大小。

（2）物理条件：说明系统的物理特征，包括系统的特性参数的数值和性质。

（3）时间条件：说明在时间上过程进行的特点，通常给出过程初始时物性参数。

（4）边界条件：

1）边界上的温度值；

2）边界上的热流密度值；

3）物体边界与周围介质间的换热系数 α 及周围介质的温度 t_1。

215. DEH 系统接受哪几种反馈信号？

答：DEH 系统接受汽轮机转速、发电机功率和高压缸第一级后压力三种反馈信号。

216. 为什么不能说节流过程是等焓过程？

答：节流前后蒸汽的焓值相等，但绝不能说节流过程是等焓过程，因为节流孔板处焓值是降低的，此焓降用来增加蒸汽的动能，而涡流与扰动的动能又转化为热能，重新被蒸汽吸收，使焓值又恢复到节流前的数值。

217. 油膜振荡是怎样产生的？

答：油膜振荡是轴颈带动润滑油流动时，高速油流反过来激励轴颈，使其发生强烈振动的一种自激振动现象。

轴颈在轴承内旋转时，随着转速的升高，在某一转速下，油膜力的变化产生一失稳分力，使轴颈不仅绕轴颈中心高超旋转，而且轴颈中心本身还将绕平衡点甩转或涡动。其涡动频率为当时转速的 1/2，称为半速涡动。随着转速增加，涡动频率也不断增加，当转子的转速约等于或大于转子第一阶临界转速的两倍时，转子的涡动频率正好等于转子的第一阶临界转速。由于此时半速涡动这一干扰力的频率正好等于轴颈的固有频率，便发生了和共振同样的现象，即轴颈的振幅急剧放大，此时即发生了油膜振荡。

218. 什么是调速系统的速度变动率？

答：汽轮机空负荷时的稳定转速 n_2 与满负荷时的稳定转速 n_1 之间的差值与额定转速 n_0 比值的百分数，称为调速系统的速度变动率，以符号 σ 表示，即

$$\delta = \frac{空负荷时的稳定转速\ n_2 - 满负荷时的稳定转速\ n_1}{额定转速\ n_0} \times 100\%$$

219. 针对"落地"与"不落地"两种低压转子轴承的支撑形式，说明在排汽缸上设置喷水减温装置的理由。

答：在空、低负荷（这时转子鼓风摩擦损失增大）或凝汽设备工作不正常时，排汽温度会升高，从而排汽缸温度也升高。由于排汽缸一般支撑在基础台板上，故对"落地"支撑形式轴承来说：排汽缸的膨胀会使低压部分动静间隙消失，发生动静碰撞。而对"不落地"支撑形式轴承来说排汽缸的膨胀会使轴系中心变形，引起振动。所以要在排汽缸上设置喷水减温装置以防止排汽缸温度过高。

220. 调节系统静态特性曲线的合理形状是怎样的？为什么？

答：（1）静态特性曲线应连续、光滑、无突变、无水平段。原因是为保证调节系统稳定运行，无过大的摆动。

（2）速度变动率适当，在空负荷与满负荷时 δ 应稍大些。因为在空负荷附近 δ 稍大，转速稳定，有利于并网。可避免在并网初期由于电网周波的变化引起机组大的负荷变动，从而避免机组解列或带上过大的负荷时产生较大的热应力和胀差。满负荷附近 δ 稍大，可避免电网频率降低时导致汽轮机过载。

221. 在火力发电厂中汽轮机为什么采用多级回热抽汽？怎样确定回热级数？

答：火力发电厂中都采用多级抽汽回热，这样凝结水可以通过各级加热器逐渐提高温度。抽汽可以在汽轮机中更多地做功，并可减少过大的温差传热所造成的蒸汽做功能力损失。从理论上讲回热抽汽越多，则热效率越高，但也不能过多，因为随着抽汽级数的增多热效率的增加量趋缓，而设备投资费用增加，系统更复杂，安装、维修、运行困难。目前中、低压电厂采用 3～5 级抽汽，高压电厂采用 7～8 级回热抽汽。

222. 什么是凝汽器的极限真空？

答：凝汽设备在运行中必须从各方面采取措施以获得良好真空。但是真空的提高并非越高越好，而是有一个极限。这个真空的极限由汽轮机最后一级叶片出口截面的膨胀极限所决定。当通过最后一级叶片的蒸汽已达到膨胀极限时，如果继续提高真空不仅不能获得经济效益反而会降低经济效益。

当最后一级叶片的蒸汽达到膨胀极限时的真空就叫极限真空。

223. 中间再热机组的优缺点是什么？

答：（1）中间再热机组的优点。

1）提高了机组效率，如果单纯依靠提高汽轮机进汽压力和温度来提高机组效率所需耐高温高压材料的费用昂贵，受到投资费用及材料极限的限制。大容量机组均采用中间再热方式，在不提高材料等级的基础上提高机组效率，效费比好。

2）提高了乏汽的干度，低压缸中末级的蒸汽湿度相应减少至允许范围内。否则，若蒸汽中出现微小水滴，会造成末几级叶片的损坏，威胁机组安全运行。

3）采用中间再热后，可降低汽耗率，同样发电出力下的蒸汽流量相应减少。因此末几级叶片的高度在结构设计时可相应降低，节约叶片金属材料。

（2）中间再热机组的缺点。

1）投资费用增大，因为管道阀门及换热面积增多。

2）运行管理较复杂。在正常运行加、减负荷时，应注意到中压缸进汽量的变化是存在明显滞后特性的。在甩负荷时，即使主汽门或调门关闭，但是还有可能因中调门没有关严而严重超速，这时因再热系统中的余汽引起的。

3）机组的调速保安系统复杂化。

4）需增加应对和避免再热器干烧的设备以及技术措施准备，如加装旁路系统。

224. 增强传热的方法有哪些？

答：（1）提高传热平均温差。在相同的冷、热流体进、出口温度下，逆流布置的平均温差最大，顺流布置的平均温差最小，其他布置介于两者之间。因而，在保证锅炉各受热面安全的情况下，都应力求采用逆流或接近逆流的布置。

（2）在一定的金属耗量下增加传热面积。管径越小，在一定金属耗量下总面积就越大，采用较小的管径还有利于提高对流换热系数，但过分缩小管径会带来流动阻力增加及管子堵灰的严重后果。

（3）提高传热系数。减少积灰和水垢热阻：其方法是对受热面经常吹灰，定期排污和冲洗，以保证给水品质合格。

225. 热力学第一定律与热力学第二定律有什么区别？

答：热力第一定律的实质是能量守恒与转换定律在热力学中的应用，它说明了热能与机械能互相转换的可能性及其数值关系。热力学第二定律指出了能量转换的条件、方向及转换程度的问题。

226. 汽轮机的内、外部损失有哪几项？

答：汽轮机的级内损失有：

（1）叶栅损失。

（2）余速损失。

（3）叶轮鼓风摩擦损失。

（4）撞击损失。

（5）叶高损失。

（6）扇形损失。

（7）部分进汽损失。

（8）湿汽损失。

（9）漏汽损失。

汽轮机的外部损失有：

（1）端部轴封漏汽损失。

（2）汽缸散热损失。

（3）机械损失。

227. 什么是汽轮机的节流调节？

答：所有进入汽轮机的蒸汽都经过一个或几个同时启闭的调节汽门，然后进入汽轮机的第一级喷嘴。这种调节方式主要是通过改变调节汽门的开度来改变对蒸汽的节流程度，以改变进汽压力，使进入汽轮机的蒸汽流量和做功的焓降改变，从面调整汽轮机的功率。

228. 什么是汽轮机的喷嘴调节？

答：喷嘴调节是指新蒸汽经过自动主汽门后，再经过几个依次启闭的调节汽门通向汽轮机的第一级（调节级）。这种调节方式主要是靠改变蒸汽流量来改变汽轮机功率的。汽轮机理想焓降可认为基本不变。喷嘴调节经济性高，而且在整个负荷变化范围内，汽轮机效率也较平衡。

229. 采用蒸汽中间再热的目的是什么？其优点有哪些？

答：为了提高发电厂的热经济性和适应大功率的机组发展的需要，蒸汽初参数不断地得到提高。但是，随着初压力的提高，蒸汽在汽轮机中膨胀终了的湿度增大了，为了使排汽湿度不超过允许数值，而采用蒸汽中间再热。

采用中间再热以后，不仅减少了汽轮机的排汽湿度，改善了汽轮机末几级叶片的工作条件，提高了汽轮机的相对内效率，同时由于蒸汽再热，使每千克工质的焓降增大了。如电功率不变，可减少汽轮机总耗量。此外，蒸汽中间再热的应用，能够采用更高的蒸汽初压力，增大了单机容量，这些会使发电厂的热经济性得到提高。

230. 危急遮断系统（ETS）由哪两部分组成？各起什么作用？

答：一部分是超速防护系统（OPC），该系统的高压油称为超速防护油，作用于高、中压调节汽门的油动机动作时只暂时关闭高、中压调节汽门，并不停机；另一部分是自动停机脱扣系统（AST），该系统的高压油称为安全油，作用于高、中压主汽门，AST动作时不仅关闭主汽门，而且也能通过OPC系统关闭各调节汽门，实现停机。

231. DEH 的主要功能有哪些？

答：（1）汽轮机自动调节功能：包括转速控制、负荷控制、阀门试验及主汽压力控制（TPC）功能。

（2）汽轮机启停和运行中的监视功能：包括工况监视、越限报警以及自动故障记录，追忆打印等。

（3）汽轮机超速保护功能：主要包括甩负荷保护、甩部分负荷保护及超速保护。

（4）汽轮机自启停（ATC）功能。

232. 何谓汽耗率、热耗率？

答：汽耗率：汽轮发电机组每发 1kWh 电能所消耗的蒸汽量称为汽耗率。

热耗率：汽轮发电机组每发 1kWh 的电能所消耗的热量称为热耗率。

233. 什么是单元机组协调控制系统（CCS）？其功能是什么？

答：单元机组协调控制系统把锅炉和汽轮发电机组作为一个整体进行控制，采用了递阶控制系统结构，把自动调节、逻辑控制、联锁保护等功能有机地结合在一起，构成一种具有多种控制功能，满足不同运行方式和不同工况下控制要求的综合控制系统。

CCS需要根据负荷调度指令进行负荷管理，消除运行时机、炉间各种扰动，协调控制锅炉的燃烧控制、给水控制、汽温控制与辅助控制子系统，保持锅炉、汽机之间的能量平衡，并在机组主、辅机设备的能力受到限制的异常工况下进行联锁保护。

234. 采用给水回热循环的意义是什么？

答：采用给水回热加热以后，一方面从汽轮机中间部分抽出一部分蒸汽，加热给水，提高了锅炉给水温度。这样可使抽汽不在凝汽器中冷凝放热，减少了冷源损失。另一方面，提高了给水温度，减少了给水在锅炉中的吸热量。因此，在蒸汽初、终参数相同的情况下，采用给水回热循环的热交比朗肯循环热效率高。

235. 汽轮机的热变形有哪几种？

答：（1）上下汽缸温差引起的热变形。

（2）汽缸内外壁和法兰内外壁温差引起的热变形。

（3）转子的热弯曲。

236. 空气对凝汽器的工作有何影响？

答：（1）空气阻碍蒸汽放热凝结，使传热系数减小，传热端差增大，从而使真空下降。

（2）凝结水过冷度增加。

（3）空气漏入凝汽器，使排汽压力、排汽温度升高，降低机组经济性。

（4）空气漏入凝汽器，增加空气分压力，从而增加空气在水中的溶解度，使凝结水中的含氧增加，加剧低压管道和低压加热器的腐蚀，降低设备的可靠性，同时也增加除氧器的负担。

237. 汽轮机中的能量转换过程是怎样的？

答：蒸汽首先在喷嘴中流动将蒸汽的热能转换为动能，然后在叶片中蒸汽的动能转换为转子的机械能。

238. 简述冲动式汽轮机的工作原理。

答：具有一定压力和温度的蒸汽进入喷嘴后，由于喷嘴截面形状沿汽流方向变化，蒸汽的压力温度降低、比体积增大、流速增加，即蒸汽在喷嘴中膨胀加速，热能转变为动能，具有较高速度的蒸汽由喷嘴流出，进入动叶片流道，在弯曲的动叶片流道内改变汽流方向，蒸汽给动叶片以冲动力，产生了使叶片旋转的力矩，带动主轴的旋转，输出机械功，将动能转化为机械能。

239. 凝汽式发电厂生产过程中有哪些能量损失？其中哪项损失最大？

答：（1）锅炉热损失（9%）：是锅炉排烟损失、化学和机械不完全燃烧损失、锅炉散热损失、锅炉灰渣热损失的总和。

（2）管道热损失（0.063%）：是指热力管道散热和泄漏所产生的热损失。

（3）汽轮机的冷源损失（58.603 12%）：是指凝结器内的凝结放热损失，包括固有冷源损失和附加冷源损失。此损失是最大的能量损失。

（4）汽轮机机械损失（0.323 34%）：是指汽轮机的轴承摩擦阻力产生的损失。

（5）发电机能量损失（0.480 16%）：是指发电机轴承摩擦产生的阻力损失、铁损和铜损。

240. 为什么喷嘴在湿蒸汽区域工作时流经喷嘴的实际流量比理想流量大？

答：湿蒸汽区域工作时，由于蒸汽通过喷嘴的时间很短，有一部分就凝结成水珠的饱和蒸汽来不及凝结，发生了凝结滞后的过冷现象，即蒸汽没有获得这部分蒸汽凝结时所放出的汽化潜热，故蒸汽温度较低，因此蒸汽的实际密度 ρ_1 反而大于理想密度 ρ_t，即 $\rho_1/\rho_t > 1$，所以实际流量大于理想流量。

241. 简述雷诺系数 Re、格拉晓夫系数 Gr、普朗特系数 Pr 的物理意义？

答：Re 是以动量微分方程的惯性力项和黏性力项相似倍数之比得出的，反映了流体流动时惯性力与黏性力的相对大小。

Gr 是以动量微分方程的漂升力项和黏性力项相比得出的，反映了漂升力与黏性力的相对大小。

Pr 反映了流体的动量扩散与热量扩散能力的相对大小。

第二节　汽轮机组启停、运行维护与试验

242. 汽轮机机械超速试验应具备哪些条件？

答：(1) 各主要监视仪表指示正确。

(2) 就地、远方打闸正常，电超速保护回路试验合格。

(3) DEH 控制系统各项功能正常。

(4) 电超速保护投入运行。

(5) 汽门严密性试验合格，汽门关闭时间测试合格。

(6) 轴振大、瓦振大停机保护投入运行。

(7) 主、再热蒸汽压力符合要求。

(8) 超速试验前禁止做充油试验，以防影响超速试验的准确性。

243. 机械超速试验的合格标准是什么？

答：(1) 危急保安器动作转速应在 3270～3330r/min 之间。

(2) 超速试验每个飞锤进行两次，两次动作转速之差不超过 0.6% 的额定转速。

244. 哪些情况下应进行超速试验？

答：(1) 汽轮机新安装后及机组大修后。

(2) 危急保安器解体检修后。

(3) 机组停用一个月后再启动时。

(4) 运行 2000h 不能进行充油活动校验时。

(5) 充油试验不合格时。

(6) 甩负荷试验前。

245. 什么情况下禁止进行超速试验？

答：(1) 机组在大修前。

(2) 严禁在额定蒸汽参数或接近额定参数下做提升转速试验。

（3）控制系统或者主、调汽阀存在问题时。

（4）各主汽阀或调节阀严密性不合格时。

（5）任一轴承的振动异常或任一轴承温度高于限定值时。

（6）就地和远方停机功能不正常时。

246. 机械超速试验的注意事项有哪些？

答：（1）超速试验启动前，进行打闸试验，确认打闸功能正常。

（2）整个试验过程中润滑油温维持在43～48℃之间。

（3）机组带15％以上额定负荷运行4h以上，与电网解列后进行。

（4）试验过程中保持蒸汽参数稳定。

（5）试验过程中避免在3200r/min以上长时间运行。

（6）危急保安器动作转速应在3270～3330r/min之间。

（7）当转速升到超速保护动作值而未动作时，立即打闸停机，查明原因并采取措施后方可继续试验。

（8）超速试验保护动作后，应检查各主汽阀、调节阀、抽汽电动阀及止回阀、高压排汽止回阀均关闭。

247. 采用滑参数停机时为什么不能进行超速试验？

答：因为从滑参数停机到发电机解列，主汽门前的蒸汽参数已降得很低，而且在滑停过程中为了使蒸汽对汽轮机金属有较好、均匀的冷却作用，主蒸汽过热度一般控制在接近允许最小的规定值，同时保持调速汽门在全开状态。此时进行超速试验，则需采用调速汽门控制机组转速，完全有可能使主蒸汽压力升高，主蒸汽过热度减小，甚至出现蒸汽温度低于该压力下所对应的饱和温度，将会造成汽轮机水冲击事故。另一方面，由于汽轮机主汽门、调速汽门的阀体和阀芯可能因冷却不同步而动作不够灵活或卡涩，特别是汽轮机本体经过滑参数停机过程冷却后，其胀差、轴向位移均有较大的变化，故不允许做超速试验。

248. 大型汽轮机为什么要带低负荷运行一段时间后再进行超速试验？

答：汽轮机启动过程中，要通过暖机等措施把转子温度提高到脆性转变温度以上，以提高转子承受较大的离心力和热应力的能力。由于大机组转子直径较大，从启动到全速，转子表面与中心孔的温差较大，转子中心孔的温度还未达到脆性转变温度以上，做超速试验时，转速增加10％，应力增加21％，再与热应力叠加，转子中心孔处承受应力的数值是很大的，此时如进行超速试验，容易引起转子的脆性断裂，所以规定大型汽轮机超速试验前先带部分负荷进行充分的暖机，使金属部件（主要是转子）温度达到脆性转变温度以上时再进行超速试验。

249. 主机危急保安器充油试验的目的是什么？

答：为了验证超速遮断装置正常又避免过多地进行机组超速试验，大、中型机组都在危急保安器上加装充油装置，以便正常运行中进行充油试验。

250. 汽轮机有哪些超速保护？

答：（1）危急遮断器机械式超速保护，定值为额定转速的109％～111％。

（2）DEH电超速保护。

（3）ETS电超速保护。

（4）OPC超速限制。

251. OPC保护动作的原因有哪些？

答：（1）甩负荷。当发电机与电网解列时，OPC电磁阀带电，OPC油压消失，快速关闭高压和中压调节阀，抑制汽轮机的超速。

（2）加速度限制。当汽轮机转速升高加速度大于规定值时，OPC电磁阀带电，OPC油压消失，快速关闭高、中压调节阀，抑制汽轮机的转速飞升。

（3）功率‐负荷不平衡。当汽轮机功率（用中压缸排汽压力表征）与发电机负荷不平衡时，会导致汽轮机超速。当中压缸排汽压力与发电机负荷之间的偏差超过设定值时，功率‐负荷不平衡继电器动作，快速关闭高压和中压调节阀，抑制汽轮机的超速。

（4）汽轮机转速超过103％额定转速。

252. OPC保护动作过程是怎样的？

答：OPC动作时，OPC电磁阀带电，OPC油压消失，卸去高、中压调门油动机下部油压，高、中压调门快关；当汽轮机转速下降至额定转速（3000r/min）时，OPC电磁阀失电，OPC油压建立，高、中压调门开启，重新进汽，维持汽轮机转速在额定范围内。

253. 热态启动时，机组冲车应具备哪些条件？

答：（1）主蒸汽温度比高压内缸下缸温度高50℃以上，再热蒸汽温度接近主蒸汽温度。

（2）蒸汽过热度大于50℃。

（3）盘车连续运行不少于4h。

（4）高压外缸或中压缸上下缸温差小于50℃，高压内缸上下缸温差不大于35℃。

（5）轴位移及高、中、低压胀差在允许范围内。

（6）转子偏心度不超过原始值的±0.02mm。

（7）润滑油压在0.08～0.12MPa，油温在38～42℃。

（8）凝汽器真空维持较高，利于疏水。

254. 热态启动时容易出现哪些问题？应采取什么措施？

答：（1）转子与汽缸因停机时冷却会产生负胀差，热态启动可能会造成动静轴向碰磨，因此启动前应在盘车状态下向高压缸前轴封供高温蒸汽，转子局部受热后负胀差减小。

（2）停机后汽缸拱背变形、转子热弯曲，启动后可能发生径向碰磨。因此应尽量对下缸加强保温，控制上下缸温差不大于50℃，停机后保持汽轮机盘车连续运行。

（3）进汽温度过低，主蒸汽或再热蒸汽经过节流后可能低于金属最高温度，从而使金属冷却而产生热应力，因此要控制进汽温度高于金属最高温度至少50℃以上。

255. 与冷态启动相比，热态启动时应注意哪些问题？

答：（1）热态启动时需严格控制上下缸温差不得超过50℃，双层内缸上下缸温不超过35℃。

（2）转子弯曲不超过规定值。

（3）主蒸汽温度应高于汽缸最高温度50℃以上，并有50℃以上的过热度。

（4）冲转前应先送轴封汽后抽真空，轴封供汽温度应尽量与金属温度相匹配。

（5）真空应适当保持高一些，以加强疏水，防止冷汽冷水进入汽缸。

（6）热态启动应根据汽缸温度，选择合适的启动参数，冲转后应以较快的速度升速、并网，并带负荷到工况点。

（7）热态启动要特别注意机组振动，防止动静部分发生摩擦而造成转子弯曲。

（8）冲车前连续盘车不少于 4h。

256. 热态启动时为什么要求主蒸汽温度高于汽缸温度 50～80℃？

答：机组热态启动时，要求主蒸汽温度高于汽缸温度 50～80℃，可以保证主蒸汽经调节汽门节流、导汽管散热、调节级喷嘴膨胀后，蒸汽温度仍不低于汽缸的金属温度，可以避免汽缸、法兰金属产生过大的应力和转子由于突然受冷而产生急剧收缩，高压胀差出现负值，使通流部分轴向动静间隙消失而产生摩擦，造成设备损坏。

257. 汽轮机热态启动投轴封供汽有何要求？

答：（1）机组热态启动投轴封供汽时，应确认盘车装置运行正常，先向轴封供汽，后抽真空。

（2）应根据缸温选择供汽汽源，以使供汽温度与金属温度相匹配。

258. 汽轮机冷、热态启动和负荷变动时，转子表面和中心孔处热应力如何变化？

答：冷态启动时，转子外表面受压应力，中心孔受拉应力，应力值先升后降；热态启动时，由于蒸汽温度可能过低，故转子表面先受拉应力。待蒸汽温度升高后逐步变为压应力；中心孔则由压应力变为拉应力。当负荷升高时，转子外表面受压应力、中心孔受拉应力；当负荷降低时，转子外表面受拉应力、中心孔受压应力。

259. 加热器运行注意事项有哪些？

答：（1）保持加热器水位正常，避免无水位运行。

（2）注意各加热器出口水温变化，在额定负荷下最终给水温度能达到设计要求，发现异常及时查明原因。

（3）注意锅炉给水量与给水泵流量、锅炉给水量与主蒸汽流量的差值，发现增大时应查明原因。

（4）加热器疏水系统运行正常，自动调整失灵时倒为手动调整。

（5）汽水管道及截门严密无泄漏。

（6）高压加热器保护动作后，应立即关闭进汽门待查明原因后再恢复。

（7）加热器停止时，应按规定限制机组负荷。

260. 简述汽轮机盘车投入条件。

答：顶轴油泵已启动，润滑油压正常、顶轴油压正常、密封油系统投入正常、盘车齿轮啮合正常，汽轮机转速到零。

261. 凝结水泵运行注意事项有哪些？

答：（1）注意凝结水泵出口压力、流量正常，与负荷变化相适应，电流不超过额定电流。

（2）检查轴承油位正常，轴承温度最高不超过 85℃。

（3）转动部位声音正常，振动不超过 0.06mm。

（4）泵盘根不应大量漏水和发热。

（5）电动机运行正常，无过热现象。

（6）正常运行时再循环调整门保持关闭。

（7）备用泵连锁投入，处于良好备用状态。

262. 简述在升速和暖机过程中，真空对汽轮机胀差的影响。

答：在升速和暖机过程中，真空变化会使汽轮机胀差值改变。当真空降低时，欲保持机组转速不变，必须增加进汽量，使高压转子受热加大，其胀差值随之增大；当真空提高时，过程与上述情况相反。真空高低对中、低压通流部分胀差的影响与高压通流部分相反，这是由于中、低压转子叶片较长，其摩擦鼓风产生的热量比高压转子大。当真空降低时，流量增加，中、低压转子摩擦鼓风热量被蒸汽带走，所以中、低压部分的胀差会减少；当真空提高时，流量减少，中、低压转子摩擦鼓风热量相对真空低时被蒸汽带走的少，同时，中、低压缸蒸汽流量来自中间再热器，通过中间再热器的蒸汽流量减小时，再热蒸汽的效应相应提高，引起中、低压转子增长，胀差增大。

263. 高压加热器运行的监视内容有哪些？

答：（1）加热器的汽水参数是否符合要求。

（2）加热器的端差和温升是否正常。

（3）加热器内排气通道是否畅通。

（4）加热器水位是否正常。

264. 循环水泵紧急停运条件有哪些？

答：（1）循环水泵电动机冒烟或着火。

（2）循环水泵发生剧烈振动或内部有清晰的金属摩擦声，泵组振动明显增大。

（3）循环水泵电机推力瓦及上导轴瓦温度急剧升至 80℃，保护不动作。

（4）循环水泵电机下轴承温度急剧升至 95℃，保护不动作。

（5）循环水泵出口蝶阀关闭，保护拒动。

（6）循环水泵入口旋转滤网故障，堵塞严重，网后水位低引起吸空气，造成电流摆动下降。

265. 什么是汽轮机的整套启动？分为哪几个阶段？在各个阶段主要做什么试验？

答：整套启动试运阶段是指设备和系统分部试运合格后，从炉、机、电等第一次整套启动时锅炉点火开始，到完成满负荷试运移交试生产为止的启动试运过程，该过程可分为空负荷调试、带负荷调试和满负荷试运三个阶段进行。

空负荷调试是指从机组启动冲转开始至机组并入电网前，该阶段内进行的调整试验工作主要包括按启动曲线开机、机组轴系振动监测、调节保安系统有关参数的调试和整定、注油试验、电气试验、并网带初负荷、主汽门调门严密性试验、OPC 试验、电超速试验、机械超速试验。

带负荷调试指从机组并入电网开始到机组带满负荷为止，该阶段主要完成的调试项目有制粉系统和燃烧系统初调整、汽水品质调试、相应地投入和试验各种保护及自动装置、厂用电切换试验、启停试验、真空严密性试验、阀门活动试验、协调控制系统负荷变动试验、RB 试验、甩负荷试验。

266. 简述加热器投停原则。

答：（1）加热器投入前确认水位计完好、安全门校验合格。

（2）加热器保护投入正常。

（3）加热器水侧投入后，应注意汽侧水位变化，加热器泄漏或故障时严禁投入。

（4）高、低压加热器原则上采用随机滑启、滑停的方式。当机组正常运行中投入加热器时，按压力由低到高逐台投入。加热器停止时，按压力由高到低逐台停止。

（5）加热器投入时应先投水侧，后投汽侧；停止时先停汽侧，后停水侧；水侧投入时先通主路后关旁路，解列时先通旁路后关主路。

（6）加热器投停过程中应严格控制加热器出口水温升率，投入时其给水出口温升率不大于 3℃/min，低压加热器退出时其给水出口温降率不大于 2℃/min，高压加热器退出时其给水出口温降率不大于 1.5℃/min。

（7）机组正常运行中，高压加热器疏水水质合格后可切至除氧器。

267. 汽轮机启动、停止时为什么要规定蒸汽的过热度？

答：如果蒸气的过热度低，在启动过程中，前几级温度降低过大，后几级温度有可能低到此级压力下的饱和温度，变为湿蒸汽，冲蚀汽轮机叶片，所以在启动、停机过程中蒸汽的过热度要控制在 50～100℃ 较为安全。

268. 什么叫负温差启动？为什么应尽量避免负温差启动？

答：冲转时蒸汽温度低于汽轮机最热部位金属温度称为负温差启动。

因为负温差启动时，转子与汽缸先被冷却，而后又被加热，经历一次热交变循环，从而增加了机组疲劳寿命损耗。如果蒸汽温度过低，则将在转子表面和汽缸内壁产生过大的拉应力，而拉应力较压应力更容易引起金属裂纹，并会引起汽缸的变形，使动静间隙改变，严重时会发生动静摩擦事故，此外热态汽轮机负温差启动，使汽轮机金属温度下降，加负荷时间必须相应延长，因此一般不采用负温差启动。

269. 水泵运行中常用检查项目有哪些？

答：（1）对电动机应检查：电流、出口风温、轴承温度、轴承振动、运转声音等正常，接地线良好，地脚螺栓牢固。

（2）对泵体应检查：进、出口压力正常，盘根不发热、不漏水，运转声音正常，轴承冷却水畅通，泄水漏斗不堵塞，轴承油位正常、油质良好、无漏油，联轴器罩固定良好。

（3）与泵连接的管道保温良好，支吊架牢固，阀门开度位置正常、无泄漏。

（4）有关仪表应齐全、完好、指示正常。

270. 汽轮机启、停机过程中为什么上缸温度高于下缸温度？

答：（1）汽轮机下汽缸比上汽缸质量大，约为上汽缸的两倍，而且下汽缸有抽汽口和抽汽管道，散热面积大，保温条件差。

（2）机组在启动过程中温度较高的蒸汽上升，而内部疏水由上而下流到下汽缸，从下汽缸疏水管排出，使下缸受热条件恶化。如果疏水不及时或疏水不畅，上下缸温差更大。

（3）停机时由于疏水不良或下汽缸保温质量不高，使上下缸冷却条件不同，温差增大。

（4）滑参数启动或停机时汽缸加热装置使用不当。

（5）机组停运后，由于各级抽汽门、主汽门等不严，汽水漏至汽缸内。

271．什么是高压加热器的上、下端差，上端差过大、下端差过小有什么危害？

答：上端差是指高压加热器抽汽压力下的饱和温度与给水出水温度之差；下端差是指高压加热器疏水与高压加热器进水的温度之差。

上端差过大，为疏水调节装置异常，导致高压加热器水位过高，或高压加热器泄漏，减少蒸汽和钢管的接触面积，影响热效率，严重时会造成汽轮机进水。

下端差过小，可能为抽汽量小，说明抽汽电动门及抽汽止回阀未全开；上级加热器疏水水位低，一部分抽汽未凝结即进入本级，排挤本级抽汽，影响机组运行经济性，另一部分抽汽直接进入下一级，导致疏水管道振动。

272．汽轮机运行中如何对监视段压力进行分析？

答：（1）安装或大小修后，在正常运行工况下对汽轮机通流部分进行实测，求得机组负荷、主蒸汽流量与监视段压力之间的关系，作为平时运行监督的标准。

（2）除了汽轮机最后一、二级外，调节级压力和各抽汽段压力均与主蒸汽流量成正比变化。根据这个关系，在运行中通过监视调节级压力和各抽汽段压力，有效地监督通流部分工作是否正常。

（3）在同一负荷下（主蒸汽流量）下，监视段压力升高，则说明该监视段后通流面积减少，或者高压加热器停运、抽汽减少。多数情况是因叶片结垢而引起通流面积减少，有时也可能因叶片断裂、机械杂物堵塞造成监视段压力升高。

（4）如果调节级和高压一、二段抽汽压力同时升高，则可能是中压调门开度受阻或者是中压缸某级抽汽停运。

（5）监视段压力不但要看其绝对值增高是否超过规定值，还要监视各段之间压差是否超过规定值，若某个级段的压差过大，则可能导致叶片或隔板等损坏事故。

273．在哪些情况下禁止启动或运行汽轮机？

答：（1）危急保安器动作不正常。

（2）自动主汽门、调速汽门、抽汽止回阀卡涩不能严密关闭，自动主汽门、调速汽门严密性试验不合格。

（3）调速系统不能维持汽轮机空负荷运行或机组甩负荷后不能维持转速在危急保安器动作转速之内。

（4）汽轮机转子弯曲值超过规定。

（5）高压内缸上下缸温差大于35℃，高、中压外缸上下温差大于50℃。

（6）盘车时发现机组内部有明显的摩擦声。

（7）任何一台润滑油泵或盘车装置失灵。

（8）油压不合格或油温低于规定值。

（9）油系统充油后油箱油位低于规定值。

（10）汽轮机各系统中有严重泄漏。

（11）设备保温不合格或不完整。

（12）保护装置（低油压、低真空、轴向位移保护等）失灵和主要阀门失灵。

（13）主要仪表失灵，包括转速表、挠度表、振动表、热膨胀表、胀差表、轴向位移表、调速和润滑油压表、密封油压表、各轴瓦温度表、汽缸金属温度、真空表等。

274. 真空系统试运行后达到的验收要求有哪些？

答：（1）抽气器（或真空泵）工作时，本身的真空应不低于设计值。

（2）在不送轴封汽时，真空系统投入后，系统的真空应不低于同类机组的数值，一般为40kPa左右（适用于当地大气压为760mmHg时）。

（3）供轴封蒸汽和投入抽气器后，系统的真空应能保持正常运行真空值。

275. 汽轮机启、停和工况变化时哪些部位热应力最大？

答：（1）高压缸的调节级处、再热机组中压缸的进汽区。

（2）高压转子在调节级前后的汽封处、中压转子的前汽封处等。

276. 汽轮机油质水分控制标准是什么？油中进水的主要原因是什么？

答：汽轮机油质控制水分控制标准是≤100mg/L。

汽轮机油中进水的原因主要有：

（1）轴封间隙大或轴封压力过高。

（2）冷油器泄漏且冷油器冷却水压力高于油压。

（3）油系统停运后冷油器泄漏，造成冷却水泄漏至油侧。

（4）油箱排烟风机故障，未能及时将油箱中水汽排出。

（5）汽泵机械密封损坏。

（6）汽泵密封水回水不畅。

277. 调节系统迟缓率过大对汽轮机运行有什么影响？

答：（1）在汽轮机空负荷时，引起汽轮机的转速不稳定，从而使并列困难。

（2）汽轮机并网后，引起负荷的摆动。

（3）当机组负荷突然甩至零时，调节汽门不能立即关闭，造成转速突升，引起超速保护动作。如超速保护拒动或系统故障，将会造成超速飞车的恶性事故。

278. 凝汽器胶球清洗收球率低有哪些原因？

答：（1）活动式收球网与管壁不密合，引起"跑球"。

（2）固定式收球网下端弯头堵球，收球网污脏堵球。

（3）循环水压力低、水量小，胶球穿越冷却水管能量不足，堵在管口。

（4）凝汽器进口水室存在涡流、死角，胶球聚集在水室中。

（5）管板检修后涂保护层，使管口缩小，引起堵球。

（6）新球较硬或过大，不易通过冷却水管。

（7）胶球相对密度太小，停留在凝汽器水室及管道顶部，影响回收。胶球吸水后的相对密度应接近于冷却水的相对密度。

279. 除氧器发生"自生沸腾"现象有什么不良后果？

答：（1）除氧器超压。除氧器发生"自生沸腾"时，除氧器内压力超过正常工作压力，严重时发生除氧器超压事故。

（2）给水泵容易汽化。发生"自生沸腾"时，除氧器内部水的温度高于饱和温度，容易造成给水泵入口汽化，危急给水泵安全运行。

280. 电动调速给水泵启动的主要条件有哪些？

答：（1）辅助油泵运行，润滑油压正常，各轴承油压正常，回油畅通，油系统无漏油。

（2）除氧器水位正常。

（3）确认电动给水泵再循环门全开。

（4）电泵密封水压力正常。

（5）电泵入口门开启。

（6）电泵工作油及润滑油温正常。

（7）勺管开度在规定值范围内。

281. 机组运行中冷油器检修后投入运行的注意事项有哪些？

答：（1）检查确认冷油器检修工作完毕，工作票已收回，检修工作现场清洁无杂物。

（2）检查关闭冷油器油侧放油门。

（3）冷油器油侧进行注油放空气，注油时应缓慢，防止油压下降。检查确认冷油器油侧空气放尽，关闭放空气门。冷油器油侧起压后由水侧检查是否泄漏。

（4）对冷油器水侧进行放空气，见连续水流时，投入水侧。防止水侧有空气，导致油温冷却效果差，造成油温上升。

（5）开启冷油器进油门时应缓慢，防止油压下降过快。

（6）调节冷却水水门，保持油温与运行冷油器温差不大于2℃。

282. 机组运行中低压加热器全部解列，对机组运行有什么影响？

答：（1）除氧效果下降。运行中低压加热器全部解列时，进入除氧器的凝结水温度急剧下降，引起除氧效果急剧下降，致使给水中的含氧量大幅增加。

（2）威胁除氧器安全运行。凝水温度急剧下降会使除氧器过负荷，造成除氧器及管道振动，给设备的安全运行带来危害。

（3）监视段压力升高。低压加热器全部解列，使原用以加热凝结水的抽汽进入汽轮机后面继续做功，汽轮机负荷瞬间增加，汽轮机监视段压力升高，各监视段压差升高，汽轮机的轴向推力增加。为防止汽轮机叶片过负荷，机组负荷应降低。

（4）主汽温度升高。凝结水温度急剧下降使给水温度下降，锅炉蒸汽蒸发量下降，主汽温升高。

283. 机组启动时凝结水分段运行的目的是什么？

答：机组启动时，由于凝结水水质不合格，凝结水不能倒向除氧器，此时凝结水排至地沟，直至凝结水水质合格方可倒向除氧器，以保证汽水品质尽早符合标准。

284. 水泵更换盘根后为何要试运？

答：水泵在更换过盘根后应试运，这样做是为了观察盘根是否太紧或太松，太紧盘根会发烫，太松盘根会漏水。

285. 简述凝汽器胶球清洗系统的设备组成和清洗过程。

答：胶球清洗系统由胶球泵、装球室、收球网等组成。清洗时把海绵球（软胶球）填入装球室，启动胶球泵，胶球便在比循环水压力略高的水流带动下，经凝汽器的进水室进入管道进行清洗。流出管道的管口时，随水流到达收球网，并被吸入胶球泵，重复上述过程，反复清洗。

胶球连续清洗装置所用胶球有硬胶球和软胶球两种。硬胶球直径略小于管径，通过与冷却水管内壁的碰撞和水流的冲刷来清除管壁上的沉积物。软胶球直径略大于管径，随水进入管道后被压缩变形，能与管壁全周接触，从而清除污垢。

286. 高压加热器为什么要设置水侧自动旁路保护装置？其作用是什么？

答：高压加热器运行时，由于水侧压力高于汽侧压力，当水侧管子破裂时，高压给水会迅速进入加热器的汽侧，甚至经抽汽管道流入汽轮机，发生水冲击事故。因此，高压加热器均配有自动旁路保护装置。其作用是当高压加热器钢管破裂时，及时切断进入加热器的给水，同时接通旁路，保证锅炉供水。

287. 加热器运行的重点监视项目有哪些？

答：（1）进、出加热器的水温。

（2）加热蒸汽的压力、温度。

（3）加热器汽侧疏水水位。

（4）加热器的端差。

288. 故障停用循环水泵应如何操作？

答：（1）启动备用泵。

（2）停用故障泵，注意惰走时间。

（3）若无备用泵或备用泵启动不起来，应请示上级后停用故障泵或根据故障情况紧急停泵。

（4）检查备用泵启动后的运行情况。

289. 凝结水流量增加时，低压加热器水位为什么会升高？

答：凝结水流量增加时，加热器热交换量增大，抽汽量增加，疏水量增加而水位升高。

290. 电动给水泵运行中的检查项目有哪些？

答：（1）润滑油、工作油系统工作正常，无漏油现象，油箱油位在要求值范围内。

（2）润滑油、工作油温度、压力正常，冷油器工作正常。

（3）电动机电流、风温在正常范围内，冷却水投入正常。

（4）液力耦合器、泵和电动机各轴承温度正常。

（5）泵组振动声音正常，无泄漏现象。

（6）密封水系统工作正常，无泄漏现象。

291. 汽动给水泵运行中的检查项目有哪些？

答：（1）系统无漏油、漏水、漏汽现象。

（2）调节系统调节灵活，无卡涩、摆动现象。

（3）各轴承振动在规定范围内，转速在正常范围内。

（4）调节油压在规定范围内，安全控制油压在规定范围内。

（5）润滑油压、润滑油温正常，轴承回油温度在正常范围内。

（6）轴承金属温度正常，过滤器压差在正常范围内。

（7）给水泵汽轮机轴封压力在正常范围内；排汽缸排汽温度在规定范围内。

（8）给水泵汽轮真空正常。

292. 运行中发现主油箱油位下降应检查哪些设备？

答：（1）检查油位计是否卡涩，指示是否正常。

（2）检查油净化器是否跑油。

（3）检查油箱底部放水（油）门是否误开。

（4）对于氢冷发电机，检查密封油箱油位是否升高，发电机是否进油。

（5）检查油系统各设备管道、阀门等是否泄漏。

（6）检查冷油器是否泄漏或放油门是否误开。

293. 除氧器的正常维护项目有哪些？

答：（1）保持除氧器水位正常。

（2）除氧器系统无漏水、漏汽、溢流现象，排气门开度适当，不振动。

（3）确保除氧器压力、温度在规定范围内。

（4）防止水位、压力大幅度波动影响除氧效果。

（5）定期校对压力表、水位计。

（6）有关保护投运正常。

294. 凝结水泵空气平衡管的作用是什么？

答：当凝结水泵内有空气时，可由空气平衡管排至凝汽器，维持凝结水泵进口的负压，保证凝结水泵正常运行。

295. 凝汽器运行状况好坏的标志有哪些？

答：（1）能否达到最有利真空。

（2）能否保证凝结水的品质合格。

（3）凝结水的过冷度能够保持最低。

296. 汽轮机真空下降有哪些危害？

答：（1）排汽压力升高，可用焓降减小，不经济，同时机组出力降低。

（2）排汽缸及轴承座受热膨胀，可能引起中心变化，产生振动。

（3）排汽温度过高可能引起凝汽器冷却水管松弛，破坏严密性。

（4）可能使纯冲动式汽轮机轴向推力增大。

（5）使排汽的容积流量减小，对末几级叶片工作不利。末级会产生涡流及旋流，同时还会在叶片的某一部位产生较大的激振力，有可能损坏叶片，造成事故。

297. 多级冲动式汽轮机轴向推力由哪几部分组成？

答：（1）动叶片上的轴向推力。蒸汽流经动叶片时其轴向分速度的变化将产生轴向推力，另外级的反动度也使动叶片前后出现压差而产生轴向推力。

（2）叶轮轮面上的轴向推力。当叶轮前后出现压差时，会产生轴向推力。

（3）汽封凸肩上的轴向推力。由于每个汽封凸肩前后存在压力差，因此产生了轴向推力。

各级轴向推力之和构成了多级汽轮机的总推力。

298. 发电机在运行中为什么要冷却？

答：发电机在运行中产生磁感应的涡流损失和线阻损失，这部分能量损失转变为热量，使发电机的转子和定子发热。发电机线圈的绝缘材料因温度升高而引起绝缘强度降低，会导致发电机绝缘击穿事故的发生，所以必须不断地排出由于能量损耗而产生的热量。

299. 高压加热器的水位保护有何要求？

答：（1）保护动作必须准确、可靠。

（2）保护必须随同高压加热器一起投入运行。

（3）保护故障禁止启动高压加热器。

300. 简述汽轮发电机组的振动有哪些危害？

答：汽轮发电机组的大部分事故，甚至比较严重的设备损坏事故，都是由振动引起的，机组异常振动是造成通流部分和其他设备元件损坏的主要原因之一，会使设备在振动力的作用下损坏，长期振动会造成基础及周围建筑物产生共振损坏。

301. 冷油器投入操作顺序是什么？

答：（1）检查冷油器放油门关闭。

（2）微开冷油器进油门。

（3）开启冷油器油侧空气门，空气放尽后关闭。

（4）缓慢开启冷油器进油门，直至全开。

（5）微开出油门，使油温在正常范围内。

（6）开启冷油器冷却水进水门。

（7）开启冷却水放空气门，空气放尽后关闭。

（8）全开出油门。

（9）调节出水门，调节油温正常。

302. 冷油器退出操作顺序是什么？

答：（1）确定另一台冷油器运行正常。

（2）缓慢关闭冷油器供水门。

（3）检查其他冷油器工作正常，油温在允许范围内。

（4）缓慢关闭冷油器出油门，注意润滑油压不低于允许范围，直至全关。

（5）检查油温、油压正常。

（6）关闭冷却水出口门。

（7）关闭润滑油入口门。

303. 汽轮机冲转时为什么凝汽器真空会下降？

答：汽轮机冲转时，一般真空还比较低，有部分空气在汽缸及管道内未完全抽出，在冲转时随着汽流冲向凝汽器，冲转时蒸汽瞬间还未立即与凝汽器冷却水管发生热交换而凝结，故冲转时凝汽器真空总是要下降的，当冲转后进入凝汽器的蒸汽开始凝结，同时抽气器仍在不断地抽空气，真空即可较快地恢复并逐步达到运行值。

304. 按汽缸温度状态怎样划分汽轮机启动方式？

答：各厂家机组划分方式并不相同，一般汽轮机启动前，以调节级内壁温度 150℃ 为界，小于 150℃ 为冷态启动，大于 150℃ 为热态启动。有些机组把热态启动又分为温态、热态和极热态启动，150～350℃ 为温态，350～450℃ 为热态，450℃ 以上为极热态，这样做只是为了对启动温度提出不同要求，对升速时间及带负荷速度作出规定。

305.表面式加热器的疏水方式有哪几种？发电厂中通常是如何选择的？

答：原则上有疏水逐级自流和疏水泵两种方式，实际上采用的往往是两种方式的综合应用，即高压加热器的疏水采用逐级自流方式，最后流入除氧器；低压加热器的疏水，一般也是逐级自流，但有时也将 1 号或 2 号低压加热器的疏水用疏水泵打入该级加热器出口的主凝结水管中，避免了疏水流入凝汽器中造成的热损失。

306.汽轮机启动前主蒸汽管道、再热蒸汽管道的暖管控制温升率为多少？

答：暖管时要控制蒸汽温升速度，温升速度过慢会拖长启动时间，温升速度过快使热应力增大，造成强烈的水击，使管道振动以至损坏管道和设备。所以，一定要根据制造厂规定，控制温升率。如国产 200MW 机组主蒸汽和再热蒸汽管道的蒸汽温升率为 5～6℃/min，主汽门和调速汽门的蒸汽温升率为 4～6℃/min。

307.怎样做真空严密性试验？应注意哪些问题？

答：试验方法如下：

（1）机组大于 80% 额定负荷，运行工况稳定，保持抽气器或真空泵的正常工作。记录试验前的负荷、真空、排汽温度。

（2）关闭真空泵的抽空气门，停止真空泵运行。

（3）运行真空泵停运后，每分钟记录一次凝汽器真空及排汽温度，8min 后启动真空泵，开启抽空气门。

（4）取后 5min 的平均值作为测试结果。

（5）真空下降率小于 0.27kPa/min 为合格，如超过应查找原因，设法消除。

试验中应该注意：

（1）试验过程中要保持负荷稳定。

（2）当真空低于 −89kPa，排汽温度高于 60℃ 时，或试验时真空快速下降，应立即停止试验，恢复原运行工况。

308.停机后凝汽器冷却水管查漏如何进行？

答：（1）关闭凝汽器循环水进水门、出水门。

（2）开启凝汽器循环水放水门，将水放尽。

（3）确认高、中压汽缸金属温度在厂家要求值以下，打开汽侧和水侧人孔门。

（4）凝汽器弹簧用支撑撑好。

（5）补充除盐水至冷却水管全部浸没。

（6）对循环水室进行查漏。

309.简述各种调峰运行方式的优劣。

答：（1）调峰幅度：两班制和少汽运行方式最大（100%），低负荷运行方式在 50%～80%。

（2）安全性：控制负荷变化率在一定范围内的负荷跟踪方式最好，少汽方式次之，两班制最差。

（3）经济性：低负荷运行效率很低，机组频繁启停损失也很可观，所以应根据负荷低谷持续时间和试验数据比较确定。

（4）机动性：负荷跟踪方式最好，少汽运行次之，两班制最差；无再热机组好，中间再热机组差。

（5）操作量：负荷跟踪运行方式最好，少汽运行次之，两班制最差。

310. 汽轮机油质劣化的原因有哪些？

答：（1）高温或氧化变质。

（2）油中杂质影响。

（3）油中进水。

（4）油系统设计或结构不良。如油箱容量设计过小，导致油循环倍率过高，油在油箱停留时间太短，起不到析出水分和破乳化作用，加速了油老化。

311. 汽轮机热力试验应选择在哪些负荷下进行？

答：（1）在一般情况下，试验负荷应选择在几个调速汽门的全阀点。所谓全阀点是指下一个汽门即将开启的那个点。

（2）如果试验目的是为了将试验所得的经济指标与制造厂的数据进行比较，应选择制造厂提供的几个负荷点进行试验。

（3）如果试验目的是为了求取汽轮机热力特性曲线，从原则上讲，应选择足够且典型的负荷点进行试验。通常应包括空负荷点、最小负荷点、经济负荷点、额定负荷点等，为了得出一条比较完整的特性曲线，试验负荷点一般不少于四个。

（4）如果试验目的是为了对比机组大修的效果，则大修前后的试验负荷点要相同，以便比较。

312. 简述汽轮机高、中、低压各段效率的分布规律及原因。

答：（1）高压段由于通流部分高度小，叶高损失和漏汽损失较大，级效率不够高。

（2）中压段各级随着通流部分尺寸逐渐增大，叶栅端部损失、隔板汽封和叶顶漏汽损失小，又无明显湿汽损失，所以具有较高效率。

（3）低压段末几级工作于湿蒸汽区，级内出现湿汽损失，余速损失也增加很多，且低压段各级叶顶反动度大，叶顶漏汽损失相对较大，级效率又有所下降。

313. 简述高压加热器解列对过热汽温的影响。

答：对单元机组来讲，若高压加热器不能投用，过热汽温会发生较大幅度的上升。这是因为高压加热器停运给水温度降低，从而使给水变为饱和蒸汽所需热量增多，如果保持燃料量不变，蒸发量将要下降，而烟气传给过热蒸汽热量基本不变，所以在过热器中每千克蒸汽的吸热量必然增加，从而汽温升高。为了维持蒸发量不变，必须增加燃料量，这将使过热器烟气侧的传热量增加，结果汽温进一步升高。

314. 在机组正常运行中出现"ASP油压高"报警的原因有哪些？

答：（1）热工误报警。

（2）四只AST电磁阀中，有电磁阀失电打开而EH无压泄油回路未导通。

（3）电磁阀泄漏，但EH无压泄油回路未导通。

（4）电磁阀旁 AST 油母管上节流孔损坏而导致油压升高，但 EH 无压泄油回路未导通。

上述情况发生时机组仍能正常运行，但会发"ASP 油压高"报警。

315．发电机密封油系统的停止条件是什么？如何停用？

答：停止条件：停机后，发电机氢气置换完毕，其他气体已排尽，且盘车处于停止状态，密封油系统应退出运行。

停用步骤：

（1）关闭高、低压备用油源来油门。

（2）断开油泵连锁开关。

（3）断开空侧油泵操作开关。

（4）密封油箱油打尽后停止氢侧交流油泵。

（5）密封油箱补油门、排油门关闭。

（6）停止隔氢防爆风机。

316．轴向位移保护为什么要在冲转前投入？

答：冲转时，蒸汽流量瞬间较大，蒸汽必先经过高压缸，而中、低压缸几乎不进汽，轴向推力较大，完全由推力盘来平衡，若此时的轴向位移超限，也同样会引起动静摩擦，故冲转前就应将轴向位移保护投入。

317．采用额定蒸汽参数启动有什么缺点？

答：采用额定参数启动汽轮机，使用的新蒸汽压力和温度都很高，新蒸汽与汽轮机的汽缸和转子等金属部件的温差很大，而高温高压机组启动中又不允许有过大的温升速度，为了设备的安全，在这种条件下只能将蒸汽的进汽量控制很小。但即使如此，新蒸汽管道、阀门和机体的金属部件仍然会产生很大热应力、热变形和热冲击，使转子和汽缸的胀差增加，对金属部件的寿命影响较大。因此，对于采用额定参数启动的汽轮机，必须延长升速和暖机的时间，启动所需的时间长，经济费用高。

另外，额定参数下启动汽轮机时，锅炉需将参数提高到额定值才能冲动转子。在提高参数的过程中，将损失大量燃料，降低电厂的经济效益。

由于上述缺点，大容量汽轮机几乎不采用额定参数启动汽轮机。

318．正常停机前应做好哪些准备工作？

答：（1）试验辅助油泵。停机过程中，主要通过辅助油泵来确保转子惰走及盘车时轴承润滑和轴颈冷却的用油，因此停机前要对交、直流润滑油泵进行试验和油压联动回路的试验，发现问题要及时处理，否则不允许停机。

（2）进行盘车装置电动机和顶轴油泵试验。盘车装置电动机应转动正常，顶轴油泵运转正常，以保证停机后能顺利投入盘车。

（3）检查各主汽门、调汽门无卡涩。用活动试验阀对主汽门和调汽门进行活动试验，确保无卡涩现象。

（4）切换密封油泵。如果是射油器供给发电机密封油时，应提前切换为密封油泵运行，并检查密封油自动调整装置工作正常。

319. 发电机氢置换有哪几种方法？

答：发电机氢置换分为中间介质置换法和抽真空置换法，但一般采用中间介质置换法。

（1）中间介质置换法。先将中间气体 CO_2（N_2）从发电机壳下部管路引入，以排除机壳及气体管道内的空气，当机壳内 CO_2 含量达到规定要求时，即可充入氢气排出中间气体，最后置换成氢气。排氢过程与上述充氢过程相似。在使用中间介质时，注意气体采样点要正确，化验分析结果要准确，气体的充入和排放顺序及使用管路要正确。

（2）抽真空置换法。首先将机内空气抽出，当机内真空达到 90％～95％时，可以开始充入氢气，然后取样分析。当氢气纯度不合格时，可以再抽真空，再充氢气，直到氢气纯度合格为止。采用抽真空法时，密封油压差的控制困难，一般不采用。

320. 提高机组循环热效率有哪些措施？

答：（1）保持额定蒸汽参数。

（2）保持最佳真空，提高真空系统的严密性。

（3）充分利用回热加热器设备，提高加热器的投入率，提高给水温度。

（4）再热蒸汽参数应与负荷相适应，努力降低机组热耗率。

321. 为了提高机组的经济性，运行中应注意哪几方面问题？

答：（1）合理分配负荷，尽量使机组在经济负荷工况下运行，以减少蒸汽进入汽轮机前的节流损失。

（2）保持通流部分清洁，根据监视段压力变化判断通流部分结垢情况。

（3）尽量回收各种疏水，消除漏水、漏汽，减少凝结水损失及热量损失，降低补水率。

（4）降低凝结水的过冷度。

（5）保持轴封工作良好，避免轴封漏汽量增大。

322. 汽轮机调速系统应满足什么要求？

答：（1）当主汽门全开状态时，调速系统能维持汽轮机空负荷运行。

（2）当汽轮机由满负荷突然甩到空负荷时，调速系统能维持汽轮机的转速在危急保安器动作转速以下。

（3）主汽门和调汽门门杆、错油门、油动机及调速系统的各活动、连接部件没有卡涩和松动现象。当负荷变化时，调汽门应平稳地开、关；负荷不变化时，负荷不应有摆动。

（4）在设计允许范围内的各种运行方式下，调速系统必须能保证使机组顺利并入电网，加负荷到额定、减负荷到零、与电网解列。

（5）调速系统的全部零件要安全、可靠。

（6）当危急保安器动作后，应保证主汽门关闭严密。

323. 汽轮机的自动主汽门应达到什么要求？

答：（1）在任何情况下，特别是在油源断绝时，自动主汽门仍能关闭。自动主汽门是利用弹簧来关闭的，为了可靠，一般都采用双弹簧机构。

（2）有足够大的关闭力和快速性。要求在主汽门全关以后，弹簧对主汽门的压紧力留有 5.8kN 的裕量，且从保护装置动作到主汽门全关的时间应小于 0.5s。

（3）有隔热防火措施。自动主汽门的油压操作机构必须有良好的密封装置，操作机构与主汽门之间应有隔热措施。

（4）有正常运行中活动主汽门的装置，以防自动主汽门长期不动而卡涩。

（5）主汽门应具有足够的严密性。要求在额定参数下，主汽门全关后，机组转速能降到1000r/min 以下。

324. 机组在盘车状态下如何做汽门严密性试验？

答：机组在盘车状态下，蒸汽参数为额定值，全关主汽门，全开调汽门，如果汽轮机未退出盘车状态，为主汽门严密性合格；全关调汽门，全开主汽门；若汽轮机退出盘车状态，但转速在 400～600r/min 以下，为调汽门严密性合格。

325. 转动机械试运转应符合什么要求？

答：（1）设备在转动过程中，盘根不冒烟，滴水不大。

（2）各轴承温度、振动正常且不超过规定值，声音正常。

（3）泵的出、入口压力及流量、电流在各工况下都正常。

（4）电动机温度不高，运转无异声。

（5）设备的自动调节、保护联动正常。

（6）就地按事故按钮联动正常。

326. 在什么情况下进行汽轮机主汽门、调汽门严密性试验？

答：（1）汽轮机大修后启动前。

（2）汽轮机大修停机前。

（3）机组运行中每年进行一次。

（4）机组进行甩负荷试验前。

（5）机组进行超速试验前。

327. 汽轮机启动时的低速暖机有什么意义？

答：在冲车阶段，高温蒸汽与低温汽轮机金属接触，急剧放热，汽轮机金属温度变化较剧烈。此时，转子、汽缸沿径向截面受热不均匀，容易产生过大的热应力，所以冲车后应限制进汽量，维持低转速暖机，以防热冲击过大。之所以需要低速暖机阶段，还在于此阶段可以进一步消除转子的热弯曲，及时排出冲车后在汽缸内形成的大量凝结水。另外，还可以在此阶段对机组进行全面检查。

328. 汽轮机在临界转速下产生共振的原因是什么？

答：由于转子材料内部质量不均匀，加工、制造及安装的误差使转子的中心和它的旋转中心产生偏差，故转子旋转时产生离心力，而该离心力使转子产生强迫振动。在临界转速下，此离心力的频率等于或几倍于转子的自振频率，因此发生共振。

329. 大型机组在运行中维持哪些指标正常才能保证机组的经济运行？

答：（1）设计的主蒸汽和再热蒸汽的温度。

（2）凝汽器的最佳真空。

（3）设计的给水温度。

（4）给水在加热器中的最小端差。

（5）凝结水在凝汽器中的最小过冷度。

（6）除氧器和热网加热器的合理工况。

（7）最小的热损失和凝结水损失。

（8）运行机组间电热负荷的合理分配。

（9）保证设备完好的技术状态和高度的自动化水平。

330. 汽轮机大修总体试运转前，分部验收应进行哪些工作？

答：（1）所有电动门、调整门进行就地、远方定位调整试验。

（2）真空系统灌水查漏，检查系统的严密性。

（3）汽、水系统充水，并进行系统冲洗。

（4）转动机械的试运转。

（5）油系统充油，并进行油循环冲洗。

（6）调速系统和热工自动、保护调试验收。

（7）发电机打水压、打风压试验。

331. 电网频率波动时应注意哪些问题？

答：（1）当电网频率变化时，严密监视机组的运行状况及运转声音是否正常；加强监视机组的振动、轴向位移、推力瓦温度的变化。

（2）当频率下降时，要特别注意调速油压的降低情况，必要时启动高压油泵。

（3）当频率下降时，加强监视发电机定子（转子）的冷却水压力、温度以及发电机进、出口风温的变化，及时调整保持正常值。

（4）频率上升时，注意汽轮机的转速变化。

332. 机组运行时低压缸排汽温度升高的原因有哪些？

答：真空下降、低压旁路泄漏大、低压抽汽管泄漏、加热器故障或扩容器疏水量大。

333. 启动电动给水泵前应保证哪些系统投入运行？为什么？

答：电动给水泵启动前主要投入：循环冷却水系统、开式水系统、闭式水系统、凝结水系统。

其原因为：循环冷却水系统带着开式水系统；开式水系统带着电动给水泵工作油、润滑油冷却器冷却水系统；闭式水系统带着电动给水泵、前置泵轴瓦及电动机冷却水；凝结水带着电动给水泵、前置泵密封水。

334. 隔离给水泵时怎样操作可确保入口管道不超压？

答：（1）关闭给水泵出口门并摇严。

（2）关闭给水泵暖泵门。

（3）关闭给水泵中间抽头门并摇严。

（4）关闭前置泵入口门。

（5）缓慢关闭给水泵再循环调门，注意入口压力不上升，如上升则停止操作，查找原因并进行处理，消除异常后再继续操作，直至关严。

（6）最后关闭给水泵再循环隔绝门。

335. 真空泵运行中有哪些注意事项？

答：（1）运行中应注意真空泵介质水温，保证冷却水供应。

(2) 真空泵运行中泵体无异声、振动及各轴承、电动机温度正常。

(3) 汽水分离器液位应在正常范围内，过低使泵不工作，过高易造成泵的过载。

336. 真空泵的运行检查项目有哪些？

答：(1) 检查真空泵组无摩擦，无异声、振动，轴承温度、电动机电流正常。

(2) 检查真空泵本体，分离器放水门关闭。

(3) 检查汽水分离器水位大于150mm。

(4) 检查真空泵冷却器工作正常，冷却水温度、压力正常。

(5) 检查真空泵入口水温在22～35℃。

(6) 检查汽水分离器溢流正常。

337. 凝结水精处理装置投入、退出条件是什么？

答：投入条件：凝结水含铁量小于1000μg/L时可以投入前置过滤器；凝结水含铁量小于200μg/L时可以投入混床。

退出条件：当凝结水温度达到55℃或出、入口差压大于0.45MPa时退出。

338. 高压加热器的紧急停运条件是什么？

答：(1) 高压加热器汽、水管道及阀门等破裂，危机人身及设备安全。

(2) 加热器管束泄漏或水位过高处理无效时，高压加热器水位高三值信号发出。

(3) 水位无法监视。

(4) 水位计爆破又无法隔绝。

339. 加热器退出运行期间有哪些注意事项？

答：(1) 保证各监视段压力不超限，必要时应限制机组负荷。

(2) 加热器水位正常。

340. 机组运行中低压加热器退出的影响有哪些？

答：(1) 运行中低压加热器全部解列时，进入除氧器凝结水温度急剧下降，引起除氧效果急剧下降，致使给水中的含氧量大幅增加。

(2) 凝结水温度急剧下降会使除氧器热负荷大，易使水侧过负荷，造成除氧器及管道振动大，对设备的安全运行带来危害。

(3) 监视段压力升高。低压加热器全部解列，使原用以加热凝结水的抽汽进入汽轮机后面继续做功，汽机负荷瞬间增加，汽机监视段压力升高，各监视段压差升高，汽轮机的轴向推力增加。为防止汽轮机叶片过负荷，应按要求降低机组负荷。

341. 机组运行中氢气系统的控制指标有哪些？

答：运行中，纯度大于98%，露点为－25～－5℃，保持冷氢气温度为45℃±1℃，汽端励端氢温差不大于2℃。

342. 简述氢气系统漏点查找方法。

答：(1) 使用测氢仪查漏。

(2) 正压涂肥皂水查漏法。

343. 定子冷却水系统的控制指标、参数有哪些？

答：(1) 保持定冷水温为40～45℃。

（2）保持定冷水压低于氢压 0.05MPa 以上。

（3）保持定冷水流量在 100t/h±3t/h。

（4）保持定冷水箱水位为 550mm。

（5）保持定冷水电导率小于 5μS/cm。

（6）保持定冷水 pH 值为 7～9。

344. 简述密封油压力调整原理及参数控制。

答：空侧密封油通过差压阀跟踪发电机内氢压，油氢压差维持在 0.084MPa，氢侧密封油通过平衡阀与空侧密封油平衡，密封油温度维持在 40～45℃，最高不能超过 50℃，空、氢侧油压差不大于 500Pa。

345. 简述氢侧密封油箱油位控制方法。

答：氢侧密封油箱油位由补油浮子阀和排油浮子阀控制，密封油箱排油不畅时，应采用氢侧油泵出口排油方式控制氢侧密封油箱油位。

346. 简述密封油系统投运条件。

答：（1）主机润滑油油质合格且系统运行正常。

（2）空侧密封油箱排烟风机运行正常，连锁投入。

（3）密封油箱补、排油装置正常。

（4）发电机液位报警投入。

（5）消泡箱液位报警投入。

（6）检查放油门排空门关闭，密封油备用差压调节阀后手动门和旁路门关闭，空侧、氢侧密封油泵进油总门开启。

347. 密封油系统停运后的检查注意事项是什么？

答：密封油系统停运后注意检查氢侧密封油箱油位不能满，防止发电机进油。如油位过高可再次启动氢侧密封油泵，通过低氢压排油门将氢侧密封油箱油位降至监视范围内。

348. 隔氢防爆风机的启停控制逻辑是什么？

答：密封系统油泵启动后投入隔氢防爆风机运行；密封油系统空、氢侧交直流油泵均停运后，方可停止隔氢防爆风机；连锁投入状态下，运行风机跳闸备用风机联启。

349. 简述 EH 油系统的投运条件。

答：（1）EH 油箱油位稍高于正常油位且油质合格。

（2）EH 油系统各个压力开关一、二次门开启，所有放油门、放水门关闭。

（3）EH 油箱油温达到规定的启泵条件。

（4）开启 EH 油泵再生泵、循环泵入口手动门，开启高、中压主汽门、调速汽门，EH 油供油滤网前手动门，各蓄能器入口手动门，以及所有回油管道手动门，检查任一冷油器投运。

（5）检查高、中压主汽门、调门供回油管路正常、完好，开启 EH 油至高、中压主汽门、调门供油手动门。

（6）确认控制电源投入、信号正常、仪用压缩空气投入正常（空气引导阀）。

（7）检查各蓄能器压力正常（高压 9.4～9.8MPa、低压 0.35～0.4MPa）。

（8）确认 EH 油系统各设备试验合格，连锁保护装置投入。

（9）锅炉未进行水压试验。

350. EH 油系统有哪些控制指标、参数？

答：（1）油箱油位为 500mm±50mm。

（2）油箱油温为 21～60℃。

（3）出口压力为 14MPa±0.5MPa。

（4）高压蓄能器压力为 9.4～9.8MPa。

（5）低压蓄能器压力为 0.35～0.4MPa。

（6）油质指标合格。

351. 润滑油系统运行中有哪些检查维护项目？

答：（1）润滑油压为 0.1～0.15MPa。

（2）主油泵出口油压为 2.5MPa 左右。

（3）主油泵入口油压为 0.15MPa 左右。

（4）润滑油温为 40～46℃，油温调整门动作正常，各轴承的回油温度小于 65℃，回油量正常。

（5）主油箱油位为 ±50mm。

（6）机组运行中，净油箱需备有适量合格的润滑油。

352. 简述润滑油系统电加热的投停要求及注意事项。

答：投停要求：当主油箱油温低于 21℃时，应该手动启动主油箱电加热运行，当油温大于35℃时，应停止主油箱电加热运行。当主油箱油位低于 300mm 时，电加热器应闭锁启动。

注意事项：投入电加热后，当主油箱油温大于 10℃，油系统具备油循环条件时，及时启动油泵建立油循环。投入电加热前要检查主油箱油位在 300mm 以上。投入油箱电加热应经常检查，出现异常情况及时停止电加热运行。

353. 透平油净化装置运行中的检查项目有哪些？

答：（1）正常情况下，保持离心机连续运行。

（2）每班接班检查时水封注水 1 次，到出水口有水时停止。

（3）检查齿轮箱油位在 1/2 左右，油质合格。

（4）检查分离机振动、噪声正常，如出现异常应及时停止离心机运行。

（5）检查离心机电动机温度正常。

（6）检查油泵入口真空为 0～0.2kPa，如过高应停止离心机运行，清理入口滤网。

354. 主机润滑油系统的控制指标、参数有哪些？

答：（1）主油箱油位为 ±50mm。

（2）润滑油温维持在 43～49℃之间。油温调整门动作正常，各轴承的回油温度小于65℃，回油量正常。

（3）当机组转速为 3000r/min 稳定运行时，检查主油泵出口油压在 2.4～3MPa 之间，润滑油母管油压在 0.1～0.15MPa 之间，主油泵入口油压在 0.1～0.2MPa 之间。

355. 简述汽轮机润滑油系统的停运条件。

答：当汽轮机高压内缸金属温度低于 150℃时，汽轮机盘车停运后，且发电机氢压到零，密封油系统已停运，方可停运主机润滑油系统。

356. 运行中润滑油冷油器如何切换？

答：（1）开启冷油器注油门，开启备用冷却器排空气门。

（2）确认备用冷油器排气管视窗有稳定油流通过。

（3）开启备用冷油器冷却水出、入口门。

（4）根据备用冷油器方向，转动切换阀手轮，将指示箭头旋转90°，将冷油器油侧切向另一侧。切换过程中监视冷却水调节阀动作情况，确认冷油器出油温度在40～45℃之间，且润滑油压力正常。

（5）切换正常后，将切换阀锁死，关闭原备用冷却器排空气门、冷油器注油门，停止原运行冷油器冷却水，原运行冷油器转入备用状态。

357. 简述汽轮机热力系统各温度测点的安装位置及监视意义。

答：安装位置一般为各缸体排汽口上下内外壁、各抽汽管道的抽汽口、进汽口和排汽口，热力容器给水管道进水口和出水口，热力容器壁等。

随着机组容量不断增大，汽轮机参数越来越高，使得机组的金属材料大多在接近极限值的情况下工作，任何超过设计裕度的运行都将造成机组的极大破坏，同时大功率机组为了提高运行经济性，其级效率设计较高，级间间隙、轴封间隙设计较小，运行中的操作不当很容易引起动静摩擦、主轴弯曲等恶性事故。为了确保机组的安全经济运行，对反映机组运行的状态参数进行长期、有效、准确、严密的监视、数据采集、测量、报警和控制非常必要。

358. 简述机组运行中操作疏水门的注意事项。

答：（1）操作疏水门时应站在阀门侧面。

（2）有两道门的疏水，开启时先全开一道门，再缓慢开启二道门；关闭时先全关二道门，再关闭一道门。

359. 简述旁路系统的投入条件。

答：（1）机组真空建立。

（2）凝结水系统运行。

（3）给水系统运行。

360. 简述汽轮机旁路系统运行与操作的注意事项。

答：（1）旁路系统保护和连锁应正常投入和动作可靠。

（2）旁路系统在投入前必须充分暖管和疏水，避免管道剧烈撞击。

（3）投入低压旁路时，注意真空，若真空明显下降，应关闭旁路，真空稳定后在逐步投入。

（4）高低压旁路投入，要注意控制旁路后温度和压力，严禁超温超压运行。

（5）旁路停止后，注意旁路后温度正常，防止旁路不严造成超温，必要时手动关严。

（6）停机及旁路停止后，应检查减温水门关严，防止减温水门泄漏造成旁路后温度下降或汽轮机进水，内漏时应及时隔绝。

361. 简述汽轮机高、中、低压疏水的开、关原则。

答：停机过程中，当负荷低于20%额定负荷时，检查汽轮机高、中、低压疏水门开启，否则手动开启；启机过程中，暖轴封前即应开启汽轮机高、中、低压疏水，当负荷升至超过

20％额定负荷时，检查汽轮机高、中、低压疏水关闭，否则手动关闭。

362. 轴封系统停运时的注意事项有哪些？

答：(1) 必须等真空降至"0"后才能停止轴封供汽。

(2) 停止轴封供汽后及时将各疏水门打开。

(3) 停运轴封加热器风机。

(4) 关闭轴封系统减温器减温水手动门。

363. 汽轮机启动冲车前应具备哪些条件？

答：(1) 冲车参数已满足要求，汽水品质合格。

(2) 连续盘车时间不少于 4h。

(3) 转子偏心度不大于 0.076mm 或原始值的±0.02mm。

(4) 胀差在允许范围内。

(5) 排气装置背压符合冲转要求。

(6) 润滑油温符合冲转要求。

(7) 高、中压缸内、外缸上下温差满足冲转要求。

364. 盘车运行中有哪些注意事项？

答：(1) 盘车运行或停用时手柄位置正确。

(2) 盘车运行时，检查盘车电流及转子偏心正常。

(3) 盘车运行时，顶轴油压正常。

(4) 定期倾听汽缸内部及高、低压汽封处有无摩擦声。

(5) 汽缸温度高于 150℃，因检修需要停盘车时，应按规定时间盘动转子 180°。

(6) 定期盘车改为连续盘车时，其投用时间要选择在二次盘车之间。

(7) 应经常检查各轴瓦油流正常、油压正常、系统无漏油。

365. 盘车运行中的检查项目有哪些？

答：倾听轴封声音、监视盘车电流、转子偏心、汽缸上下温差。

366. 机组启动过程中投轴封有哪些注意事项？

答：(1) 轴封送汽前应先对送汽管进行充分暖管、疏水。

(2) 轴封送汽前应在盘车状态下进行，并且先送轴封，后抽真空。

(3) 向轴封供汽的时间应恰当，过早地投入轴封供汽，会使上下缸温差增大或胀差增大。

(4) 轴封供汽温度应与调节级金属温度相匹配。冷态启动最好选用低温汽源，供汽温度与调节级金属温差小于 110℃，过热度大于 14℃。

(5) 高、低压轴封汽源切换应谨慎，切换太快会引起胀差的显著变化，导致摩擦、振动等。

367. 机组启动过程中 3000r/min 定速后有哪些主要操作？

答：(1) 确认主油泵出口压力升至 2MPa 以上，主油泵工作正常，停交流润滑油泵、高压密封油备用泵，检查润滑油压力正常。

(2) 在 3000r/min 时机组进行定速暖机。

（3）投入高、低压加热器运行。

（4）进行发电机并网前检查，发电机并网。

368. 简述汽轮机启动时对于上下缸温差的限制规定。

答：机组的启动或停机过程中，温差过大，使金属各部件产生过大的热应力、热变形，加速机组寿命损耗及引起动静摩擦事故。因此，应按制造厂规定，控制好蒸汽、金属的温升速度，上下缸温差，汽缸内外壁、法兰内外壁、法兰与螺栓温差及汽缸与转子的胀差。控制好金属温度的变化率和各部分的温差，就是为了保证金属部件不产生过大的热应力、热变形，不允许蒸汽温度变化率超过规定值，更不允许有大幅度的突增突降。汽轮机冲转前，高压内缸上下缸温差小于 35℃，高、中压缸上下缸温差小于 50℃。

369. 机组停运前的主要准备工作有哪些？

答：机组停运前，应明确停机的原因、时间和方式后方可进行各项准备，具体内容有：

（1）机组停止前对设备进行一次全面检查，将所发现的缺陷作记录。

（2）辅助蒸汽至除氧器管道暖管。

（3）电泵处于良好的备用状态。

（4）交流润滑油泵、直流润滑油泵、密封备用油泵、顶轴油泵、盘车电动机试转。

（5）辅助蒸汽切换至临机或提前通知启动炉供气。

（6）通知化学、除灰、电除尘、输煤做好停机准备。

370. 汽轮机打闸后的主要检查项目有哪些？

答：（1）汽轮机打闸后，检查发电机逆功率解列，锅炉 MFT 动作。

（2）确认发电机变压器组出口断路器、灭磁开关断开，发电机有、无功负荷降至零。

（3）检查高、中压主汽门、调汽门，高压缸排汽、抽汽止回阀关闭，汽轮机转速下降，汽轮机侧各疏水门自动开启。

（4）检查确认汽轮机交流油泵运行参数及润滑油母管压力正常。

（5）转子惰走过程中全程监视汽轮机各 TSI 参数。

（6）确认 MFT 光字牌亮，炉膛熄火，所有通入锅炉的燃料全部切除，锅炉减温水门全部关闭。

（7）检查确认汽轮机顶轴油泵联启正常。

（8）锅炉吹灰、电除尘、脱硫系统退出运行。

371. 简述汽轮机惰走过程中转速变化过程

答：汽轮机惰走过程中转速变化过程是呈现快慢快的过程，惰走曲线可分为三个阶段：第 I 阶段转速下降最快，从 3000r/min 下降到 1600r/min，因为在此期间，摩擦鼓风损失的功率与转速成三次方关系，与蒸汽密度成正比（与真空度成反比）；第 II 段转速下降缓慢，因转速较低，而轴承润滑仍良好，摩擦阻力小，阻止转动的功率小；第 III 段时轴承机械摩擦阻力损失消耗功率大，所以转速下降较快。

372. 简述不破坏真空紧急停机的条件。

答：（1）汽轮机高、中压主汽门前蒸汽温度 10min 内急剧下降 50℃以上。

（2）凝汽器真空低于保护动作值，保护不动作。

（3）主机抗燃油压下降至保护动作值。

（4）低压缸排汽温度大于 80℃，经处理无效，继续上升至 120℃。

（5）主、再热蒸汽管道，给水管道破裂，威胁人身和设备安全，无法维持机组运行。

（6）发电机密封油系统故障，不能保持密封油压。

（7）凝汽器水质严重恶化，汽水品质不合格。

（8）机组连续无蒸汽运行超过 1min。

（9）DEH、DCS 系统故障，致使一些重要的参数无法监控，不能维持机组运行。

（10）高压缸排汽温度超限。

（11）空压机及系统故障造成控制汽源压力低或消失，电源及汽源无法及时恢复，机组无法维持原运行状态。

373. 汽轮机停运后的常用保养方法有哪些？

答：（1）开启排汽装置放水门放尽内部存水。

（2）隔绝一切可能进入汽轮机内部的汽水。

（3）高、低压加热器汽、水侧及排汽装置存水放尽。

（4）长时间停运的高、低压加热器，对其汽侧进行充氮保养，水侧进行充联氨保养。

374. 投入 AGC（ADS）的操作步骤是什么？

答：在协调自动下，AGC 信号正常，其负荷与负荷设定值基本一致，投入"负荷设定器"至自动，此时机组进入 AGC 控制方式下运行。

375. 切除 AGC（ADS）的原因以及操作步骤是什么？

答：原因：压力偏差大、调度要求退出、手动退出、通信中断。

操作步骤：切"负荷设定器"至本地，此时机组进入协调控制方式下运行。

376. 如何进行机组远控阀门传动试验？

答：检查试验阀门电源、气源已投入正常，试验时应确认对相关系统及设备无影响。

（1）有远控、近控、手操的阀门，对远控、近控及手操都要进行全开、全关试验。试验时，应有专人监视；电动门应记录全开、全关时间。有"中停"按钮的阀门应进行"中停"试验且正常。

（2）校验时限位开关、力矩保护正常，CRT 阀门开度指示与实际一致，远方与就地一致，信号显示正常。

（3）电动门关闭后，需手动继续摇关以确认预留的手操关闭圈数是否符合制造厂规定，校验结束后，应将手动关闭的圈数退出，以防电动机过力矩。

（4）调门校验时应先将调整门切换至"手动"位置，手动摇动调整门开关灵活、无机械卡涩，然后将调门"手动/自动"切换手柄置自动位置进行远控操作试验。远控操作时，分别进行间断和连续开关全行程试验各一次，调门的控制输出应与阀门的实际动作相一致，开度反馈指示与实际开度应相符。

（5）气开或气关式阀门应进行断气试验，气开式阀门应在关断气源后阀门自动关闭；气关式阀门应在关断气源后阀门自动打开。

（6）对所有阀门进行开关试验，各阀门开关应灵活、无卡涩、无摩擦、无异声，各连杆和销子牢固可靠，无松动脱扣及弯曲现象，气动调节装置动作灵活，进气压力正常，无泄漏现象。

（7）有连锁的阀门，经"开"和"关"校验良好后，再进行连锁试验。

377. 什么叫监视段压力？汽轮机运行时监视段压力有什么意义？

答：各抽汽段和调节级室的压力统称为监视段压力。在汽轮机运行中各监视段的压力均与主蒸汽流量成正比例变化。监视这些压力，可以监督通流部分是否正常及通流部分结盐垢情况，同时可分析各表计、各调速汽门开关是否正常。

378. 新蒸汽温度过高对汽轮机有何危害？

答：制造厂设计汽轮机时，汽缸、隔板、转子等部件都是根据蒸汽参数高低选用钢材，对于某一种钢材有它一定的最高允许工作温度，在这个温度下，材料具有一定的机械性能，如果运行温度高于设计值很多时，势必造成金属机械性能的恶化，使强度降低。蒸汽温度过高还导致汽缸蠕胀变形，叶轮在轴上的套装松弛，汽轮机运行中会发生振动或动静摩擦，严重时使设备损坏。

379. 在主蒸汽温度不变时，汽轮机的进汽压力升高有哪些危害？

答：（1）机组末几级的蒸汽湿度增大，使末几级动叶片的工作条件恶化，水冲刷加重。

（2）使调节级焓降增加，造成调节级动叶片过负荷。

（3）引起主蒸汽承压部件的应力增大，将会缩短部件使用寿命，并有可能造成这些部件的变形，以致于部件损坏。

380. 汽轮机启动冲车过程中对振动有什么规定？

答：（1）低速时应着重监视轴振的变化情况。中速以下瓦振应小于 $30\mu m$、轴振小于 $120\mu m$，否则应立即打闸停机，严禁降速暖机。

（2）过临界转速时瓦振应小于 $100\mu m$，轴振应小于 $250\mu m$，超过时应立即打闸停机，严禁硬闯临界转速或降速暖机。

（3）一阶临界转速以上瓦振应不超过 $50\mu m$，否则应查明原因并消除振动，使振动小于 $30\mu m$，不得在高振幅下长时间停留，当瓦振达 $80\mu m$ 或轴振达 $250\mu m$ 时，应立即打闸停机。待转子静止后投入连续盘车 4h 以上，检查转子弯曲值和上下缸及法兰内、外壁温差，倾听声音，记录转子相位，查明原因并消除后方可重新启动。

381. 汽轮机掉闸后某段抽汽止回阀未关有什么危害？

答：抽汽止回阀卡涩或不能关严，加热器疏水闪蒸形成的蒸汽倒流入汽轮机造成超速以及厂用汽或再热蒸汽倒入汽轮机引起超速，同时也可能造成汽缸进水。

382. 低压加热器投入过晚对汽轮机有什么影响？

答：（1）凝结水温度低，除氧器过负荷。

（2）低压加热器投入过晚造成给水温度降低，影响锅炉的燃烧。

（3）汽轮机低压末级过负荷。

（4）低压加热器投入过晚对暖机不利。

383. 凝汽器真空下降时应主要监视哪些参数？

答：（1）汽轮机 TSI 参数，重点监视振动、轴位移、推力瓦温、胀差。

（2）轴封压力。

（3）真空泵电流。

（4）凝汽器水位。

（5）汽轮机低压缸排汽温度。

（6）汽轮机各监视段压力。

（7）给水泵汽轮机的出力。

384. 机组惰走期间主要有哪些操作？

答：（1）检查机组惰走情况，倾听机组内部声音，检查缸温及各抽汽管上下壁温差应无突降现象，严防进冷汽、冷水。

（2）关闭氢气冷却器进水门。

（3）转速降至顶轴油泵联启定值时顶轴油泵应自启，否则手动开启。

（4）转速下降到 300r/min，开启真空破坏门，停运真空泵。

（5）破坏真空后关闭主、再热蒸汽管道各至凝汽器疏水。

（6）机组转速降至零时，立即投入连续盘车，同时记录大轴晃度、盘车电流、转子惰走时间。

（7）真空到零后，关闭轴封供汽门，停止轴封系统，停止轴封风机，关闭低压轴封减温水隔绝门。

385. 机电炉大连锁试验是如何动作的？

答：（1）电气送发电机跳闸或发电机出口断路器已跳闸信号到 ETS 跳汽轮机。

（2）汽轮机跳闸后，电气取主汽门关闭信号启动逆功率保护，跳发电机。

（3）汽轮机跳闸后，直接发信号至 FSSS，同时 FSSS 取主汽门关，发 MFT，联跳锅炉。

（4）锅炉发 MFT 后，信号送到 ETS 跳汽轮机，通过主汽门关闭启动逆功率保护，跳发电机。

386. 汽轮机主汽门、调汽门严密性试验的步骤及要求是什么？

答：试验步骤：

（1）蒸汽参数稳定，汽轮机转速在 3000r/min，运转正常。

（2）关闭主汽门，检查盘上关闭信号、就地位置都在关闭状态。

（3）监视转速下降到规定转速时，方可开启主汽门。

（4）将转速重新升到 3000r/min，用同样方法做调汽门严密性试验。

试验要求：如果试验在额定参数下进行，试验时转速低于 1000r/min 为合格；若试验时参数低于额定值（但应高于 1/2 额定压力），则转速应低于 1000r/min×（试验汽压/额定汽压）为合格。

387. 加热器停运对机组安全、经济性有什么影响？

答：加热器的停运，会使给水温度降低，造成高压直流锅炉水冷壁超温，汽包锅炉过热，汽温升高，抽汽压力最低的那级低压加热器停运，并且使汽轮机末几级蒸汽流量增大，加剧叶片的侵蚀。另外，还会影响机组的出力，若要维持机组出力不变，则汽轮机监视段压力就要升高，停用的抽汽口后的各级叶片、隔板的轴向推力增加，为了机组的安全，就必须降低或限制汽轮机功率。

388. 为什么要规定机组在80％额定负荷时做真空严密性试验？

答：因为真空系统的泄漏量与负荷有关，负荷不同处于真空状态的设备、系统范围不同，凝汽器内真空也不同，而且在一定的漏空量下，负荷不同时真空下降的速度也不同，所以规定机组负荷在80％额定负荷时做真空严密性试验。

389. 为什么真空降到一定数值时要紧急停机？

答：（1）由于真空降低使轴相位移过大，造成推力轴承过负荷而磨损。

（2）由于真空降低使叶片因蒸汽流量增大而造成过负荷。

（3）真空降低使排汽缸温度升高，汽缸中心线变化易引起机组振动增大。

（4）为了不使低压缸安全门动作，确保设备安全。

390. 汽轮机启动、停机时为什么要规定蒸汽的过热度？

答：如果蒸汽的过热度低，在启动过程中，由于前几级温度降低过大，后几级温度有可能低到此级压力下的饱和温度，变为湿蒸汽。蒸汽带水对叶片的危害极大，所以在启动、停机过程中蒸汽的过热度要控制在50～100℃较为安全。

391. 汽轮机冲转条件中为什么规定要有一定数值的真空？

答：（1）汽轮机冲转前必须有一定的真空，若真空过低，转子转动就需要较多的新蒸汽，而过多的乏汽突然排至凝汽器，凝汽器汽侧压力瞬间升高较多，可能使凝汽器汽侧形成正压，造成排大气安全薄膜损坏，同时也会给汽缸和转子造成较大的热冲击。

（2）冲动转子时，真空也不能过高，真空过高不仅会延长建立真空的时间，也因为通过汽轮机的蒸汽量较少，放热系数也小，使得汽轮机加热缓慢，转速也不易稳定，从而延长启动时间。

392. 按启动前汽轮机汽缸温度划分，汽轮机启动有哪几种方式？

答：（1）冷态启动。

（2）温态启动。

（3）热态启动。

（4）极热态启动。

393. 汽轮机冲动转子前或停机后为什么要盘车？

答：在汽轮机冲动转子前或停机后，进入或积存在汽缸内的蒸汽使上缸温度高于下缸温度，从而转子上下不均匀受热或冷却，产生弯曲变形。因此，在冲动转子前或停机后必须通过盘车装置使转子以一定转速连续转动，以保证其均匀受热或冷却，消除或防止暂时性的转子热弯曲。

394. 启动前进行新蒸汽暖管时应注意什么？

答：（1）控制暖管压力。低压暖管的压力必须严格控制。

（2）控制升压速度。升压暖管时，升压速度应严格控制。

（3）汽门关闭严密。主汽门应关闭严密，及时监视、检查缸壁温差，防止蒸汽漏入汽缸；调节汽门和自动主汽门前的疏水应打开。

（4）投入连续盘车。为了确保安全，暖管时应投入连续盘车。

（5）检查系统正常。整个暖管过程中应不断地检查管道、阀门有无漏水、漏汽现象，管道膨胀补偿、支吊架及其他附件有无不正常现象。

395. 汽轮机胀差大小与哪些因素有关？

答：（1）启动时加热装置投用不当。有汽缸加热装置的机组，启动机组时，汽缸与法兰加热装置投用不当，加热汽量过大或过小。

（2）启动时暖机不当。暖机过程中，升速率太快或暖机时间过短。

（3）启动时负荷控制不当。增加负荷速度太快。

（4）蒸汽参数控制不当。正常运行过程中蒸汽参数变化速度过快；正常停机或滑参数停机时，汽温下降太快。

（5）甩负荷后，空负荷或低负荷运行时间过长。

（6）汽轮机发生水冲击。

396. 为什么规定真空到零后才停止轴封供汽？

答：如果真空未到零就停止轴封供汽，则冷空气将自轴端进入汽缸，致使转子和汽缸局部冷却，严重时会造成轴封摩擦或汽缸变形，所以规定要真空至零，方可停止轴封供汽。

397. 简述润滑油压低保护的作用及连锁过程。

答：低油压保护的作用是：保证汽轮机各轴承的连续不断供油，防止因润滑油压低导致油膜破坏，使轴承与轴颈摩擦，造成轴瓦及推力瓦损坏。

低油压保护的连锁过程是：当油压低一值时报警，继续下降到低二值联启交流油泵，继续下降到低三值时联启直流油泵同时汽轮机跳闸停机，低四值跳盘车。

398. 何谓机组的滑参数启动？

答：所谓滑参数启动，就是单元制机组的机、炉联合启动的方式，即在锅炉启动的同时启动汽轮机。启动过程中，锅炉蒸汽参数逐渐升高，汽轮机就用参数逐渐升高的蒸汽来暖管、冲转、暖机、带负荷。

399. 简述过热蒸汽、再热蒸汽温度过高的危害。

答：锅炉运行过程中，过热蒸汽和再热蒸汽温度过高，将引起过热器、再热器及汽轮机汽缸、转子、隔板等金属温度超限，强度降低，最终导致设备的损坏。因此，锅炉运行中应防止超温事故的发生。

400. 简述汽温过低的危害。

答：锅炉出口蒸汽温度过低除了影响机组热效率外，还将使汽轮机末级蒸汽湿度过大，严重时还有可能产生水冲击，以致造成汽轮机叶片断裂损坏事故。汽温突降时，除对锅炉各受热面的焊口及连接部分将产生较大的热应力外，还有可能使汽轮机的胀差出现负值，严重时甚至可能发生叶轮与隔板的动静摩擦，造成汽轮机的剧烈振动或设备损坏。

401. 汽动给水泵汽轮机保护有哪些？

答：汽动给水泵汽轮机保护有机械超速保护、电超速保护、润滑油压低保护、速关油压低保护、低真空保护、轴向位移保护、轴振保护、轴承温度保护。

402. 为什么规定发电机定冷水压力不能高于氢气压力？

答：因为若发电机定冷水压力高于氢气压力，则在发电机内定冷水系统有泄漏时，水会漏入发电机内，造成发电机定子接地，给发电机安全运行带来威胁。所以应维持发电机定冷水压力低于氢压一定值，一旦发现超限时应立即调整。

403. 凝汽器冷却水管一般清洗方法有哪几种？

答：有反冲洗、机械清洗、干洗、高压冲洗以及胶球清洗法。

404. 影响加热器正常运行的因素有哪些？

答：（1）受热面结垢，严重时会造成加热器管子堵塞，使传热恶化。

（2）汽侧漏入空气。

（3）疏水器或疏水调整门工作失常。

（4）内部结构不合理。

（5）铜管或钢管泄漏。

（6）加热器汽水分配不平衡。

（7）抽汽止回阀开度不足或卡涩。

405. 离心式水泵为什么不允许倒转？

答：因为离心泵的叶轮是一套装的轴套，上有丝扣拧在轴上，拧的方向与轴转动方向相反，所以泵顺转时就越拧越紧，如果反转就容易使轴套退出，使叶轮松动产生摩擦。此外，倒转时扬程很低，甚至打不出水。

406. 凝汽器水位过高有什么危害？

答：（1）使凝结水过冷却，影响凝汽器的经济运行。

（2）将冷却水管（底部）浸没，将使整个凝汽器冷却面积减少，严重时淹没空气管，使抽气器抽水，凝汽器真空严重下降。

407. 氢冷发电机进行气体置换时应注意哪些事项？

答：（1）现场严禁烟火。

（2）一般只有在发电机气体置换结束后，再提高风压或泄压。

（3）在排泄氢气时速度不宜过快。

（4）发电机建立风压前应向密封瓦供油。

（5）在气体置换过程中，应严密监视密封油箱油位，如有异常应作调整，以防止发电机内进油。

408. 凝结水产生过冷却的主要原因有哪些？

答：（1）凝汽器汽侧积有空气。

（2）运行中凝结水水位过高。

（3）凝汽器冷却水管排列不佳或布置过密。

（4）循环水量过大。

409. 给水泵在运行中，遇到什么情况应先启动备用泵而后即停止故障泵？

答：（1）清楚地听出水泵内有金属摩擦声或撞击声。

（2）水泵或电动机轴承冒烟或钨金熔化。

(3) 水泵或电动机发生强烈振动,振幅超过规定值。

(4) 电动机冒烟或着火。

410. 凝结水泵出口再循环管的作用是什么?

答:其作用是保持凝结水泵在任何工况下都有一定的流量,以保证轴封加热器(轴冷)有足够的冷却水量,并防止凝结水泵在低负荷下运行时,由于流量过小而发生汽蚀现象。

411. 凝结水硬度升高由哪些原因引起?

答:(1) 汽轮机、锅炉处于长期检修或备用后的第一次启动。

(2) 凝汽器在停机后,对凝汽器进行水压试验时,放入了不合格的水。

(3) 凝汽器冷却水管或管板胀口有泄漏的地方。

(4) 高、低压加热器系统注水查漏时,进入了不合格水。

412. 水泵汽化的原因是什么?

答:水泵汽化的原因在于进口水温高于进口处水压力下的饱和温度。当发生入口管阀门故障或堵塞使供水不足、水压降低,水泵负荷太低或启动时迟迟不开再循环门,入口管路或阀门盘根漏入空气等情况时,会导致水泵汽化。

413. 运行中高压加热器突然解列,汽轮机的轴向推力如何变化?

答:正常运行中,高压加热器突然解列时,原用以加热给水的抽汽进入汽轮机后面继续做功,汽轮机负荷瞬间增加,汽轮机监视段压力升高,各监视段压差升高,汽轮机的轴向推力增加。

414. 机组运行中,什么工况下对汽轮机末级叶片损伤最大?

答:汽轮机在低真空、低蒸汽流量的工况下,对汽轮机末级叶片损伤最严重。

415. 简述闭式循环系统特点。

答:(1) 冷却工质的清洁度提高,有利于防止堵塞和腐蚀。

(2) 减少工质损失,节约淡水用水量。

(3) 简化主厂房内的冷却水系统,有利于安全运行和检修维护。

416. 氢气系统中有哪些排死角?

答:发电机氢气出入口;发电机液位监视器;氢气干燥器。

417. 循环泵运行中有哪些检查项目?

答:循环泵电动机轴承油位、油质正常;循环泵各瓦温度、定子线圈温度、振动正常;循环泵电流、出口压力正常;循环泵出口蝶阀的电源、油压正常。

418. 高压疏水阀门如何操作可以避免内漏?

答:阀门开时必须开展,关则必须关严;串联阀门打开时必须先开一道门,后开二道门,关闭则相反,若需节流调整应采用二道门;运行中应避免高负荷时开关阀门。

419. 循环泵启动前应检查哪些项目?

答:循环泵电动机轴承油位、油质正常;循环泵冷却水压力及冷却水各用户注水正常;出口蝶阀电源、油压正常;循环泵入口前池水位正常。

420. 机组正常停机前应试验哪些油泵和电动机?

答:高压启动油泵、交流润滑油泵、直流润滑油泵、顶轴油泵和盘车电动机。

421. 汽轮机打闸后应联动关闭哪些阀门？

答：高、中压主汽门、调速汽门，高压缸排汽止回阀、抽汽止回阀。

422. 机组正常运行中，如何保证轴封辅助汽源处于热备用状态？

答：（1）厂用辅汽系统压力正常。

（2）辅助汽源定期疏水。

（3）辅汽联箱定期疏水。

423. 简述汽动给水泵控制系统调节逻辑。

答：（1）汽动给水泵在 CCS 遥控运行时，发生下列条件，在 MEH 控制画面中的自动/手动操作端直接切为手动：

1）给定转速与实际转速偏差超过±500r/min。

2）CCS 指令转速＜2800r/min 或＞5900r/min 时。

（2）当发生 CCS 遥控切除时，在给水系统画面中，通过给水泵汽轮机转速调节器控制转速无效。只有在 CCS 遥控投入后，才能在给水系统画面中通过调节给水泵汽轮机转速调节器手动或自动控制转速。

（3）当发生高压汽源未投入，而高压调门有开度时，若欲降低给水泵汽轮机转速，必须迅速设法降低给水泵汽轮机阀位到 100％以下，才能有效控制给水泵汽轮机转速。

（4）MEH 控制画面中自动/手动操作端中投入自动是 CCS 投入自动的前提条件，CCS 投入自动是给水画面中转速调节器投入自动的前提条件，转速调节器投入自动是锅炉给水画面中总给水自动调节投入自动的前提条件。

424. 电泵调节的注意事项有哪些？

答：（1）保证电泵在最大流量、最小流量、最高转速、最低转速之间的区域内运行。

（2）电泵在备用状态时，勺管自动跟踪给水调节，勺管跟踪开度最大限制不超过 80％。

（3）在汽泵与电泵并列运行的水位调节中，应以汽泵调节为主，在自动调节投入时，发生两台泵抢水时，立即切除一台给水泵自动（建议切除电泵）。

（4）机组低负荷电泵独立运行情况下，注意保证给水压力高于汽包压力 1～2MPa。

（5）禁止电动给水泵在 3000r/min 以下长时间运行。

（6）调节电泵出力应缓慢进行，避免频繁大幅度波动调整勺管。

425. 对于中间再热机组，旁路系统主要起什么作用？

答：（1）保证锅炉最低负荷的蒸发量，使锅炉和汽轮机能独立运行。

（2）汽轮机启停或甩负荷后能起保护再热器的作用，避免再热器超温。

（3）在汽轮机冲转前维持主蒸汽和再热蒸汽参数达到预定水平，以满足各种启动方式的需要。

（4）回收部分工质和热量，减少排汽噪声。

（5）事故和紧急停炉时排除炉内蒸汽，避免超压。

（6）在汽轮机冲转前建立一汽水冲洗系统，以免汽轮机受到侵蚀。

426. 简述汽轮机启停过程优化分析的内容。

答：（1）根据转子寿命损耗率、热变形和胀差的要求确定合理的温度变化率。

（2）确保温度变化率随放热系数的变化而变化。

（3）监视汽轮机各测点温度及胀差、振动等不超限。

（4）盘车预热和正温差启动，实现最佳温度匹配。

（5）在保证设备安全的前提下尽量缩短启动时间，减少电能和燃料消耗等。

427. 汽轮机正常运行时动叶片受到的主要作用力有哪些？

答：（1）叶片本身的质量、围带和拉筋的质量离心力。

（2）通过叶片流道蒸汽的作用力。

（3）由于汽流不稳定而对叶片产生的周期性激振力。

（4）在上述力的作用下，叶片内产生的拉应力、弯曲应力、挤压应力、剪切应力、扭曲应力和振动应力等。

428. 汽轮机上下汽缸温差产生的主要原因有哪些？

答：（1）上下汽缸具有不同的散热面积，上汽缸散热面积比下汽缸小，因而在同样保温条件下，上汽缸温度比下汽缸温度高。

（2）在汽缸内，温度较高的蒸汽上升，经过汽缸金属壁冷却后的凝结水流至下汽缸，在下汽缸形成较厚的水膜，使下汽缸受热条件恶化。

（3）停机后汽缸内形成空气对流，温度较高的空气聚集在上汽缸，下汽缸内的空气温度较低，使上下汽缸的冷却条件产生差异，从而增大了上下汽缸的温差。

（4）一般情况下，下汽缸的保温不如上汽缸。

429. 简述除氧器滑压运行优点以及带来的问题。

答：优点：

（1）可以减少除氧器加热蒸汽的节流损失。

（2）可以使汽轮机抽汽点得到合理分配，提高汽轮机回热系统的经济性。

带来的问题：

（1）当汽轮机负荷突然增大时，除氧器内的工作压力随汽轮机抽汽压力的升高而升高，但除氧器内的水来不及达到除氧器内工作压力下对应的饱和温度，给水出现加热不足，水中的含氧量增加。

（2）当汽轮机负荷突然减少时，除氧器内的工作压力随汽轮机抽汽压力的下降而下降。由于除氧器水箱热容量大，水温度变化滞后于压力变化，水温度高于除氧器压力下对应的饱和温度，部分水会发生汽化，除氧效果是变好的，但易造成泵入口水产生汽化，使汽蚀的可能性增加。

430. 引起汽轮发电机组不正常振动或振动过大的原因是什么？

答：（1）机械激振力引起的强迫振动。

（2）电磁激振力引起的强迫振动。

（3）系统刚度削弱引起的强迫振动。

（4）轴承的油膜自激振动和转子间隙自激振动。

（5）轴承的轴向振动等。

431. 与其他类型的机械真空泵相比，水环式真空泵有哪些优点？

答：（1）结构简单、紧凑。

（2）抽气效率高。

（3）占地面积小。

（4）压缩气体过程温度变化很小。

（5）由于泵腔内没有金属摩擦表面，因此无需对泵进行润滑，而且磨损很小。

（6）转动件和固定件之间的密封可直接由水封来完成。

（7）吸气均匀，工作平稳、可靠，操作简单。

432. 与定压运行相比，机组采用变压运行有何优点？

答：（1）机组负荷变化时，可减少高温部件的温度变化，从而减小汽缸和转子的热应力及热变形，提高部件的使用寿命。

（2）低负荷能保持较高的热效率，由于变压运行时调速汽门全开，在低负荷时节流损失很小，因此与同一条件的定压运行相比热耗较小。

（3）给水泵功耗小，当机组负荷减小时，给水流量和压力也随之减小，因此给水泵消耗的功率也随之减小。

433. 机组并网初期为什么要规定最低负荷？

答：机组并网初期要规定最低负荷，主要是考虑负荷越低，蒸汽流量越小，暖机效果越差。但负荷也不能太高，负荷越高，汽轮机的进汽量增加较多，金属又要进行一个剧烈的加热过程，会产生过大的热应力，所以一般要规定并网初期的最低负荷。

434. 汽轮机汽缸上下温差大有何危害？

答：汽缸上下温差将引起汽缸变形，通常是上缸温度高于下缸，因而上缸变形大于下缸，使汽缸向上拱起，俗称猫拱背。汽缸这种变形使下缸底部径向间隙减小甚至消失，隔板和叶轮偏离正常时所在的垂直平面，使轴向间隙变化，容易造成汽轮机动静摩擦，损坏设备。

435. 汽轮机启动时为什么要限制上下缸的温差？

答：汽轮机汽缸上下存在温差，将引起汽缸的变形。汽缸的这种变形使下缸底部径向动静间隙减小甚至消失，造成动静部分摩擦，尤其当转子存在热弯曲时，动静部分摩擦的危险更大。

上下缸温差是监视和控制汽缸热翘曲变形的指标。大型汽轮机高压转子一般是整锻的，轴封部分是在轴体上车旋加工而成，一旦发生摩擦就会引起大轴弯曲发生振动，如不及时处理，可能引起永久变形。汽缸上下温差过大常是造成大轴弯曲的初始原因，因此汽轮机启动时一定要限制上下缸的温差。

436. 高压加热器水侧投用前为什么要注水？

答：（1）防止给水瞬时失压和断流。在高压加热器投用前预先注水充压，排出高压加热器水侧积存的空气，防止在投入时因高压加热器水侧残留空气，造成给水压力、流量瞬间下降，引起锅炉瞬时断水。

（2）高压加热器投用前水侧注水，可判断高压加热器钢管是否泄漏。在高压加热器投用前，高压加热器进、出水门均关闭，开启注水门注水，水侧空气放净后，关闭空气门，水侧压力升至给水压力后停止注水，若高压加热器水侧压力稳定则属正常。注水时发现高压加热器汽侧水位上升时则为管束泄漏，应停止注水。

437. 积盐对汽轮机的危害有哪些？

答：（1）通流能力降低，降低效率。

（2）主汽门和调门卡涩、轴向推力增加、叶片断裂、机组振动增大。

（3）盐体微粒会引起蒸汽通道部件磨蚀，甚至产生裂纹。

438. 何谓机组的惰走时间、惰走曲线？惰走时间过长或过短说明什么问题？

答：惰走时间是指从主汽门和调速汽门关闭时起，到转子完全停止的这一段时间。

惰走曲线是指转子惰走阶段转速和时间的变化关系曲线。

如果惰走时间延长，表明机组进汽阀门有漏汽现象或不严密，有其他蒸汽倒入汽缸内。如果惰走时间缩短，则表明动静之间有碰磨或轴承损坏，或其他有关设备、操作引起的额外阻力的增加。

439. 为什么要对热流体管道进行保温？对管道保温材料有哪些要求？

答：当热流体流过管道时，管道表面向周围空间散热形成热损失，这不仅使管道经济性降低，而且使工作环境恶化，容易烫伤人体，因此温度高的管道必须保温。

对保温材料有以下要求：

（1）导热系数及密度小，且具有一定的强度。

（2）耐高温，即高温下不易变质和燃烧。

（3）高温下性能稳定，对被保温的金属没有腐蚀作用。

（4）价格低，施工方便。

440. 离心水泵启动前为什么要先灌水或将泵内空气抽出？

答：因为离心泵是依靠充满在叶轮中的水作回转运动时产生的离心力工作的。如果叶轮中无水，因泵的吸入口和排出口是相通的，而空气的密度比液体的密度要小得多，这样无论叶轮怎样高速旋转，叶轮进口都不能达到较高的真空，水不会吸入泵体，故离心泵在启动前必须在泵内和吸入管中先灌满水或抽出空气后再启动。

441. 热力系统节能潜力分析包括哪两个方面的内容？

答：（1）热力系统结构和设备上的节能潜力分析，即通过热力系统优化来完善系统和设备，达到节能目的。

（2）热力系统运行管理上的节能潜力分析，包括运行参数偏离设计值、运行系统倒换不当，以及设备缺陷等引起的各种做功能力亏损。热力系统运行管理上的节能潜力是通过加强维护、管理，消除设备缺陷，正确倒换运行系统等手段获得。

442. 在哪些工况下汽轮机部件会发生过大的寿命损耗？

答：（1）机组冷态启动。

（2）运行中突然发生甩去 50% 以上额定负荷。

（3）极热态启动。

443. 简述除氧器出口含氧量升高的原因。

答：（1）机组负荷突增，除氧器内压力升高，水温不能及时达到饱和温度，水中气体不能很好析出。

（2）低加系统工作不正常，进入除氧器的水温下降，除氧器内水温不能加热到饱和温度，水中气体不能很好析出。

（3）除氧器进汽量小，加热不足，除氧器的水温达不到饱和温度，水中气体不能很好析出。

（4）除氧器排气阀开度过小，析出的气体不能顺利排出。

444. 导致汽轮机启动时排汽缸温度升高的原因有哪些?

答：（1）汽轮机启动时，采用全周进汽，蒸汽经节流后通过喷嘴去推动调速级叶轮，节流后蒸汽熵值增加，焓降减小，以致做功后排汽温度较高。

（2）汽轮机冲转过程中蒸汽量很少，乏汽在流向排汽缸的通路中，流量小、流速低、通流截面大，产生了显著的鼓风作用，因鼓风损失较大而使排汽温度升高。

（3）汽轮机启动时真空较低，相应的饱和温度也将升高，即意味着排汽温度较高。

445. 汽轮机轴向推力过大的主要原因有哪些?

答：（1）高、中压缸汽门未同时开启。

（2）汽轮机进水，发生水冲击。

（3）通流部分积盐。

（4）各监视段压力超过规定值。

（5）汽封或隔板结合面间隙过大，产生漏汽，使叶轮前、后压差增大。

（6）机组在低汽温、低真空或过负荷工况下运行。

（7）多缸机组负荷波动，使平衡轴向推力的平衡力瞬间消失或减小。

446. 汽轮机主油箱为什么要装排油烟机?

答：油箱装设排油烟机的作用是排除油箱中的气体和水蒸气。这样一方面使水蒸气不在油箱中凝结；另一方面使油箱中压力不高于大气压力，使轴承回油顺利地流入油箱。

反之，如果油箱密闭，那么大量气体和水蒸气积在油箱中产生正压，会影响轴承的回油，同时易使油箱油中积水。

排油烟机还有排除有害气体使油质不易劣化的作用。

447. 汽轮机热态冲转时，机组的胀差如何变化? 为什么?

答：汽轮机热态启动时，机组的胀差先向正的方向变化，然后向负的方向变化。原因是汽轮机启动冲转初期时，做功主要靠调速级，由于进汽量少，流速慢，通流截面大，鼓风损失大，排汽温度高，汽轮机胀差向正的方向变化。随着进汽量增加，汽轮机金属被冷却，转子被冷却相对缩短，随着转速升高，在离心力的作用下，转子相对收缩加剧，胀差向负的方向增大。

448. 简述高压加热器紧急停运的操作步骤。

答：（1）关闭高压加热器进汽门及止回阀。

（2）开启高压加热器旁路电动门（或关闭联成阀），关闭高压加热器进、出口门。

（3）开启高压加热器危急疏水门。

（4）关闭高压加热器疏水门，开启有关高压加热器汽侧放水门。

449. 简述确定冷油器铜管泄漏的操作步骤。

答：（1）检查冷油器退出运行。

（2）关闭冷油器冷却水进、出口门。

（3）稍开冷油器注油门。

（4）打开冷油器冷却水空气门，若空气门排出油，则说明冷油器泄漏。

450. 简述运行分析的内容。

答：运行分析的内容包括岗位分析、定期分析、专题分析、事故和异常分析。

451. 密封油差压低如何处理？

答：（1）若主差压阀失灵，应投入备用差压阀，并设法关闭主差压阀。

（2）若备用差压阀也失灵，可开启差压阀旁路门调整。

（3）若空侧密封油泵故障，应自动切为高压密封备用油源供油，维持油氢压差不低于 56kPa。

（4）若高压密封备用油压力低，油氢压差继续下降，应启动密封油备用泵，以维持油氢压差在 56kPa。

（5）若油氢压差不能维持，继续下跌至 35kPa 时，应注意直流密封油泵自动投入，否则应手动启动。

（6）直流密封油泵启动后，若油氢压差不能维持，并根据氢压降低发电机负荷，必要时紧急排氢，故障停机。

452. 简述运行中四只 AST 电磁阀分别动作时产生的动作结果。

答：四只 AST 串、并联连接，即 1、3 号电磁阀并联，2、4 号电磁阀并联，1、3 号和 2、4 号串联。当两只并联的 AST 电磁阀同时或其中之一打开时，虽然打开的电磁阀控制的 AST 油与该电磁阀上 AST 泄油口接通，但由于与之串联的另一组电磁阀未打开，AST 油与无压回油油路未接通，不会对 AST 油压产生大的影响，只发 ASP 油压高报警，但机组正常工作。

而当 1、3 号或其中之一和 2、4 号或其中之一电磁阀同时打开时，AST 油与无压回油油路接通，AST 油将快速泄压，引起 OPC 同时泄压，主汽门和调门关闭。

453. 简述汽轮机各监视段压力的重要性。

答：（1）汽轮机各监视段压力即各段抽汽压力，因为除末级和次末级外，各段抽汽压力均与主蒸汽流量成正比。根据这个关系，在运行中通过各监视段调节级压力和各段抽汽压力，可有效地监督通流部分工作是否正常。每台机组都有额定负荷下对应的各段抽汽压力，且在机组安装或大修后，应在正常工况下通过试验得出负荷、主蒸汽流量及各监视段压力的对应关系，以作为平时运行监督的标准。

（2）在正常运行中及某一负荷下，如果监视段压力升高，则说明该段以后通流部分有可能结垢，或其他金属部件脱落堵塞。当然，如果调节级和高压缸压力同时升高，则可能是中压调速汽门开度受阻或中压缸某级抽汽停运。

（3）监视段压力不但要看其绝对值升高是否超过规定值，还要监视各段之间的差压是否超过规定值。若某过级段的差压过大，则可能导致叶片等设备损坏。

454. 汽轮机的变压运行有哪几种方式？

答：（1）纯变压运行。即在整个负荷变化的范围内，调速汽门全开，负荷变化全由锅炉压力来控制的运行方式。

（2）节流变压运行。为了弥补完全变压运行时负荷调整速度缓慢的缺点，在正常情况下调速汽门不全开，对主蒸汽压力保持一定的节流。当负荷突然增加时，原未开大的调速汽门迅速全开，以满足突然增加负荷的需要。此后，随锅炉蒸汽压力的升高，调门又重新关小，直至原滑压运行的调门开度。

（3）复合变压运行。这是一种变压运行和定压运行相结合的运行方式，具体有以下三种方式：

1）低负荷时变压运行，高负荷时定压运行。在低负荷时，最后一个或两个调门关闭，而其他调门全开，随着负荷逐渐增大，汽压到额定压力后，维持主蒸汽压力不变，改用开大最后一个或两个调门，继续增加负荷。这种方式在低负荷时，机组显示出变压运行的特性，而在高负荷时，机组又有一定的容量参与调频，是一种比较理想的运行方式。

2）高负荷时变压运行，低负荷时定压运行。大容量机组采用变速给水泵，尽管其转速变化范围很宽，但也有最低转速的限制。另外，锅炉在低压力高温度时，吸热比例发生较大的变化，给维持主蒸汽温度带来一定的困难，因而锅炉最低运行压力受到限制。这种方式满足了以上要求，并且在高负荷下具有变压运行的特性。

3）高负荷和低负荷时定压运行，中间负荷区变压运行。在高负荷区用调门调节负荷，保持定压运行；在中间负荷区时，一个或两个调门关闭，处于滑压运行状态；在低负荷区时，又维持一个较低压力水平的定压运行。这种运行方式也称为定—滑—定运行方式，它综合了以上两种方式的优点。

455. 超临界机组凝结水控制指标有哪些？

答：（1）溶氧：≤30μg/L。

（2）硅：≤20μg/L。

（3）电导率：≤0.15μS/cm。

（4）pH 值：9.0～9.6。

456. 汽轮机胀差在什么情况下出现负值？

答：由于汽缸与转子的钢材有所不同，一般转子的线膨胀系数大于汽缸的线膨胀系数，加上转子质量小、受热面积大，机组在正常运行时，胀差均为正值。当负荷快速下降或甩负荷时，主蒸汽温度与再热蒸汽温度下降，或汽轮机发生水冲击，或机组启动与停机时加热装置使用不恰当，均有可能使胀差出现负值。

457. 消除油膜振荡的主要措施有哪些？其主要出发点是什么？

答：消除油膜振荡的主要措施有：

（1）增大轴承比压，如减小轴瓦承力面宽度。

（2）减小润滑油黏度，如增加油温。

（3）采用稳定性好的轴瓦，如椭圆形、可倾瓦等。

其主要出发点是增加轴颈的偏心率（$x＝e/\delta$）。

458．与额定参数启动相比，滑参数启动有何优点？

答：（1）锅炉蒸汽参数达到一定值即可启动，可缩短启动时间。

（2）蒸汽与金属温差小，因而热应力小，又因蒸汽流量大，金属冷却速度加快。

（3）没有旁路减温减压带来的能量损失。

（4）带负荷后可全周进汽，汽机加热均匀。

（5）由于冲转时参数虽低但流量大，因此低压段鼓风摩擦损失产生的热量易被带走，排汽温度不致过高。

459．试述汽缸拱背变形产生的原因、后果及应采取的措施。

答：汽缸拱背变形由上下缸温差造成，具体原因如下：

（1）下缸因有抽汽、疏水管道散热量大。

（2）汽缸内热蒸汽向上流动并凝结放热。

（3）下缸保温层易脱落。

其后果是变形量大时动静径向间隙可能消失而发生碰撞。

控制变形量的措施包括启动时严格控制温升速度，开足疏水门，应尽量加强对下缸保护层的维护。

460．定压下水蒸气的形成过程分为哪三个阶段？各阶段所吸收的热量分别叫什么热？

答：（1）未饱和水的定压预热过程：即从任意温度的水加热到饱和水。所加入的热量叫液体热或预热热。

（2）饱和水的定压定温汽化过程：即从饱和水加热变成干饱和蒸汽。所加入的热量叫汽化热。

（3）蒸汽的过热过程：即从干饱和蒸汽加热到任意温度的过热蒸汽。所加入的热量叫过热热。

461．进行甩负荷试验应具备哪些条件？

答：（1）汽轮发电机组经过带负荷试运各部分性能良好。

（2）调节系统经空负荷和满负荷运行工作正常，速度变动率和迟缓率符合要求。

（3）自动主汽门、调门关闭时间符合要求，严密性试验合格，抽汽止回阀连锁装置动作正常，关闭迅速、严密。

（4）汽轮机超速试验合格，危急保安器动作正常，手动危急保安器动作良好。

（5）电气及锅炉方面各设备经检查情况良好，锅炉主、再热蒸汽安全门经调试动作可靠。

（6）检查与甩负荷有关的连锁保护装置已投入，解除一切不必要的连锁装置。

（7）各种转速表计经检查合格。

（8）取得电网调度的同意。

462. 给水泵汽蚀的原因有哪些？

答：（1）除氧器内部压力降低。

（2）除氧器水位过低。

（3）给水泵长时间在较小流量或空负荷下运转。

（4）给水泵再循环门误关或开得过小，给水泵打闷泵。

463. 汽轮机叶片损坏的原因有哪些？

答：（1）机械损伤，如外来杂物进入汽轮机、汽轮机内部固定零部件脱落等。

（2）水冲击损伤。

（3）叶片的腐蚀和锈蚀损伤。

（4）水蚀损伤。

（5）叶片本身存在缺陷。

（6）运行管理不当，如偏离额定频率运行、过负荷运行、进汽参数不合格等。

464. 影响汽轮机胀差的因素主要有哪些？

答：（1）汽轮机滑销系统畅通与否。

（2）控制蒸汽温升（温降）和流量变化速度。

（3）轴封供汽温度的影响。

（4）汽缸法兰、螺栓加热装置的影响。

（5）凝汽器真空的影响。

（6）汽缸保温和疏水的影响。

465. 水泵发生汽化故障有何危害？

答：其危害轻则使供水压力、流量降低；重则导致管道冲击和振动，泵轴窜动，动静部分发生摩擦，使供水中断。

466. 什么是中压缸启动方式？有哪些优点？

答：中压缸启动方式是大型中间再热机组在冲转时倒暖高压缸，但启动初期高压缸不进汽，由中压缸进汽冲转，机组带到一定负荷后，再切换到常规的高、中压缸联合进汽方式，直至机组带满负荷的启动方式。

中压缸启动具有以下优点：

（1）缩短启动时间。

（2）汽缸加热均匀。

（3）提前越过脆性转变温度。

（4）对特殊工况具有良好的适应性。

（5）抑制低压缸尾部温度升高。

467. 汽轮机打闸后惰走阶段胀差正向增加的主要原因是什么？

答：（1）打闸后调速汽门关闭，没有蒸汽进入通流部分，转子鼓风摩擦产生的热量无法被蒸汽带走，使转子温度升高。

（2）泊桑效应作用。由于离心力减少，转子轴向伸长，造成胀差正向增长。

468. 蒸汽带水为什么会使转子的轴向推力增加？

答：蒸汽对动叶片所作用的力，实际上可以分解成两个力，一个是沿圆周方向的作用力 F_U，一个是沿轴向的作用力 F_z。F_U是真正推动转子转动的作用力，而轴向力 F_z作用在动叶上只产生轴向推力。这两个力的大小比例取决于蒸汽进入动叶片的进汽角 w_1。w_1越小，则分解到圆周方向的力就越大，分解到轴向上的作用力就越小；w_1越大，则分解到圆周方向上的力就越小，分布到轴向上的作用力就越大。而湿蒸汽进入动叶片的角度比过热蒸汽进入动叶片的角度大得多。所以说蒸汽带水会使转子的轴向推力增大。

469. 一般在哪些情况下禁止运行或启动汽轮机？

答：（1）危急保安系统动作不正常；自动主汽门、调速汽门、抽汽止回阀卡涩不能严密关闭，自动主汽门、调速汽门严密性试验不合格。

（2）调速系统不能维持汽轮机空负荷运行（或机组甩负荷后不能维持转速在危急保安器动作转速之内）。

（3）汽轮机转子弯曲值超过规定。

（4）高压缸调速级（中压缸进汽区）处上下缸温差大于厂家规定值。

（5）盘车时发现机组内部有明显的摩擦声。

（6）任何一台油泵或盘车装置失灵。

（7）油压不合格或油温低于规定值；油系统充油后油箱油位低于规定值。

（8）汽轮机各系统中有严重泄漏；保温设备不合格或不完整时。

（9）保护装置（低油压、低真空、轴向位移保护等）失灵和主要电动门（如高压加热器进汽门、进水门等）失灵时。

（10）主要仪表失灵，包括转速表、挠度表、振动表、热膨胀表、胀差表、轴向位移表、调速和润滑油压表、密封油压表、推力瓦块和密封瓦块温度表、氢油差压表、氢压表、冷却水压力表、主蒸汽或再热蒸汽压力表和温度表、汽缸金属温度表、真空表等。

470. 汽轮机主机保护一般有哪些？

答：汽轮机主机保护一般有：凝汽器真空低保护、汽轮机润滑油压低保护、EH 油压低保护、汽轮机超速保护、汽轮机轴向位移保护、汽轮机胀差保护以及汽轮机轴振和瓦振保护。

471. 汽缸热应力在运行中怎样进行控制和调整？

答：在汽轮机的启停中，要控制热应力不超过允许值，只要控制汽缸和法兰内、外壁的温差在规定范围内即可，汽缸内、外壁温差的大小主要取决于水蒸气和汽缸壁之间的热交换规律。汽轮机在运行中，主要处于对流换热方式，因此控制汽缸内壁温度变化率的大小，可通过改变蒸汽的流量、温度和压力来实现，也就是控制汽轮机的转速或负荷变化速度的快慢，当然也意味着汽轮机的启动、停机过程的快慢。对于高压汽轮机汽缸和法兰做得很厚，汽缸内壁的温度变化率更应严格控制，这也就是大容量的机组启动时间比一般中、小型机组要长的原因之一。

472. 凝汽器水位太高为什么会影响真空？

答：凝汽器水位太高，淹没到凝汽器两侧空气室及空气管时，就会使凝汽器内空气无法抽出。空气在凝汽器内越积越多，影响排汽不能及时凝结。此外，凝汽器水位太高还减少了冷却面积，影响了热交换，因此凝汽器水位太高会影响真空，使真空降低。

473. 凝汽器中的空气有什么危害？

答：凝汽器中的空气有三大主要危害：

（1）漏入空气量增大，使空气的分压力升高，从而使凝汽器真空降低。

（2）空气阻碍蒸汽凝结，使传热系数减小，传热端差增大，从而使真空下降。

（3）使凝结水过冷度增大，降低汽轮机热循环效率。

474. 简述汽轮机排汽压力升高对汽轮机运行的影响。

答：当排汽压力升高时，汽轮机的理想焓降减少；如果蒸汽流量不变，汽轮机的出力将降低。排汽压力升高后，汽轮机总焓降的减少主要表现为最后几级热焓降的减少，从而高压各级热焓降基本不变。所以，此时各级叶片和隔板的应力均在安全范围内。

当排汽压力升高时，将引起排汽侧的温度升高。排汽温度过高，可能引起机组中心偏离，发生振动。另外，排汽温度过高还会使排汽缸温度不均匀而造成变形，造成凝汽器铜管在管板上的胀口松动，使循环水渗入汽侧，恶化蒸汽品质。还会引起低压缸及轴承座等部件产生过度热膨胀，导致中心发生变化，引起机组振动或使端部轴封径向间隙消失而摩擦。

475. 汽轮机常用的调节方式有哪几种？各有什么特点？

答：汽轮机常用的调节方式有三种，分别是喷嘴调节、节流调节和滑压调节。

其特点如下：

（1）喷嘴调节：部分负荷时效率较高，但全负荷时效率并非最高，且变工况时高压部件（调节级后）温度变化较大，易在部件中产生较大的热应力，负荷适应性较差。

（2）节流调节：部分负荷下效率较低，但变工况时各级温度变化较平稳。

（3）滑压调节：无节流损失，故汽轮机内效率最高，但由于低负荷下理想焓降大大减小，使循环效率下降，因此机组经济性不一定好。滑压调节变工况时各级温度变化最小，这是其突出的优点。

476. 凝汽式汽轮机末级动叶顶部背弧处常被冲蚀的原因是什么？应采取什么措施？

答：凝汽式汽轮机末级是蒸汽湿度最大的级，凝聚出来的水珠速度较低，由出口速度三角形知：水珠正好冲湿在动叶进汽边背弧处。又由于离心力作用，水珠被甩向叶顶。故末级动叶顶部背弧处冲蚀最严重。

措施：

（1）采用去湿装置。

（2）提高动叶进汽边的抗冲蚀能力。

477. 额定参数启动汽轮机时怎样控制以减少热应力？

答：额定参数启动汽轮机时冲动转子一瞬间，接近额定温度的新蒸汽进入金属温度较低的汽缸内。与新蒸汽管道暖管的初始阶段相同，蒸汽对金属进行剧烈的凝结放热，使汽缸内壁和转子外表面温度急剧增加。温升过快，容易产生很大的热应力，所以额定参数下冷态启动时，只能采用限制蒸汽流量，延长暖机和加负荷时间等办法来控制金属的加热速度，减少受热不均，以免产生过大的热应力和热变形。

478. 简述汽轮机轴向推力产生的原因及平衡轴向推力的措施。

答：轴向推力产生的原因：

(1) 汽流轴向速度的改变。

(2) 叶轮及叶片前后压差。

(3) 转子凸肩受汽压作用。

平衡轴向推力的措施：

(1) 在叶轮上开平衡孔。

(2) 汽缸对称布置。

(3) 设置平衡活塞。

(4) 设置推力轴承。

479. 泵有哪几种损失？各由哪几项构成？

答：(1) 机械损失：包括轴承、轴封摩擦损失，圆盘摩擦损失。

(2) 容积损失：包括密封环泄漏损失、平衡装置泄漏损失、级间泄漏损失、轴封泄漏损失。

(3) 流动损失：包括摩擦阻力损失、旋涡阻力损失、冲击损失。

480. 试述在主蒸汽温度不变时，压力升高和降低对汽轮机工作的影响。

答：在主蒸汽温度不变时，主蒸汽压力升高，整个机组的焓降就增大，运行的经济性就高。但当主蒸汽压力超过规定变化范围的限度时，将会直接威胁机组的安全，主要有以下几点：

(1) 调速级叶片过负荷。

(2) 机组末几级的蒸汽湿度增大。

(3) 高压部件会产生变形，缩短寿命。

主蒸汽温度不变，主蒸汽压力降低时，汽轮机可用焓降减小，汽耗量要增加，机组的经济性降低，汽压降低过多则带不到满负荷。

481. 汽轮机为什么会出现动静胀差？试列举四种影响胀差的因素。

答：汽轮机的转子与汽缸工作时均与蒸汽接触，但转子的"面体比"（即受热表面积与部件的体积之比 A/V）比汽缸大得多，因而当受热或冷却时，其平均温度的变化不一致，从而使膨胀出现差别。

影响胀差的因素有：

(1) 负荷变化速度。

(2) 主蒸汽温升速度。

(3) 轴封供汽温度。

(4) 摩擦鼓风损失等。

482. 机组采用中间再热给机组调节系统带来了哪几方面的问题？分别采取什么措施来解决？

答：中间容积较大带来的问题：

（1）中、低压缸功率滞后，采用动态校正器使高压缸动态过调，以补偿中、低压缸功率滞后。

（2）甩负荷时超速，采取在中压缸设置调节阀的方法，并配置微分器在甩负荷超速时将高、中压缸同时关闭。

483. 机组采用单元制带来哪些方面问题？分别采取什么措施来解决？

答：（1）机、炉、再热器的流量匹配问题，采用旁路系统解决。

（2）锅炉动态响应太慢的问题，采取机炉协调控制办法解决。

484. 什么叫机组的滑压运行？滑压运行有何优点？

答：汽轮机开足调节汽门，锅炉基本维持新蒸汽温度，并且不超过额定压力、额定负荷，用新蒸汽压力的变化来调整负荷，称为机组的滑压运行。

滑压运行的优点如下：

（1）可以增加负荷的可调节范围。

（2）使汽轮机允许较快速度变更负荷。

（3）由于末级蒸汽湿度的减少，提高了末级叶片的效率，减少了对叶片的冲刷，延长了末级叶片的使用寿命。

（4）由于温度变化较小，因此机组热应力也较小，从而减少了汽缸的变形和法兰结合面的漏汽。

（5）由于受热面和主蒸汽管道的压力下降，其使用寿命延长了。

（6）提高机组的经济性（减少了调节汽门的节流损失），且负荷越低经济性越高。

485. 为什么空负荷运行排汽温度会升高？关小主汽门能降低排汽温度吗？具体有哪些措施？

答：排汽温度升高的原因之一是鼓风摩擦作用。

关小主汽门，仅让进入汽轮机的蒸汽刚好维持空转，并不能降低排汽温度，因为蒸汽鼓风摩擦作用依然存在。

基于上述原因，为了避免排汽室温度过高及预防汽轮机局部过热，对大容量的汽轮机，一定要规定汽轮机运转时的最低负荷，或者在启动时降低蒸汽参数运行，这时由于进口汽温也相应降低，就可以避免排汽温度过高。也可以用低压缸的喷水降温来降低排汽温度。

486. 主蒸汽压力过高对汽轮机运行有何影响？

答：汽轮机在设计时是根据额定主蒸汽压力来考虑各部件强度的。因此在主蒸汽压力超过额定值时，首先使承受主蒸汽压力的蒸汽管道及蒸汽室、汽门壳体，汽缸法兰和螺栓应力过大，如果达到材料强度极限就会有危险。当新蒸汽温度和凝汽器真空不变，新蒸汽压力升高时，蒸汽总的焓降增大，对节流配汽机组，此时需要减小调速汽门的开度来维持负荷不变，各级的应力也保持不变；对于喷嘴调节机组，也要减小调速汽门的开度，以维持负荷不变；但这时只是关小未全开的调速汽门，只要调速汽门不是处于第一调速汽门全开，第二调速汽门即将开启的工况，调节级就是安全的，在这种情况下，只要初压不是过高，动叶片的应力将不会超出允许范围。

当新蒸汽压力升高后，由于蒸汽的比体积减小，即使调节汽门的开度不变，蒸汽流量也要增加，再加上蒸汽总焓降增大，将使末级叶片过负荷，甚至引起隔板断裂的危险等。因此，当新蒸汽压力升高时应限制汽轮机的通流量，注意控制机组的负荷。另外当新蒸汽压力升高后，使汽轮机末几级的蒸汽湿度增大，湿汽损失增加，水滴对叶片的冲蚀作用加剧，降低了汽轮机的相对内效率。

487. 滑参数停机注意事项有哪些？

答：（1）滑参数停机时，对新蒸汽的滑降有一定的规定，一般高压机组新蒸汽的平均降压速度为<0.15MPa/min，平均降温速度为1～1.5℃/min。较高参数时，降温、降压速度可以较快一些；在较低参数时，降温、降压速度可以慢一些。

（2）滑参数停机过程中，新蒸汽温度应始终保持50℃的过热度，以保证蒸汽不带水。

（3）新蒸汽温度低于法兰内壁温度时，可以投入法兰加热装置，应使法兰加热联箱温度低于法兰金属温度100～120℃，以冷却法兰。

（4）滑参数停机过程中不得进行汽轮机超速试验。

（5）高、低压加热器在滑参数停机时应随机滑停。

488. 造成汽轮机热冲击的主要原因是什么？

答：（1）机组启动过程中，蒸汽温度与汽轮机金属温度相差太大时会对金属部件产生热冲击。

（2）极热态启动时造成的热冲击。对于单元制大机组在极热态时不容易把蒸汽参数提到额定参数再冲动转子，往往是在蒸汽参数较低的情况下冲转。这时，蒸汽温度可能比金属温度低得多，因而在汽缸、转子上产生较大的热应力。

（3）甩负荷产生的热应力。汽轮机在额定工况下运行时，如果负荷发生大幅变化，则通过汽轮机的蒸汽温度将发生变化，使汽缸、转子产生热冲击。

（4）机组运行中由于汽温突变，造成热冲击。

第三节 汽轮机事故处理及反事故技术措施

489. 汽轮机超速的主要原因及处理原则是什么？

答：汽轮机超速的主要原因有：

（1）发电机与电网解列，汽轮机的调速系统工作不正常。

（2）发电机解列后，高、中压主汽门、调速汽门，抽汽止回阀等卡涩或关闭不到位。

（3）危急保安器超速试验时汽轮机转速失控。

（4）汽轮机转速监测系统故障或失灵。

汽轮机超速的处理要点如下：

（1）立即破坏真空紧急停机，确认转速下降。

（2）检查并开启高压导管疏水阀。

（3）如发现转速继续升高，应采取果断措施隔离及泄压。

（4）查明超速原因并消除故障，全面检查并确认汽轮机正常后，方可重新启动，校验危急保安器及各超速保护装置动作正常后方可并列带负荷。

（5）重新启动过程中应对汽轮机振动、内部声音、轴承温度、轴向位移、推力瓦温度等进行重点检查与监视，发现异常应停止启动。

490. 给水泵汽蚀有哪些现象？

答：（1）电动机电流摆动下降。

（2）出口压力摆动下降。

（3）给水流量摆动。

（4）水泵振动增大，串轴增大。

（5）水泵内产生噪声。

491. 给水泵汽蚀有哪些原因？

答：（1）除氧器压力下降与温度不相适应，压力低于当时饱和温度下压力。

（2）前置泵入口滤网堵塞，造成来水量不足。

（3）泵流量减小，达到最小流量，再循环未开。

（4）除氧器水位低入口压力低。

（5）水泵内存有空气。

492. 机组运行中定冷水箱水位异常下降该如何处理？

答：（1）内冷水箱水位下降，应及时向水箱补水。

（2）查明水箱水位下降原因，如果检查发电机油水继电器有水、应化验水质，确定是定冷水还是闭式水。

（3）检查发电机氢压高于内冷水压 0.05MPa 以上，差压太低时应降低水压或提高氢压，降低水压时应注意流量不低于报警值。

（4）如果水箱水位下降，油水继电器内又是定冷水，则说明发电机内部水冷管漏水，应通知电气进行处理。

493. 凝结水泵运行中电流摆动且出口压力异常下降的原因有哪些？

答：（1）凝结水泵内吸入空气，凝结水泵窝空气导致出力下降。

（2）凝结水泵入口滤网堵塞。

（3）凝结水泵损坏。

（4）备用凝结水泵出口止回阀卡住或损坏。

494. 简述给水泵汽蚀的处理方法。

答：（1）调整除氧器水位至正常值。

（2）先适当降低给水泵出力，尽快排除故障。

（3）给水泵流量过小时开启再循环调整门。

（4）入口滤网堵塞，造成来水量不足，停运清理滤网。

（5）如汽化严重按紧急停泵处理，注意给水泵不能倒转。

495. 抗燃油压下降应检查哪些设备？

答：（1）抗燃油箱油位是否正常。

（2）抗燃油泵电流是否正常。

（3）伺服阀是否内漏。

（4）抗燃油泵溢流阀是否动作。

（5）储能器放油门是否开启。

496. 汽轮机进水的主要现象有哪些？

答：（1）主蒸汽或再热蒸汽温度急剧下降。

（2）高、中压缸金属温度急剧下降。

（3）主汽管和再热汽管内有冲击声。

（4）机组振动突然增大，汽缸内部发生金属噪声和冲击声。

（5）轴位移、胀差增大，推力瓦块温度升高。

（6）高压主汽门、中压主汽门、调速汽门门杆或高/中压轴封端部、汽缸接合面处漏出白色湿蒸汽或溅出水珠。

497. 防止给水泵汽蚀应采取什么措施？

答：（1）提高除氧器水箱安装高度。

（2）加装前置泵。

（3）除氧器设备用汽源。

（4）给水泵装再循环。

（5）保证给水泵在工作区内运行。

498. 简述高压加热器水侧泄漏的紧急停运步骤。

答：（1）关闭高压加热器进汽电动门及止回阀。

（2）开启高压加热器给水旁路门，关闭高压加热器给水进、出口门。此时若高压加热器保护动作，给水会自动切旁路。

（3）隔绝高压加热器疏水，注意汽侧压力不应升高。

（4）关闭空气门，开启汽水侧放水门泄压。

499. 哪些情况下应紧急停用高压加热器？

答：（1）给水管道及阀门等爆破，危及人身或设备安全。

（2）加热器水位升高，处理无效，水位计满水。

（3）水位计失灵，无法监视水位。

（4）水位计爆破无法切断。

500. 润滑油压正常，主油箱油位下降的原因有哪些？

答：（1）主油箱放油门和事故放油门不严或误开。

（2）密封油系统泄漏。

（3）油净化系统放油门不严或误开。

（4）密封油箱满油或发电机进油。

（5）主机润滑油回油管道泄漏。

501. 电动给水泵在什么情况下应紧急停运？

答：（1）额定流量下电动机电流超过额定值。

（2）电动机冒烟。

（3）给水泵汽化。

（4）前置泵、电动机、给水泵轴承温度高于 80℃。

（5）液力耦合器轴承温度高至极限值。

（6）工作冷油器入口、出口油温高至极限值。

（7）滑油冷油器出口油温高至极限值。

（8）给水泵电动机空气冷却器出口温度、电动机线圈温度高至极限值。

（9）润滑油压低至保护动作值，保护拒绝动作。

（10）机械密封大量泄漏无法运行或水温升高至极限值，经调整无效。

（11）轴承冒烟。

（12）给水泵、电动机、液力耦合器轴承振动超过 0.05mm。

（13）给水泵流量低于动作值，再循环门自动或手动均不能开启，保护未动作。

（14）给水泵、耦合器内部发出金属撞击声。

（15）耦合器调整失灵，不能控制转速。

502. 主蒸汽压力下降时应如何处理？

答：（1）汽压下降时首先调整锅炉燃烧提升汽压。

（2）汽压下降如果是因机组加负荷引起，首先稳定负荷并调整锅炉燃烧提升汽压。

（3）汽压继续过快，应根据下降速度降低负荷。

（4）汽压下降而汽温同时下降时，应按汽温下降处理。

（5）汽压下降是由于锅炉灭火引起，按锅炉灭火处理。

（6）由于锅炉本身故障，汽压不能恢复时，请示故障停机。

503. 限制末级叶片水蚀危害的方法有哪些？

答：（1）提高叶片本身的抗水蚀能力。

（2）在通流部分设计去湿装置。

（3）适当放宽动静部分的间隙。

（4）选用适当的动叶叶型等。

504. 汽缸的上下缸温差过大应采取哪些措施？

答：为了减小上下缸温差，必须严格控制温升速度，同时还要保证汽缸疏水畅通，不要有积水，合理地使用汽缸夹层加热装置，改善下缸保温结构及材料，下缸装挡风板，以减少空气对流。

505. 运行方面如何防止汽轮机主轴弯曲？

答：（1）机组启动、停机时，应正确使用盘车装置。

（2）机组冲转前应按规定连续运行盘车。

（3）盘车的停运应在汽缸金属温度降至规定值以下时进行。

（4）盘车运行期间，注意盘车电流及大轴弯曲值的监视测量。

（5）机组停运后，应切断冷汽、冷水进入汽轮机的可能途径。

506. 汽轮机轴承温度高应如何处理？

答：（1）就地检查轴承回油情况，倾听轴承的声音，密切注意轴承金属温度的上升速度。

(2) 检查润滑油压力、温度是否正常。

(3) 检查轴承振动是否正常。

(4) 通知化学化验润滑油中的含水量，超标时加强滤油。

(5) 检查轴封母管压力是否正常，就地轴封有无冒汽。

(6) 阀门切换过程中若轴承温度升高，应立即停止阀切换，恢复到原状态。

(7) 当支承轴承温度或推力轴承温度升高到极限值时，应破坏真空紧急停机。

507. 简述防止汽轮机轴瓦烧毁的措施。

答：(1) 机组启动、停机前应进行交直流油泵联启试验，并确认正常。

(2) 机组启动、停机和运行中要严密监视推力瓦、轴瓦金属温度和回油温度，当温度超标时，应按规程的要求果断处理。

(3) 在机组启停过程中，应按照制造厂规定的转速停启顶轴油泵。启机时转速升至规定转速时，顶轴油泵自停，否则手动停止；停机时转速降至规定转速时顶轴油泵自启，否则手动启泵。

(4) 每次油系统检修，都应加滤网进行油循环，合格后再去掉滤网。按规程要求定期进行油质化验，油质劣化要及时处理，在油质及清洁度超标的情况下，严禁启动油系统。

(5) 避免机组在振动不合格的情况下运行。

(6) 运行中发生了可能引起轴瓦损坏（如水冲击、瞬时断油等）的异常后，应在确认轴瓦未损坏之后，方可重新启动。

(7) 加强检修管理，安装和检修时要彻底清理油系统中的杂物，防止遗留杂物堵塞管道。

(8) 调整好轴封间隙，防止油中进水，滤油机应在线连续运行，保证油质良好。

(9) 主机冷油器切换操作应严格按照操作票缓慢进行，并严密监视润滑油压的变化。

(10) 油位计按规定定期校验，保证指示正确。

(11) 检修中应注意各油泵出口止回阀的状态，防止停机过程中断油。

508. 汽轮机进水的原因有哪些？

答：(1) 汽水分离器满水。

(2) 主、再热蒸汽减温水调整不当，主、再热蒸汽温度急剧降低。

(3) 汽轮机本体疏水不良。

(4) 蒸汽管道疏水不畅。

(5) 除氧器、高压加热器、低压加热器、凝汽器满水。

(6) 轴封蒸汽温度调整不良，轴封带水。

509. 防止汽轮机进水的措施有哪些？

答：(1) 在启动前打开汽轮机疏水阀，并保持全开直至机组负荷达到20%额定负荷。

(2) 正常停机到20%额定负荷时，打开汽轮机疏水阀。

(3) 如果机组发生除真空低外的紧急事故跳闸时，要立即打开汽轮机疏水阀。

(4) 热态启动前主蒸汽和再热蒸汽应充分暖管并保证疏水畅通。

（5）汽轮机组启动、运行、停机过程中严格控制汽温、汽压升降速率，保证蒸汽的过热度。

（6）加热器水侧通水严禁退出水位保护。运行中严密监视凝汽器、各加热器、除氧器水位，不得偏离正常水位，其溢流、事故放水应投入自动并定期校验。

（7）机组运行中当发现汽缸、抽汽管道上下温差不正常增大时，应设法查找原因，切断水击汽源，同时加强疏水。

（8）停机后，要隔绝一切可能返水返汽的来源，如轴封、高压旁路减温水门、轴封各路供汽门、各段抽汽止回阀、电动门、高压缸排汽止回阀和凝汽器补水门应关闭严密。

（9）汽轮机停止后每 1h 检查并记录一次以下参数直至高压缸调节级金属温度低于150℃：高/中压上下缸温差、胀差、汽缸膨胀、盘车电流及其晃动值、转子偏心度、凝汽器水位。若发现异常，应及时处理。

510. 停机状态下防止汽轮机进冷汽、冷水的措施有哪些？

答：（1）关闭过热蒸汽与再热蒸汽系统减温水门。

（2）监视好凝汽器、除氧器、各加热器水位。

（3）关闭凝汽器补水门。

（4）关闭高、低压旁路系统减温水门。

（5）关闭给水泵中间抽头手动门。

（6）关闭主蒸汽、再热蒸汽、辅助汽源至轴封供汽的隔离门。

（7）关闭轴封系统减温水门。

（8）开启汽缸本体疏水门、再热蒸汽冷段及热段，高压旁路后、低压旁路前的各疏水门。

（9）停机后运行人员应经常检查汽轮机的隔离措施是否完备并落实，检查汽缸温度是否下降，汽轮机上下缸温差是否超标。

511. 简述汽轮机进冷水、冷汽的处理方法。

答：（1）运行中主、再热蒸汽温度突降超过规定值或者汽温 10min 下降超过 50℃，按紧急停机处理。

（2）若汽轮机盘车期间发现进水，必须保持盘车运行一直到汽轮机上下缸温差恢复正常为止。同时加强对汽轮机内部声音、转子偏心度、盘车电流等的监视。

（3）若汽轮机在升速过程中发现进水，应立即停机进行盘车。

（4）汽轮机运行中进水监测报警时，如高压缸排汽管道疏水罐水位报警和各段抽汽管道防进水热电偶温差大于 40℃ 时，应迅速查明原因并消除。若振动、胀差、上下缸温差的变化达到停机值，应立即停机。

512. 汽轮机油系统着火应按什么步骤进行扑救？

答：（1）立即破坏真空紧急停机，按事故处理规定，解除高压油泵自动，开启事故排油门，控制排油速度，但必须保证汽轮机转速到零的润滑用油。

（2）当发生喷油起火时，要迅速堵住喷油处，改变油方向，使油流不向高温热体喷射，并立即用"1211"、干粉灭火器灭火。

（3）防止大火蔓延扩大到邻近机组，应组织消防力量用水或泡沫灭火器等将大火封住，控制火势，使大火无法蔓延。

513. 叙述破坏真空紧急停机的主要操作步骤。

答：（1）手打"危急遮断器"或按"紧急停机"按钮，确认高、中压自动主汽门、调速汽门，高压缸排汽止回阀、各级抽汽止回阀关闭，负荷到零。

（2）发电机逆功率保护动作，机组解列。注意机组转速应下降。

（3）启动交流润滑油泵，检查润滑油压力正常。

（4）解除真空泵连锁，停真空泵，开凝汽器真空破坏阀。

（5）检查高、低压旁路是否动作，若已打开应立即手动关闭。

（6）手动关闭主、再热蒸汽管道上的疏水阀。

（7）检查并调整凝汽器、除氧器水位维持在正常范围内。

（8）检查低压缸喷水阀自动打开。

（9）开启汽轮机中、低压疏水。

（10）根据凝汽器真空情况及时调整轴封压力。

（11）在转速下降的同时，进行全面检查，仔细倾听机内声音。

（12）启动顶轴油泵，待转速到零，投入连续盘车，记录惰走时间及转子偏心度。

514. 造成汽轮机大轴弯曲的主要因素有哪些？

答：（1）通流部分动静摩擦，使转子局部过热，过热部分的膨胀受到周围材质的约束，产生压应力，当应力超过该部位屈服极限时，发生塑性变形，在转子温度均匀后，该部位呈现凹面永久性弯曲。

（2）轴封系统故障，冷空气进入，使转子急剧冷却，动静间隙消失，发生摩擦，造成大轴弯曲。

（3）停机后在汽缸温度较高时，因某种原因使冷汽、冷水进入汽缸，汽缸和转子将由于上下缸温差产生很大的热变形，甚至中断盘车，加速大轴弯曲，严重时将造成永久性弯曲。

（4）轴瓦或推力瓦磨损，使轴系轴心不一致，造成动静摩擦，产生弯曲事故。

（5）转子的原材料存在过大的内应力。在较高的工作温度下经过一段时间的运行后，内应力逐渐得到释放，从而使转子产生弯曲变形。

515. 防止汽轮机断油烧瓦的措施有哪些？

答：（1）加强润滑油温、油压的监视调整，定期校验油位计、油压表、油温表。

（2）油净化装置运行正常，定期化验油质，油质应符合标准。

（3）严密监视轴承乌金温度，发现异常应及时查找原因并消除。

（4）油系统设备自动及备用可靠，并定期进行试验。

（5）运行中油泵或冷油器的投停切换应平稳、谨慎，进行充分的放空气，严防断油烧瓦。

（6）注意监视机组的振动、串轴、胀差。

（7）防止汽轮机进水、大轴弯曲、轴承振动及通流部分损坏，导致轴瓦磨损。

（8）汽轮发电机转子应可靠接地。

（9）启动前应认真按设计要求整定交、直流油泵的连锁定值，检查接线正确。

（10）油系统阀门不得垂直布置，大修完毕油系统应进行清理。

（11）运行中经常检查各油箱油位，发现油箱油位下降快，补油无效时，应立即破坏真空紧急停机。

（12）直流润滑油泵电源保险应有足够的容量并可靠。

516.《防止电力生产重大事故的25项重点要求》中，与汽轮机相关的有哪几条？

答：（1）防止汽轮机超速和轴系断裂事故。

（2）防止汽轮机大轴弯曲和轴瓦烧瓦事故。

（3）防止火灾事故。

（4）防止压力容器爆破事故。

（5）防止全厂停电事故。

517. 除氧器差压水位计汽侧取样管泄漏有何现象？

答：除氧器汽侧取样管泄漏，水位计蒸汽侧压力降低，水位计水位指示偏高。泄漏瞬间，除氧器水位显示上升，高于实际值，此时除氧器上水调整门开度减小（凝结水泵工频运行）或凝结水泵变频器指令下降（凝结水泵变频运行），凝结水泵电流下降，凝汽器水位上升。

518. 凝汽器冷却水管轻微泄漏如何处理？

答：凝汽器冷却水管胀口轻微泄漏，凝结水硬度微增大，可在循环水进口侧或在胶球清洗泵加球室加锯末，使锯末吸附在管道胀口处，从而堵住胀口泄漏点。

519. 凝结水泵在运行中发生汽化的象征有哪些？应如何处理？

答：凝结水泵在运行中发生汽化的主要象征是：在水泵入口处发出噪声，同时水泵出口的压力、流量和电动机电流急剧波动。

凝结水泵发生汽化时向凝汽器内补充除盐水以提高凝汽器的水位，或调整凝结水再循环门的开度，以消除水泵汽化，避免长时间小流量运行。

520. 凝结水硬度增大应如何处理？

答：（1）开机时凝结水硬度大，应加强排污。

（2）检查机组所有负压放水门关闭严密。

（3）就地取样化验，判断哪侧凝汽器冷却水管泄漏，以便隔离。

（4）确认凝汽器冷却水管轻微泄漏，应立即进行加锯末。

521. 高压高温汽水管道或阀门泄漏应如何处理？

答：（1）应注意人身安全，在查明泄漏部位的过程中，应特别小心谨慎，使用合适的工具，如长柄鸡毛掸等，不得敲开保温层。

（2）高温高压汽水管道、阀门大量漏汽，响声特别大，应根据声音大小和附近温度高低，保持一定的安全距离；同时做好防止他人误入危险区的安全措施，按隔绝原则及早进行故障点的隔绝，无法隔绝时，请示上级要求停机。

522. 汽轮机轴承回油温度升高如何处理？

答：（1）如果是个别轴承回油温度升高，应检查油流油压是否正常，轴承振动是否偏大，轴瓦附近的轴封是否有漏汽处，要根据具体情况设法消除，并要严密监视轴承温度变化情况。如有脏物进入轴承油管或轴瓦故障，引起出口油压急剧升高，甚至使轴承断油冒烟，应按规定破坏真空事故停机。

（2）检查汽轮发电机串轴值是否超限，推力瓦供油是否充足，推力瓦工作面和非工作面回油温度是否正常，必要时发电机组可降出力运行。

（3）如各轴承回油温度普遍升高，应检查轴承供油温度、压力是否正常，必要时投入备用冷油器、进行冷油器反冲洗、对冷却水室排放空气、清洗冷却水滤网等。

523. 主油箱油位升高的原因有哪些？

答：（1）轴封压力过高及轴封漏汽量过大，造成油中进水，油位升高。

（2）轴封加热器工作失常，使轴封回汽不畅而造成油中进水，油位升高。

（3）冷油器泄漏，并且水压大于油压，造成油中进水，油位升高。

（4）油位计卡涩，出现假油位。

（5）当冷油器出口油温升高、黏度小时，油位也会有所升高。

（6）密封油箱油位过低造成主油箱油位高。

524. 主油箱油位降低的原因有哪些？

答：（1）油箱事故放油门及油系统其他部套泄漏或误开。

（2）油净化器运行不正常跑油。

（3）冷油器铜管泄漏。

（4）冷油器出口油温低，油位也有所降低。

（5）轴承油挡漏油。

（6）油箱定期放水。

（7）油位计卡涩。

（8）密封油箱油位升高造成主油箱油位低。

（9）发电机进油。

525. 简述机组全甩负荷（危急保安器动作）的处理要点。

答：（1）确认主汽门、调速汽门、抽汽止回阀、高压缸排汽止回阀已完全关闭，汽轮机转速下降。

（2）如果发生汽轮机转速飞升事故，手动将汽轮机打闸一次，想尽一切办法将锅炉泄压，控制汽轮机转速。

（3）检查确认润滑油泵联启正常、油压正常。

（4）检查确认甩负荷原因。

（5）全面检查确认机组侧无异常，汽轮机重新挂闸冲车，等待调度命令并网。

526. 蒸汽给水管道或法兰、阀门破裂机组无法维持运行时如何处理？

答：此种故障可分为两种，主蒸汽、再热蒸汽、给水的主要管道或阀门爆破，应破坏真空事故停机；小的管阀破裂，尚未到需将汽轮机转速迅速降到零的程度，也可不破坏真空事故停机。无论采用何种停机方式，都需尽快隔绝故障点泄压，并开启汽机房窗户放出蒸汽，人员不要乱跑，防止被汽流吹伤、烫伤，并采取防止电气设备受潮的必要安全措施，高温蒸汽外泄的故障还需采取必要的防火措施。

527. 蒸汽、抽汽管道水冲击时如何处理？

答：蒸汽、抽汽管道发生水冲击，一般是在管道内产生两相流体流动或温度急剧变化所引起，特别是蒸汽，抽汽管道通汽初期，由于暖管不当极易产生上述情况，水冲击时，管道将发生强烈冲击振动。当蒸汽抽汽管道发生水冲击时，应开启有关疏水阀，不影响主机运行时，应尽量停用水冲击管道（如抽汽），并查明原因消除，若已发展到汽轮机水冲击时，则按汽轮机水冲击事故处理。

528. 管道振动时如何处理？

答：管道振动可由水冲击、管道流速（汽量）过大、管道支吊架不良、水管道发生水锤等原因引起。若是水冲击引起，则按管道水冲击规定处理；若是流速过大引起，则应适当减少管道通流量；若是流量不稳波动大引起，则应设法保持流量稳定；若是管道支吊架不良引起，则应设法修复加固支吊架；若是水管道发生水锤引起，可设法缓慢关闭或开启发生水锤管段的阀门。管道发生振动，经处理无效且威胁与其相连接设备的安全运行时，应设法隔绝振动大的管段。

529. 机组超速时有什么现象？

答：（1）机组负荷突然甩到零，发出不正常的声音。

（2）转速表指示值继续上升。

（3）机组振动增大。

530. 机组额定负荷工况下高压加热器突然解列如何处理？

答：（1）高压加热器解列，立即检查给水自动倒旁路，同时高压加热器各抽汽止回阀、电动门关闭。

（2）如果主蒸汽压力升高，锅炉安全门动作，应及时减少锅炉燃料量，降低主蒸汽压力让安全阀复位。

（3）高压加热器解列时如果负荷超额定负荷，应手动降负荷。

（4）高压加热器运行中突然解列容易引起过热器超温，应注意及时调整减温水量。

（5）监视机组振动、轴位移的变化。

（6）确定哪台加热器水位高，判定是否误动；如确定高压加热器泄漏，应隔绝泄漏加热器；如保护误动，则联系热控查找误动原因，消除误动原因后，恢复高压加热器运行。

531. 如何判断高压加热器管束泄漏？

答：（1）给水温度降低。

（2）高压加热器水位高或极高报警。

（3）就地水位指示实际满水。

（4）正常疏水阀全开及事故疏水阀频繁动作全开。

（5）满水严重时抽汽温度下降，抽汽管道振动大，法兰结合面冒汽。

（6）高压加热器严重满水时汽轮机有进水迹象，参数及声音异常。

（7）若水侧泄漏，则给水泵的给水流量与给水总量不匹配。

532. 给水泵机械密封水温度高的原因及处理方法有哪些

答：原因：

(1) 机械密封水冷却少或断水。

(2) 机械密封泄漏。

(3) 机械密封磁性滤网堵塞。

(4) 机械密封室内有空气。

处理：

(1) 检查闭式水是否压力低，查明原因提高压力。

(2) 检查机械密封是否泄漏，若泄漏通知检修处理，同时切换备用泵。

(3) 检查机械密封磁性滤网是否堵塞，若堵塞投备用磁性滤网，通知检修清扫。

(4) 检查机械密封室内有无空气，若有则开启放空气门，见水后关闭。

533. 在处理管道故障时应遵循什么原则？

答：(1) 尽可能不使人员和设备遭受损害，尤其是高温高压管道故障应特别注意。在查明泄漏部位时，应特别小心谨慎，使用合适的工具，如长柄鸡毛掸等，运行人员最好不要敲开保温，检查人员应根据声音大小和温度高低与泄漏点保持足够的距离，并做好防止他人误入危险区的安全措施。设备安全则主要是防止电气设备受潮，必要时切除有受潮危险的保护回路。

(2) 尽可能不停用其他运行设备。

(3) 先关来汽、来水阀门，后关出汽、出水阀门。

(4) 先关闭离故障点近的阀门，如无法接近隔绝点，再扩大隔绝范围，关闭离故障点远的阀门。待可以接近隔绝点时迅速缩小隔绝范围。

534. 汽轮机轴承温度升高有哪些原因？

答：(1) 机组负荷增加，轴向传热增加。

(2) 轴封漏汽量大，使油中进水，油质恶化。

(3) 轴承钨金脱壳或熔化磨损。

(4) 冷油器出口温度升高。

(5) 轴承进入杂物，使进油量减少或回油不畅。

(6) 轴承振动大，引起油膜破坏，润滑不良。

535. 发电机氢压降低有哪些原因？对发电机有什么影响？

答：发电机氢压降低的原因有：

(1) 操作氢系统的阀门，如排氢门，使氢气排掉，致使氢压降低。

(2) 排氢门、集水器的放水门不严而漏氢，取样管、压力表管以及氢气系统的法兰处漏氢。

(3) 密封油压调整不当而漏氢。

(4) 密封瓦损坏。

对发电机的影响：氢压低使发电机冷却效果下降，氢气温度升高，发电机铁芯、绕组温度升高。

536. 单元制机组故障处理的原则是什么？

答：单元制机组故障处理的原则是：

(1) 根据仪表指示、故障显示回路机组外部的象征，肯定设备确已发生故障。

(2) 迅速消除对人身和设备的危险，必要时应立即解列所发生故障的设备。

(3) 迅速查清故障的性质、发生地点和损伤的范围。

(4) 保证所有未受损害的发电机组能正常运行。

(5) 尽最大努力，保持厂用电系统正常供电。

(6) 消灭故障的每一阶段都要尽可能迅速地报告值长及有关人员，以便及时采取更正确的对策，以防止事故蔓延。

537. 引起凝汽器真空下降的原因有哪些？

答：(1) 机组负荷高。

(2) 环境温度高。

(3) 轴封压力低。

(4) 真空系统泄漏。

(5) 真空泵工作不正常。

(6) 旁路系统故障。

(7) 循环水量不足。

(8) 空冷机组空冷风机出力小，环境风速、风向变化大。

(9) 空冷机组空冷系统散热片脏污。

538. 简述凝汽器真空下降的处理方法。

答：(1) 发现真空下降，应对照排汽温度及就地表计确认真空下降，并迅速查明原因。

(2) 根据真空下降情况降低机组负荷。

(3) 对真空系统进行检查，发现明显泄漏点及时消除。

(4) 检查轴承系统、运行真空泵是否正常，必要时可适当提高轴封供汽压力。

(5) 启动备用真空泵。

(6) 应注意排汽温度的变化，达到 80℃ 时投入汽缸喷水减温水；如排汽温度超过 120℃，应打闸停机。

(7) 如真空下降较快，降至真空低保护值时，保护动作机组跳闸，否则应手动打闸停机。

(8) 因真空低停机时，应及时切除并关闭高、低压旁路，关闭主、再热蒸汽管道至凝汽器疏水。

(9) 加强对机组各轴承温度和振动情况的监视。

539. 机组甩负荷时的现象有哪些？

答：(1) 机组有功负荷突然减小，甚至到"0"。

(2) 主汽门或调速汽门关小或关闭。

(3) 蒸汽流量急剧减少，蒸汽压力急剧上升，炉安全门可能动作。

（4）汽包水位和压力急剧变化。

540．造成机组甩负荷的原因有哪些？

答：（1）电网或发电机变压器组系统故障。

（2）厂用电系统故障。

（3）汽轮机故障。

（4）汽轮机调速系统或 DEH 控制系统故障。

（5）旁路系统误开。

541．简述汽轮发电机组振动大的可能原因。

答：（1）机组负荷、参数骤变，使轴向推力异常变化。

（2）机组暖机不充分，缸体膨胀受阻或疏水不良。

（3）启停机过程中，汽机转速在临界转速区内。

（4）汽轮机进冷汽、冷水或水冲击。

（5）润滑油压、油温异常或油膜振荡或主机轴承损坏。

（6）汽轮发电机组动静部分摩擦。

（7）汽轮机叶片断裂或汽轮机内部机械零件损坏脱落。

（8）大轴弯曲。

（9）发电机方面的原因造成的机组振动，如磁场不平衡等。

542．汽轮机轴向位移增大由哪些原因造成？

答：（1）汽温汽压下降，通流部分过负荷及回热加热器停用。

（2）隔板轴封间隙因磨损而漏汽量增大。

（3）蒸汽品质不良，引起通流部分结垢。

（4）发生水冲击。

（5）汽轮机过负荷。

（6）推力瓦损坏。

543．简述汽轮机运行中振动大的处理方法。

答：（1）当机组振动增大时，应注意各测点、表计变化，迅速查明原因。

（2）尽快稳定机组负荷、参数，同时注意机组胀差、轴向位移及汽轮机上下缸温差的变化，高负荷时可适量降低机组负荷，观察振动变化情况。

（3）检查汽轮机润滑油温、油压及各轴承运行情况，并调整至正常。

（4）检查汽轮机上下缸温差应小于 42℃，否则按有关规定处理。

（5）若由于发电机引起的振动，应降低机组负荷，查找原因，进行处理。

（6）若为掉叶片造成振动异常增大，或清楚听到汽轮机内有金属摩擦声，应立即紧急停机。

（7）若为水冲击造成振动，紧急停机后，应隔绝冷汽、冷水源，加强疏水。

（8）经采取措施，机组振动仍继续增大至 0.25mm 时，应紧急停机。

（9）汽轮机在正常运行中，某一轴承振动突然增大 0.05mm，虽未达到跳闸值，但仍应故障停机。

（10）振动大而停机后，应先手动盘车，检查动静部分无摩擦后，方可投入连续盘车。

544. 导致汽轮机轴承损坏的原因有哪些?

答：（1）汽轮机润滑油油质不合格。

（2）汽轮机低油压保护拒动。

（3）汽轮机轴承断油、冒烟。

（4）润滑油泵故障，供油中断。

（5）润滑油压、油温异常。

（6）汽轮机轴瓦油膜振荡或主机轴承损坏。

（7）润滑油系统跑油，油箱严重缺油。

545. 汽轮机轴承损坏事故的防范措施有哪些?

答：防范汽轮机轴承损坏最主要是杜绝断油事故，必须严格执行以下几点：

（1）低油压保护一定要可靠。

（2）直流油泵要通过全容量启动运行试验考验。

（3）直流油泵检修期间，如无特殊措施，严禁主机启动运行。

（4）交流油泵与主油泵切换要密切注意润滑油压的变化；切换冷油器操作时，要严格监护防止误操作，并密切注意油压。

（5）油系统的油质和清洁度必须完全合格，防止油系统内的设备卡涩和油泵入口滤网堵塞。

546. 汽轮机叶片损坏有何现象?

答：（1）汽轮机内或凝结器内产生突然声响。

（2）机组突然振动增大或抖动。

（3）断叶片落入凝结器时打坏冷却水管，凝结器水位升高，凝结水电导率增大，凝结水泵电流增大。

（4）断叶片进入抽汽管道造成阀门卡涩。

（5）在惰走、盘车状态下，可听到金属摩擦声。

（6）运行中级间压力升高。

547. 预防汽轮机叶片损坏的措施有哪些?

答：（1）电网应保持正常频率运行，避免频率偏高或偏低，引起某几级叶片进入共振区。

（2）运行中保持蒸汽参数和各监视段压力、真空等在正常范围内，超过极限值应限负荷运行。

（3）加强汽、水的化学监督。

（4）运行中加强对振动的监视，防止汽轮机因进冷水冷汽或其他原因导致受热不均变形、动静间隙减小引起局部碰磨。

（5）机组大修中应对通流部分损伤情况进行全面、细致的检查，做好叶片、围带、拉筋的损伤记录，做好叶片的调频工作。

548. 汽轮机润滑油箱油位、油压同时下降的原因有哪些？

答：（1）润滑油冷油器泄漏。

（2）供油管道、阀门、法兰、接头破裂漏油。

549. 汽轮机润滑油箱油位、油压同时下降应如何处理？

答：（1）运行中当发现润滑油箱油位出现明显下降时，应立即补油。

（2）查找润滑油泄漏点，采取措施快速对漏点进行堵漏。

（3）对漏油进行隔离、清理，防范油淋到高温管道。

（4）通知消防对做好灭火准备。

（5）油箱油位降至－300mm，经补油无效时，应立即破坏真空停机。

550. 汽轮机轴向位移增大应如何处理？

答：（1）发现轴向位移增大时，首先查明原因，同时注意推力瓦温、胀差、振动是否正常。

（2）稳定机组负荷，观察轴位移变化趋势，可适量降低机组负荷。

（3）检查机组真空有无异常，如轴位移变化与真空存在联系，调整机组真空。

（4）检查主、再热蒸汽参数有无异常，采取措施恢复正常参数，有水冲击迹象时，开启管道及缸体疏水门疏水。

（5）检查汽轮机高、中压主汽门、调门有无异常，确保各汽门开度正常。

（6）当轴向位移增大并伴有不正常的响声、剧烈振动时，应立即破坏真空紧急停机。

（7）轴位移达到保护动作定值，破坏真空紧急停机。

551. 汽轮机一般事故停机和紧急事故停机有何区别？

答：一般事故停机通常是逐渐降低负荷，待负荷降到零以后解列、打闸停机，按规程规定启动辅助油泵和进行其他正常停机操作，真空按规程规定降低。紧急停机时，一般立即手打危急保安器，迅速解列发电机，破坏真空，启动辅助油泵，完成其他停机的操作。

552. 汽轮机大轴弯曲有什么特征？

答：汽轮机大轴弯曲事故多发生在机组启动时，也有在滑停过程中和停机后发生的。如果大轴发生弯曲，其主要特征有以下几点：

（1）机组异常振动，轴承箱晃动，正胀差增大，轴端汽封处冒火花，停机时转子惰走时间明显缩短。

（2）转子刚静止时盘车盘不动，当盘车投入后，盘车电流比正常时增大。

（3）在转子冷却后，测转子晃动值仍在一个固定的较大值，说明转子永久弯曲。

553. 汽轮机大轴弯曲有什么危害？

答：当汽轮机大轴发生弯曲时，其重心偏离机组运转的中心，于是在转子运转时产生振动。当轴弯曲严重时，汽封径向间隙将消失，就会引起动静部件碰磨，以致造成机组损坏事故。如弯曲值过大，就会形成永久性弯曲，还需要进行直轴处理。

554. 轴封供汽带水对机组有何危害？应如何处理？

答：轴封供汽带水在机组运行中有可能使轴端汽封损坏，重者将使机组发生水冲击，危害机组安全运行。

处理轴封供汽带水事故时，应根据不同的原因，采取相应措施。如发现机组声音变沉、振动增大、轴向位移增大、胀差减小或出现负胀差，应立即破坏真空，打闸停机。打开轴封供汽系统及本体疏水门，倾听机内声音，测量振动，记录惰走时间，检查盘车电动机电流是否正常且稳定，盘车后测量转子弯曲数值。如惰走时间明显缩短或机内有异常声音、推力瓦温度升高、轴向位移及胀差超限，不经检查不允许机组重新启动。

555. 降低凝汽器端差的措施有哪些？

答：（1）保持循环水质合格。

（2）保持清洗系统运行正常，冷却水管清洁。

（3）防止凝汽器汽侧漏入空气。

556. 电泵运行时给水母管压力降低应如何处理？

答：（1）检查给水泵运行是否正常，并核对转速和电流及勺管位置，检查出口门和再循环门开度。

（2）检查给水管道系统有无破裂和大量漏水。

（3）联系锅炉调节给水流量。若勺管位置开至最大，给水压力仍下降，影响锅炉给水流量时，应迅速启动备用泵，并及时联系有关检修班组处理。

（4）必要时降负荷。影响锅炉正常运行时，应降负荷运行。

557. 高压加热器钢管泄漏应如何处理？

答：（1）若高压加热器钢管漏水，应及时停止运行，安排检修，防止泄漏突然扩大引起其他事故。

（2）若加热器泄漏引起加热器满水，而高压加热器保护又未动作，应立即手动切除高压加热器，及时停止加热器工作。然后及时调整机组负荷，做好隔绝工作，安排检修。

558. 何谓水锤（水击）？如何防止？

答：在压力管路中，由于液体流速的急剧变化，从而造成管中的液体压力显著、反复、迅速地变化，对管道有一种"锤击"的特征，这种现象称为水锤（水击）。

为了防止水锤现象的出现，可采取增加阀门启、闭时间，尽量缩短管道的长度，在管道上装设安全阀门或空气室，以限制压力突然升高或压力降得太低。

559. 机组运行中发生循环水中断无备用循环水泵的情况时应如何处理？

答：（1）立即手动紧急停运汽轮发电机组，维持凝结水系统和真空泵运行。

（2）关闭旁路系统，关闭主、再热蒸汽管道至凝汽器的疏水，投入排汽缸喷水。

（3）注意闭式水各用户的温度变化。

（4）加强对润滑油温、轴承金属温度、轴承回油温度的监视。

（5）关闭凝汽器循环水进出水阀，待排汽温度降至规定值以下，再恢复凝汽器通循环水。

（6）检查低压缸安全膜应未吹损，否则应及时更换。

560. 发电机发生断水事故时应如何处理？

答：运行中，发电机断水信号发出时，运行人员应立即看好时间，做好发电机断水保护拒动的事故处理准备，并马上查明原因，使供水尽快恢复，如果在保护动作时间内冷却水恢复供水，则应对冷却水系统各参数进行全面检查，特别是转子进水的情况，如果发现水流不通，则应立即增加进水压力恢复供水或立即解列停机；如果断水时间达到保护动作时间而断水保护拒动时，应马上手动拉开发电机断路器和灭磁开关。

561. 简述高压加热器水位升高的原因及处理。

答：原因：钢管胀口松弛泄漏，高压加热器钢管折断或破裂，疏水自动调整门失灵、门芯卡涩或脱落、水位计失灵误显示。

处理：校验水位计，手动开大疏水调整门，查明水位升高原因。当水位高一值报警时，事故疏水调整门应自动开启；当水位高二值报警时，高压加热器切除保护动作，高压加热器给水侧切旁路运行，自动关闭1～3段抽汽止回阀及高压加热器进汽电动门，开启1～3段抽汽止回阀后疏水门，完成紧急停用高压加热器的其他操作。

562. 简述真空急剧下降的原因及处理。

答：原因：

（1）循环水中断。

（2）真空泵工作失常。

（3）凝汽器满水。

（4）轴封供汽中断。

处理：

（1）循环水泵跳闸，启动备用循环水泵。

（2）启动备用真空泵。

（3）开大水位调整门并启动备用凝结水泵。若凝结水硬度增加，则表明铜管泄漏，应立即停用泄漏凝汽器。

（4）开启轴封供汽旁路门，投入轴封备用汽源。

563. 控制胀差的措施有哪些？

答：在汽轮机启停及负荷变化过程中，控制蒸汽的升降温速度是控制胀差的有效方法。

使用法兰螺栓加热装置，可以提高或降低汽缸法兰和螺栓的温度，有效地减小汽缸内外壁、法兰内外、汽缸与法兰、法兰与螺栓的温差，加快汽缸的膨胀或收缩，起到控制胀差的作用。

合理选择轴封供汽温度及供汽时间。冷态启动时为了不使胀差正值过大，应选择温度较低的汽源，并尽量缩短冲转前向轴封送汽时间；热态启动时应合理使用高温汽源，防止向轴封供汽后胀差出现负值。

汽轮机启动过程中改变凝汽器真空可以在一定范围内调整胀差。

564.什么是汽轮机发电机组的轴系扭振？产生的原因有哪些？

答：轴系扭振是指组成轴系的多个转子，如汽轮机的高、中、低压转子，发电机、励磁机转子等之间产生的相对扭转振动。

产生转子轴系扭振的原因，归纳起来为两个方面：

（1）电气或机械扰动使机组输入与输出功率（转矩）失去平衡，或者出现电气谐振与轴系机械固有扭振频率相互重合而导致机电共振。

（2）大机组轴系自身所具有扭振系统的特性不能满足电网运行的要求。

第四节　空冷凝汽系统

565.电站空冷系统分为哪几种？

答：电站空冷系统按换热过程可分为直接空冷系统和间接空冷系统。间接空冷系统又可分为表凝式间接空冷系统和混合式间接空冷系统。

566.试画出表面式间接空冷（哈蒙式）系统示意图。

答：如图4-2所示。

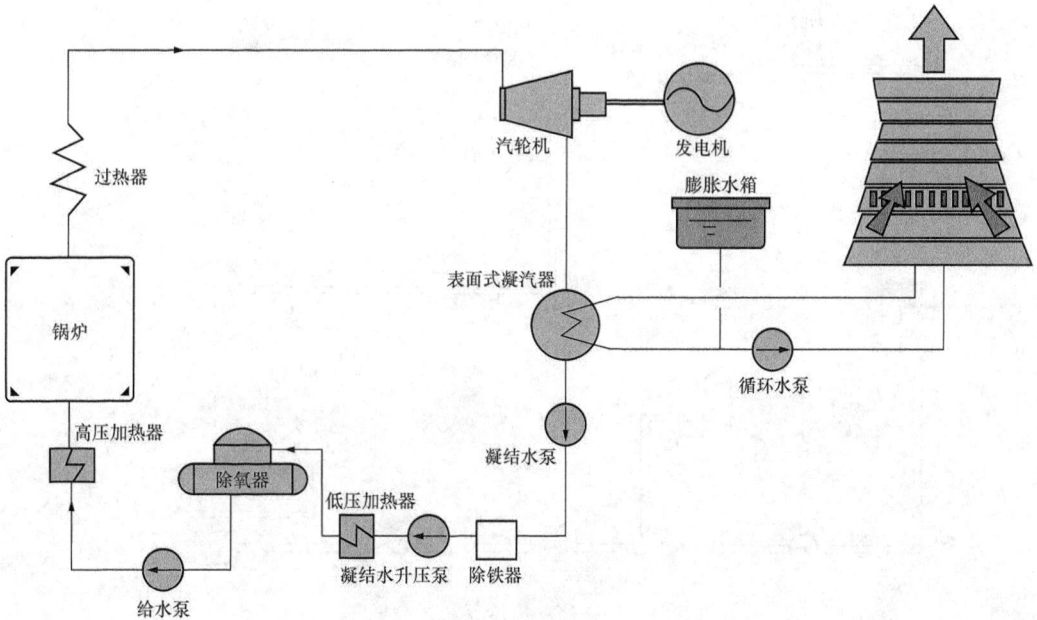

图4-2　表面式间接空冷（哈蒙式）系统示意图

567.试画出混合式间接空冷（海勒式）系统示意图。

答：如图4-3所示。

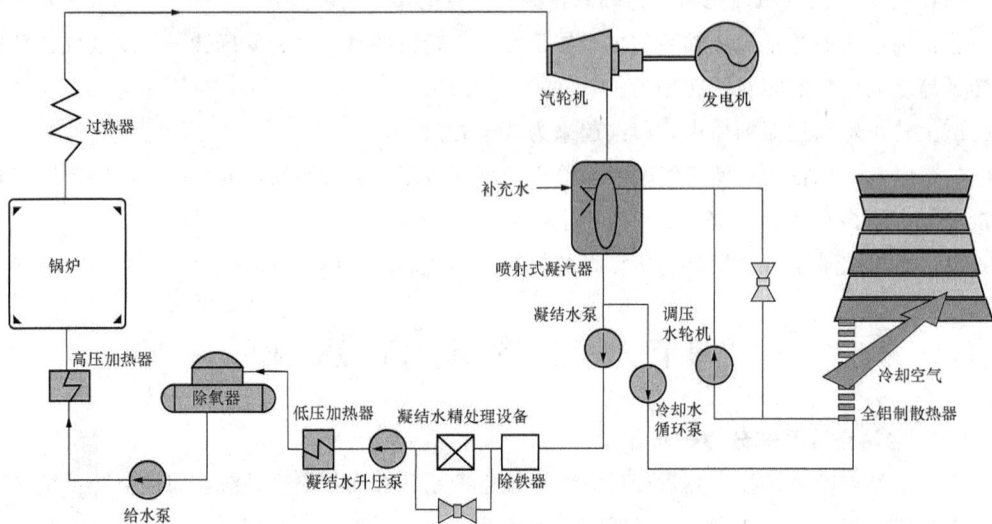

图 4-3　混合式间接空冷（海勒式）系统示意图

568.试画出直接空冷系统示意图。

答：如图 4-4 所示。

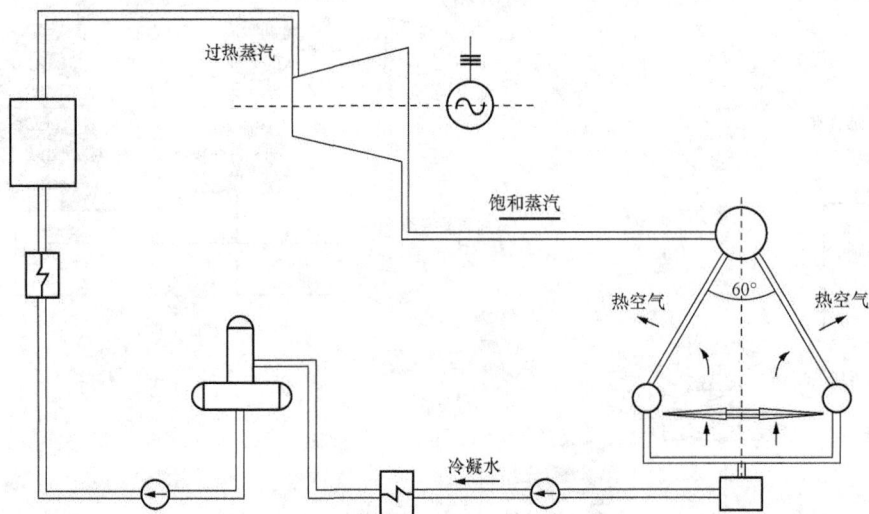

图 4-4　直接空冷系统示意图

569.简述表面式间接空冷（哈蒙式）系统的结构特点。

答：由表面式凝汽器与空冷塔构成，冷却水系统为密闭式循环。

优点：设备少，系统比较简单，节约厂用电；冷却水系统与汽水系统分开，两者水质可按各自要求控制。

缺点：冷却水进行两次交换，传热效果差；在同样设计气温下，汽轮机背压较高，导致经济性下降。

570. 简述混合式间接空冷 (海勒式) 系统的结构特点。

答：由混合式凝汽器与空冷塔构成，冷却水与汽轮机排汽混合，进行混合换热，冷却水系统为密闭式循环。

优点：传热效果好，无热风回流现象的发生，夏季运行的安全性相对较高，设备少，系统比较简单。

缺点：冷却水系统与汽水系统不分开，水质控制要求较高。

571. 直接空冷系统主要由哪几部分组成？

答：直接空冷系统主要由排汽管道、空冷凝汽器、空冷风机、抽空气系统、凝结水收集系统、高压水清洗系统及测量控制系统组成。

572. 试画出直接空冷机组排汽装置示意图 (带除氧装置)。

答：如图 4-5 所示。

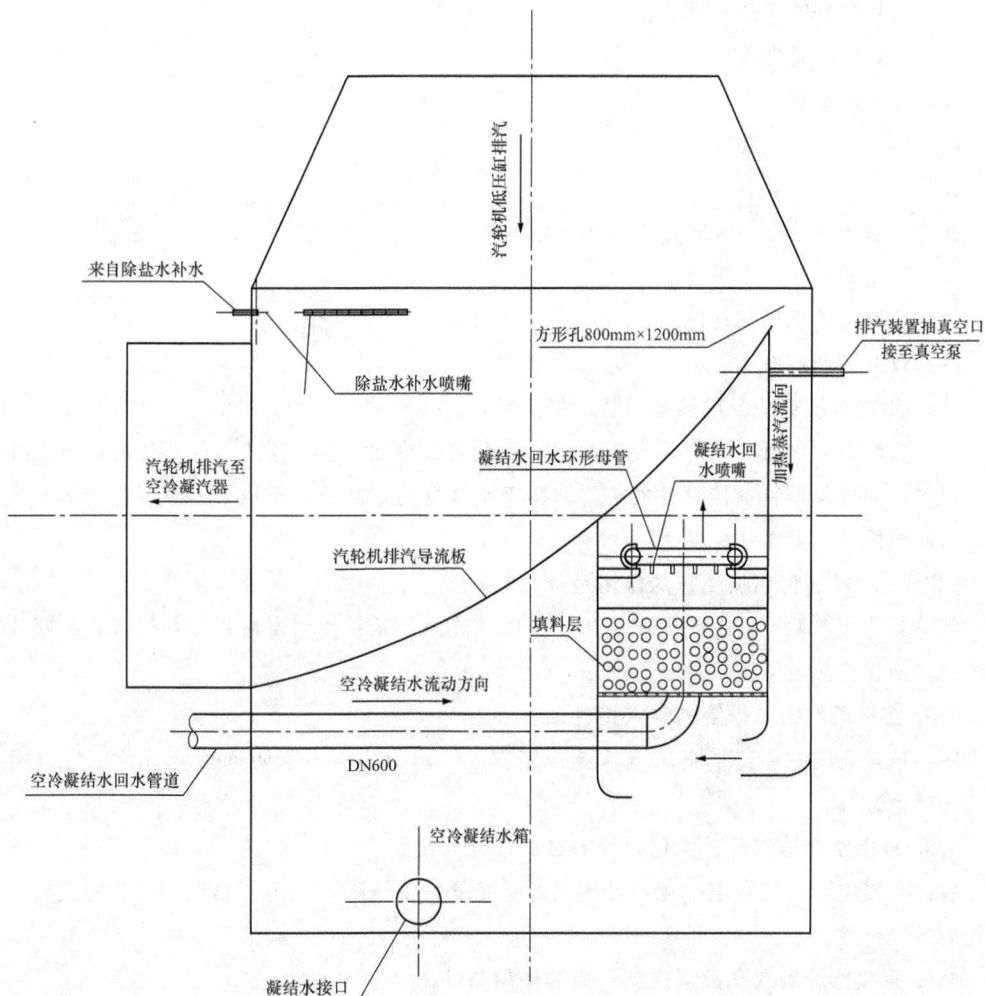

图 4-5 直接空冷机组排汽装置示意图

573. 直接空冷机组的运行特点是什么?

答:(1)夏季运行背压高,高温满负荷发电困难。

(2)空冷岛抗大风能力差,背压波动大,影响机组安全运行。

(3)冬季气温低,负荷低时容易冻结。

(4)机组运行热耗高、煤耗高、经济性差。

574. 间接空冷机组的运行特点是什么?

答:(1)节水显著。

(2)夏季空冷机组运行出力受限小。

(3)机组背压变化幅度小,安全可靠。

(4)机组受大风的影响较小。

575. 对空冷翅片管的性能有哪些基本要求?

答:(1)良好的传热性能。

(2)良好的耐温性能。

(3)良好的耐热冲击力。

(4)良好的耐大气腐蚀能力。

(5)易于清洗尘垢。

(6)足够的耐压能力,较低的管内压降。

(7)较小的空气侧阻力。

(8)良好的抗机械振动能力。

(9)较低的制造成本。

576. 简述直接空冷凝汽器单排管的换热特性。

答:蒸汽在管内凝结放热传导给铝翅片,凝结放热能力强,翅片上的热量通过对流方式传给空气,因此单排管的传热性能主要取决于空气侧的对流换热系数,而空气侧的对流换热系数与迎面风速有着密切的关系。

577. 空冷换热管束热浸锌的作用是什么?

答:其作用有两个:一是提高管道的抗腐蚀能力,延长使用寿命;二是使基管与翅片紧密结合,增强传热效果。

578. 空冷凝汽器单排管的特点是什么?

答:单排管的主要特点是蒸汽侧流通面积大,阻力小,冬季防冻性能好;空气侧阻力小,传热系数高。

579. 直接空冷排汽管道优化设计的目的是什么?

答:直接空冷排汽管道优化设计的目的是降低管道压降,平衡各蒸汽分配管的流量,提高运行的经济性。

580. 直接空冷凝汽器设置逆流管束的作用是什么?

答:直接空冷凝汽器设置逆流管束是为了能够顺畅地将真空系统内的空气和不凝结气体排出,避免空冷凝汽器内积聚空气与不凝结气体,是提高空冷管束传热性能和防冻的有效措施之一。

581. 直接空冷机组汽轮机排汽管道的布置方式有哪几种？

答：直接空冷机组汽轮机排汽管道的布置方式分为高位布置与 Y 形布置两种。高位布置是指排汽管道水平母管相对于汽轮机低压缸排汽口处于高位；Y 形布置是指排汽管道母管与支管的形状呈 Y 形布置。

582. 直接空冷机组汽轮机排汽管道高位布置与 Y 形布置的优缺点有哪些？

答：（1）流动性方面：高位布置具有较好的流量分配比，Y 形布置具有较小的总压降。

（2）耗材方面：Y 形布置较高位布置节省金属材料和支撑材料。

（3）加工工艺：Y 形布置异型管件较少、焊缝数量少、总压降小。

（4）应力方面：两种布置方式排汽管道对低压缸产生的推力和力矩数量级基本相当。

583. 直接空冷机组排汽装置的作用是什么？

答：排汽装置的主要作用是将汽轮机低压缸排汽在压损最小的情况下导入空冷凝汽器，并保证有一定的真空度。排汽装置可以接收低压加热器正常疏水、事故疏水，汽轮机本体（主蒸汽管道、再热蒸汽管道、厂用蒸汽管道）疏水，高压加热器事故疏水，除氧器溢流放水，汽轮机排汽管道疏水，空冷凝汽器的凝结水及系统补水等。

584. 间接空冷散热器的迎面风速与空冷塔塔型的关系是什么？

答：迎面风速较低，需要的散热器面积较大，塔的底部直径较大，散热器和百叶窗阻力较小，所需抽力较小，空冷塔高度较低，空冷塔塔型为低胖型空冷塔；迎面风速较高，需要的散热器面积较小，塔的底部直径较小，散热器和百叶窗阻力较大，则所需抽力较大，空冷塔高度较高，空冷塔塔型为高瘦型空冷塔。

585. 空冷系统有哪些安装要求？

答：空冷系统安装开始前，应对排汽管道、配汽管道、蒸汽联箱、凝结水联箱内部进行人工或机械清理；安装完成后，进行高压水冲洗；调试期间进行热态冲洗，并保证空冷系统热态冲洗时间和冲洗流速，以确保投运后凝结水质尽快合格。

586. 直接空冷系统正常运行中的主要监视参数有哪些？

答：参数包括机组负荷、汽轮机真空或背压、环境温度、风速、风向、空冷风机转速、凝结水温度及过冷度、真空泵电流等。

587. 直接空冷系统正常运行中的控制指标有哪些？

答：（1）保持最佳的汽轮机的排汽背压。

（2）最小的空冷风机电能消耗。

（3）维持一定的凝结水温度。

（4）抽空气温度。

（5）凝结水过冷度。

588. 间接空冷系统冷却水温控制措施是什么？

答：间接空冷系统冷却水温通过空冷塔上百叶窗的开度来控制。如果环境温度较低，为了避免汽轮机排汽压力低于最大功率点规定的背压值，间接空冷系统通过将部分百叶窗适当关闭一定角度，以缩减冷却能力，百叶窗关闭的角度由冷却水温度控制；如果环境温度与冷却水温度进一步降低，系统将自动关闭百叶窗，直至冷却水避免结冻而被迫升高。

589. 影响直接空冷系统真空的因素有哪些？

答：因素包括机组负荷；轴封压力；空冷凝汽器散热片脏污程度；空冷风机运行台数和转速；环境温度；真空系统严密性；真空泵出力变化；风速、风向等。

590. 影响间接空冷系统真空的因素有哪些？

答：因素包括机组负荷；轴封压力；空冷散热片脏污程度；空冷散热器投运数量；环境温度；真空系统严密性；真空泵出力变化等。

591. 空冷系统中空气聚集的原因有哪些？

答：（1）真空严密性差，系统漏气量大。

（2）真空泵性能下降，抽气能力低。

（3）空冷散热器换热不均匀。

592. 空冷系统运行优化的目的是什么？

答：空冷凝汽器压力为环境温度、空冷风机转速（频率）、机组负荷的函数，即 $p = f(t_a, f, P_n)$，对于一定的环境温度和机组负荷，存在最佳的风机转速（频率），使机组上网功率增量（汽轮机功率的增量与空冷风机耗功增量之差）达到最大，即确定机组不同负荷、不同环境温度下，空冷风机最佳运行频率。

593. 空冷机组运行优化的方法是什么？

答：（1）进行汽轮机运行优化试验，确定不同负荷、不同背压下汽轮机运行最佳参数。

（2）进行空冷性能试验，绘制空冷系统实际运行性能曲线。

（3）试验、计算分析自然风（风速、风向）、环境温度对空冷系统性能影响的规律。

（4）进行机组性能试验，确定机组最佳运行性能曲线，确定不同负荷、不同环境温度下的最经济真空。

（5）通过试验确定散热器脏污对空冷系统性能的影响，提出空冷岛清洗的最佳时间。

594. 空气流经空冷凝汽器的阻力损失有哪些？

答：空气流经空冷凝汽器的阻力损失包括空气流经空冷平台进口及支柱时的阻力损失、风机前各项阻力损失、风机后各项阻力损失、冷却三角分配阻力损失、翅片管束阻力损失、出口动能损失等。

595. 空冷凝汽器运行中存在哪些主要问题？

答：（1）设备不完善。风速、风向准确测量困难，无法预防环境大风的影响。

（2）清洗装置投用不正常，清洗水压力低、流量小，不能有效清洗散热器表面污垢，影响换热性能。

（3）散热器安装质量差，每组之间间隙大，漏风量大。

（4）挡风墙高度不合理、漏洞多，热风回流严重。

（5）风机风量小，散热器迎面风速减小，传热系数减小，换热性能下降，机组真空降低。

596. 环境风对空冷凝汽器的影响有哪些？

答：（1）风速较大时，空冷岛会发生热风回流，导致处于自然风向下游的空冷岛外缘单元进口风温升高，冷却出力下降。

（2）凝汽器出口热空气受到横向环境风的扰动，在空冷岛上部即发生涡旋，阻碍了下游相邻位置凝汽器热空气出口的流动，造成冷却风量减小，冷却能力下降。

597. 消除大风对空冷系统性能不利影响的措施有哪些？

答：（1）足够的换热面积是对抗外界风不利影响的最有效措施。

（2）精心的进行空冷岛布置和方案设计，从根本上弱化风的影响。

（3）适当加高挡风墙可有效提升空冷岛抗风能力。

（4）在噪声要求得到满足的情况下，适当提高 ACC 迎面风速设计值有助于提高抗风能力。

（5）辅助抗风措施，如平台下的额外风墙等。

（6）在强风天气下，密切监控和调整空冷岛运行，提前从机组控制上采取预防措施。

598. 空冷机组真空严密性差的危害有哪些？

答：（1）夏季运行背压升高，凝结水溶氧、凝结水过冷度增大，导致机组的运行经济性下降。

（2）冬季运行不但影响机组的经济性，由于空冷凝汽器内积存有空气降低了其散热性能，为了不影响电量只好提高空冷风机的运行频率，这样就导致了厂用电率的升高。

（3）进入冬季，机组严密性差容易发生冻结，对空冷凝汽器的安全运行造成威胁。

599. 导致空冷凝汽器冻结的主要原因有哪些？

答：（1）环境温度低。

（2）空冷凝汽器内空气聚集，形成冷区。

（3）空冷凝汽器蒸汽流量太小。

（4）空冷凝汽器各散热器进汽不均匀，个别散热片进汽量太小。

（5）冷却风量大。

600. 空冷凝汽器的防冻方法有哪些？

答：空冷凝汽器的防冻分为结构设计及运行调节两个方面：结构设计方面主要有采用大椭圆形管束、与蒸汽分配管中心线等高的挡风墙、K/D（顺逆流）结构等；运行调节方面主要有内部热风再循环（逆流区风机反转）、空冷风机调频运行、停运部分空冷风机、退出部分列运行等运行防冻措施。

601. 直接空冷凝汽器防冻的运行措施是什么？

答：（1）降低空冷风机转速。

（2）停运空冷风机。

（3）升高机组负荷。

（4）逆流区风机反转。

602. 间接空冷系统的防冻措施是什么？

答：（1）控制自然通风空冷塔上百叶窗开度，调节进塔空气量。

（2）空冷塔自身设有旁路，投运时使冷却水先走旁路，待水温升高后，再进入散热器。

（3）通过改变散热器的投运段数来调节水温。

603. 空冷风机运行风量小的主要原因有哪些？

答：（1）风机的叶片角度调整不合适，偏小。

（2）风机性能没达到设计性能，风机效率低，叶片与风筒间隙过大。

（3）散热器脏污，风阻增大，风量减少。

（4）环境风速过大。

604. 降低单台空冷风机噪声的方法有哪些？

答：（1）降低空冷风机叶轮转速。

（2）增加风机叶片数目，缩小叶轮直径，调大叶片安装角度。

（3）采用前掠叶形的超静音型风机。

605. 降低空冷风机群的噪声有哪些方法？

答：（1）适当降低迎面风速，增加散热面积，从而降低风量，降低噪声。

（2）在特大排汽管道内装设消声器。

（3）在空冷平台上装设挡风墙和每台风机设分隔墙构成封闭小间。

606. 直接空冷凝汽器表面温度偏差大的原因有哪些？

答：（1）空冷凝汽器表面局部污染，堵塞翅片间通风通道，冷却能力下降，管束表面温度升高。

（2）相邻风机停运，局部冷凝出力下降，管内压力升高，蒸汽流量减小，管束温度降低。

（3）冷却单元密封差，漏风量大，冷却效果差，空冷凝汽器表面温度升高。

607. 空冷凝汽器外部污垢的成因有哪些？

答：（1）沙尘。春、秋多风，又干旱少雨，风夹带着沙尘形成"沙尘"天气。

（2）大气中的尘埃和腐蚀性气体共同形成的化合物附着在翅片管表面。

（3）春夏时节，花草树木复苏、生长，各种昆虫也开始滋生繁衍，经自然风的作用，以及空冷风机的吸风作用，翅片之间极易被花粉、昆虫、树叶、各种絮状物填塞。

608. 空冷凝汽器污垢的不利影响有哪些？

答：（1）空冷凝汽器管束的翅片管表面及翅片之间存在污垢，会腐蚀翅片管，缩短翅片管的使用寿命。

（2）翅片管表面和翅片之间的污垢和附着物会加大翅片管的传热热阻，降低翅片管的传热系数，引起 ACC 性能的下降，造成汽轮机背压升高，热循环效率下降。

（3）由于翅片间污垢的存在，增加了空气流过翅片管的阻力，降低了空冷凝汽器管束的空气流量，增加风机的功耗，使厂用电率升高，整个机组的经济性下降。

609. 消除空冷凝汽器污垢的措施有哪些？

答：（1）降低翅片管表面的粗糙度，降低污垢产生的几率。

（2）定期用高压水冲洗翅片管，清洗污染的散热器和黏性沉积物，清洗效果较好。

（3）减小空冷凝汽器下部环境污染。

610. 空冷清洗系统由哪些部分组成？

答：空冷清洗系统由高压冲洗水泵、冲洗车、冲洗喷嘴、导轨、低压软管及接头、高压软管及接头、供水系统、管道支吊架、控制装置等组成。

611. 空冷凝汽器高压水冲洗系统的作用是什么？

答：为了保持空冷凝汽器管束翅片的清洁，保证换热效果，专门设置一套空冷凝汽器高压水清洗系统，当空冷凝汽器管束翅片表面污染时，可用高压水清洗空冷凝汽器翅片表面。

612. 空冷系统真空泵的作用是什么？

答：真空泵用于抽吸空冷凝汽器内的不凝结气体，维持空冷凝汽器真空，改善空冷凝汽器换热条件，提高机组热效率。

613. 水环真空泵的基本结构及工作原理是什么？

答：水环真空泵是单级液环式，工作介质是水。它由叶轮、泵体、吸气口、排气口、辅助排气阀、汽水分离器以及补充水管路、冷却水管路组成。在圆筒形泵壳内偏心安装着叶轮转子，其叶片是前弯式。当叶轮旋转时，工作在离心力作用下形成沿泵壳漩流的水环，由于叶轮偏心布置，水环相对于叶片作相对运动，使相邻两叶片之间的空间容积呈周期性变化，有如液体"活塞"在液栅中作径向往复运动，实现吸气及排气的过程，通过分离器将抽吸来的气体排除。

614. 水环真空泵运行中有哪些注意事项？

答：（1）冷却水供应正常，保证真空泵工作水温低于抽气压力下饱和温度。

（2）真空泵运行中泵体无异声、振动及各轴承、电动机温度正常。

（3）汽水分离器液位在正常范围内，过低使泵不工作，过高易造成泵的过载。

（4）真空泵电动机电流正常。

615. 水环真空泵的正常检查项目有哪些？

答：（1）检查真空泵组无摩擦、无异声，振动、轴承温度、电动机电流正常。

（2）检查真空泵本体、分离器放水门关闭。

（3）检查汽水分离器水位与泵轴中心线平齐。

（4）检查真空泵冷却器工作正常，冷却水温度、压力正常。

（5）检查真空泵工作水温在 22～35℃。

616. 水环真空泵工作水温度高的原因及处理步骤是什么？

答：原因：冷却器冷却水温度高或流量太小；真空泵工作水位低；真空泵工作水循环回路堵管；冷却器换热面脏污。

处理步骤：提高冷却水压力，使流过的冷却水量增加；补水使分离器水位正常，必要时进行换水；真空泵工作水循环回路堵管时，应停泵处理；停泵清理冷却器。

617. 水环真空泵汽水分离器水位异常的原因及处理步骤是什么？

答：原因：补水电磁阀故障；补水总门或旁路门误动；闭式水压力异常；放水门误开或溢流管堵塞；抽气带水严重。

处理：检查补水总门开启；检查补水旁路门、有关放水门关闭；电磁阀故障时开启旁路门调整水位。

618. 机组开展节能降耗工作的主要步骤有哪些？

答：（1）进行机组性能诊断试验，诊断汽轮机、空冷系统、辅助设备及热力系统存在的问题。

（2）分析计算，确定存在问题的原因。

（3）针对性地提出改进方案，完善设备及系统。

（4）完善改进性能诊断试验，评估改进效果，为机组进一步改进提供依据。

第五部分 论述题

第一节 汽轮机设备概述、工作原理

1. 叙述汽轮机支持轴承的分类及特点。

答：目前汽轮机采用的支持轴承主要有以下 4 类：

(1) 圆筒形轴承。其内径等于轴径 D 加顶部间隙，顶部间隙一般约为 $2D/1000$，两侧间隙为 $D/1000$，其接触角一般为 $60°$ 左右。

(2) 圆形轴承。其顶隙约为 $D/1000$，侧隙约为 $2D/1000$。圆形轴瓦与圆筒形轴瓦的不同之处在于圆形轴瓦在轴瓦上下部都形成油楔，而圆筒形轴瓦只在轴瓦下部形成油楔。

(3) 三油楔轴承。轴瓦两端的阻油边内孔为圆筒形，其半径比轴颈的半径稍大，内孔半开有 3 个油楔及 3 个进油口。3 个油楔所占的弧长及位置是根据汽轮机转子的转动方向及轴承的负荷来确定的，其中较长的主油楔位于轴瓦的下部，其余两个较短的油楔位于上部两侧，为避免轴瓦中分面将油楔切断，轴瓦中分面需与水平面成一个倾角。

(4) 可倾瓦支持轴承。可倾瓦轴承通常由 3～5 块或更多能在支点上自由倾斜的弧形瓦块组成，瓦块在工作时可以随着转速、载荷及轴承温度的不同而自由摆动，在轴颈四周形成多油楔。如果忽略瓦块的惯性、支点的摩擦阻力及油膜剪切内摩擦阻力等影响，每个瓦块作用到轴颈上的油膜作用力总是通过轴颈中心的，不易产生轴颈涡动的失稳分力，因而具有较高的稳定性，理论上完全可以避免油膜振荡的产生。另外，由于瓦块可以自由摆动，增加了支撑柔性，还具有吸收转轴振动能量的能力，即具有很好的减振性。可倾瓦支持轴承还有承载能力大、耗功小及能承受各个方向的径向载荷、适应正反转动等优点，特别适合在高速轻载及要求振动很小的场合下应用。

2. 影响胀差的因素有哪些？汽轮机启动时怎样控制胀差？

答：影响胀差的主要因素如下：

(1) 进汽参数的影响。蒸汽的温度变化率大，转子和汽缸的温差增加。所以在启动、停机过程中，合理地控制蒸汽的温升（或温降）速度，基本上就能控制汽轮机组胀差在安全范围以内。

(2) 凝汽器真空的影响。当发电机组维持一定转速（或负荷），凝汽器真空降低时，增加蒸汽流量，使高压转子的受热面加大，其胀差值随之增大；凝汽器真空升高时，恰好与真空降低的过程相反，高压转子的胀差减小。对中、低压转子的胀差，其真空高低的影响正好与高压转子的胀差相反。

(3) 法兰加热装置的影响。汽缸法兰、螺栓加热装置的使用，可以提高汽缸法兰、螺栓的温度，同时降低法兰内外壁、汽缸内外壁、汽缸与法兰、法兰与螺栓的温度差，加快汽缸的膨胀，控制高压转子胀差值。

（4）摩擦鼓风热量的影响。汽轮机转子的摩擦鼓风损失与动叶长度成正比，与圆周速度的三次方成正比，所以低压转子的鼓风损失比高压转子的要大，这部分的损失变成了热量来加热通流部分，会对胀差产生较大的影响。特别是在低负荷的工况下，这种影响更为显著。随着流量的增加、转速的升高，这种影响将逐渐减小。

（5）轴封供汽温度的影响。主要是由于在热态或极热态启动，高温的长轴与送来的蒸汽相接触造成的。如轴封供汽温度较低，造成轴封段的轴迅速冷却收缩，特别是对于高、中压汽缸的前后轴封，这种现象更为严重。

（6）转速的影响。转子在旋转时，离心力与转速成正比。在离心力的作用下，转子会发生径向伸长。根据泊桑效应，此时转子的轴向必然会缩短，影响到胀差，使胀差减小。当转速降低时，又会发生上述相反的现象。

汽轮机启动时控制胀差的措施有：

（1）选择适当的冲转参数。

（2）制定适当的升温升压曲线。

（3）对于有汽缸法兰加热装置的机组，及时投入加热装置，控制各部分金属温差在规定范围内。

（4）控制升速率及定速暖机时间，带负荷后，根据汽缸温度控制合适的升负荷速度。

（5）冲转暖机时及时调整真空。

（6）合理控制轴封供汽压力温度，并及时进行调整。

3. 论述凝汽器真空变化对胀差的影响。

答：在升速和暖机过程中，真空变化会使胀差值改变。当真空降低时，欲保持机组转速（或负荷）不变，必须增加进汽量，使高压转子受热面加大，其胀差值随之增大；当真空提高时，过程与上相反。真空高低对中、低压通流部分胀差的影响与高压通流部分相反，这是由于中、低压转子叶片较长，其摩擦鼓风产生的热量比高压转子大。当真空降低时，中、低压转子摩擦鼓风热量被增加的蒸汽量带走，所以中、低压部分的胀差会减少；当真空提高时，流量减少，中、低压转子摩擦鼓风热量相对真空低时被蒸汽带走的少，同时，中、低压缸蒸汽流量来自中间再热器，通过中间再热器的蒸汽流量减小时，再热蒸汽的效应相应提高，引起中、低压转子增长，胀差增大。因此，在升速暖机过程中，不能采用提高真空的办法来减小中、低压通流部分的胀差。

4. 简要分析机组正常运行时汽缸的受力情况。

答：汽缸的受力非常复杂，而且随汽轮机运行工况的改变而变化。汽缸工作时承受的作用力主要有：

（1）汽缸内外的压力差，使汽缸壁承受一定的压力。高、中压部分汽缸内蒸汽压力高于大气压力，汽缸壁受到向外的张力；低压部分汽缸内蒸汽压力低于大气压力，汽缸壁受到向内的压力。

（2）隔板和喷嘴作用在汽缸上的力。这是由于隔板前、后的压力差及汽流流过喷嘴时的反作用力所引起的，这些作用力随负荷变化而改变。

（3）汽缸本身和安装在汽缸上的零部件的质量。

（4）轴承座与汽缸铸成一体或轴承座用螺栓连接下汽缸的机组，汽缸还承受着转子的质量及转子转动时产生的不平衡力。

（5）进汽管道作用在汽缸上的力。

（6）汽轮机运行时，由于汽缸各部分存在温度差而引起的极为复杂的热应力。汽缸承受着蒸汽的压力和温度所附加的载荷，且这种载荷是随不同区段和汽轮机不同的负荷而变化的。

5. 什么是调速系统的速度变动率？从有利于汽轮机运行的角度对其有何要求？

答：当汽轮机孤立运行时，空负荷对应的稳定转速 n_2 与满负荷对应的稳定转速 n_1 之间的差值，与额定转速 n_0 比值的百分数，叫调速系统的速度变动率，用符号 δ 表示。速度变动率表明了汽轮机从空负荷到满负荷转速的变化程度。

速度变动率不宜过大和过小，一般的取值范围是 $3\% \sim 6\%$，调峰机组取偏小值，带基本负荷机组取偏大值。速度变动率过小时，电网频率的较小变化，即可引起机组负荷较大的变化，正常运行时会产生较大的负荷摆动，影响机组安全运行且调速系统的动态稳定性差。速度变动率过大，调速系统工作时动态稳定性好，但当机组甩负荷时，动态超速增加，容易产生超速。

另外，为了保证汽轮机在启动时易于并网和在满负荷时防止过负荷，要求在静态特性曲线这两段有较大的速度变动率。同时又要求保证总的速度变动率不至过大，所以中间段数值较小。为了保证机组在全范围内平稳运行，速度变动率的变化要使调速系统的静态特性曲线平滑而连续地向功率增加的方向倾斜变化，不允许其曲线有上升段和水平段。

6. 什么是波得图（Bode）？有什么作用？

答：所谓波得（Bode）图，是指绘制在直角坐标上的两个独立曲线，即将振幅与转速的关系曲线和振动相位与转速的关系曲线，绘在直角坐标图上，它表示转速与振幅和振动相位之间的关系。波得图有下列作用：

（1）确定转子临界转速及其范围。

（2）了解升（降）速过程中，除转子临界转速外是否还有其他部件（如基础、静子等）发生共振。

（3）作为评定柔性转子平衡位置和质量的依据。可以正确地求得机械滞后角 α，为加准试重量提供正确的依据。前后对比，可以判断机组启动中，转轴是否存在动静摩擦和冲动转子前，转子是否存在热弯曲等故障。

（4）将机组启、停所得波得图进行对比，可以确定运行中转子是否发生热弯曲。

7. 凝汽器铜管腐蚀有哪几种？

答：凝汽器铜管腐蚀有以下几种：

（1）电化学腐蚀。凝汽器运行时，由于从铜管内流过的冷却水不是净化的化学水，其中往往溶解有盐碱类等电解质，因此冷却水具有导电性而引起电化学腐蚀。

（2）冲击腐蚀。这是凝汽器铜管损坏的一种主要形式，多发生在铜管的进口端。因为此处的水流流速大且不均匀，易造成冲击腐蚀。另外，当冷却水中含沙量大时，机械摩擦也会使凝汽器铜管磨损腐蚀。

（3）脱锌腐蚀。这是电化学作用的结果。铜管内表面有一层氧化膜，用于保护铜管不被电化学腐蚀，但由于运行中泥沙冲刷、杂物摩擦及水流冲击等原因，使铜管内表面保护膜脱落。铜和锌在水中产生电解作用，使铜管中的锌被水溶解带走。失去锌的铜管呈现多孔状态，管质变脆，机械强度大大降低。

8. 汽轮机油有哪些物理特性？

答：汽轮机油有以下物理特性：

（1）黏度。黏度是表征润滑油润滑性能的一项重要指标。油的黏度对轴颈和轴承面建立油膜、决定轴承效能及稳定特性都是非常重要的。黏度决定了油的流动能力和油支承负荷及传送热量的能力。

（2）抗氧化能力。润滑油循环时会吸收空气，油能与氧反应形成溶解的或不溶解的氧化物。进一步氧化时，则会产生有害的不溶性产物。这些物质的堆积会形成绝热层，限制了轴承部件的热传导。

（3）抗泡沫性能和空气释放值。油中存在空气时，会造成润滑油膜的破裂及润滑部件的磨损。

（4）破乳化性。油中最常见的杂质是水，水可能由冷油器的渗漏、湿空气的凝结而形成。油中的水分促进部件生锈、形成乳化油和产生油泥。油品和水形成乳化液后再分成两相的能力称为破乳化性。油品的破乳化时间越短，其抗乳化性越好；反之，油品破乳化时间越长，其抗乳化性就越差。

（5）防锈性。润滑油中有水存在，不但会使运转机件金属表面产生锈蚀，同时还会加速润滑油的氧化变质。

（6）凝点和倾点。润滑油的凝点和倾点都是用来衡量润滑油低温流动性的指标，它们的高低与润滑油的组成有关，一般情况下，倾点和凝点的差值为 $3\sim5℃$。

（7）酸值。酸值是润滑油使用性能的主要指标之一。酸值过高一方面造成设备的腐蚀，另一方面也会促使润滑油继续氧化生成油泥，这都会给设备运行带来不利后果。在使用中润滑油的酸值超过规定就不能继续使用，必须进行处理或更换新油。

（8）闪点。闪点越低，挥发性越大，安全性越低，故将闪点作为运行控制指标之一。

9. 汽轮机旁路系统的主要作用是什么？

答：汽轮机旁路系统的主要作用有：

（1）保护再热器。机组正常运行中，汽轮机高压缸排汽进入再热器，再热器可以得到充分冷却。但在启动过程中，汽轮机冲车前或在机组甩负荷而高压缸无排汽时，再热器因无蒸汽流过或蒸汽流量不足，就有超温烧坏的危险。设置旁路系统，使蒸汽流过再热器，便能达到冷却再热器的目的。

（2）改善启动条件，加快启动速度。单元机组普遍采用滑参数启动方式，为了适应汽轮机启动过程中在不同阶段（暖管、冲车、暖机、升速、带负荷）对蒸汽参数的要求，锅炉要不断地调整汽压、汽温和蒸汽流量。单纯调整锅炉燃烧或运行压力，很难达到上述要求。采用旁路系统就可改善启动条件，尤其在机组热态启动时，利用旁路系统能很快地提高主蒸汽和再热蒸汽的温度，缩短启动时间，延长汽轮机寿命。对于大容量机组，当发电机负荷减少、解列或只带厂用电负荷，以及汽轮机甩负荷时，旁路系统能在几秒钟内完全打开，使锅炉逐渐调整负荷，并保持在最低稳定燃烧负荷下运行，而不必停炉，在故障消除后可快速恢复发电，从而减少停机时间和锅炉的启停次数，大大缩短单元机组的重新启动时间，有利于系统稳定。

（3）回收工质，消除噪声。机组在启停过程中，锅炉的蒸发量大于汽轮机的消耗量，在负荷突降和甩负荷时，有大量的蒸汽需要排出。多余的蒸汽若直接排向大气，不仅损失了工质，而且对环境产生很大的噪声污染。设置旁路系统，可以达到回收工质和消除噪声的目的。另外，在机组突降负荷或甩负荷时，利用旁路系统排放蒸汽，可减少锅炉安全门的动作。

10. 两级串联旁路系统在操作及连锁保护设置上的原则有哪些？

答：两级串联旁路系统在操作上及连锁保护设置上的原则有：

（1）旁路投入时应按先三级减温，再低压旁路，后高压旁路的方式进行，其中低压旁路投入按先减温后减压，高压旁路投入按先减压后减温的方式操作。旁路退出时则按先高压旁路，再低压旁路、后三级减温的方式进行，其中高压旁路按先退减温再关减压，低压旁路按先退减压再退减温的方式操作。

（2）若高压旁路蒸汽转换阀未开，禁止开喷水调节阀、截止阀；若高压旁路蒸汽转换阀与高压旁路喷水调节阀已经开启，将自动开高压旁路喷水截止阀；高压旁路蒸汽转换阀关，联关喷水调节。

（3）当高压旁路后汽温大于规定值时，高压旁路无条件快速关闭。

（4）当低压旁路喷水调节阀开度大于规定值时，方可手动开启低压旁路蒸汽转换阀。

（5）若低压旁路蒸汽转换阀未关，则闭锁关喷水调节阀、三级喷水减温阀。

（6）当低压旁路后汽温大于规定值时，低压旁路无条件快速全关。

11. 凝汽器的真空越高越好吗？为什么？

答：凝汽器的真空升得过高对汽轮机运行的经济性和安全性都是不利的。

当主蒸汽压力和温度不变，凝汽器真空升高时，蒸汽在汽轮机内的总焓降增加，排汽温度降低，被循环水带走的热量损失减少，机组运行的经济性提高。但要维持较高的真空，在进入凝汽器的循环水温度相同的情况下，就必须增加循环水量，这时循环水泵要消耗更多的电量。因此，机组只有维持在凝汽器的经济真空下运行才是最有利的。所谓经济真空，就是通过提高凝汽器真空，使汽轮发电机多发的电量与循环水泵等多消耗的电量之差达到最大值时的凝汽器真空。

另外，真空提高至汽轮机末级喷嘴的蒸汽膨胀能力达到极限（此时的真空值称为极限真空）时，汽轮发电机组的电负荷就不会再增加了。所以凝汽器的真空超过经济真空并不经济，并且还会使汽轮机末几级蒸汽湿度增加，使末几级叶片的湿汽损失增加，加剧了蒸汽对动叶片的冲蚀作用，缩短了叶片的使用寿命。因此，凝汽器真空过高，对汽轮机运行经济性和安全性都是不利的。

12. 汽轮机有哪些主要的级内损失？损失的原因是什么？

答：汽轮机级内损失主要有喷嘴损失、动叶损失、余速损失、叶高损失、扇形损失、部分进汽损失、摩擦鼓风损失、漏汽损失、湿汽损失。

（1）喷嘴损失和动叶损失是由于蒸汽流过喷嘴和动叶时汽流之间的相互摩擦及汽流与叶片表面之间的摩擦所形成的。

（2）余速损失是指蒸汽在离开动叶时仍具有一定的速度，这部分速度能量在本级未被利用，所以是本级的损失。但是当汽流流入下一级的时候，汽流动能可以部分地被下一级所利用。

（3）叶高损失是指汽流在喷嘴和动叶栅的根部和顶部形成涡流所造成的损失。

（4）扇形损失是指由于叶片沿轮缘成环形布置，使流道截面成扇形，因此沿叶高方向各处的节距、圆周速度、进汽角是变化的，这样会引起汽流撞击叶片产生能量损失，汽流还将产生半径方向的流动，消耗汽流能量。

（5）部分进汽损失是由于动叶经过不安装喷嘴的弧段时发生"鼓风"损失，以及动叶由非工作弧段进入喷嘴的工作弧段时发生斥汽损失。

（6）摩擦鼓风损失是指高速转动的叶轮与其周围的蒸汽相互摩擦并带动这些蒸汽旋转，要消耗一部分叶轮的有用功。隔板与喷嘴间的汽流在离心力作用下形成涡流也要消耗叶轮的有用功。

（7）漏汽损失是指在汽轮机内由于存在压差，一部分蒸汽会不经过喷嘴和动叶的流道，而经过各种动静间隙漏走，不参与主流做功，从而形成损失。

（8）湿汽损失是指在汽轮机的低压区蒸汽处于湿蒸汽状态，湿汽中的水不仅不能膨胀加速做功，还会消耗汽流动能，同时对叶片的运动产生制动作用消耗有用功，并且冲蚀叶片。

13. 汽轮机产生湿汽损失的原因有哪些？减少汽轮机末级排汽湿汽损失的方法有哪些？

答：汽轮机产生湿汽损失的原因有：

（1）湿蒸汽在膨胀过程中会凝结出一部分水珠，这些水珠不能在喷嘴中膨胀加速，因而减少了做功的蒸汽量，引起损失。

（2）由于水珠不能在喷嘴中膨胀加速，必须靠汽流带动加速，因此消耗了汽流的一部分动能，引起损失。

（3）水珠虽然被蒸汽带动得到了加速，但速度仍小于汽流速度，由动叶进口速度三角形知，水珠将冲击动叶进口边的背弧，产生阻止叶轮旋转的制动作用，减少叶轮的有用功，引起损失。

（4）在动叶出口，水珠的相对速度小于蒸汽的相对速度，由动叶出口速度三角形知，水珠将冲击下级喷嘴进口汽流，引起损失。

减少汽轮机末级排汽湿汽损失的方法有：

（1）在运行中应尽量保持汽轮机在新蒸汽温度下运行，避免新蒸汽温度降低造成排汽温度增大。

（2）采用蒸汽中间再热来减少排汽湿度。

（3）采用各种去湿装置来减少蒸汽的湿度。

14. 何为凝结水过冷却？有何危害？凝结水产生过冷却的原因有哪些？

答：凝结水的过冷却就是凝结水温度低于汽轮机排汽的饱和温度。

凝结水产生过冷却现象说明凝汽设备工作不正常。由于凝结水的过冷却必然增加锅炉的燃料消耗，使发电厂的热经济性降低。此外，过冷却还会使凝结水中的含氧量增加，加剧热力设备和管道的腐蚀，降低安全性。

凝结水产生过冷却的主要原因有：

(1) 凝汽器汽侧积有空气，使蒸汽分压力下降，从而凝结水温度降低。

(2) 运行中的凝汽器水位过高，淹没了一些冷却水管，形成了凝结水的过冷却。

(3) 凝汽器冷却水管排列不佳或布置过密，使凝结水在冷却水管外形成一层水膜。此水膜外层温度接近或等于该处蒸汽的饱和温度，而膜内层紧贴铜管外壁，因而接近或等于冷却水温度。当水膜变厚下垂成水滴时，此水滴温度是水膜的平均温度，显然它低于饱和温度，从而产生过冷却。

15. 给水泵为什么要设置再循环管？

答：给水泵不允许在低于要求的最小流量下运行，允许的最小流量为额定流量的25%～30%。如果在低于允许的最小流量下运行，一则水泵内给水摩擦发热所产生的热量不能全部被带走，导致给水汽化，一旦发生汽化，会因水泵内水压不稳定引起平衡盘窜动，甚至与平衡座发生摩擦，严重时导致平衡盘损坏或卡死故障。二则因离心泵性能曲线在小流量范围内较为平坦，有的还有"驼峰"形曲线，这样会由于出现压力脉动而引发"喘振"现象，使出水压力忽高忽低，流量时大时小，伴随着"气急喘促"一样的振动。为了避免这种现象的发生，大型给水泵设置了自动再循环门，以便在低负荷状态下自动开启，以增大给水泵流量。当给水流量达到允许的最小流量以上时，再循环门应自动关闭。

16. 叙述除氧器的工作原理。除氧器出口含氧量升高有哪些原因？

答：除氧器由除氧塔及下部的除氧水箱组成。在除氧塔中装有筛状多孔的沐水盘，从凝结水泵来的凝结水和高压加热器疏水，分别由上部管道进入除氧塔，经筛状多孔淋水盘分散成细小的水滴落下。汽轮机来的抽汽进入除氧器下部，并由下向上流动，与下落的细小水滴接触换热，把水加热到饱和温度，水中的气体不断分离逸出，并经塔顶的排气管排走，凝结水则流入下部的除氧水箱，除氧器排出的汽气混合物经过余汽冷却器，回收汽中工质和一部分热量后排入大气或直接排入大气。

造成除氧器出口含氧量升高的原因主要有：机组负荷突增、除氧器内压力升高；进入除氧器的水温下降；进入除氧器水量过大；凝结水中含氧量大；除氧器进汽量小；除氧器排气阀开度小等。

17. 叙述液力耦合器的作用及工作原理。

答：液力耦合器是安装在电动机与水泵之间的一种传动部件，它将电动机的功率通过液力耦合器传递至水泵。通过工作油来传递和转换能量，从而改变转速，达到调速的目的。

工作原理：液力耦合器的主动叶轮（泵轮）与被动叶轮（涡轮）分别装在主动轴与从动轴上，两者之间无机械联系。主动叶轮和被动叶轮的中心线在一条直线上，其内腔半圆形流道相对布置，两轮侧板的内腔形状和几何尺寸相同，轮内装有许多径向辐射形平面叶片。两轮端面留有适当的间隙，构成液流通道，称为工作腔，工作腔的轴面投影称为循环圆，又称流道。液力耦合器中充满工作油，运行时，主动轴带动泵轮旋转，由于离心力的作用，泵轮流道中的工作油沿着径向流道由其内侧进口流向外缘出口，形成高压高速油流。在出口处以径向相对速度与主动叶轮出口圆周速度组成合速度，冲入涡轮的进口径向流道，并沿着流道通过工作油动量矩的改变来推动涡轮，使其跟随泵轮作同方向旋转。油在泵轮流道中由外缘进口流向内侧出口的过程中减压减速，在出口处又以径向相对速度与涡轮出口圆周速度组成合速，冲入泵轮的进口径向流道，重新在泵中获取能量。如此周而复始，构成了工作油在泵轮和涡轮者之间的环流。在这种循环中，泵轮将输入的机械功转换为工作油的动能和压力势能，而涡轮则将工作油的动能和势能转换为输出的机械功，从而实现了电动机到水泵间的动力传递。改变工作油量的多少（调节勺管的行程）就可改变传递动力的大小，从而改变涡轮的转速，以适应负荷的需要。

18. 试述液力耦合器的特点。

答：液力耦合器的工作特点有：

（1）可实现无级变速。通过改变勺管位置来改变涡轮的转速，使泵的流量、扬程都得到改变，并使泵组在较高效率下运行。

（2）可满足锅炉点火工况要求。由于锅炉点火时要求给水流量很小，利用液力耦合器，只需降低输出转速即可满足要求，既经济，又安全。

（3）可空载启动，且离合方便。电动机不需要有较大的富裕量，也使厂用母线减少启动时受冲击的时间。

（4）隔离振动。耦合器泵轮与涡轮间扭矩是通过液体传递的，是柔性连接，所以主动轴与从动轴产生的振动不可能相互传递。

（5）过载保护。工作时存在滑差，当从动轴上的阻力扭矩突然增加时，滑差增大，甚至制动，由于耦合器是柔性传动，此时原动机仍继续运转而不受损，因此液力耦合器可保护系统免受动力过载的冲击。

（6）无磨损，坚固耐用，安全可靠，寿命长。

（7）运转时，有一定的功率损失，除本体外，还增加一套辅助设备，价格较贵。

19. 叙述汽轮机自密封轴封系统的组成和工作原理。

答：汽轮机自密封轴封系统由轴端汽封、轴封供汽母管、轴封供汽调节阀、轴封溢流调节阀、轴封冷却器、轴抽风机、减温器及有关管道等组成。

在机组正常运行时，高、中压缸两端轴封漏汽进入轴封供汽母管作为低压缸两端的轴封供汽，即实现自密封。在机组启动、空负荷和低负荷时，可选择由辅助蒸汽、主蒸汽或冷段再热蒸汽分别通过三个压力调节阀向轴封供汽母管供汽以防止空气漏入汽缸。在轴封系统进入自密封后，通过溢流阀排走多余的蒸汽，调整轴封供汽母管压力。

为防止高温蒸汽进入低压缸两端汽封而造成汽封体和轴承座受热变形，由凝结水通过减温器向低压轴封供汽母管喷水，从而控制低压轴封蒸汽温度在规定范围内。

20. 叙述单流环式密封油系统的主要组成设备和作用，以及扩大槽的结构。

答：单流环式密封油系统主要由轴承润滑油管路、真空油箱、主密封油泵、再循环油泵、事故密封油泵、真空油泵、扩大槽、空气抽出槽、浮子油箱、过滤器、差压阀、密封瓦和相应管路阀门及仪表、开关表盘等组成。这些装置可以完成密封油系统的自动调节、信号输出和报警功能。

密封油系统用于向发电机密封瓦供油，且使油压高于发电机内氢压（气压）一定数量值，以防止发电机氢气沿转轴与密封瓦之间的间隙向外泄漏，同时也防止油压过高而导致发电机大量进油。

发电机氢气侧汽端、励端各有一根排油管与扩大槽相连，来自密封环的排油在此槽内扩容，以使含有氢气的回油能分离出氢气（H_2）。扩大槽里面有一个横向隔板，把油槽分成两个隔间，之间可通过外侧的 U 形管连接，目的是防止因发电机两端之间的风机压差而导致气体在密封油排泄管中进行循环。扩大槽内部有一管路和油水探测报警器相连接，当扩大槽内油位升高超过预定值时发出报警信号。

21. DEH 自动控制系统接收的信号有哪些？

答：DEH 自动控制系统接收以下信号：

（1）转速或负荷的给定信号。

（2）转速反馈信号。（鉴于转速的重要性，系统接受两个数字信号和一个模拟系统经A/D 转换来的数字信号，经选择一个最可靠的转速作为转速反馈信号。）

（3）调节级压力信号。作为代表汽轮机功率的反馈信号。

（4）主汽阀前主蒸汽压力信号。由于保证汽轮机进汽压力不低于某一限定值，因此实际上就是负荷限制信号。

（5）模拟系统的手动信号。用于模拟控制，当手动操作时，数字系统也对模拟系统进行跟踪，以保证手动/自动变换过程中的无扰动切换。

22. EH 油系统的特点有哪些？

答：EH 油系统的特点有：

（1）工作油压高。EH 油系统的工作油压力一般在 $13 \sim 16 MPa$，而低压调节系统的工作压力一般为 $2 MPa$。由于工作油压的提高，大大减小了液压部分的尺寸，改善了汽轮机调节系统的动态特性。

（2）直接采用流量控制形式。EH 油系统采用电液转换器，直接将电信号转换为油动机油缸进出油控制，从而控制油动机的行程，这使系统的迟缓率大大降低，对油压波动也不再敏感，提高了调节精度。

（3）对油质的要求特别高。EH 油具有较好的抗燃性能，但如果 EH 油中混入过多的水、酒精或透平油等，将大大降低 EH 油的抗燃性，而且可能导致 EH 油变质老化，直接影响系统的正常运行。

（4）具有在线维修功能。由于 EH 系统设有双通道，某些部件有故障时，可以从系统中隔离出来进行在线检修。

23. EH 油系统中自动停机遮断电磁阀（AST）有几个？其布置形式及动作原理怎样？

答：一般汽轮机 EH 油系统中有 4 个自动停机遮断电磁阀（AST），其布置方式是串、并联布置。

动作原理：正常运行时，自动停机遮断电磁阀（AST）是被励磁关闭的，从而封闭了自动停机遮断总管中 EH 遮断油的泄油通道，使所有蒸汽阀执行机构活塞下部的油压建立起来；当电磁阀失电而被打开时，则泄去总管中 EH 遮断油，所有蒸汽阀执行机构活塞下部的油压将消失，使各蒸汽阀关闭而停机。

24．叙述卸荷阀的作用和动作原理。

答：卸荷阀装在油动机液压模块上，它的主要作用是当机组发生故障需要紧急停机时，在危急脱扣装置动作使 AST 油失压后，可使油动机活塞下腔的压力油经过卸荷阀快速释放，在弹簧力的作用下使阀门关闭。

动作原理：在快速卸荷阀中有一杯状滑阀，滑阀下部与油动机活塞下的高压油路相通，高压油通过输入口的节流孔经危急遮断油路充入滑阀的上部。由于调节针阀的针头完全关死了该处的通路，使得滑阀上部的油压力与危急遮断油压相等。因此，滑阀上部油压作用力加上弹簧力大于滑阀下部高压油的作用力，滑阀被压在底座上，高压油至回油进油口被关闭。当危急遮断装置动作使 AST 油失压时，滑阀上部的油压几乎为零，而弹簧的刚性又不大，因此滑阀下部的高压油克服弹簧力顶开滑阀，高压油路与回油接通回至油箱，油动机活塞下的压力油迅速下降，从而快速关闭进汽门。调节针阀可用来手动卸荷。

25．什么是"单阀"与"顺序阀"控制？各有何优缺点？

答：单阀、顺序阀控制即节流、喷嘴调节。节流调节是将四个高压调门一同进入同步控制；喷嘴调节则是按预先设定的顺序逐个开启调节汽阀，仅有一个调节汽阀处于节流状态。

单阀方式下，蒸汽通过高压调节阀和喷嘴室，调节级动叶全周进汽，受热均匀，有效地改善了叶片的应力分配，使机组可以较快改变负荷；但由于所有调节阀均部分开启，节流损失较大。顺序阀方式下，由于仅有一个调节汽阀处于节流状态，节流损失大大减小，机组运行的热经济性得以明显改善，但同时对叶片产生冲击，容易形成部分应力区，机组负荷改变速度受到限制。

单阀、顺序阀切换的目的是为了提高机组的经济性和快速性，解决变负荷过程中均匀加热与部分负荷经济性的矛盾。因此，冷态启动或低参数下变负荷运行期间，采用单阀方式能够加快机组的热膨胀，减小热应力，延长机组寿命；额定参数下变负荷运行时，采用顺序阀方式能有效地减小节流损失，提高汽轮机热效率。

26．论述锅炉跟随控制的动作过程及该控制方式的优缺点。

答：在单元机组锅炉跟随的控制方式中，当中调来的指令要求负荷改变时，首先改变汽轮机进汽阀的开度，进而改变汽轮机的进汽量，使发电机的输出功率迅速与所要求的负荷一致。当汽轮机的进汽阀开度改变时，锅炉出口的汽压随即改变，通过汽压调节器改变加入锅炉的燃料量和相应的送风量、给水量。

这种方式能很快适应负荷，但汽压变动大。在大单元机组中，锅炉的蓄热能力相对减少，对于较小的负荷变化，在汽轮机允许的范围内利用锅炉的蓄热以迅速适应负荷是有可能的，这对电网的频率控制也是有利的。但是在负荷变动太大时，汽压变化就太大，会影响锅炉的正常运行。尤其是对于直流锅炉，蓄热能力比汽包锅炉小得多，采用锅炉跟随的方式适应较大的负荷变化，实际上是不可能的。当单元机组中锅炉设备运行正常，而机组的输出功率受到汽轮机的限制时，可采用这种锅炉跟随的控制方式。

27. 论述汽轮机跟随控制的动作过程及该控制方式的优缺点。

答：当外界负荷突然增加时，给定功率信号增大，首先是控制锅炉的主信号增大，即功率调节器的输出增大，它使燃料控制阀增大，增加燃料量。随着锅炉输入热量的增加，主蒸汽压力升高，为了维持主蒸汽压力不变，主蒸汽压力调节器将开大调速汽门，增大蒸汽量和汽轮发电机的功率，使发电机输出功率与给定功率相等。

汽轮机跟随控制方式用控制汽轮机调速汽门来维持主蒸汽压力，其主蒸汽压力变化很小，对于锅炉的稳定运行有利。但是汽轮发电机负荷必须随着主蒸汽压力的升高才能增加，而锅炉燃料量、燃烧及热传导变化是延迟的，因而机组输出功率的变化也有较大的延迟。这样一来，对发电机出力的控制比较慢，因而对电网负荷调整与频率调整不利。这种控制方式适用于承担基本负荷的单元机组，或者当机组刚投入运行，经验还不足时，采用这种方式可使汽压比较稳定，为机组稳定运行创造有利条件。当单元机组中汽轮机运行正常，机组输出功率受到锅炉限制时，也可以采用汽轮机跟随控制方式。

28. 叙述机炉协调控制的过程及优点。

答：在机炉协调控制的方式中，锅炉与汽轮机控制装置同时接受功率与压力偏差信号。在稳定工况下，机组的实发功率等于给定功率，主蒸汽压力等于给定压力，其偏差均为零。当外界要求机组增加出力时，使给定功率信号（出力指令）加大，出现正的偏差信号，这一信号一方面加到汽轮机主控制器上，会导致汽轮机调速汽门开大，增加汽轮机出力；另一方面加到锅炉主控制器上，会导致燃料量增加，提高锅炉蒸汽量。汽轮机调速汽门的开大会立即引起主蒸汽压力下降，这时锅炉虽已增加了燃料，但锅炉汽压的变化有一定的延迟，因而此时会出现正的压力偏差信号（实际汽压低于给定汽压）。压力偏差信号按正方向加在锅炉主控制器上，促使燃料控制阀开得更大；压力偏差信号按负方向作用在汽轮机主控制器上，使调速汽门向关小的方向动作，使得汽压恢复正常。正的功率偏差使调速汽门开大，而开大的结果导致产生正的压力偏差，又使调速汽门关小。因此，这两个偏差对调速汽门作用的结果使调速汽门在开大到一定的程度后停在某一位置上。同时调速汽门在功率偏差和主蒸汽压力恢复的作用下，提高机组负荷，使功率偏差也缩小，最后功率偏差与压力偏差均趋于零，机组在新的负荷下达到新的稳定状态。

从机炉协调控制方式的动作过程可以看出：这种控制方式一方面可以通过调速汽门动作，在锅炉允许汽压变化范围内，利用锅炉的一部分蓄热量，适应汽轮机的需要；另一方面又向锅炉迅速补充燃料（压力偏差信号与功率偏差信号均使燃料量迅速变化）。通过这样的协调控制方式，既可使单元机组实际输出功率能迅速跟踪给定功率的变化，又可使主蒸汽压力稳定。

29. 协调控制系统的主要任务是什么？协调控制系统由哪些部分组成？

答：协调控制系统的主要任务有：

（1）根据机炉具体运行状态及控制要求，选择协调控制的方式和恰当的外部负荷指令。

（2）对外部负荷指令进行恰当处理，使之与机炉的动态特性及负荷变化能力相适应，对机炉发出负荷指令。

（3）根据不同的负荷指令，对于锅炉确定相应的风、水、煤量，对于汽轮机确定相应的高、中压调节阀开度。

协调控制系统主要由两大部分构成：第一部分是协调控制主控制系统，包括负荷指令处理器和机炉主控制器；第二大部分是机、炉独立控制系统，即锅炉燃烧率控制系统、锅炉风量控制系统、锅炉给水控制系统、汽轮机阀位控制系统。

30. 叙述 DEH 系统的工作原理。

答：DEH 系统接受三种反馈信号，即转速、发电机功率和调节级后汽压（此汽压与汽轮机功率成正比，作为汽轮机功率信号），由参照值和变化率计算出控制回路的给定值，并与反馈信号比较。在转速控制过程中，给定值与转速反馈信号比较，求得转速偏差，由计算机软件完成比例积分校正，求得阀门开度值。机组带负荷后，给定值和频率偏置值之和与反馈信号（有功功率或汽压）比较，由软件完成比例积分校正后，求得阀门开度值。

31. 汽轮机的 OPC 和 AST 保护是如何实现的？其动作原理怎样？

答：汽轮机的 OPC 和 AST 保护是通过 DEH 控制器所控制的 OPC、AST 电磁阀组件实现的。

OPC、AST 电磁阀组件由两只并联布置的超速保护电磁阀（20/OPC-1、2）、两个止回阀、四个串并联布置的自动停机危急遮断保护电磁阀（20/AST-1、2、3、4）和一个控制块构成超速保护 - 自动停机危急遮断保护电磁阀组件，这个组件布置在高压抗燃油系统中。它们是由 DEH 控制器的 OPC 部分和 AST 部分所控制。

正常运行时两个 OPC 电磁阀是失电常闭的，封闭了 OPC 母管的泄油通道，使调节汽阀执行机构活塞杆的下腔建立起油压，当转速超过 103% 额定转速时，OPC 动作信号输出，这两个电磁阀就被励磁打开，使 OPC 母管油经无压回油管路排至 EH 油箱。这样相应的调节阀执行机构上的卸载阀就快速开启，使各调节汽阀迅速关闭。

四个串并联布置的 AST 电磁阀是由 ETS 系统所控制，正常运行时这四个 AST 电磁阀是带电关闭的，封闭了 AST 母管的泄油通道，使主汽门执行机构和调节阀门执行机构活塞杆的下腔建立起油压，当机组发生危急情况时，AST 信号输出，这四个电磁阀就失电打开，使 AST 母管油液经无压回油管路排至 EH 油箱。这样主汽门执行机构和调节阀门执行机构上的卸荷阀就快速打开，使各个汽门快速关闭。

四个 AST 电磁阀布置成串并联方式，其目的是为了保证汽轮机运行的安全性及可靠性，AST/1 和 AST/3、AST/2 和 AST/4 每组并联连接，然后两组串联连接，这样在汽轮机危急遮断时每组中只要有一个电磁阀动作，就可以将 AST 母管中的压力油泄去，进而保证汽轮机的安全。在复位时，两组电磁阀组的电磁阀只要有一组关闭，就可以使 AST 母管中建立起油压，使汽轮机具备启机的条件。

AST 油和 OPC 油是通过 AST 电磁阀组件上的两个止回阀隔开的。这两个止回阀被设计成：当 OPC 电磁阀动作时，AST 母管油压不受影响；当 AST 电磁阀动作时，OPC 母管油压也失去。

32. 什么是汽轮机寿命？影响汽轮机寿命的因素有哪些？

答：汽轮机寿命指的就是转子寿命，一般分为无裂纹寿命和剩余寿命两种。所谓无裂纹寿命是指转子从第一次投运开始直到产生第一条工程裂纹（约 0.5mm 长、0.15mm 深）为止所经历的运行时间,无裂纹寿命又称致裂寿命。根据断裂力学分析,当出现了第一条裂纹时并不意味着转子寿命的终结,还有一定的剩余寿命,而且这一部分寿命在总寿命中占有相当大的比例,只有当裂纹扩展超过临界裂纹时才会出现裂纹失稳,扩展造成转子断裂。所以剩余寿命是指从产生第一条工程裂纹开始直到裂纹扩展到临界裂纹为止所经历的安全工作时间。无裂纹寿命和剩余寿命之和就是转子的总寿命。

影响汽轮机寿命的因素很多,但总地来说汽轮机寿命损伤由两部分组成,即受到高温和工作应力的作用而产生的蠕变损伤,以及受到交变应力作用引起的低周疲劳损伤。

(1) 高温蠕变损伤。金属在高温下工作,即使所受的应力低于金属在该温度下的屈服点,但在这样的应力长期作用下,也会发生缓慢、连续的塑性变形(这种变形在温度不太高或应力不太大的情况下几乎觉察不出来),这一现象叫蠕变,长期的塑性变形必然会对材料产生损伤。

(2) 低周疲劳损伤。汽轮机启动加热时转子表面承受压应力,停机冷却时则为拉应力,在这种交变应力的作用下,经过一定次数的循环,就会在金属表面出现疲劳裂纹,并逐渐扩展以致断裂。

(3) 高温蠕变和低周疲劳同时产生的总损伤。

(4) 材料软化。汽轮机部件长期在高温环境下工作,因热疲劳、蠕变等因素产生了损伤积累,材质也因时效发生老化现象。CrMoV 转子的钢材质老化现象的典型特征之一就是材料软化。材料的软化会降低材料的低周疲劳及蠕变性能,严重影响转子的使用寿命。

33. 运行中减小汽轮机转子寿命损耗的方法有哪些?

答:运行中减小汽轮机转子寿命损耗的方法有:

(1) 运行中避免短时间内负荷大幅度变动,严格控制转子表面工质温度变化率在最大允许范围内。

(2) 严格控制汽轮机甩负荷后空转运行时间。

(3) 防止主、再热蒸汽温度及轴封供汽温度与转子表面金属温度严重不匹配。

(4) 在汽轮机启动、运行、停机及停机后未完全冷却之前,均应防止湿蒸汽、冷气和水进入汽缸。

34. 汽轮机主机保护有哪些?

答:汽轮机的主保护一般包括以下内容:

(1) 远方手动停机。

(2) 汽轮机超速保护(TSI)。

(3) 汽轮机超速保护(DEH)。

(4) 润滑油压低保护。

(5) 抗燃油压低保护。

(6) 凝汽器真空低保护。

(7) 轴向位移大保护。

(8) 胀差大保护。

(9) 振动大保护。

（10）支持轴承或推力轴承温度高保护。

（11）排汽缸温度高保护。

（12）发电机变压器组故障保护。

（13）油开关断开保护。

第二节　汽轮机启停、运行维护、调试与试验

35. 高、中压缸同时启动和中压缸进汽启动各有什么优缺点？

答：高、中压缸同时启动的优点是：蒸汽同时进入高、中压缸冲动转子，这种方法可使高、中压缸的级组分缸处加热均匀，减少热应力，并能缩短启动时间；缺点是汽缸转子膨胀情况较复杂，胀差较难控制。

中压缸进汽启动的优点是：冲转时高压缸不进汽，而是待转数升到 2000～2500r/min 后才逐步向高压缸进汽，这种启动方式对控制胀差有利，可以不考虑高压缸胀差问题，以达到安全启动的目的；缺点是启动时间较长，转速也较难控制，并且高压缸无蒸汽进入，鼓风作用产生的热量使高压缸内部温度升高，因此还需引进少量冷却蒸汽。

36. 汽轮机冷态启动前应做哪些试验？

答：汽轮机冷态启动前应做以下试验：

（1）调节系统静态试验；

（2）手动停机试验；

（3）EH 油压低跳机试验；

（4）润滑油压低跳机试验；

（5）真空低跳机试验；

（6）轴承振动大跳机试验；

（7）轴向位移大跳机试验；

（8）炉 MFT 联跳主机、给水泵汽轮机试验；

（9）发电机内冷水断水试验；

（10）润滑油压低联泵跳盘车试验；

（11）程控疏水开关试验；

（12）防进水保护试验等。

37. 机组启动前向轴封送汽要注意哪些问题？

答：机组启动前向轴封送汽要注意以下问题：

（1）轴封供汽前应先对送汽管进行暖管，排尽疏水。

（2）必须在连续盘车下向轴封送汽。热态启动应先送轴封供汽，后抽真空。

（3）向轴封送汽的时间必须恰当，冲转前过早地向轴封送汽，会使上下缸温差增大或胀差增大。

（4）要注意轴封送汽的温度与金属温度的匹配。热态启动用适当的备用汽源，有利于胀差的控制，如果系统有条件将轴封供汽的温度进行调节，使之高于轴封体温度则更好，而冷

态启动则选用低温汽源。

（5）在高、低温轴封汽源切换时必须谨慎，切换太快不仅引起胀差的显著变化，而且可能产生轴封处不均匀的热变形，从而导致摩擦、振动。

38. 汽轮机启动暖管时应注意哪些问题？

答：汽轮机启动暖管时应注意以下问题：

（1）控制暖管温升速度。对高参数、大容量的机组，暖管时温升速度一般不超过 2～3℃/min。由于管道与附件的厚度差别较大，若暖管时升温速度太快，会使管道与附件有较大的温差，从而产生较大的附加应力；另外，暖管时升温速度过快，可能使管道中疏水来不及排出，引起严重水击，从而危及管道、管道附件及支吊架的安全。

（2）暖管应与管道的疏水操作密切配合。当蒸汽进入冷的管道时，必然会急剧凝结，蒸汽凝结成水时放出汽化潜热，使管壁受热面壁温升高。如果这些凝结水不能及时地从疏水管路排出，当高速汽流从管道中通过时便会发生水冲击，引起管道振动。如果这些水被蒸汽带入汽轮机内，将发生水击事故。另外，通过疏水可以提高蒸汽温度。因此，疏水是暖管过程中的一项重要工作。

（3）在暖管过程中，要保证循环水泵、凝结水泵及抽气设备的可靠运行。如果这些设备发生故障而影响真空时，应立即停止旁路系统运行，关闭通往凝汽器的所有疏水阀，开启所有排大气疏水阀。

（4）在暖管过程中，应通过疏水管道上的温度测点或放水门，判断疏水是否畅通或积水。

（5）在暖管过程中，应注意对自动主汽阀和调速汽阀的预热问题，防止主汽阀、调速汽阀因温差大、热应力大而产生裂纹。

（6）在主蒸汽管道暖管的同时，对于具有法兰和螺栓加热装置的机组，加热系统也应同步进行暖管。

39. 汽轮机启动排汽缸温度升高的原因及危害是什么？

答：汽轮机启动排汽缸温度升高的原因：在汽轮机启动时，蒸汽经节流后通过喷嘴去推动调速级叶轮，节流后蒸汽熵值增加，焓降减小，以致做功后排汽温度较高。在并网发电前的整个启动过程中，所耗汽量很少，这时做功主要依靠调节级，乏汽在流向排汽缸的通路中，流量小、流速低、通流截面大，产生了显著的鼓风作用。因鼓风损失较大而使排汽温度升高。在转子转动时，叶片（尤其末几级叶片比较长）与蒸汽产生摩擦，也是使排汽温度升高的因素之一。汽轮机启动时真空较低，相应的饱和温度也将升高，即意味着排汽温度升高。汽轮机启动时间过长，也可能使排汽缸温度过高。

当并网发电升负荷后，主蒸汽流量随着负荷的增加而增加，汽轮机逐步进入正常工况，摩擦和鼓风损耗所占的功率份额越来越小。在汽轮机排汽缸真空逐步升高的同时，排汽温度即逐步降低。

排汽缸温度过高的危害：排汽缸温度升高，会使低压缸及轴封热变形增大，易使汽轮机洼窝中心发生偏移，导致振动增大，动静部分之间发生摩擦，严重时使低压缸轴封损坏；排汽温度过高还会使凝汽器铜管（钛管）因受膨胀产生松弛、变形甚至断裂。

40. 叙述汽轮机启动升速过程中的有关注意事项及监视参数。

答：汽轮机启动升速过程中的注意事项及监视参数如下：

（1）机组在升速过程中应注意倾听汽轮机、发电机内转动部分有无异常声音。

（2）汽轮发电机组在冲转过程中应严密监视画面中各参数，保证各参数在允许范围内。

（3）在升速过程中应快速、平稳地通过轴系临界转速，严禁在汽轮机临界转速范围内停留。若机组振动出现发散现象，应修改"目标值"以避开共振转速范围。

（4）汽轮机过临界转速时要加强对各轴承的振动监视，并记录临界转速下轴承振动最大的振动值。

（5）汽轮机冲转过程应注意监视调整凝汽器、除氧器水位，主机润滑油油温、油压，发电机密封油差压及油温、氢压、风温。

（6）机组冲转前，确认低压缸喷水控制阀在"自动"状态。在机组冲转后，要注意监视维持低压缸排汽温度在允许范围。

（7）化学应定期进行水质化验，以确保合格的汽水品质。

（8）机组启动过程中，在中速暖机之前，瓦振超过 0.03mm 时，应立即打闸停机，通过临界转速时，瓦振超过 0.10mm 或轴振超过 0.25mm，应立即打闸停机，严禁强行通过临界转速或降速暖机。

（9）注意机组轴向位移、热膨胀、胀差应正常。胀差变化过快时应适当延长暖机时间。

41. 汽轮机冲转升速时轴承振动增大应如何处理？

答：汽轮机启动时，振动增大多发生在中速暖机及其前后的升速阶段，因此在升速和通过临界转速过程中，要特别注意轴承振动的变化，若发现异常振动和汽缸内声音异常，不应强行升速。否则易使轴封段磨损，进而造成转子热弯曲，转子越弯曲，振动越大，磨损越严重，从而形成恶性循环。比较安全的做法是迅速打闸停机，转子静止后投入盘车，并查找原因。如盘车一段时间后，转子晃度在正常范围内，且振动的原因已基本清楚、缺陷消除，可考虑再次挂闸升速，继续进行暖机；如晃度超限，则应连续盘车直至大轴晃度正常后，才能再次冲转。

转子的动不平衡或转子的热弯曲产生的振动，其振动幅度与转速的平方成正比，所以中速暖机前，如机组出现 0.03mm 以上的振动，则应停机处理。因冲过临界转速时，蒸汽流量有较大的变化，易造成过大的热应力和膨胀不均匀，故冲过临界转速后，应在合适转速下停留一段时间暖机，使各部分金属温度趋于一致。每次升速前后均应对机组进行全面检查，重点检查机组振动、汽缸及轴承内声音、金属温度、汽缸及转子膨胀情况、轴瓦回油温度、油压、油箱油位。此外，还应注意加强对冲转蒸汽参数、排汽温度、凝汽器真空的调整与控制。

高压大容量汽轮机转子的临界转速偏低，当工作转速约等于最低阶临界转速的 2 倍时，可能发生油膜振荡。而油温对转子运行稳定性的影响很大，油温调节偏低时，往往会使稳定性裕度不大的机组发生油膜振荡。因此，一般情况下要求机组启动时油温不低于 38℃。

42. 机组启动暖机时的主要检查内容有哪些？

答：机组启动暖机时主要有以下检查内容：

（1）倾听汽轮发电机组声音正常；各支持轴承、推力轴承金属温度正常。

（2）各轴承回油温度正常；各轴承润滑油压、油温正常。

（3）密封油系统运行正常。

（4）汽轮机主/再热、本体、抽汽管道疏水处于全部开启位置。

（5）低压缸喷水处于投入位置，真空正常，排汽温度不超过规定值。

（6）EH油系统工作正常，系统无泄漏，油压、油温正常。

（7）机组振动、串轴、胀差、绝对膨胀及上下缸温差在允许范围内。

（8）除氧器、凝汽器、真空泵分离水箱、内冷水箱水位指示准确。

（9）主油箱油位指示正常。

以上参数若超限或接近超限值有上升趋势或不稳定时，应立即汇报值长，查找原因，同时禁止升速？

43. 热态启动时为防止大轴弯曲应特别注意哪些问题？

答：热态启动除了应做好开机前有关防止转子弯曲的措施之外，还应做好以下工作：

（1）热态启动前，应全面查阅上次停机过程的情况，了解有无异常、启动时应注意的问题。

（2）热态启前，转子要连续盘车4h以上，测量转子晃动不大于原始值0.02mm。

（3）一定要先送轴封汽后抽真空。

（4）各管道、联箱应更充分地暖管、暖箱疏水。

（5）严格要求冲转参数和旁路的开度（旁路要等凝汽器有一定的真空后才能开启），主蒸汽温度应比高压内上缸温度高80~100℃，并有50℃以上的过热度。冲转和带负荷过程中也应加强主、再热蒸汽温度的监视，汽温不得反复升降。

（6）加强振动的监视。热态启动过程中，由于各部件温差的原因，容易发生振动，这时更应严格监视。振动超过规定值应立即打闸停机。

（7）开机过程中，应加强各部分疏水。

（8）应尽量避开极热态启动。

（9）热态启动前应对调节系统赶空气，因为调节系统内存有空气，有可能造成冲转过程中调节汽门大幅度摆动，引起锅炉参数不稳定，造成蒸汽带水。

（10）极热态启动时不能做超速试验。

（11）热态启动时，应尽快带负荷至汽缸温度相对应的负荷水平。

44. 在哪些情况下应禁止启动汽轮机？

答：一般在下列情况下应禁止启动汽轮机：

（1）危急保安器动作不正常。

（2）自动主汽门、调速汽门、抽汽止回阀卡涩不能严密关闭，自动主汽门、调速汽门严密性试验不合格。

（3）调速系统不能维持汽轮机空负荷运行（或机组甩负荷后不能维持转速在危急保安器动作转速之内）。

（4）汽轮机转子弯曲值超过规定。

（5）高、中压缸上下缸温差大于本厂运行规程规定值（或厂家要求值）。

（6）盘车时发现机组内部有明显的摩擦声。

（7）任何一台油泵或盘车装置失灵。

（8）油压不合格或油温低于规定值。

（9）油系统充油后油箱油位低于规定值。

（10）汽轮机各系统中有严重泄漏。

（11）主机及主要热力系统设备保温不合格或不完整。

（12）主机保护装置（低油压、低真空、轴向位移保护等）失灵。

（13）主要仪表失灵，包括转速表、挠度表、振动表、热膨胀表、胀差表、轴向位移表、调速和润滑油压表、密封油压表推力瓦块和密封瓦块温度表、氢油压差表、氢压表、冷却水压力表、主蒸汽或再热蒸汽压力表和温度表、汽缸金属温度表、真空表等。

45. 启动前采用盘车预热暖机有什么好处？

答：盘车预热暖机就是冷态启动前盘车状态下通入蒸汽，对转子、汽缸在冲转前就进行加热，使转子温度达到其材料脆性转变温度150℃以上。采用这种方法有下列好处：

（1）盘车状态下用阀门控制少量蒸汽加热，蒸汽凝结放热时可避免金属温升率太大，高压缸加热至150℃时再冲转，减少了蒸汽与金属壁的温差，温升率容易控制，热应力较小。

（2）盘车状态加热到转子材料脆性转变温度以上，使材料脆性断裂现象得到缓和。

（3）可以缩短或取消低速暖机。经过盘车预热后转子和汽缸温度都比较高（相当于热态启动时的缸温），故根据具体情况可以缩短或取消低速暖机。

（4）盘车暖机可以在锅炉点火前用辅助汽源进行，缩短了启动时间，降低了启动费用。

（5）只要汽缸保温良好、疏水畅通，采用该方法暖机不会产生显著的上下缸温差。

46. 分析汽轮机启动过程中产生最大热应力的部位和时间。

答：汽轮机汽缸和转子最大热应力所发生的时间应在非稳定工况下金属内外壁温差最大时。在一定的蒸汽温升率下，汽轮机启动进入准稳态，转子表面与中心孔、汽缸内外壁的温差接近该温升率下的最大值，故汽轮机启动进入准稳态时热应力也达到最大值。

在启停和工况变化时，汽轮机中最大应力发生的部位通常是高压缸的调节级处、再热机组中压缸的进汽区、高压转子在调节级前后的汽封处、中压转子的前汽封处等。这些部位工作温度高，启停和工况变化时温度变化大，引起的温差大，热应力也大。此外，在部件结构有突变的地方，如叶轮根部、轴肩处的过渡圆角及轴封槽处都有热应力集中现象，上述部位的热应力是光滑表面的2～4倍。

47. 汽轮机启、停过程中的疏水操作及注意事项有哪些？

答：启机过程中，管道暖管初期，疏水器前后手动门关闭，疏水器旁路门稍微开启，操作要谨慎缓慢，防止管道振动大，然后再慢慢开启疏水器旁路门，待暖管合适后，开启疏水器前后手动门，关闭疏水器旁路门。无疏水器的疏水管道，暖管时也要缓慢充分暖管，暖管完毕后，关闭疏水门。停运过程中，由于温度降低，也要充分疏水，防止汽水两相流、管道振动，必要时开启疏水器旁路门。

疏水阀门操作的注意事项如下：

（1）管道上串接两个及两个以上阀门，开启阀门时，沿管道内介质流动方向依次开启，并且各个阀门要开启到位，不得在半开半关状态，需要调节时利用最后一个阀门完成；关闭阀门时，沿管道内介质逆流方向依次关闭，并且第一个阀门关闭到位后再操作下一个，不得在半开半关状态。

（2）操作手动门时，应选择合适的操作工具，操作时站在阀门的侧面，用力要均匀、缓慢，不得突开突关，阀门开关到位后不应再用力操作，防止损坏阀门。

（3）操作电动阀门时，应确认阀门动作灵活，有旁路门时首先开启旁路门降低前后差压，必要时就地手动摇松，如果阀门犯卡电动机发热不转或阀门开关到位电动机仍带电时，应立即将阀门控制切到"就地"位，防止阀门电动机烧毁或传动机构损坏。

（4）设备、系统投停进行疏水阀门操作时，首先确认要操作的阀门位置正确，且关闭要及时，防止发生高温高压流体对阀门冲刷。

48. 何谓滑参数停机？有什么优缺点？

答：滑参数停机是指在调速汽门全开状态下，借助锅炉降低蒸汽参数以逐渐降低负荷，汽轮机金属温度也随着相应降低，直至负荷到零。发电机解列后，还可继续降低蒸汽参数以降低汽轮机的转速，直至转子静止。

滑参数停机的优点：由于滑参数停机是采用低参数、大流量的蒸汽使汽轮机各受热部件得到均匀的冷却，而且金属温度可以降低到较低水平，故大大缩短了汽缸的冷却时间。另外，还可以利用锅炉的余热发电，利用低参数、大流量的蒸汽对汽轮机的通流部分进行清洗。在条件许可的情况下，高、低压加热器及除氧器均可以进行随机滑停，提高热效率，减少汽水损失。

滑参数停机的缺点：在停机过程中比额定参数停机较容易出现大的负胀差，对锅炉运行操作要求很严格，汽温均匀下降很难控制。在汽轮机方面操作和调整频繁，如监视不严格，容易产生水冲击和受热部件过冷却，造成设备损坏。

49. 滑参数停机减负荷过程中应注意哪些事项？

答：滑参数停机减负荷过程中应注意以下事项：

（1）加强对主蒸汽参数的监视，尤其是过热度应大于50℃。

（2）注意高压及中压主汽阀前两侧温差应小于规定值。

（3）在滑参数停机过程中，再热蒸汽温度下降速度应尽量跟上主蒸汽温度下降速度，主、再热蒸汽温差应在规程要求范围内。

（4）严密监视机组声音、振动、轴向位移、胀差、支持轴承和推力轴承金属温度的变化情况应正常。

（5）密切注意汽轮机及主、再热蒸汽管道应无水击现象，检查各疏水阀动作情况应正常，并及时打开各手动疏水阀。

（6）经常检查汽缸金属温度、上下缸温差及高、中压转子应力情况在正常范围。

（7）滑参数停机过程中，避免进行影响高、中压主汽阀和调节汽阀开度的试验，禁止做汽轮机超速试验。

（8）通知化学，加强对凝结水水质的监督，当水质不合格时禁止送入除氧器。

50. 机组滑参数停机过程中为什么要保证高压缸排汽的过热度？当过热度不满足时应如何处理？

答：机组在滑停过程中，控制住高压缸排汽的过热度也就控制住了高压缸内蒸汽的过热度，防止高压缸内蒸汽进入饱和区或湿蒸汽区，造成轴向推力增大、推力轴承过负荷、油膜破坏，致使推力瓦块钨金烧熔；或出现蒸汽带水使轴向位移增大，动静部分间隙消失，动静部件发生摩擦碰撞，导致叶片折断、大轴弯曲等严重的设备损坏事故，为此滑停时应严格控制高压缸排汽有一定的过热度？

当过热度不能满足时，应停止降温，维持主蒸汽温度的稳定，按滑压速率降低主蒸汽压力，提高主蒸汽的过热度，控制主蒸汽温度有 50℃ 以上的过热度，以满足滑停机的参数需要。

51. 采用滑参数停机时能否进行超速试验？为什么？

答：采用滑参数方式停机时，严禁做汽轮机超速试验。

因为从滑参数停机到发电机解列，主汽门前的蒸汽参数已降得很低，而且在滑停过程中，为了使蒸汽对汽轮机金属有较好、均匀的冷却作用，主蒸汽过热度一般控制在接近允许最小的规定值，同时保持调速汽门在全开状态。此外如要进行超速试验，则需采用调速汽门控制机组转速，这完全有可能使主蒸汽压力升高，过热度减小，甚至出现蒸汽温度低于该压力所对应的饱和温度，此时进行超速试验，有可能造成汽轮机水冲击事故。另外，由于汽轮机主汽门、调速汽门的阀体和阀芯可能因冷却不同步而动作不够灵活或卡涩，特别是汽轮机本体经过滑参数停机过程冷却后，其胀差、轴向位移均有较大的变化，故不允许做超速试验。

52. 汽轮机停机转速到零后，若盘车投不上应如何处理？

答：当盘车盘不动时，不能采用吊车强行盘车，以免造成通流部分进一步损坏。同时可采取以下闷缸措施，以清除转子热弯曲。

(1) 尽快恢复润滑油系统向轴瓦供油。

(2) 迅速破坏真空，停止快冷。

(3) 隔离汽轮机本体的内、外冷源，消除缸内冷源。

(4) 关闭汽轮机所有汽门以及所有汽轮机本体、抽汽管道疏水门，进行闷缸。

(5) 严密监视和记录汽缸各部分的温度、温差和转子晃动随时间的变化情况。

(6) 当汽缸上下温差小于 50℃ 时，可手动试盘车；若转子能盘动，可盘转 180° 进行自重法校直转子，温度越高越好。

(7) 转子多次 180° 盘转，当转子晃动值及方向回到原始状态时，可投连续盘车。

(8) 开启顶轴油泵。

(9) 在不盘车时，不允许向轴封送汽。

53. 正常停机前汽轮机应做好哪些准备工作？

答：正常停机前汽轮机应做好以下准备工作：

(1) 进行主机交流润滑油泵、直流润滑油泵、高压备用密封油泵（或主吸油泵）、顶轴油泵、盘车电动机试转，确认均正常并投入自动。

（2）将辅助蒸汽汽源切至邻机供，或启动小锅炉供汽。

（3）对辅汽供轴封、辅汽供给水泵汽轮机蒸汽管路暖管疏水，使其处于热备用。

（4）按要求选择适当的停机方式。

（5）确定适当的减负荷率及降温、降压速度。

（6）全面抄录一次蒸汽及金属温度，然后从减负荷开始定期抄录汽轮机金属温度，直至主机盘车正常停用。

54. 为什么规定打闸停机后要降低真空，使转子静止时真空到零？

答：汽轮机正常停机惰走过程中，应逐步降低真空，并尽可能做到转子静止、真空到零，这是因为：

（1）停机惰走时间与真空维持时间有关，每次停机以一定速度降低真空，便于惰走曲线进行比较。

（2）如惰走过程中真空降得太慢，机组降速至临界转速时停留的时间就长，对机组的安全不利？

（3）如惰走过程中真空降得太快，尚有一定转速时，真空已经降到零，后几级长叶片的鼓风摩擦损失产生的热量多，易使排汽温度升高，也不利于汽缸内部积水的排出，容易产生停机后汽轮机金属的腐蚀？

（4）如果转子已经停止，还有较高真空，这时轴封供汽又不能停止，也会造成上下缸温差增大和转子变形不均发生热弯曲？

55. 试画出典型的转子惰走曲线，并作简要分析。

答：典型的转子惰走曲线如图 5 - 1 所示。惰走曲线可分三个阶段：

（1）AB 段：转速下降较快，这是由于鼓风摩擦损失与转速三次方成正比。

（2）BC 段：转速下降缓慢，这时转速已较低，鼓风摩擦损失已比较小，主要消耗在主油泵和轴承的机械阻力上。

（3）CD 段：转速迅速下降，这时油膜已破坏，故阻力很大。

56. 转子惰走曲线有何用途？

答：一般情况下如真空按一定规律下降，转子的惰走曲线不应发生变化，因此可借此曲线判断某些故障，如惰走时间急剧减小，可能是轴瓦磨损或动静部件发生摩擦；如惰走时间延长，可能是汽门关闭不严或抽汽管道阀门不严。

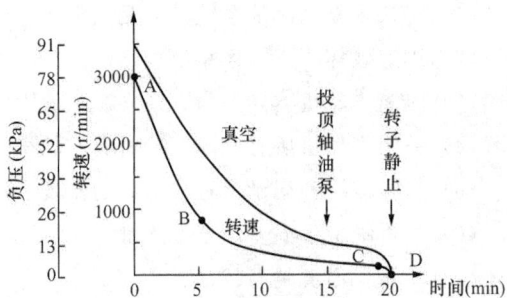

图 5 - 1 典型转子惰走曲线示意图

57. 凝汽器灌水查漏时应注意什么事项？

答：凝汽器灌水查漏时应注意以下事项：

（1）凝汽器查漏应有专人监视，确认凝汽器循环水进、出口门关闭并停电加锁。

（2）对于采用弹簧支撑的凝汽器，灌水前应检查确定凝汽器下部千斤顶已放置并支撑牢固，凝汽器循环水水侧水已放尽。

（3）对凝汽器冷却水管查漏时，高、中压汽缸金属温度均应在300℃以下。凝汽器冷却水管查漏应加水至管道全部淹没，汽侧及水侧人孔门打开。

（4）查漏如需加压时，压力不超过50kPa，检修人员应将汽轮机端部轴封封住，低压缸大气安全门应固定好。对凝汽器汽侧空气查漏时，应注意高、中压汽缸金属温度低于200℃方可进行。

（5）进水后，应加强对汽缸上下缸温差的监视，汽侧人孔门溢水后开启汽侧监视孔门及顶部放空气门，关闭汽侧人孔门。灌水后运行配合检修人员进行查漏。查漏结束后放去存水，确认无人及无工具遗留时关闭水侧人孔门及放水门。

（6）全面检查后将设备放至备用状态。

58. 汽轮机润滑油系统试运及冲洗前应具备的条件是什么？

答：汽轮机润滑油系统试运及冲洗前应具备的条件是：

（1）润滑油系统设备及管道全部装好并清理干净，系统承压检查无渗漏；

（2）准备好润滑油循环所需临时设施，装好冲洗回路，将供油系统中所有过滤器的滤芯、节流孔板等可能限制流量的部件取出；

（3）备有足够的符合制造厂要求且油质化验合格的汽轮机润滑油；

（4）润滑油系统各油泵及排油烟机电动机空转试运正常；

（5）润滑油系统设备及环境应符合消防要求，并备好足够的消防器材；

（6）确证事故排油系统符合使用条件。

59. 汽轮机润滑油系统投用前的检查内容有哪些？

答：汽轮机润滑油系统投用前的检查内容有：

（1）油管道、油箱、冷油器、油泵等均处于完好状态，油系统无漏油现象。

（2）油箱油位正常，油位计的浮标上下移动灵活，无卡涩现象，DCS画面显示的油位与就地相同。

（3）经化验油箱内油质合格，符合运行要求。

（4）各个轴承的磁性滤网完好。为了滤油所加的临时滤网及检修时临时添加的堵板，启动前均应拆除。

（5）检查油系统的热工信号仪表、连锁、保护回路已正确投入，热工测量装置的一次门已开启，变送器排污门已关闭。

（6）检查冷油器出口油温，如果油温过低，应关闭冷油器减温水，投入主油箱电加热提升油温。

（7）油系统所有油泵的电动机、电动门已送电。

60. 什么是汽轮机的整套启动？分为哪几个阶段？在各个阶段主要做什么试验？

答：整套启动试运阶段是指设备和系统分部试运合格后，从炉、机、电等第一次整套启动时锅炉点火开始，到完成满负荷试运移交试生产为止的启动试运过程。该过程可分为空负荷调试、带负荷调试和满负荷试运三个阶段进行。

空负荷调试是指从机组启动冲转开始至机组并入电网前，该阶段内进行的调整试验工作，主要包括下列内容：按启动曲线开机、机组轴系振动监测、调节保安系统有关参数的调试和整定、注油试验、电气试验、并网带初负荷、主汽门调门严密性试验、OPC 试验、电超速试验、机械超速试验。

带负荷调试指从机组并入电网开始至机组带满负荷为止，该阶段内进行调试项目，主要有：制粉系统和燃烧系统初调整、汽水品质调试、相应的投入和试验各种保护及自动装置、厂用电切换试验、启停试验、真空严密性试验、阀门活动试验、协调控制系统负荷变动试验、RB 试验、甩负荷试验。

61. 汽轮机在什么情况下方可进行甩负荷试验？合格标准是什么？

答：汽轮机在下述工作完成后方可进行甩负荷试验：

(1) 确认调速系统空负荷试验、带负荷试验以及主汽门调门严密性试验、超速试验合格。

(2) 锅炉和电气方面设备正常，各类安全门调试动作可靠。

(3) 试验措施全面并得到调度或负责工程师同意批准。

(4) 甩 $1/2$、$3/4$ 额定负荷合格。

(5) 试验前应做好人员分工。

甩负荷试验合格标准如下：

(1) 机组在甩去额定负荷后，转速上升，如未引起危急保安器动作即为合格。

(2) 如转速未超过额定转速的 8%～9% 则为良好。

62. 叙述汽轮发电机组振动故障诊断的一般步骤。

答：汽轮发电机组振动故障诊断的一般步骤有：

(1) 测定振动频率，确定振动性质。若振动频率与转子转速不符合，说明发生了自激振动，进而可寻找具体的自激振动根源；若振动频率与转速相符，说明发生了强迫振动。

(2) 查明发生过大振动的轴承座，其稳定性是否良好，如不够良好应加固。如果轴承座稳定性不是主要原因，则可认定振动过大是由于激振力过大所致。

(3) 确定激振力的性质。

(4) 寻找激振力的根源，即振动缺陷所发生的具体部件和内容。在进行振动故障诊断时，通常振动最大表现处即为缺陷所在处。但有时，特别是多根转子（尤其柔性转子）连在一起的轴系，某个转子轴承上缺陷造成的振动，能在其他转子轴承处造成更大的振动。这既有轴承刚度的问题，又涉及多根轴连在一起的振型问题，具体分析时必须考虑这一因素。

63. 汽轮机热力试验对回热系统有哪些要求？热力特性试验一般装设哪些测点？

答：热力试验对回热系统的要求如下：

(1) 加热器的管束清洁，管束本身或管板胀口处应没有泄漏。

(2) 抽汽管道上的截门严密。

(3) 加热器的旁路门严密。

(4) 疏水器能保持正常疏水水位。

热力特性试验一般装设下列测点：

(1) 主汽门前主蒸汽压力、温度。

(2) 主蒸汽、凝结水和给水的流量。

（3）各调速汽门后压力。

（4）调节级后的压力和温度。

（5）各抽汽室压力和温度。

（6）各加热器进、出水温。

（7）各加热器的进汽压力和温度。

（8）各段轴封漏汽压力和温度。

（9）各加热器的疏水温度。

（10）排汽压力。

（11）热段压力和温度。

（12）冷段压力和温度。

（13）再热器减温水流量、补充水流量、门杆漏汽流量。

64. 汽轮机热力试验大致包括哪些内容？试验前应做哪些工作？

答：汽轮机热力试验主要包括：

（1）试验项目和试验目的。

（2）试验时的热力系统和运行方式。

（3）测点布置、测量方法和所用的测试设备。

（4）试验负荷点的选择和保持负荷稳定的措施。

（5）试验时要求设备具有的条件，达到这些条件需要采取的措施。

（6）根据试验要求，确定计算方法。

（7）试验中的组织与分工。

试验前应做以下工作：

（1）全面了解、熟悉主、辅设备和热力系统。

（2）对机组热力系统全面检查，消除各种泄漏和设备缺陷。

（3）安装好试验所需的测点和仪表并校验。

（4）拟订试验大纲。

65. 如何做发电机断水保护试验？

答：发电机断水保护试验方法如下：

（1）开机前检查内冷水系统运行正常，压力、流量显示正确。

（2）投入发电机断水保护。

（3）电气检查发电机变压器组出口隔离开关确在断开位置后，合上发电机变压器组出口开关。

（4）缓慢开启内冷水泵再循环门（或关小定冷水管道上的进水调整门，或关小定冷水滤网进水门），发电机定子冷却水进水压力和流量逐步下降：当压力降至报警值时，"定子冷却水进水压力低"报警；当流量低于报警值时，"定子冷却水流量低"报警。

（5）当定子冷却水压力低于停机值且流量低于停机值时，电气"发电机断水"报警，延时 30s 后，发电机变压器组出口开关跳闸。

（6）恢复内冷水系统正常运行，复归各报警和断水保护信号。

66. 如何保持油系统清洁，油中无水、油质正常？

答：应做好以下工作：

（1）机组大修后，油箱、油管路必须清洁干净，机组启动前需进行油循环冲洗油系统直至油质合格。

（2）每次大修应更换轴封梳齿片，梳齿间隙应符合要求。

（3）油箱排烟风机必须运行正常。

（4）根据负荷变化及时调整轴封供汽量，避免轴封汽压过高漏至油系统中。

（5）冷油器运行中应确保冷却水压低于油压；停机后冷油器停运时注意先隔绝水侧。

（6）加强对汽轮机油的化学监督工作，定期检查汽轮机油质和定期放水。

（7）保证油净化装置投用正常。

67. 机组运行中为何必须控制加热器水位在正常范围内？

答：加热器水位控制是加热器能否保持最佳状态的一个重要因素，当加热器达到正常运行温度并运行稳定时，一定要保持正常水位。当水位低于正常水位38mm时为低水位，进一步降低会使疏水冷却段进口（吸水口）露出水面，而使蒸汽进入该段，这将破坏疏水流经该段的虹吸作用，也由于泄漏蒸汽的热量损失，造成加热器性能恶化，下端差增加；同时在疏水冷却段进口处和疏水冷却段内引起冲蚀而使管子损坏。高水位（＞38mm）时，部分管子将浸没在水中，会减少有效换热面积，导致加热器性能下降，给水出口温度降低，端差上升；加热器水位过高，还增加了汽缸进冷水冷汽的风险。

68. 机组调峰运行对高压加热器的影响主要有哪些？

答：机组调峰运行对高压加器的影响有：

（1）高压加热器在启停和负荷变化时，由于给水温度在加热器中的升高在进、出口侧形成的温差在管板上会产生热应力。

（2）由于高压加热器蒸汽和凝结水之间放热系数的不同，可在管板汽侧引起附加热应力。

（3）在高压加热器投运的过程中，由于加热器入口温度突然升高，将会在管板上产生热冲击。

（4）如果一台高压加热器单独解列一段时间，温度下降后再投入，给水与水室的温差可能高达200℃，将会引起很大的瞬态热应力。

（5）当高压加热器满负荷运行时，如遇给水泵掉闸，备用给水泵自动投运，给水泵和管道中的低温水进入加热器水室将会造成严重的热冲击。

69. 汽轮机通流部分结垢对汽轮机有何影响？

答：通流部分结垢对汽轮机的安全经济运行危害极大。汽轮机动静叶槽道结垢，将减小蒸汽的通流面积。在初压不变的情况下，汽轮机进汽量将减少，汽轮机出力降低。此外，当通流部分结垢严重时，由于隔板和推力轴承有损坏的危险，不得不限制负荷。如果配汽机构结垢严重时，将破坏配汽机构的正常工作，并且容易造成自动主汽门、调速汽门卡死的事故隐患，有可能导致汽轮机在事故状态下紧急停机时自动主汽门、调速汽门动作不灵活或拒动作的严重后果，导致汽轮机损坏。

70. 汽轮机监视段压力有何意义？运行中如何对监视段压力进行分析？

答：汽轮机各监视段压力即各段抽汽压力，除了汽轮机最后一、二级外，调节级压力和各抽汽段压力均与主蒸汽流量成正比变化。因此，根据这个关系，在运行中通过监视调节级压力和各抽汽段压力，可有效地监督通流部分工作是否正常。

分析方法如下：

（1）在安装或大、小修后，应在正常运行工况下对汽轮机通流部分进行实测，求得机组负荷、主蒸汽流量与监视段压力之间的关系，以作为平时运行监督的标准。

（2）在同一负荷（主蒸汽流量）下，监视段压力升高，则说明该监视段后通流面积减少，或者加热器停运、抽汽减少。多数情况是因叶片结垢而引起通流面积减少，有时也可能因叶片断裂、机械杂物堵塞造成监视段压力升高。

（3）如果调节级和高压一、二段抽汽压力同时升高，则可能是中压调门开度受阻或者是中压缸某级抽汽停运。

（4）监视段压力不但要看其绝对值增高是否超过规定值，还要监视各段之间压差是否超过规定值，若某个级段的压差过大，则可能导致叶片或隔板等损坏。

71. 为什么汽轮机采用变压运行方式能够取得经济效益？

答：汽轮机变压运行（滑压运行）能够取得经济效益，主要是因为：

（1）通常低负荷下定压运行，大型锅炉难以维持主蒸汽及再热蒸汽温度不降低，而变压运行时，锅炉较易保持额定的主蒸汽和再热蒸汽温度。当变压运行主蒸汽压力下降，温度保持一定时，虽然蒸汽的过热焓随压力的降低而降低，但由于饱和蒸汽焓上升较多，总焓明显升高，这一点是变压运行取得经济效益的重要原因。

（2）变压运行汽压降低，汽温不变时，汽轮机各级容积流量、流速近似不变，能在低负荷时保持汽轮机内效率不下降。

（3）变压运行时，高压缸各级，包括高压缸排汽温度将有所升高，这就保证了再热蒸汽温度，有助于改善热循环效率。

（4）变压运行时，相应地给水压力降低，可显著地减少给水泵汽轮机的用汽量（或电动给水泵的耗电量）。此外，给水泵降速运行对减轻水流对设备的侵蚀，延长给水泵使用寿命有利。

72. 汽轮机的变压运行有哪几种方式？

答：汽轮机变压运行主要有以下几种方式：

（1）纯变压运行。即在整个负荷变化的范围内，调速汽门全开，负荷变化全由锅炉压力来控制的运行方式。

（2）节流变压运行。为了弥补完全变压运行时负荷调整速度缓慢的缺点，在正常情况下调速汽门不全开，对主蒸汽压力保持一定的节流。当负荷突然增加时，原未开大的调速汽门迅速全开，以满足突然增加负荷的需要。此后，随锅炉蒸汽压力的升高，调门又重新关小，直至原滑压运行的调门开度。

（3）复合变压运行。这是一种变压运行和定压运行相结合的运行方式，具体有以下三种方式：

1）低负荷时变压运行，高负荷时定压运行。在低负荷时，最后一个或两个调门关闭，而其他调门全开，随着负荷逐渐增大，汽压到额定压力后，维持主蒸汽压力不变，改用开大最后一个或两个调门，继续增加负荷。这种方式在低负荷时，机组显示出变压运行的特性，而在高负荷时，机组又有一定的容量参与调频，这是一种比较理想的运行方式。

2）高负荷时变压运行，低负荷时定压运行。大容量机组采用变速给水泵，尽管其转速变化范围很宽，但也有最低转速的限制，另外，锅炉在低压力、高温度时，吸热比例发生较大的变化，给维持主蒸汽温度带来一定的困难，因而锅炉最低运行压力受到限制。这种方式满足了以上要求，并且在高负荷下具有变压运行的特性。

3）高负荷和低负荷时定压运行，中间负荷区变压运行：在高负荷区用调门调节负荷，保持定压运行；在中间负荷区时，一个或两个调门关闭，处于滑压运行状态；在低负荷区时，又维持一个较低压力水平的定压运行。这种运行方式也称为定—滑—定运行方式，它综合了以上两种方式的优点。

73. 什么是滑压运行方式？滑压运行方式有何优点？

答：运行过程中，负荷变化时通过改变主蒸汽压力以适应负荷需要的运行方式，称为滑压运行方式或变压运行方式。采用滑压运行方式时，汽轮机进汽阀基本保持全开，锅炉按负荷需要适时调整锅炉出口主蒸汽压力，负荷降低，主蒸汽压力降低，而过热蒸汽温度始终维持额定值。

滑压运行方式适用于单元机组，它具有以下优点：

（1）提高机组低负荷运行时的经济性。机组在低负荷运行时，由于采用滑压运行方式，汽压下降，蒸汽容积流量基本不变，没有节流损失，汽轮机可以采用全周进汽，使汽轮机有较高的内效率；同时，低负荷时主蒸汽温度不变，高压缸排汽温度略有提高，使再热汽温度易于维持。综合上述两方面，采用滑压运行方式要比在同样低负荷时采用定压运行方式的经济性高。

（2）提高机组低负荷运行时的安全性。滑压运行时，汽轮机内部蒸汽温度变化不大，部件温差较小，汽缸壁温不再是限制负荷变化速度的因素；同时，由于温差减小，使热应力及动、静部件间的胀差都减小，提高了机组的安全性。

（3）降低给水泵电耗。低负荷运行时汽压下降，给水泵压力也可相应降低，对于具有可调速的给水泵来说，其电能消耗可以降低。

（4）延长机组使用寿命。低负荷运行时蒸汽压力降低，锅炉、汽轮机、主蒸汽管道等承压部件都在较低应力状态下工作，这对延长机组的使用寿命是有利的。

74. 主蒸汽温度不变时，主蒸汽压力变化对汽轮机运行有何影响？

答：主蒸汽温度不变，主蒸汽压力升高对汽轮机的影响如下：

（1）整机的焓降增大，运行的经济性提高。但当主蒸汽压力超过限额时，会威胁机组的安全。

（2）调节级叶片易过负荷。

（3）机组末几级的蒸汽湿度增大。

（4）引起主蒸汽管道、主汽门及调速汽门、汽缸、法兰等变压部件的内应力增加，寿命减少，以致损坏。

主蒸汽温度不变，主蒸汽压力下降对汽轮机的影响如下：

（1）汽轮机可用焓降减少，耗汽量增加，经济性降低，出力不足。

（2）汽轮机通流部分易过负荷。

75. 主蒸汽温度变化对汽轮机安全有何影响？

答：从安全角度看，新蒸汽温度升高将使金属材料的蠕变加剧，缩短其使用寿命，如蒸汽室、主汽阀、调节阀、调节级、高压轴封、汽缸法兰、螺栓及蒸汽管均要受到影响，因此初温升高时应严格监视这些部件的安全，尤其是高参数和超高参数机组，即使初温增加不多，也可能引起急剧的蠕变而大幅度地降低许用应力。因此，大型汽轮机都采取了初温升高的限时运行措施，当初温超过规定值时，必须停机。

在初压不变的情况下降低初温，则为保证额定负荷运行，必须增加进汽量，从而加大了汽轮机通流部分的机械应力。在末级，则还要受因湿度增大而产生的冲蚀磨损，对汽轮机的工作产生不利影响。另外，蒸汽流量增大，将引起反动度增加，使轴向推力增大，进而影响机组安全。因此，当初温降低过多时，需降负荷运行。

76. 调峰机组的运行方式有哪几种？试比较各种调峰运行方式的优缺点。

答：调峰机组的运行方式有变负荷运行方式、两班制运行方式、少汽无负荷运行方式。

各调峰运行方式的优缺点：

（1）调峰幅度：两班制和少汽运行方式最大（100%），低负荷运行方式在50%～80%。

（2）安全性：控制负荷变化率在一定范围内的负荷跟踪方式最好，少汽方式次之，两班制最差。

（3）经济性：低负荷运行效率很低，机组频繁启停损失也很可观，所以应根据负荷低谷持续时间和试验数据比较确定。

（4）机动性：负荷跟踪方式最好，少汽运行次之，两班制最差；无再热机组好，中间再热机组差。

（5）操作工作量：负荷跟踪运行方式最好，少汽运行次之，两班制最差。

77. 提高机组运行经济性要注意哪些方面？

答：提高机组运行经济性应注意以下方面：

（1）维持额定蒸汽初参数。

（2）维持额定再热蒸汽参数。

（3）保持最有利真空。

（4）保持最小的凝结水过冷度。

（5）充分利用加热设备，提高给水温度。

（6）注意降低厂用电率。

（7）降低新蒸汽的压力损失。

（8）保持汽轮机最佳效率。

（9）确定合理的运行方式。

（10）注意汽轮机负荷的经济分配。

78. 高压加热器水侧投用前为什么要注水？如何判断其是否正常？

答：高压加热器水侧投用前必须注水的原因如下：

（1）防止给水瞬时失压和断流。在高压加热器投用前，高压加热器内部是空的，如果不预先注水充压，则高压加热器水侧会积空气。在正常投运后，因高压加热器水侧残留空气，则可能造成给水母管压力瞬间下降，引起锅炉断水保护动作，造成停炉事故。

（2）高压加热器投用前水侧注水，可判断高压加热器钢管是否泄漏。在高压加热器投用前，高压加热器进、出水门均关闭，开启高压加热器注水门，高压加热器水侧进水。待水侧空气放净后，关闭空气门和注水门，待 10min 后，若高压加热器水侧压力无下降则属正常。当发现高压加热器汽侧水位上升时应停止注水，防止因抽汽止回阀不严密而使水从高压加热器汽侧倒入汽轮机汽缸。

（3）可判断高压加热器系统是否泄漏。高压加热器投用前水侧注水，若高压加热器水侧压力表指示下降快，说明系统内漏量较大；若压力下降缓慢，则说明有轻微泄漏，应检查高压加热器钢管及各有关阀门是否泄漏。

（4）在高压加热器水侧投用前的注水过程中，应解除高压加热器保护，但必须加强水位监视，防止水位过高。

79. 试述高压加热器低水位运行的危害。

答：加热器低水位运行时，水位过低会使疏水冷却段进口（吸入口）露出水面，而使蒸汽进入该段，这将破坏该段疏水的虹吸作用，也破坏了凝结段与疏水冷却段之间的密封，同时使疏水冷却段的过冷作用降低，影响回热系统的热经济性。更为重要的是，同时会产生下列失常现象：

（1）造成疏水端差的变化。在设计工况正常运行时，疏水温度高于给水进口温度 5.5～11.1℃。如果疏水温度高于给水进口温度太多，则疏水冷却段可能部分进汽。

（2）造成蒸汽热量的损失。由于大量的蒸汽直接进入疏水系统，热量不能回收利用，因此使回热系统经济性降低。

（3）处于疏水冷却段进口区的 U 形管束将受到蒸汽的冲刷而损坏。蒸汽进入疏水冷却段后，经过 U 形管束内给水的冷却，比体积急剧变化，因而出现汽蚀现象，使管束损坏。

80. 汽动给水泵启动前的检查工作有哪些？

答：汽动给水泵启动前有以下检查工作：

（1）给水泵汽轮机无禁止启动条件。

（2）检查所有仪表、自动装置、热工保护投入正常。

（3）测汽泵前置泵及润滑油泵电动机绝缘合格后送上电源。

（4）启动前检查给水泵汽轮机润滑油系统、轴封系统、抽汽系统、疏水系统、汽泵本体、给水管路的相关阀门符合启动前要求。

（5）启动给水泵汽轮机润滑油系统，检查交直流油泵振动、声音、润滑油压力、温度、各轴承回油、油箱油位应正常，油系统无漏油现象。油泵连锁试验应正常。

（6）开启汽泵再循环阀前后隔离阀，再循环阀投自动并确认已全开。

（7）检查汽泵转速控制在手动位置，手动脱扣手柄在"脱扣"位置，速关阀、调节汽阀、给水泵汽轮机排汽蝶阀在关闭位置。

（8）给水泵汽轮机 EH 油系统投运正常。

（9）投入前置泵冷却水。

（10）投入汽泵密封水。

（11）检查除氧器水箱水位正常、水质合格、水温满足锅炉上水要求，稍开汽泵前置泵入口电动门，向前置泵、给水泵及管道充水排空气，空气门见水后关闭。充水放气完毕，全开汽泵前置泵入口电动门。

81. 叙述汽动给水泵冲转到并泵的主要操作步骤。

答：汽动给水泵冲转到并泵的主要操作步骤有：

（1）检查除氧器水位正常。

（2）先送上轴封汽，然后开启给水泵汽轮机排汽管疏水门及给水泵汽轮机本体疏水门，对给水泵汽轮机抽真空，防止给水泵汽轮机排汽安全阀破裂。待给水泵汽轮机真空正常后，开启给水泵汽轮机排汽蝶阀，并注意主机真空变化。

（3）给水泵汽轮机进汽管道暖管疏水。

（4）关闭给水泵及给水系统有关放水门，给水泵注水排除泵内空气、暖泵。

（5）投入前置泵及汽泵密封水、油冷却水及检查密封水，冷却水正常。

（6）开启前置泵进口门。

（7）给水泵汽轮机润滑油系统、EH 油系统投运。

（8）启动前置泵检查正常。

（9）检查给水泵汽轮机启动条件满足，开启给水泵汽轮机进汽电动门。

（10）给水泵汽轮机挂闸、冲转升速、暖机，汽泵出口压力与给水母管压力相近，开启汽泵出口门。

（11）对汽泵进行并列，注意调节缓慢，维持锅炉给水正常。

82. 叙述给水泵汽轮机启动过程中的注意事项。

答：给水泵汽轮机启动过程中应注意以下事项：

（1）在给水泵汽轮机启动过程中，注意控制转速平稳上升，不应产生过大的波动。

（2）如给水泵汽轮机静止后不投盘车，应注意控制送轴封时间，若给水泵汽轮机静止时间超过 2h，应破坏给水泵汽轮机真空停止送轴封，并在下次启动时适当延长给水泵汽轮机低速暖机时间。

（3）启动过程中应严密监视给水泵汽轮机轴振最大不超过 0.08mm，给水泵轴振不超过 0.10mm。

（4）注意倾听给水泵组内部声音，发现有金属摩擦声或振动大时应立即停机。

（5）汽泵各轴承金属温度和回油温度正常。

（6）汽泵密封水温差正常。

（7）给水泵汽轮机低速暖机时注意排汽管喷水投入正常，排汽管温度不超限。

（8）调整润滑油温在正常范围内。

347

83. 叙述机组 AGC 投入、退出条件及其操作。

答：AGC 投入条件：

（1）AGC 的投入按中调值班员的命令执行。

（2）AGC 投入前应检查确认协调投入，机组运行稳定。

（3）AGC 信号可用。

（4）机组负荷在规定范围内。

AGC 投入操作：在"机组负荷控制中心"按下"AGC 投入"按钮即可。AGC 投入后，监盘人员应注意根据负荷情况适当修改主蒸汽压力设定值，保持机组各参数的稳定。

AGC 退出条件：

（1）AGC 的退出按中调值班员的命令执行。

（2）协调控制退出。

（3）AGC 指令信号质量坏或 AGC 指令信号 10s 前后偏差大。

（4）阀门活动试验。

（5）发电机主开关断开。

AGC 退出操作：在"负荷控制中心"按下"AGC 切除"按钮即可。

84. 叙述机组协调控制投入、退出条件及其操作。

答：协调投入的条件：

（1）机组负荷达到 50％额定负荷以上，运行稳定。

（2）锅炉主控制器在自动方式下，主蒸汽压力波动不大。

（3）汽轮机主控制器在自动方式下，调门调整自如。

（4）DEH 在遥控方式。

协调退出的条件：

（1）机组 RB 动作。

（2）锅炉或汽轮机主控制器在手动方式。

（3）无 CCS 请求。

（4）电气主开关断开。

（5）DEH 切本机方式。

（6）MFT 动作。

协调投入操作：

（1）机组运行稳定，投入锅炉主控制器自动。

（2）投入 DEH"遥控"。

（3）投入汽轮机主控制器自动。

协调退出操作：DEH 退遥控、锅炉主控制器退自动或汽轮机主控制器退自动均导致协调退出。

第三节　汽轮机事故处理及反事故技术措施

85. 造成上下汽缸温差大的原因有哪些？上下缸温差过大有何危害？

答：引起上下汽缸温差大的原因有以下几方面：

（1）上下汽缸具有不同的散热面积，下缸布置有回热抽汽管道和疏水管道，散热面积大，因而在同样保温条件下，上缸温度比下缸温度高。

（2）在汽缸内，温度较高的蒸汽上升，而经汽缸金属壁冷却后的凝结水流至下缸，在下缸形成较厚的水膜，使下缸受热条件恶化。

（3）停机后汽缸内形成空气对流，温度较高的空气聚集在上缸，下缸内的空气温度较低，使上下汽缸的冷却条件产生差异，从而增大了上下汽缸的温差。

（4）一般情况下，下汽缸的保温不如上汽缸，运行时，由于振动，下汽缸保温材料容易脱落，而且下汽缸是置于温度较低的运行平台以下并造成空气对流，使上下汽缸冷却条件不同，增大了温差。

（5）当汽轮机在空负荷或低负荷运行时，由于部分进汽仅上部调节阀开启，因此使得上下汽缸温差增大。

上下缸存在温差将引起汽缸变形，通常是上缸温度高于下缸，因而上缸变形大于下缸变形，使汽缸向上拱起，俗称猫拱背。汽缸的这种变形使下缸底部径向间隙减小甚至消失，造成径向动、静摩擦，损坏设备。另外，还会出现隔板和叶轮偏离正常时所在的垂直平面的现象，使轴向间隙变化，甚至引起轴向动静摩擦。

86. 叙述高压加热器满水的现象、危害及处理？

答：高压加热器满水的现象有：

（1）给水温度下降。

（2）疏水温度降低。

（3）高压加热器水位高报警。

（4）就地水位指示实际满水。

（5）正常疏水阀全开及事故疏水阀频繁动作或全开。

（6）满水严重时抽汽温度下降，抽汽管道振动大，法兰结合面冒汽。

（7）高压加热器严重满水时汽轮机有进水迹象，参数及声音异常。

（8）若水侧泄漏，则给水泵的给水流量与给水总量不匹配。

高压加热器满水的危害：

（1）给水温度降低，影响机组效率。

（2）若高压加热器水侧泄漏，给水泵转速、流量增大，影响给水泵安全运行。

（3）严重满水时，可能造成汽轮机水冲击，引起叶片断裂、设备损坏等严重事件。

高压加热器满水的处理：

（1）核对就地水位计，判断高压加热器水位是否真实升高。

（2）若疏水调节阀"自动"失灵，应立即切至"手动"调节。

（3）当高压加热器水位上升至高值时，事故疏水阀自动开启。否则应手动开启，手动开启后水位明显下降，说明事故疏水阀自动失灵，应联系检修处理。

（4）手动开启事故疏水阀后水位无明显下降。根据给水泵的给水流量与给水总量是否匹配，若匹配说明疏水管道系统有堵塞，若不匹配说明高压加热器水侧有可能泄漏，应将高压加热器退出并进行隔离。

（5）当高压加热器水位上升至保护动作值时，高压加热器水位保护应动作，否则应立即手动紧急停用。检查止回阀及电动阀自动关闭，否则手动关闭。

（6）当高压加热器满水严重造成汽缸进水、汽轮机水冲击时，应立即打闸紧急停机。

87. 水环式真空泵出力下降的原因有哪些？如何处理？

答：水环式真空泵出力下降的原因及其处理方法如下：

（1）汽水分离器水位不正常。若水位低，及时补水，检查自动补水阀是否工作正常，若故障联系检修处理，进行手动补水；若水位高，放至正常水位即可；若水位过高以至于满水时，立即切至备用泵运行后进行相应处理。

（2）密封水量小，及时进行调整。

（3）泵转向不正确，立即停运联系检修处理。

（4）汽水分离器排气门动作卡涩，不灵活，联系检修尽快处理；若处理不好，停泵处理。

（5）泵入口门误关，立即开启。

（6）泵内部件损坏严重，及时停运处理。

（7）冷却器脏污、水环境温度高，清理冷却器。

88. 除氧器水位升高的现象及处理方法是什么？

答：除氧器水位升高的现象：

（1）除氧器水位指示上升。

（2）除氧器水位高报警。

（3）除氧器事故放水阀连锁开启。

处理方法：

（1）发现除氧器水位升高，应立即核对就地水位计，判断除氧器水位是否真实升高。

（2）检查除氧器水位调节阀（或凝结水泵变频）自动情况是否正常，否则应切至手动调节，若除氧器上水旁路阀误开，应及时关闭。

（3）若除氧器压力突降造成虚假水位，应检查四段抽汽至除氧器电动门、止回阀等是否关闭，若关闭应缓慢打开，使除氧器压力稳定升高，防止发生除氧器振动；如一时无法打开，应倒至辅助汽源供汽。

（4）若除氧器水位上升至高Ⅰ值，应通过调整除氧器水位调节阀（或凝结水泵变频）设法降低除氧器水位至正常值。

（5）若除氧器水位上升至高Ⅱ值，应检查除氧器事故放水阀是否自动开启，除氧器水位调节阀（或凝结水泵变频）是否自动关小，否则应手动调整，并注意凝结水再循环阀动作情况及凝汽器热井水位应正常。

（6）若水位继续上升至高Ⅲ值时，应检查四抽至除氧器进汽电动阀、四级至除氧器止回阀是否自动关闭，否则应手动关闭。

89. 给水泵运行中发生振动的原因有哪些？

答：给水泵发生振动的原因有：

（1）流量过大，超负荷运行。

（2）流量小时，管路中流体出现周期性湍流现象，使泵运行不稳定。

（3）给水泵汽化。

（4）轴承松动或损坏。

（5）叶轮松动。

（6）轴弯曲。

（7）转动部分不平衡。

（8）联轴器中心不正。

（9）泵体基础螺丝松动。

（10）平衡盘严重磨损。

（11）异物进入叶轮。

90. 给水泵汽轮机紧急打闸停机条件一般有哪些？

答：给水泵汽轮机紧急打闸停机条件有：

（1）泵组发生强烈振动或清楚地听到机组有金属撞击声。

（2）发生水冲击。

（3）油系统着火，且又不能迅速扑灭。

（4）任何一个轴承回油温度超过75℃或轴承冒烟着火。

（5）推力瓦磨损，轴向位移超过极限值。

（6）油箱油位下降到最低允许油位以下时补油无效。

（7）润滑油压低于最低规定值。

（8）达到泵组任一保护动作条件，而保护拒动。

（9）汽泵转速超过危急保安器动作值，而危急保安器未动作。

（10）泵组油泵故障或油系统不能维持正常油压。

（11）调节系统联杆折断或脱落，无法维持运行。

（12）给水泵汽轮机轴封冒火花。

（13）机械密封外泄漏严重，大量喷水威胁泵安全运行。

（14）蒸汽管道破裂及给水管道破裂，无法隔离。

（15）前置泵电轮机冒烟。

91. 为防止汽轮机动静摩擦，运行操作上应注意哪些问题？

答：为防止汽轮机动静摩擦，运行操作上应注意下列问题：

（1）每次启动前必须认真检查大轴的晃动度，确认大轴晃动度在正常范围内才可允许启动。

（2）上下汽缸温差一定要在规定的范围以内。如果上下汽缸温差过大，将使汽缸产生很大的热挠曲。实践表明，上下汽缸温差过大，往往是造成大轴弯曲的初始原因。

（3）机组热态启动时，状态变化比较复杂，运行人员应特别注意进汽温度、轴封供汽等问题的控制与掌握，以往的大轴弯曲事故大多发生在热态启动过程中。

（4）加强对机组振动的监视。在第一临界转速以下发生动静摩擦时，引起大轴弯曲的威胁最大，因此在中速以下汽轮机轴承振动达到 0.03mm 时，必须打闸停机，严禁在振动增大时降速暖机。在遇到异常情况打闸停机时，要注意检查转子的惰走时间，如发现比正常情况有明显的变化，则应注意查明原因。

（5）在汽轮机停机后，注意切断与公用系统相连的各种汽源水源，严防汽缸进冷水冷汽。为了加强停机后对设备的监视，应继续坚持正常的巡回检查及抄表，发现异常情况时，立即进行分析处理。

92. 为防止汽轮机转子低温脆性断裂事故，应在运行维护方面做好哪些措施？

答：为防止转子低温脆性断裂事故，应在运行维护方面做好以下措施：

（1）避免或减少热冲击损伤。冲转时控制主蒸汽温度至少应有 50℃ 的过热度。机组启动时应按照规程执行暖机方式和暖机时间，使转子内孔温度与内应力相适应，避免材料承受超临界应力，因此对转子应进行充分预热，控制金属升温率和气缸内外温差。

（2）正常运行时应严格控制主、再热蒸汽温度，不可超限或大幅度变化。

（3）应当在 25％ 低负荷下暖机 3～4h 后，才可做超速试验。

（4）中速暖机待高、中压内缸下壁温度达到 250℃ 以上方可升至全速，确保转子中心孔温度高于低温脆变温度。

（5）正常运行时采取滑压运行方式调节变负荷，可以减少热应力变化的幅度。尤其采用滑参数停机，有利于减少热应力对机组的危害。

（6）加强寿命管理，降低寿命损耗率。

93. 试述轴承油膜自激振荡的产生原理及特点。

答：轴系临界转速的下降，在相同的间隙下，油膜压力升高，直接影响轴承工作的稳定性，并有可能发生油膜振荡。当汽轮发电机转速高于两倍转子第一临界转速时发生的轴瓦自激振动，通常称为油膜振荡。也即只有转子第一临界转速低于 1/2 工作转速时，才会发生油膜振荡现象。

在转速升高到某一转速后，转轴会突然发生涡动运动。转轴开始产生涡动的转速称为失稳转速。转子在失稳转速以前，转动是平稳的，一旦达到失稳转速，随即发生半速涡动。以后继续升速，涡动速度也随之增加并总是保持着约等于转速 1/2 的比例关系，当继续升速达到第一临界转速时，半速涡动就会被更剧烈的临界转速的共振所掩盖，越过第一临界转速后又重新表现为半速涡动。当转速升高到两倍于第一临界转速时，由于半速涡动的涡动速度正好与转子的第一临界转速相重合，此时的半速涡动将被共振放大，从而表现为剧烈的振动，这就是油膜振荡。最典型的油膜振荡现象发生在汽轮发电机组的启动升速过程中。转轴的第一临界转速越低，其支持轴承在工作转速范围内发生油膜振荡的可能性就越大。油膜振荡的振幅比半速涡动要大得多，转轴跳动非常剧烈，而且往往不仅仅是一个轴承或相邻的轴承，而是整个机组的所有轴承都会出现剧烈的振动，在机组附近还可以听到"咚咚"的撞击声。

可见油膜振荡的危害性是非常大的。

油膜振荡一旦发生后，振动的主频率就始终保持着等于临界转速的涡动速度，而不再随转速的升高而升高，这一现象称为油膜振荡的惯性效应。所以当油膜振荡发生时，不能像过临界转速那样借提高转速冲过去的办法来消除。

94. 叙述机组跳闸后某调速汽门未关的现象、原因及处理方法。

答：现象：

（1）DEH 画面内未关调速汽门的"关"指示灯不亮。

（2）DEH 画面内未关调速汽门反馈未降至零。

（3）若未关高压调速汽门侧主汽门或未关中压调速汽门侧中压主汽门关不严，则汽轮机的转速可能会升高超过危急保安器的动作值，危急保安器应动作，但转速仍有可能飞升。

（4）若出现上述（3）情况，则"OPC动作报警"、"汽轮机转速高"报警均可能发出。

原因：

（1）主机调速系统工作不正常。

（2）调速汽门伺服执行机构进油滤网脏堵。

（3）由于安装质量或其他原因造成调速汽门卡涩或油动机执行机构卡涩。

处理方法：

（1）若高压主汽门、中压主汽门均能关严，则机组跳闸后，转速应渐下降，此时按跳机处理，同时联系检修人员到场协助检查某未关调速汽门的原因，并进行处理，动静态试验正常后，按规程规定开机。

（2）若某高压调速汽门未关而对应侧主汽门关不严，出现主机转速不正常地升高超过危急保安器动作值，则立即破坏真空，检查开启高压缸排汽通风阀，开启高压、低压旁路（或电磁泄放阀）泄压，检查主机转速有下降趋势，增开一台循环泵运行，其余按破坏真空紧急停机处理方法处理。机组转速降到零后及时投入盘车，对主机进行全面检查应无异常，查明某高压调速汽门未关、主汽门关不严的原因并消除缺陷后，再考虑开机。

（3）若某中压调速汽门未关而对应侧中压主汽门关不严，出现主机转速不正常地升高超过危急保安器动作值，则立即破坏真空，检查关严高压旁路，检查开启高压缸排汽通风阀，开启低压旁路阀（或电磁泄放阀）泄压，检查开启再热冷段、热段蒸汽管路有关疏水阀，检查主机转速有下降趋势，增开一台循环泵运行。其余处理与（2）相同。

95. 叙述汽包锅炉给水流量骤降或中断的现象、主要原因及处理方法。

答：给水流量骤降或中断的现象：

（1）DCS画面显示给水流量骤降或中断。

（2）汽包水位低声光报警，给水泵入口流量低报警。

（3）任一给水泵跳闸声光报警（给水泵跳闸时）。

（4）给水系统管道发生强烈振动。

（5）减温水流量急剧降低或升高。

主要原因：

（1）一台或两台汽动给水泵工作不正常或跳闸，电泵未能正常投运。

（2）给水自动调节设备、系统失灵，给水泵出力不平衡。

（3）操作不当，给水泵转速过低，打不出水。

（4）给水管道泄漏或爆破。

（5）高压加热器故障或系统阀门误动。

（6）最小流量再循环门误开。

（7）给水泵组止回阀故障。

（8）主给水电动门或调整门误关。

处理方法：

（1）若因汽动给水泵跳闸，电泵未能正常投运，应立即启动电动给水泵。根据汽包水位、给水流量、主蒸汽压力适当降低机组负荷。

（2）若因给水泵出力不平衡或给水自动调节装置失灵，应立即将给水自动切为手动，通过调整并列运行的给水泵转速或开大给水调节阀，维持正常给水流量。

（3）当给水流量骤降或中断，造成汽包水位下降时，应立即降低机组负荷及蒸汽压力，维持炉内燃烧稳定，尽快恢复正常给水压力。

（4）检查关严给水系统、排污系统泄漏的阀门及事故放水阀，停止一切排污放水工作。

（5）检查最小流量再循环门误开原因，关闭误开的再循环门。

（6）对照给水泵出口压力和锅炉侧给水管道压力（压力高于汽包压力过大时，将闭锁给水泵，转速上升）判断是否由给水系统阀门门芯脱落或主给水电动门、调整门被误关引起，如发现主给水电动门误关，应立即降负荷，降低汽泵或电泵转速，降低给水压力，同时设法打开主给水门和旁路阀，如仍无法开启，应停机处理。

（7）汽包水位低至 MFT 动作时，检查确认 MFT 动作正常，否则紧急停炉。

（8）给水泵组全部停运或汽包水位降至低极限时，不破坏真空故障停机。

96. 叙述汽轮机 EH 油压低的现象、主要原因及处理方法。

答：汽轮机 EH 油压低的现象：

（1）"EH 油压低"声光报警。

（2）DCS 画面及就地 EH 油压表指示低。

（3）EH 油泵空载，电流偏低。

主要原因：

（1）EH 油系统大量泄漏，油动机伺服阀泄漏。

（2）EH 油箱油位过低。

（3）EH 油泵压力调节装置或安全阀故障。

（4）EH 油高压蓄能器压力降低或到零。

（5）EH 油泵滤网差压大。

（6）EH 油泵故障而连锁动作异常。

（7）EH 油泵进出油门误关。

处理方法：

（1）检查 EH 油压降至联泵值时，备用 EH 油泵应自启动，否则手动启动。

（2）检查 EH 油系统有无泄漏，如有泄漏，在保证油压的前提下，隔离泄漏点，汇报联系相关人员及检修，同时加强 EH 油箱油位的监视，及时补油。

（3）检查 EH 油泵进出油门确已开启。

（4）检查 EH 油泵出口压力，若出口压力低，应启动备用 EH 油泵，停止运行泵，汇报值长、机组长，联系检修。

（5）检查各油动机伺服阀有无泄漏，必要时隔绝更换。

（6）联系检修调整 EH 油泵压力、卸荷阀整定值。

（7）EH 油压降至跳机值，汽轮机跳闸。

97. 汽轮机运行中推力瓦温度高有哪些原因？如何调整？

答：推力瓦温度高的原因有：

（1）冷油器出口油温高。

（2）润滑油压低。

（3）推力轴承油量不足。

（4）推力轴承磨损。

（5）轴向推力大。

（6）发生水冲击。

（7）负荷骤变，真空变化，蒸汽压力及温度变化。

调整处理原则：

（1）当发现推力轴承金属温度任一点异常升高，应及时查明原因。重点检查冷油器出口温度、润滑油压、推力轴承油流是否正常。

（2）推力轴承金属温度异常，应倾听机组内部有无异声，并检查机组负荷、汽温、汽压、真空、轴向位移、振动变化情况，若有异常，应将其调整至正常。

（3）当推力轴承金属温度或推力轴承回油温度达到报警值时，应汇报值长降低机组负荷，并密切监视。

（4）当推力轴承金属温度或轴承回油温度达停机值时，应破坏真空紧急停机。

98. 机组运行中循环水中断应如何处理？

答：机组运行中循环水中断、短时无法恢复供水时，应按以下原则进行处理：

（1）立即手动打闸停机，关闭高、中压主汽门、调门，维持凝结水系统及真空泵运行。

（2）及时切除并关闭旁路系统，关闭主、再热蒸汽管道至凝汽器的疏水，禁止开启低压旁路。

（3）注意闭式水各用户的温度变化。

（4）加强对润滑油温、轴承金属温度、轴承回油温度的监视。若轴承金属温度或回油温度上升至接近限额，应破坏真空紧急停机。

（5）关闭凝汽器循环水进、出水阀，待排汽温度降至规定值以下，再恢复凝汽器通循环水。

（6）检查低压缸安全膜应未吹损，否则应通知检修及时更换。

99. 主机油箱油位变化的原因主要有哪些？

答：主机油箱油位升高的原因主要有：

（1）轴封压力过高或端部轴封冒汽量大。

（2）轴封加热器负压偏低，使轴封回汽不畅而油中带水。

（3）冷油器铜管泄漏，并且水压大于油压。

（4）主油箱油位计卡死，出现假油位。

（5）启动时高压油泵和润滑油泵的轴承冷却水漏入油中。

（6）冷油器出口油温升高，使油位升高。

（7）密封油箱油位过低造成主油箱油位高。

主机油箱油位降低的原因主要有：

（1）油箱事故放油门及油系统其他部套泄漏或误开。

（2）净油器过滤油泵到油位高限不能自启动将油打入主油箱。

（3）冷油器铜管泄漏。

（4）冷油器出口油温低，油位也有所降低。

（5）轴承油挡漏油。

（6）油箱刚放过水。

（7）油位计卡涩。

（8）密封油箱油位过高造成主油箱油位低。

（9）停机时发电机进油。

100. 汽轮机润滑油箱油位下降如何处理？

答：发现汽轮机润滑油箱油位下降，值班人员应首先核对远方与就地油位计，确认油位下降后应积极查找原因，并做相应处理。

（1）检查事故放油门是否严密。对冷油器进行放水检查，若冷油器泄漏，应隔离泄漏冷油器。

（2）全面检查油系统管道有无漏油，润滑油净化装置是否跑油或漏油。

（3）检查密封油系统油箱油位是否正常，判断发电机是否进油。

（4）当油箱油位下降至低一值报警时，应及时补油。

（5）因大量漏油使油箱油位快速下降至停机值，或润滑油压力下降至保护动作值而保护未动作时，应立即破坏真空紧急停机。

（6）油系统大量漏油，应立即设法堵漏，以减少漏油或改变漏油方向，严防油漏至高温管道及设备上，同时迅速对油箱加油并消除缺陷。

（7）如漏油至高温管道或部件引起火灾，应立即通知消防队，并用干粉灭火器或泡沫灭火器，禁止用水灭火。

101. 叙述汽轮机调节级压力异常的原因及处理方法。

答：在正常运行中，调节级压力与主蒸汽流量基本成正比，引起调节级压力异常的原因有：

（1）由于仪表测量原因，造成指示失准。

（2）汽轮机通流部分积盐垢，造成通流面积减小。

（3）由于金属零件碎裂或机械杂物堵塞通流部分或叶片损伤变形。

（4）在主机负荷不变的情况下，由于各种原因造成主蒸汽流量偏离设计值，如多台加热器退出，锅炉再热器大量泄漏，主机低压旁路严重内漏，或是真空突变，主蒸汽压力、温度等大幅度变化，都将引起主蒸汽流量异常，从而反映在调节级压力的异常变化上。

（5）主机超负荷运行。

调节级压力异常的处理方法：

（1）机组大修后在一定工况下，对应的调节级压力应有原始记录，以便供日常运行中做出对照比较。当主机调节级压力异常时，首先要具体分析找出原因，并加强相关参数的监视，如主蒸汽压力、温度、真空等以及主机振动、胀差、轴位移，各段抽汽压力是否出现异常。

（2）对于由于热工测点故障而使调节级压力异常时，由于此时主蒸汽流量也可能出现失常，要加强对协调控制系统、汽包水位自动等的监视，必要时手动调整，并对主蒸汽流量通过间接手段加强监视，尽快联系热控人员处理。

（3）由于通流部分积盐造成的通流部分面积减小是缓慢进行的，机组运行一段时间后，应将调节级压力与原始值做出比较，一旦发现积盐现象，尽快停机处理，同时在日常运行中，要加强对汽水品质的管理，防止由于蒸汽品质超标而造成叶片结垢。

（4）在调节级压力异常变化时，同时主机振动加剧，轴位移明显变化或出现凝结水硬度、电导率等指标上升，或出现加热器满水，判断为主机叶片损坏，应严格按规程减负荷或停机，防止事故扩大。

（5）在机组高负荷时，主蒸汽参数尽可能在额定值运行，对应负荷下，主蒸汽流量明显增大时，除主蒸汽各参数外，还应检查是否主汽门后的蒸汽系统有泄漏，从而导致流量加大。加热器退出运行时，要加强对调节级压力的监视（特别是多台加热器同时退出）。

（6）当调节级压力升高至规定值时，应申请降负荷处理。

102. 主油泵工作失常的现象有哪些？如何处理？

答：现象：

（1）前箱内有噪声。

（2）主油泵出口压力下降。

处理：

（1）检查主油泵入口压力是否正常，前箱内有无异声、管道有无大量泄漏。密切监视主油泵出口及润滑油压力的变化。

（2）主油泵入口压力低，联系检修设法调整，以保证润滑油系统油压。

（3）确认主油泵出入口管道泄漏，联系检修堵漏，如无效按停机处理。

（4）确认主油泵故障，应启动交流润滑油泵，申请停机处理。

103. 凝汽器满水的原因有哪些？如何处理？

答：原因：

（1）凝结水泵跳闸，备用泵未启动。

（2）凝汽器铜管大量泄漏。

（3）凝汽器热井水位调节阀失灵或旁路误开。

（4）凝结水泵入口或大法兰漏空气，凝结水泵汽化不打水。

（5）凝结水泵出口管道上有关阀门误关，包括化学精处理装置有关阀门误关。

（6）备用泵出口止回阀和出口电动阀不严。

（7）凝结水泵入口滤网或热井内滤网堵塞。

处理：

（1）运行泵跳闸，备用泵未联动，应立即启动。同时，解除跳闸泵的连锁备用，检查跳闸原因。

（2）凝汽器铜管大量泄漏，经化验凝结水硬度大幅度上升时，应汇报值长，并根据凝汽器真空、水质逐步减负荷。同时启动凝结水补水泵，开启机组启动放水门对凝汽器进行补换水，控制凝汽器水位正常。组织对凝汽器单侧隔绝查漏，待查漏结束、凝结水水质合格、水位正常后，停止凝结水补水泵运行，关闭机组启动放水门。

（3）凝汽器热井水位调节阀失灵，应立即隔离，并联系检修处理，改用补水旁路门控制水位。如旁路门误开，应立即关闭。

（4）凝结水泵漏入空气，应开大密封水门或空气门，查找泄漏点。同时启动备用泵以维持正常水位。

（5）凝结水泵出口管道及化学精处理装置上有关阀门误关，应立即开启。

（6）备用泵出口止回阀和出口电动阀不严，应设法关严出口电动阀。

（7）凝结水泵入口滤网堵塞，应启动备用泵，停止故障泵，解除故障泵的连锁备用，并隔离清理。如无备用泵时，应汇报值长，适当降低负荷，以维持正常的凝汽器水位。若热井内滤网堵塞，则汇报值长，先适当降低负荷，使凝汽器水位恢复正常，然后根据滤网堵塞的严重程度安排停机。

104. 机组正常运行中凝结水泵突然跳闸应如何处理？

答：机组运行中凝结水泵突然跳闸的处理原则有：

（1）运行中的凝结水泵掉闸后，应先检查备用泵是否自启，否则手动启动。

（2）如无备用泵（检修），跳闸泵又无明显故障现象及限制启动条件时，允许试合一次，试合失败后不得再启动。

（3）凝结水泵跳闸后，如备用泵联启正常，应及时调整凝汽器热井、除氧器水位，维持除氧器、凝汽器热井水位正常。

（4）凝结水泵跳闸后，经以上处理无效但可短时处理恢复时，应尽快减负荷，并采取其他手段对除氧器进行补水，以维持机组短时运行。如无法维持，除氧器水位低至限值，应停机处理；如凝汽器满水，真空急剧下降至保护动作时应停机处理。

（5）处理过程中，应注意防止 5、6 号低压加热器管子干烧损坏。

105. 在哪些情况下应不破坏真空故障停机？

答：在下列情况下应不破坏真空故障停机：

（1）真空降至规定值，负荷降至零仍无效。

（2）额定汽压时，主蒸汽温度升高至最大允许值。

（3）主、再热蒸汽温度过低，蒸汽温度 10min 内急剧下降 50℃ 以上。

（4）低压缸排汽温度上升至保护动作值。

（5）主蒸汽压力上升至最大允许值。

（6）发电机断水超过规定值，断水保护拒动。

（7）厂用电全部失去。

（8）主油泵出现故障，不能维持正常运行时。

（9）氢冷系统大量漏氢，发电机内氢压无法维持。

（10）主/再热蒸汽、给水、凝结水管破裂，威胁人身及设备安全。

（11）凝汽器冷却水管泄漏，循环水漏入汽侧。

（12）机组连续无蒸汽运行超过 1min。

106. 在哪些情况下应破坏真空紧急故障停机？

答：在下列情况下应破坏真空紧急故障停机：

（1）汽轮发电机组任一轴承振动达紧急停机值。

（2）汽轮发电机组内部有明显的金属摩擦声和撞击声。

（3）汽轮机发生水冲击。

（4）汽轮发电机组任一轴承断油、冒烟或轴承回油温度突然上升至紧急停机值。

（5）轴封内冒火花。

（6）汽轮机油系统着火，不能很快扑灭，严重威胁机组安全运行。

（7）发电机或励磁机冒烟着火或氢系统发生爆炸。

（8）汽轮机转速升高到危急保安器动作转速而危急保安器未动作。

（9）汽轮机任一轴承金属温度升高至紧急停机值。

（10）润滑油压力下降至紧急停机值，虽经启动交直流润滑油泵但仍无效。

（11）汽轮机主油箱油位突降至紧急停机值，虽加油但仍无法恢复。

（12）汽轮机轴向位移达紧急停机值。

（13）汽轮机胀差达紧急停机值。

107. 叙述紧急停机的主要操作步骤。

答：紧急停机的主要操作步骤有：

（1）手打"危急遮断器"或按"紧急停机"按钮，确认高、中压自动主汽门、调速门、高压缸排汽止回阀、各级抽汽止回阀关闭，负荷到零。

（2）发电机逆功率保护动作，机组解列。注意机组转速应下降。

（3）启动交流润滑油泵，检查润滑油压力正常；转速下降至规定值后，启动顶轴油泵运行，检查顶轴油压力正常。

（4）解除真空泵连锁、停真空泵，开启凝汽器真空破坏阀。

（5）检查高、低压旁路是否动作，若已打开应立即手动关闭。

（6）手动关闭主、再热蒸汽管道上的疏水阀。

（7）检查给水泵汽轮机应跳闸。

（8）检查并调整凝汽器、除氧器水位维持在正常范围。

（9）检查低压缸喷水阀自动打开。

(10) 开启汽轮机缸体相连的有关疏水阀。

(11) 根据凝汽器真空情况及时调整轴封压力。

(12) 在转速下降的同时，进行全面检查，仔细倾听机内声音。

(13) 待转速到零，投入连续盘车，记录惰走时间及转子偏心度。

(14) 完成正常停机的其他有关操作。

108. 试述凝汽器真空下降的处理原则。

答：凝汽器真空下降的处理原则：

(1) 发现真空下降，应首先对照排汽温度，确认真空下降，并迅速查明原因，采取相应对策。

(2) 真空下降应启动备用真空泵，如真空降至减负荷值仍继续下降，则应按真空下降幅度减负荷直至负荷到零。

(3) 经处理无效，机组负荷虽减到零真空但仍无法恢复时，应打闸停机。

(4) 真空下降时，应注意汽动给水泵的运行情况，必要时启动电动给水泵运行。

(5) 真空下降时，应注意排汽温度的变化，必要时投入低压缸喷水。

(6) 如真空下降较快，在处理过程中已降至停机值，保护应动作，机组跳闸，否则应手动打闸停机。

(7) 因真空低停机时，应及时切除并关闭高、低压旁路，关闭主、再热蒸汽管道至凝汽器疏水，禁止开启至凝汽器的低压旁路。

(8) 加强对机组各轴承温度和振动情况的监视。

109. 凝汽器真空急剧下降的具体处理方法有哪些？

答：凝汽器真空急剧下降的处理方法有：

(1) 循环水泵跳闸，应立即关闭其出口门，防止水泵倒转。若非厂用电全停，应立即启动备用泵，如无备用泵，在确证跳闸循环水泵不倒转的情况下，可强启一次跳闸泵，若启动均不成功，应迅速减负荷到零，打闸停机。

(2) 如果循环水泵出口压力、电流大幅度降低，则可能是循环水泵本身故障引起，此时应迅速启动备用泵，停止故障泵，同时联系检修人员检查处理。

(3) 如果运行循环水泵出口门误关，也会造成真空急剧下降。其现象是凝汽器入口压力降低，出入口温差增大。对于混流泵，电流增加；对于离心泵，电流减小，此时应立即开启出口门。

(4) 运行真空泵（抽气器）故障时应及时启动备用真空泵（抽气器），停止故障真空泵（抽气器）。

(5) 凝汽器满水时立即开大水位调整门（或提高凝泵转速），必要时应启动备用凝结水泵运行或将凝结水排入地沟，直至水位恢复正常。如果判断凝汽器铜管（钛管）泄漏，应进行凝汽器半侧隔绝查漏；如为运行凝结水泵故障，应及时倒换为备用凝结水泵运行。

(6) 轴封供汽中断时应迅速采取措施恢复轴封供汽，必要时倒换轴封备用汽源。

(7) 真空系统大量漏空气时，应及时启动备用真空泵（抽气器）。如果故障点能够隔绝，应尽快隔绝检修。

110. 分别叙述个别轴承温度升高和轴承温度普遍升高的原因。

答：个别轴承温度升高的原因：

(1) 负荷增加、轴承受力分配不均、个别轴承负荷大。

(2) 进油不畅或回油不畅。

(3) 轴承内进入杂物、乌金脱壳。

(4) 靠轴承侧的轴封汽过大或漏汽大。

(5) 轴承中有气体存在、油流不畅。

(6) 振动引起油膜破坏、润滑不良。

轴承温度普遍升高的原因：

(1) 由于某些原因引起冷油器出油温度升高。

(2) 油质恶化。

(3) 轴承箱或主油箱回油负压过高，回油不畅等。

(4) 汽轮机组转速升高。

111. 汽轮机轴承振动大的危害有哪些？

答：运行中汽轮机轴承振动大的危害有：

(1) 低压端部分轴封磨损，密封作用破坏，空气漏入低压缸内，影响真空；高压端部分轴封磨损，从高压缸向外漏汽量增大，使转子局部受热而发生弯曲，蒸汽进入轴承油中使油质乳化。

(2) 隔板汽封磨损严重，将使级间漏汽量增大，除影响经济性外，还会使轴向推力增大，致使推力瓦钨金熔化。

(3) 滑销磨损严重时，影响机组的正常热膨胀，从而引起其他事故。

(4) 轴瓦钨金破裂，紧固螺钉松脱、断裂。

(5) 转动部分的耐疲劳强度降低，将引起叶片、轮盘等损坏。

(6) 发电机、励磁机部件松动、损坏。

(7) 调速系统不稳定。

112. 汽轮机轴承振动大的原因及处理原则是什么？

答：汽轮机轴承振动大的原因主要有：

(1) 动静摩擦或大轴弯曲。

(2) 转子质量不平衡、汽轮机断叶片或汽轮机内部部件损坏脱落。

(3) 中心不正或联轴器松动。

(4) 轴承工作不正常或轴承座松动。

(5) 滑销系统卡涩，造成膨胀不均。

(6) 发电机磁场不平衡或非全相运行等。

(7) 真空下降，引起汽轮机中心偏移或末级叶片喘振。

(8) 蒸汽激振。

处理原则：

(1) 正常运行中，瓦振不应超过 30μm、轴振不应超过 76μm；当瓦振突然增加

50μm 或轴振超过 250m（或厂家规定值），或清楚听到内部有金属撞击声时，应立即破坏真空停机。

（2）涨负荷中，当发生强烈的振动时，应降低负荷，直至振动恢复正常，同时对机组进行全面检查，重点检查润滑油压、润滑油温、轴承温度、主蒸汽温度、汽缸膨胀、凝结器真空、氢压、氢温等是否正常。

（3）检查上述情况正常后，再慢慢涨负荷，观察振动情况，每涨 10% 额定负荷，稳定一段时间？

（4）冲转后，在轴封处和通流部分发出摩擦声并随之振动增大时，应立即停机？

（5）冲转中，1300r/min 以下瓦振大于 30μm，或临界转速下瓦振大于 100μm，或任何转速下轴振大于 250μm（或厂家规定值），应立即打闸停机，严禁硬闯临界转速或降速暖机？

（6）冲转中因振动异常停机时，必须回到盘车状态，全面检查。当符合启动条件时，连续盘车 4h 后，方可再次启动。

（7）强烈振动停机后的盘车中，若盘车电流较正常增大、摆动或机内声音异常时，应查明原因，及时处理。当盘车不动时，不可强行盘车，应加强监视，尝试手动盘车，定期盘车 180°，待摩擦消失后，转入连续盘车。

113. 油系统着火如何处理？

答：油系统着火时，应按以下原则进行处理：

（1）立即组织灭火，联系消防部门并汇报有关领导。

（2）正确使用灭火设备进行灭火，同时防止烧伤及窒息。

（3）避免油喷射到高温物体，阻止火势蔓延，有关设备停电。

（4）若火势不能很快扑灭且严重威胁机组安全时，应立即破坏真空紧急停机。

（5）如润滑油箱附近着火，严重威胁机组安全时，打开油箱事故放油门放油，但应控制放油速度，保证主机转速到零前，润滑油、密封油不中断；在发电机氢气置换完毕前，密封油不中断。

（6）油系统着火时，尽量不开高压油泵，尽量设法降低润滑油压。

（7）轴承处着火时，不得已时可停止油系统运行。

（8）发电机内部失火时，应立即紧急停机，并迅速排氢，向发电机充二氧化碳灭火？

（9）如果由于密封油压力低、氢气外泄造成发电机两端着火，应迅速提高密封油压，阻止氢气外泄？

（10）给水泵汽轮机油系统着火时，应紧急停运给水泵汽轮机。

114. 防止汽轮机油系统着火的技术措施有哪些？

答：防止汽轮机油系统着火的技术措施主要有：

（1）油系统应尽量避免使用法兰连接，禁止使用铸铁阀门。油系统法兰禁止使用塑料垫、橡皮垫（含耐油橡皮垫）和石棉纸垫。

（2）油管道法兰、阀门及可能漏油部位附近不允许有明火，必须明火作业时要采取有效措施，附近的热力管道或其他热体的保温应紧固、完整，并包好铁皮。

（3）禁止在油管道上进行焊接工作。在拆下的油管上进行焊接时，必须事先将管子冲洗干净。

（4）油管道法兰、阀门及轴承、调速系统等应保持严密不漏油，如有漏油应及时消除，严禁漏油渗透至下部蒸汽管、阀保温层。

（5）油管道法兰、阀门的周围及下方如敷设有热力管道或其他热体，这些热体保温必须齐全，保温外面应包铁皮。

（6）检修时当发现保温材料内有渗油时，应消除漏油点，并更换保温材料。事故排油阀应设两个钢质截止阀，其操作手轮应设在距油箱5m以外的地方，并有两个以上的通道，操作手轮不允许加锁，应挂有明显的"禁止操作"标志牌。

（7）油管道要保证机组在各种运行工况下自由膨胀。

（8）机组油系统的设备及管道损坏发生漏油时，凡不能与系统隔绝处理的或热力管道已渗入油的，应立即停机处理。

115. 汽轮机发生水冲击事故的原因有哪些？

答：汽轮机发生水冲击事故的原因主要有：

（1）锅炉蒸发量过大或不均匀，化学水处理不当引起汽水共腾。

（2）锅炉减温阀泄漏或调整不当，汽压调整不当。

（3）启动过程中升压过快，或滑停过程中降温速度过快，使蒸汽过热度降低，甚至接近或达到饱和温度，导致蒸汽带水。

（4）运行人员误操作或给水调节故障造成锅炉满水。

（5）汽轮机启动过程中，暖管时间不够，疏水不尽。

（6）再热蒸汽冷段采用喷水减温时由于操作不当或阀门不严，减温水积存在再热蒸汽冷段管内或倒流入高压缸中，当机组启动时积水被蒸汽带入汽轮机内。

（7）汽轮机回热系统加热器水位高，且水位保护装置失灵，使水经抽汽管道返回汽轮机内造成水冲击。

（8）除氧器发生满水，使水经汽平衡管进入轴封系统。

（9）启、停机时，轴封汽源轴封管道系统未充分暖管疏水，使轴封供汽带水。

116. 汽轮机水冲击事故的现象及运行处理原则是什么？

答：汽轮机水冲击的现象有：

（1）主蒸汽或再热蒸汽温度直线下降。

（2）蒸汽管道有强烈的水冲击声或振动。

（3）主汽门、调速汽门的门杆、法兰、轴封处冒白汽或溅出水滴。

（4）负荷下降，机组声音异常，振动加大。

（5）轴向位移增大，推力轴承金属温度升高，胀差减小。

（6）汽轮机上下缸金属温差增大或报警。

处理原则：

（1）机组发生水冲击，应按破坏真空紧急停机处理。

（2）注意汽轮机本体及有关蒸汽管道疏水门应开启。

（3）注意监视轴向位移、胀差、推力轴承金属温度、振动等参数。

（4）仔细倾听汽轮发电机内部声音，准确记录惰走时间。

（5）如因加热器、除氧器满水引起汽轮机进水，应立即关闭其抽汽电动门，解列故障加热器并加强放水。

（6）若汽轮机进水，使高、中压缸各上下缸金属温差超标时，应立即破坏真空紧急停机。

（7）汽轮机转速到零后，立即投入连续盘车。

（8）投盘车时要特别注意盘车电流是否增大，记录转子偏心度。转子变形严重或内部动静部分摩擦，盘车盘不动时，严禁强行盘车。

（9）机组发生水冲击紧急停机后，24h内严禁启动；再次启动前连续盘车应不少于12h，汽缸上下缸温差、转子偏心度等符合要求。

（10）汽轮机符合启动条件后启动汽轮机，在启动过程中，应注意监视转子偏心度、轴向位移、胀差、推力轴承金属温度、振动等符合控制指标及汽轮机本体、蒸汽管道的疏水情况。

（11）如汽轮机重新启动时发现有异常声音或动静摩擦声，应立即破坏真空停机并逐级汇报。

（12）惰走过程中，如汽轮机轴向位移、胀差、振动、推力轴承金属温度及回油温度明显升高，惰走时间明显缩短，应逐级汇报，根据推力瓦情况决定是否揭缸检查，否则禁止启动。

（13）如果停机时发现汽轮机内部有异常声音和转动部分有摩擦，则应揭缸检查。

117. 汽轮机进冷水或冷汽的危害有哪些？

答：汽轮机进冷水或冷汽的危害有：

（1）动静部分碰磨。汽轮机进冷水或冷蒸汽使高温下的金属部件突然冷却而急剧收缩，产生很大的热变形，使相对膨胀急剧变化，机组产生强烈的振动，动静部分轴向和径向碰磨，产生大轴弯曲。

（2）叶片的损伤和断裂。进入汽轮机通流部分的水量较大时，造成叶片的损伤和断裂，特别是对较长的叶片。

（3）推力瓦烧毁。进入汽轮机的水或冷蒸汽的密度比蒸汽的密度大得多，因而在喷嘴内不能获得和蒸汽同样的加速度，使其相对速度的进汽角远大于蒸汽相对速度的进汽角，汽流不能按正确的方向进入汽流通道，而对动叶进口边的背弧产生冲击。这除了使动叶产生制动力外，还产生一轴向推力，使汽轮机轴向推力增大。实际运行中汽轮机的轴向推力可增大到正常运行时的10倍，使推力轴承超载而导致钨金烧毁。

（4）阀门或汽缸结合面漏汽。若阀门和汽缸受到急剧冷却，会使金属产生永久变形，导致阀门或汽缸结合面漏汽。

（5）引起金属裂纹。机组启、停时，如果经常进冷水或冷蒸汽，金属在频繁交变的热应力作用下会出现裂纹，如果汽封处的转子表面受到汽封供汽系统来的水或冷蒸汽的反复冷却，就会出现裂纹并不断扩大。

118. 防止汽轮机进冷水或冷汽的措施主要有哪些？

答：防止汽轮机进冷水或冷汽的措施有以下几方面：

（1）有关设备和汽水系统应满足以下技术要求：

1）疏水点的布置要合理、完善。

2）疏水管按压力等级分别接到高、中、低压疏水联箱上。

（2）在运行维护方面，要做到以下几点：

1）加强运行监督，严防发生水冲击，一旦发现汽轮机水冲击的前兆或象征（如汽温骤降、振动增大），应采取紧急事故停机措施。

2）注意监视汽缸温度和加热器、凝汽器水位，尤其是在停机后不能忽视，当发现有进水危险时，要迅速查明原因，切断水源。

（3）热态启动前，主蒸汽和再热蒸汽系统要充分暖管，保证疏水畅通。

（4）高压加热器保护要进行定期检查试验，保证工作性能符合设计要求。高压加热器保护不能满足运行要求时，禁止高压加热器投入运行。

（5）定期检查加热器水位调节装置，保证水位调节装置和高水位报警装置工作正常。

（6）定期检查加热器管束，发现泄漏及时检修、处理。

（7）加强除氧器水位监视，定期检查水位调节装置，杜绝发生满水事故。

（8）汽轮机滑参数启停时，汽温、汽压要严格按照规程规定调整，至少保持50℃以上的过热度。

（9）定期检查再热蒸汽减温水阀门是否关闭严密，如发现泄漏应及时联系检修处理。

（10）停机后给水泵中间抽头、旁路系统减温水、轴封减温水等应严密关闭。

119. 叙述汽轮机叶片断落的现象和处理原则。

答：汽轮机叶片断落的主要现象：

（1）汽轮机或凝结器内突然产生声响。

（2）机组突然振动增大或抖动。

（3）某监视段压力异常，轴向位移、推力轴承金属温度异常变化。

（4）当叶片损坏较多时，若要维持负荷不变，则应增加蒸汽流量，即调门开度比正常开度偏大。

（5）断叶片落入凝结器时打坏冷却水管，凝结器水位升高，凝结水硬度、电导率增大，凝结水泵电流增大。

（6）在惰走、盘车状态下，可听到金属摩擦声。

（7）断叶片进入抽汽管道可能造成阀门卡涩。

汽轮机叶片断落的处理原则：

（1）汽轮机叶片在运行中损坏或断落，不一定同时出现上述全部现象，但如发现汽轮机内部有明显的金属撞击声或机组强烈振动等现象时，应立即破坏真空紧急停机。

（2）正常运行中如发现调节级压力或某一段抽汽压力以及抽汽压差异常变化时，应立即进行综合分析，如伴随相同工况下负荷下降，轴向位移、推力瓦块温度有明显变化或相应轴承的振动明显增大时，应尽快申请减负荷停机。

(3) 汽轮机低压叶片断裂打破凝汽器铜管，使凝结水硬度、电导率上升，但机组无异声、振动无明显增大，应按以下方法进行处理：如凝结水硬度上升较小，未超标，应汇报值长对凝汽器半边隔离堵漏；如凝结水水位上升，则启动备用凝结水泵。

120. 汽轮机叶片损伤的原因有哪些?

答：汽轮机叶片损伤的原因很多，归纳起来可分为以下几个方面：

(1) 机械损伤。造成叶片机械损伤主要有以下几种情况。

1) 外来的机械杂物穿过滤网进入汽轮机或滤网本身损坏进入汽轮机，造成叶片损伤。

2) 汽缸内部固定零部件脱落，如阻汽环、导流环、测温套管等破坏断落，造成叶片严重损伤。

3) 汽轮机因轴瓦（包括推力瓦）损坏、胀差超限、大轴弯曲及强烈振动造成动静摩擦，引起叶片损坏。

(2) 水冲击损伤。每一种进水情况都可能造成叶片的水冲击损伤。受到水冲击后，前几级叶片的应力突然增加，同时受到骤然冷却，往往直接引起叶片损伤。末几级叶片冲击载荷更大，更加容易因水冲击造成损伤。

(3) 腐蚀和锈蚀损伤。叶片的腐蚀损伤发生在进入了湿蒸汽的各级。腐蚀介质需要适度的水分才能发生化学作用，但水分如果多的足以将聚集的腐蚀介质量不断地冲走，则腐蚀又不致发生。所以最危险的区域是干湿交替变化，使腐蚀介质处于易聚集级段，这些级段又称为过渡区。由于腐蚀介质聚集的影响，将使叶片材料抗振强度急剧下降。另外，蒸汽进入停运的汽轮机时也会造成叶片严重锈蚀。

(4) 水蚀（冲剧）损伤。水蚀通常又称为冲剧，是蒸汽分离出来的水滴对叶片作用造成的机械损伤，一般发生在末几级低压长叶片上，尤其是末级叶片。因末级叶片旋转线速度高，蒸汽湿度也高，水蚀更加突出。

(5) 叶片本身存在缺陷引起的损伤，主要包括以下几方面的因素：

1) 振动特性不合格。

2) 设计应力过高或结构不合理。

3) 材质不良或错用材料。

4) 加工工艺不良。

(6) 运行管理不当。在运行管理方面对叶片造成危害的情况主要有以下几方面：

1) 偏离额定频率，使叶片落入共振转速范围内运行，造成叶片共振断裂。

2) 过负荷运行，使叶片的工作应力增大，特别是最后几级叶片，不但因蒸汽流量增大而引起过负荷，而且焓降也随之增加，叶片过负荷情况更加严重。

3) 进汽参数不符合要求，如汽压过高、汽温偏低、真空过高等，都会加剧叶片的水蚀或引起超负荷。

4) 机组动静摩擦事故造成叶片机械损伤。

5) 蒸汽品质不良使叶片结垢，不但会引起腐蚀，还会改变监视段压力，造成某些通流级段过负荷。

121. 防止汽轮机叶片损坏的技术措施主要有哪些？

答：为防止汽轮机叶片损坏应采取以下措施：

（1）电网应保持正常频率运行，避免频率偏高或偏低而引起某几级叶片进入共振区。

（2）运行中保持蒸汽参数和各监视段压力、真空等在正常范围内，超过极限值时应限负荷运行。

（3）加强汽、水品质的化学监督。

（4）运行中加强对振动的监视，防止汽轮机因进冷水冷汽或其他原因导致受热不均变形、动静间隙减小引起局部碰磨。

（5）机组大修中应对通流部分的损伤情况进行全面细致的检查，做好叶片、围带、拉筋的损伤记录，做好叶片的调频工作。

122. 汽轮机发生轴承断油的原因有哪些？

答：汽轮机发生轴承断油的原因有：

（1）在汽轮机运行中进行油系统切换时发生误操作。

（2）主油泵失压而润滑油泵又未联动时，将引起断油；或在润滑油泵联动前的瞬间，也会引起断油。

（3）油系统存在大量空气未能及时排除，会造成轴瓦瞬间断油烧坏轴瓦。油过滤器、冷油器切换时未按规定预先排除空气，会使大量的空气进入供油管道，造成轴瓦瞬间断油。

（4）启动、停机过程中润滑油泵打不上油。

（5）主油箱油位低，注油器进入空气，使主油泵断油。

（6）因厂用电中断，直流油泵不能及时投入时造成轴瓦断油。

（7）供油管道断裂，大量漏油造成供油中断。

（8）安装或检修时油系统存留有棉纱等杂物，造成进油堵塞。

（9）轴瓦在运行中位移，如轴瓦旋转，造成进油口堵塞。

123. 防止汽轮机断油烧瓦的安全技术措施主要有哪些？

答：防止汽轮机断油烧瓦的安全技术措施有：

（1）加强油温、油压的监视调整，定期校验油位计、油压表、油温表。

（2）油净化装置运行正常，定期化验油质，油质应符合标准。

（3）严密监视轴承乌金温度，发现异常应及时查找原因并消除。

（4）油系统设备自动及备用可靠，并进行严格的定期实验。

（5）运行中的油泵或冷油器的投停切换应平稳、谨慎，进行充分的放空气，严防断油烧瓦。

（6）注意监视机组的振动、串轴、胀差。防止汽轮机进水、大轴弯曲、轴承振动及通流部分损坏导致轴瓦磨损。

（7）汽轮发电机转子应可靠接地。

（8）启动前应认真按设计要求整定交、直流油泵的连锁定值，检查接线正确。

（9）油系统阀门不得垂直布置，尽可能采用明杆阀门，大修完毕油系统应进行清理。

（10）运行中经常检查主油箱、高位油箱、油净化、密封油箱的油位，滤油机运行情况。

发现主油箱油位下降快，补油无效时，应立即启动直流润滑油泵并停机。

（11）直流润滑油泵电源应有足够的容量并可靠。

124. 汽轮机超速的主要原因及处理原则是什么？

答：汽轮机超速的主要原因有：

（1）发电机甩负荷到零，汽轮机调速系统工作不正常。

（2）危急保安器超速试验时转速失控。

（3）发电机解列后高、中压主汽门或调速汽门，抽汽止回阀等卡涩或关闭不到位。

（4）汽轮机转速监测系统故障或失灵。

汽轮机超速的处理原则：

（1）当发现汽机转速超过 3300r/min，保护拒动时，应立即破坏真空紧急停机，锅炉灭火，确认转速下降。

（2）若汽轮机打闸后，发现转速继续升高，应采取果断隔离及泄压措施。立即开启锅炉过热器 PCV 阀或再热器安全门或各加热器的危急疏水门泄压。

（3）若由于主汽门、调速汽门不关造成超速，应停止 EH 油泵。

（4）查明超速原因并消除故障，全面检查确认汽轮机正常后方可重新启动，经试验危急保安器及各超速保护装置动作正常后方可并网带负荷。

（5）重新启动过程中应对汽轮机振动、内部声音、轴承温度、轴向位移、推力瓦温度等进行重点检查与监视，发现异常应停止启动。

125. 防止汽轮机超速的措施主要有哪些？

答：防止汽轮机超速的措施有：

（1）各超速保护装置均应完好并正常投入。

（2）在正常参数下调节系统应能维持汽轮机在额定转速下运行。

（3）在额定参数下，机组甩去额定负荷后，调节系统应能将机组转速维持在危急保安器动作转速以下。

（4）调节系统的速度变动率不大于 5%，迟缓率不大于 0.2%。

（5）高、中压自动主汽门及调速汽门应能迅速关闭严密，无卡涩。

（6）调节保安系统的定期试验装置应完好、可靠。

（7）坚持做调节系统的静态特性试验，汽轮机大修或调速系统检修后，均应做汽轮机调节系统试验。

（8）对新装机组或对机组的调节系统进行技术改造后，应进行调节系统动态特性试验，以保证汽轮机甩负荷后，转速飞升不超过规定值。

（9）机组大修或安装后、危急保安器解体或调整后、停机一个月以后再次启动时、机组甩负荷试验前，都应做超速试验。

（10）机组每运行 2000h 后都应进行危急保安器充油试验，试验不合格时，仍需做超速试验。

（11）做超速试验时应选择适当参数，压力、温度应控制在规定范围内，投入旁路系统，待参数稳定后，方可做超速试验。

（12）做超速试验时，调节汽门应平稳逐步开大，转速相应逐步升高至危急保安器动作转速，若调节汽门突然开至最大，应立即打闸停机，防止严重超速事故。

（13）按规定定期进行自动主汽门、调节汽门的活动试验，以及抽汽止回阀的活动试验。

（14）运行中发现主汽门、调节汽门卡涩时，要及时消除汽门卡涩，消除前要有防止超速的措施，主汽门卡涩不能立即消除时，要停机处理。

（15）加强对油质的监督，定期进行油质的分析化验，防止油中进水或杂物造成调节部套卡涩或腐蚀。

（16）加强对蒸汽品质的监督，防止蒸汽带盐使门杆结垢造成卡涩。

（17）运行人员要熟悉超速象征，严格执行紧急停机规定。

（18）机组长期停运时，应注意做好停机保护工作，防止汽水或其他腐蚀性物质进入或残留在汽轮机及调节供油系统内，引起汽门或调节部套锈蚀。

（19）机组大修后应进行汽门严密性试验，试验标准和方法应按制造厂的规定执行，运行中汽门严密性试验应每年进行一次。

（20）在汽轮机运行中，注意检查调门的开度和负荷对应关系以及调节汽门后的压力变化情况，若有异常，及时查找并分析原因。

（21）为防止大量的水进入油系统中，应加强监视和调整汽封压力不要过高，前箱、轴承箱内的负压也不宜过高。

（22）采用滑压运行的机组以及在机组滑参数启动过程中，调节汽门要留有裕度，不应开到最大限度，以防发生甩负荷超速。

（23）在停机时，应先打危急保安器，关闭主汽门和调节汽门，采用逆功率联跳发电机，但也应注意发电机解列至打闸的时间拖得太长，因这时属于无蒸汽运行状态，时间过长，会使排汽缸温度升高，胀差增大。

126. 汽轮机大轴弯曲的原因主要有哪些？为什么高速下发生大轴弯曲的危害性比低速时要小得多？

答：造成汽轮机大轴弯曲的原因主要有：

（1）由于动静摩擦，使转子局部过热，产生压缩应力，出现塑性变形。在转子冷却后，受到残余拉应力的作用，造成大轴弯曲。

（2）汽轮机进冷汽冷水，转子受冷部位产生拉应力，出现塑性变形，造成大轴弯曲。

（3）轴封系统故障，冷空气进入汽缸，转子急剧冷却，使动静间隙消失产生摩擦，造成大轴弯曲。

（4）轴瓦或推力瓦磨损，使轴系轴心不一致，造成动静摩擦，产生弯曲事故。

当转速低于第一临界转速时，大轴的弯曲方向和转子不平衡离心力的方向基本一致，所以往往产生"越磨越弯、越弯越磨"的恶性循环，以致使大轴产生永久弯曲。当转子转速大于第一临界转速时，大轴的弯曲方向和转子的离心力方向趋于相反，故有使摩擦面自动脱离接触的趋向，所以高速下，引起大轴弯曲的危害性比低速时要小得多。

127. 防止汽轮机大轴弯曲的技术措施主要有哪些？

答：防止汽轮机大轴弯曲的技术措施有：

（1）汽缸应具有良好的保温条件。

（2）根据热态变化的条件，合理调整动静间隙。

（3）主、再热蒸汽管道，旁路系统应有良好的疏水系统。

（4）主蒸汽导管和汽缸的本体疏水应符合要求。

（5）隔板和轴端汽封弧段应有足够的退让间隙。

（6）汽缸各部温度表计齐全、可靠。

（7）启动前必须测定大轴挠度，超过规定时严禁启动。

（8）启动前应检查上下缸温差，超过规定值时严禁启动。

（9）热态启动中要严格控制进汽温度和轴封供汽温度。

（10）启动前必须对有关的蒸汽管道进行充分疏水和暖管。

（11）加强对机组振动的监视。

（12）汽轮机停运后严防汽缸进水、进冷汽。

128. 造成汽轮机大轴断裂事故的原因有哪些？

答：造成汽轮机大轴断裂事故的原因主要有：

（1）蠕变和热疲劳。这类事故多发生在整锻转子上，整锻转子受叶轮、叶片离心力的作用，内孔存在切向拉应力，转子被加热时，内孔的热应力也是切向拉应力，两者叠加，综合应力可达到很高的水平。因此低周热疲劳一般出现在表面，随着裂纹的扩展，转子裂纹达到临界值时，转子会在瞬间折断。

（2）轴承安装不良。轴承安装不良，地脚螺栓被振松，轴承失去正常承载能力。

（3）超速。汽轮机的转速迅速升高，可能超过转子强度所允许的转速，引起转子断裂。

129. 防止汽轮机轴系断裂的技术措施主要有哪些？

答：防止汽轮机轴系断裂的技术措施主要有：

（1）机组主、辅设备的保护装置必须正常投入，已有振动监测保护装置的机组，振动超限跳机保护应投入运行；机组正常运行瓦振、轴振应达到有关标准的优良范围，并注意监视变化趋势。

（2）运行 10 万以上的机组，每隔 3～5 年应对转子进行一次检查。运行时间超过 15 年、寿命超过设计使用寿命的转子、低压焊接转子、承担调峰启停频繁的转子，应适当缩短检查周期。

（3）新机组投产前、已投产机组每次大修中，必须对转子表面和中心孔进行探伤检查。对高温段应力集中部位可进行金相和探伤检查，选取不影响转子安全的部位进行硬度试验。

（4）不合格的转子绝不能使用，已经过主管部门批准并投入运行的有缺陷转子应进行技术评定，根据机组的具体情况、缺陷性质制定运行安全措施，并报主管部门审批后执行。

（5）严格按超速试验规程的要求，机组冷态启动带 25% 额定负荷（或按制造要求），运行 3～4h 后立即进行超速试验。

（6）新机组投产前和机组大修中，必须检查平衡块固定螺丝、风扇叶片固定螺丝、定子铁芯支架螺丝、各轴承和轴承座螺丝的坚固情况，保证各联轴器螺丝的紧固和配合间隙完好，并有完善的防松措施。

（7）新机组投产前应对焊接隔板的主焊缝进行认真检查。大修中应检查隔板变形情况，最大变形量不得超过轴向间隙的1/3。

第四节 空冷凝汽系统

130. 直接空冷凝汽器受到环境气候的影响有哪些？

答：直接空冷凝汽器受到以下环境气候的影响：

（1）冬季防冻。冬季环境温度低，空冷凝汽器容易发生冻结，危急机组安全运行。

（2）夏季背压高。夏季环境温度高，空冷凝汽器冷却能力下降，造成汽轮机排汽压力高，影响机组的安全性与经济性。

（3）翅片管积灰。空冷凝汽器翅片管积灰造成换热效果变差，汽轮机排汽压力升高，机组安全性和经济性降低。

（4）热风回流。由于环境风速过大，部分空冷凝汽器上部的热空气重新返回到空冷风机入口，造成入口风温升高，汽轮机排汽压力升高。

131. 叙述直接空冷凝汽器的工作过程。

答：低压缸或低压旁路排出的蒸汽在差压的作用下进入蒸汽分配管，首先进入顺流冷凝管束，大约80%的蒸汽通过顺流冷凝管束（蒸汽和凝结水自上而下顺流）冷凝成凝结水，凝结水和部分未冷凝蒸汽及蒸汽携带的空气汇集到下部的凝结水联箱，剩余蒸汽（大约20%）又进入逆流冷凝管束的翅片管道，蒸汽通过逆流冷凝管束获得冷凝，凝结水向下流动返回凝结水联箱，而不可冷凝的气体向上流动，在逆流冷凝管束顶部附近汇集，通过真空泵抽出排向大气；凝结水联箱内所有的凝结水在重力作用下通过喷嘴雾化后被排汽重新再热除氧并减小过冷度，最后回到汽轮机排汽装置，通过凝结水泵升压、回热系统加热后作为锅炉的主要补给水。

132. 叙述空冷凝汽器运行和控制的任务。

答：保持最佳的凝汽压力、最小的风机电能消耗以及保护设备安全运行。基本的调节手段主要有两种，即空气流量控制与蒸汽流量控制。所谓的蒸汽流量控制，就是控制空冷凝汽器管内蒸汽的流量，保证管内流动的蒸汽足以加热凝汽器；空气流量控制就是控制流过空冷凝汽器肋片的空气流量。正常运行中管内蒸汽流量调节主要是调节机组负荷，而管外冷却风量靠调节风机的转速、转向及运行台数，实现对风量的控制。

133. 试述直接空冷凝汽器冷却单元的结构组成。

答：每个风机与对应的冷却元件（管束）组成一个冷却单元，有其独立的空气通道，以保证冷空气进入及热空气排出，在每个单元之间设有分隔墙，可以避免强迫通风的损失，以免相邻冷却单元相互影响以及相邻风机的停运造成通风效率降低。

134. 叙述空冷风机的组成。

答：空冷风机采用轴流风机并配带导风筒、防护网等，导风筒及叶片是玻璃钢的材料，电动机为380V户外防水型，能适应户外的自然环境，风机装设振动保护、低油压保护及热工保护。所有风机采用变频调速，能在30%～110%额定转速间稳定运行，逆流管束单元风机还可切换至反转运行。

135. 空冷凝汽器的作用是什么？

答：空冷凝汽器在汽轮机发电组的热力循环中起着冷源的作用，可降低汽轮机排汽压力和排汽温度，提高循环热效率。正常运行中空冷凝汽器的换热量处于动态平衡状态，其显现的指标为排汽压力。冬季运行考虑经济的同时，必须保证安全第一的要求，当机组处于三低（低气温、低排汽压力、低负荷）的工况时，将汽轮机排汽压力适当提高，满足空冷凝汽器的防冻需求。

136. 空冷挡风墙的作用是什么？

答：空冷平台上布置了与蒸汽分配管中心线等高的挡风墙，以减少环境大风给空冷系统带来的不安全影响，在冬季能抵御寒风直接吹在凝汽器管束上，防止发生局部管束过冷而冻结的情况，在夏季能防止发生热风再循环，影响机组的真空。

137. 空冷机组运行中容易发生的问题主要有哪些？

答：不同原因引起系统内漏造成的系统真空低；不同环境因素影响下空冷散热器的传热变化造成的真空低；夏季高温条件下机组带负荷能力下降；冬季低温条件下发生空冷凝汽器冻结或损坏事故等。

138. 影响空冷凝汽器换热效率的主要因素有哪些？

答：影响空冷凝汽器换热效率的主要因素有：

（1）环境温度、风速和风向。

（2）厂房的总体布局以及周围的地貌。

（3）空冷单元的风机功率。

（4）空冷凝汽器翅片管表面的清洁度。

（5）空冷凝汽器迎面风速。

139. 直接空冷系统的特点是什么？

答：直接空冷系统的特点是：

（1）汽轮机背压变化幅度大。汽轮机排汽直接由空气冷凝，其背压随空气温度的变化而变化，我国北方地区一年四季乃至昼夜温差都较大，故要求汽轮机要有较宽的背压运行范围。

（2）真空系统庞大。汽轮机排汽由大直径的管道引出，用空气作为直接冷却介质通过钢制散热器进行表面换热，冷凝排汽需要较大的冷却面积，因而导致真空系统的庞大。

（3）电厂整体占地面积小。由于空冷凝汽器一般都布置在汽机房顶或汽机房前的高架平台上，平台下仍可布置电气设备等，空冷凝汽器占地得到综合利用，使得电厂整体占地面积减少。

（4）冬季防冻措施比较灵活、可靠。直接空冷系统可通过改变风机转速、停运风机或使风机反转来调节空冷凝汽器的进风量直至吸热风来防止空冷凝汽器冻结，调节相对灵活，效果好且可靠。

140. 导致空冷系统性能低于设计值的主要原因是什么？

答：主要原因如下：

（1）散热器传热系数低于设计值。

（2）迎面风速低。

（3）安装、施工质量问题，空冷岛漏风率大。

（4）空冷岛清洗系统存在问题，空气侧表面清洗不干净。

141. 空冷系统设计包括哪几方面的内容？

答：内容包括：

（1）散热原件设计优化。

（2）空冷岛总体布置。

（3）空冷系统热力计算、优化计算。

（4）管道内部水力计算与管件优化。

（5）空气流场的仿真分析。

（6）直接空冷钢结构平台整体分析计算与设计。

（7）大直径排气管道有限元应力分析与设计。

（8）管道应力计算与设计。

（9）配电系统设计。

（10）空冷机组运行控制系统设计。